Helen Ahner

Planetarien

Helen Ahner

Planetarien

Wunder der Technik – Techniken des Wunderns

WALLSTEIN VERLAG

Inhalt

Teil I: Planetarien 11

1. Einleitung: Planetarien kulturwissenschaftlich 13

1.1 Planetariumsgeschichte und Weltraumanthropologie 22

1.2 Kulturwissenschaftliche Herangehensweise 28

1.3 Zum Aufbau des Buchs 31

2. Das Planetarium als Feld und Forschungsgegenstand 35

2.1 Zur historischen Ethnografie des Planetariums 36

Was macht historisches Forschen zur Ethnografie? 37

Wie forschen über vergangene Erfahrungen, Wahrnehmungen und Gefühle? 43

2.2 Planetariumsgeschichte(n) 53

Das Planetarium im Deutschen Museum – eine Attraktion unter vielen 55

Das Planetarium in Jena – »Werkstatt des Wunderns« 74

Das Wiener Planetarium – Volksbildung und Vergnügen 87

Das Hamburger Planetarium – Warburg im Wasserturm 107

Fazit: Vier Planetarien – viele Geschichten 121

Teil II: Wunder der Technik 127

Einleitung: »Wunder der Technik« als kulturwissenschaftliche Forschungsgegenstände 129

Wunder(n) im Wandel 130

Zur Geschichte des Wundertopos 133

Wunder(n) und Wissensvermittlung 138

3. Technikerfahrung – das Planetarium als Maschine 143

3.1 Das Planetarium als Leitfossil einer kulturwissenschaftlichen Technikforschung 146

3.2 Ambivalente Apparatur: Die Rollen des Projektors 157
Der Projektor als Wesen 157
Der Projektor als Werk 162
Der Projektor als Welt(maschine) 170
3.3 Vergnügliche Verkörperung: Der Lichtzeiger 176
4. Naturerfahrung – das Planetarium als NaturKultur 187
4.1 Das Planetarium als Durch(-)einander von Natur und Kultur 190
4.2 Urbane Natur: Die Großstadt als Kontext und Kontrast 201
Stadt als Unnatur 202
Stadt als Umwelt 207
Stadtnatur 210
4.3 Gefühlte Natur – natürliche Gefühle 215
Zwischenfazit: Planetarium als lieux de l'avenir 224
Teil III: Techniken des Wunderns 229
Einleitung: Techniken des Wunderns 231
Praktiken und Techniken 233
Körper des Wunderns 236
Wundern als Transzendenzerfahrung 241
5. Körpererfahrung – Wahrnehmen, Fühlen und Wissen im Planetarium 247
5.1 Das Planetarium als Atmosphärenapparat 251
5.2 Körpertechniken des Wunderns im Planetarium 262
Sehen: Didaktik der Anschaulichkeit 263
Hören: Zur Klanglandschaft des Planetariums 268
Sitzen: Affordanzen des Planetariums 274
Schwindel: »Seekrankheit« und optische Täuschung 278
5.3 Wissbegier – Wissen als Körpertechnik und Gefühlspraktik 284

6. Transzendenzerfahrung – das technische Erhabene im Planetarium . . . 295

6.1 Transzendenz im Planetarium 300

6.2 Weihnachten im Planetarium 309

Wissenschaftliche Weihnacht 312

Politische Weihnacht 315

Weihnachtliche und wissenschaftliche Feierlichkeit 320

6.3 Das technische Erhabene im Planetarium 324

7. Fazit: Das Planetarium als Grenzerfahrung und Durch(-)einander . . . 339

Dank 345

Literaturverzeichnis 347

Quellenverzeichnis 359

»Finding wonder-words is easy; finding wonder is far more complicated.«

Caroline Walker Bynum

Teil I
Planetarien

1. Einleitung: Planetarien kulturwissenschaftlich

> Und so [ist] auch Technik nicht Naturbeherrschung: [sondern] Beherrschung vom Verhältnis von Natur und Menschheit. […] Ihr organisiert in der Technik sich eine Physis, in welcher ihr Kontakt mit dem Kosmos sich neu und anders bildet als in Völkern und Familien. Genug, an die Erfahrung von Geschwindigkeiten zu erinnern, kraft deren nun die Menschheit zu unabsehbaren Fahrten ins Innere der Zeit sich rüstet, um dort auf Rhythmen zu stoßen, an denen Kranke wie vordem auf hohen Gebirgen oder an südlichen Meeren sich kräftigen werden. Die Lunaparks sind eine Vorform von Sanatorien. Der Schauer echter kosmischer Erfahrung ist nicht an jenes winzige Naturfragment gebunden, das wir ›Natur‹ zu nennen gewohnt sind.[1]

Walter Benjamin skizziert eine Welt, die von Technik durchdrungen ist und in der Menschen auf eine neue Art und Weise mit dem Kosmos in Verbindung treten. In seinem kurzen Essay mit dem Titel »Zum Planetarium«, das 1928 erstmals erschien, beschreibt er rauschhafte Technikerfahrungen, durch die sich ein neuer Weltbezug formierte. Dieser Art der Technikerfahrung schreibt Benjamin sogar therapeutische Wirkung zu. Sie stelle außerdem das gängige Verständnis von Natur infrage – wirke in vielerlei Hinsicht entgrenzend. Als Inspiration für seine Überlegungen diente ihm – das lässt der Titel des Essays durchblicken – ein Besuch im Planetarium. Vermutlich hatte Benjamin auf einer seiner Reisen einen Abstecher in ein solches gemacht. In der zweiten Hälfte der 1920er-Jahre eröffneten in vielen größeren Städten Planetarien – zunächst in Deutschland, aber bald auch im inner- und außereuropäischen Ausland. Es handelte sich dabei um Institutionen der Wissensvermittlung und Unterhaltung, die mithilfe einer Maschine ein naturalistisches 360°-Panorama des Nachthimmels an die gekrümmte Innenwand eines Kuppelbaus projizierten. Der künstliche Nachthimmel zeigte die Sterne und Planeten, wie sie von der Erde aus zu sehen waren, und konnte ihre Bewegungen simulieren, sie sogar beschleunigen. Sonne und Mond ließen sich ebenfalls darstellen und zur besseren Orientierung konnten Beschriftungen und Hilfslinien eingeblendet werden.

1 Benjamin, Walter: Zum Planetarium. In: ders.: Einbahnstrasse. Berlin 1928. URL: https://de.wikisource.org/wiki/Einbahnstra%C3%9Fe (Zugriff 1.9.2021).

Der Projektor besaß außerdem die Fähigkeit, den Himmel so zu zeigen, wie er zu einem beliebigen Zeitpunkt in Gegenwart und Zukunft aussah (er deckte damit einen Zeitraum von 26 000 Jahren ab) und konnte darstellen, wie er aus der Perspektive verschiedener irdischer Standpunkte erschien. Die Projektion wurde in der Regel von einem astronomischen Lehrvortrag begleitet, der die maschinell produzierte Sternennacht wissenschaftlich rahmte. Im Mittelpunkt der Einrichtung stand der Planetariumsprojektor – eine imposante Maschine, die die Firma Zeiss im Auftrag des Deutschen Museums ausgetüftelt hatte und die im Planetarium selbst zur Attraktion wurde. Im Rahmen der Einweihung des Neubaus des Deutschen Museums in München, im Mai 1925, eröffnete auch das erste Projektionsplanetarium der Welt, das dort in der Abteilung Astronomie zu besichtigen war. Schon zuvor hatte die Firma Zeiss den Projektor der Öffentlichkeit zugänglich gemacht. In einer eigens dafür erbauten Kuppel auf dem Dach ihres Produktionswerks in Jena konnten Besucher*innen[2] im Sommer 1924 den Projektor und seinen Sternenhimmel bestaunen. Die Vorführungen lösten eine regelrechte Planetariumseuphorie aus, die Presse war voll des Lobes für den Apparat und Zeiss erkannte in dem eigentlich als Einzelanfertigung geplanten Planetariumsprojektor eine Geschäftsmöglichkeit. In den kommenden Jahren entschieden sich viele weitere Städte dafür, ein Planetarium bei Zeiss zu kaufen und damit das städtische Bildungs- und Unterhaltungsangebot zu ergänzen. Wo immer ein Planetarium eröffnete, stellte es zunächst eine Sensation dar, war Gegenstand zahlreicher Presseberichte und Teil des Stadtgesprächs. Auch wenn an vielen Orten das Interesse dafür nur wenige Wochen oder Monate anhielt, war das Planetarium doch zumindest für kurze Zeit in aller Munde. Die Erfahrungen, die es seinen Gästen bereitete, waren so eindrücklich, die Technik, die ihm zugrunde lag, so ausgetüftelt und das Wissen, das es vermittelte, wirkte so relevant, dass das Planetarium als Vorbote einer dämmernden, technisierten Zukunft erkannt wurde. Deshalb erschien es Benjamin

2 In dieser Arbeit benutze ich das Gendersternchen, um der Vielfalt von Geschlechteridentitäten gerecht zu werden. Wenn vereinzelt das generische Maskulinum genutzt wird, so ist dies Ausdruck der historischen Realität, dass in den 1920er-Jahren manche gesellschaftlichen Bereiche und Funktionen für nicht-männliche Menschen verschlossen blieben, oder verweist darauf, dass aus den Quellen hervorgeht, dass es sich bei der angesprochenen Gruppe ausschließlich um Männer handelte. Das Geschlecht und die Identität einiger der hier zitierten historischen Akteur*innen, vor allem einiger Zeitungsautor*innen, bleibt unbekannt. Auch wenn dieses Berufsfeld in den 1920er-Jahren männlich dominiert war, ist es gut möglich, dass auch Menschen anderen Geschlechts unter den Autor*innen waren – das soll durch die Verwendung des Gendersternchens sichtbar gemacht werden.

wohl treffend, seinen literarischen Text über die Gegenwart und Zukunft der Beziehungen von Technik, Natur, Wissen(schaft) und Menschen im Planetarium zu verorten, wo diese Beziehungen zur Debatte standen.[3]

Weniger tiefschürfend als Benjamins Essay war der Schlager mit dem Titel »Schatzerl, komm mit mir ins Planetarium«, der 1927 die Wiener*innen zum Schunkeln bringen sollte. Kapellmeister Rudolf Beschka und der ehemalige Offizier F. D. Scorcola komponierten das Lied gemeinsam, nachdem ein Bericht in der *Illustrierten Kronen-Zeitung* zur Eröffnung des Wiener Planetariums augenzwinkernd das Entstehen eines solchen Gassenhauers prophezeit hatte.[4] Der Zeitungsbericht schildert die Dunkelheit des Planetariums als idealen Ort für ein Rendezvous, an dem romantisches Sterngucken bequem und störungsfrei möglich war – ein amüsanter Stoff, der sich zur musikalischen Untermalung anbot. Auch wenn der Schlager keinen bleibenden Eindruck hinterließ, zeigt seine Existenz doch, dass das Planetarium die Gemüter der Menschen bewegte und sie zu humoristischen sowie existenziellen Auseinandersetzungen mit den astronomischen Inhalten und ihrer Inszenierung anregte. Die Werke Benjamins und des Komponisten-Duos stehen exemplarisch für eine Menge an Texten, Bildern, Liedern, Gedichten und darüber hinaus Gedanken, Imaginationen und Träumen, die das Projektionsplanetarium in den ersten Jahren nach seiner Entstehung inspirierte. Manche animierte das Planetarium zu philosophischen Gegenwartsdiagnosen, für andere war es ein didaktisches Meisterstück; manchen erschien es als ein ideales Ziel für ein Stelldichein und wiederum andere erkannten im Planetarium einen Tempel. Planetariumsbesuche fanden in verschiedenen Kontexten statt: als verordneter Schulausflug, als Vereinsaktivität, im Rahmen eines Messe- oder Museumsbesuchs oder als vergnüglicher Freizeitvertreib. Die Besucher*innen einte das Ziel, den Projektor und den projizierten Sternenhimmel in Aktion zu sehen, und darüber hinaus das Ansinnen, etwas über die Beschaffenheit des Weltalls zu erfahren. Die Einrichtung des Planetariums war ein Auswuchs der Bemühungen um »Volksbildung« und »Wissenschaftspopularisierung«, die sich im 19. Jahrhundert herausgebildet hatten und bis in die 1920er-Jahre hinein wirksam blieben.[5] Ihre Absicht war es, Bildung zugänglich

3 Für eine ausführliche Analyse des Textes von Benjamin siehe von Hermann, Hans Christian: Der planetarische Maßstab der Technik. Zur Geschichte einer absoluten Metapher. In: Mersch, Dieter/Mayer, Michael (Hg.): Internationales Jahrbuch für Medienphilosophie, Band 4. Berlin/München/Boston 2016, S. 53–66.

4 A. st.: Der Himmel auf Erden. In: Illustrierte Kronenzeitung, 8. 5. 1927. Österreichische Nationalbibliothek: ANNO; O. A.: Schatzerl, komm mit mir ins Planetarium ... In: Illustrierte Kronen-Zeitung, 29. 6. 1927. Österreichische Nationalbibliothek: ANNO.

5 Siehe dazu Daum, Andreas: Wissenschaftspopularisierung im 19. Jahrhundert. Bürger-

und attraktiv zu machen und die als bildungsbedürftig imaginierten Zielgruppen – meistens waren es Angehörige weniger privilegierter Schichten – zu informieren und zu erziehen. Dem Planetarium lag, wie den meisten Volksbildungseinrichtungen, ein »diffusionistisches Modell«[6] der Wissensvermittlung zugrunde: Ausgangspunkt war die Vorstellung eines »im Grunde nie zu überwindenden Wissensgefälle[s] zwischen Experten und Laien«;[7] Letztere sollten im Planetarium gleichsam belehrt und mit angemessen aufbereitetem Wissen gefüttert werden. Die Planetariumsbesucher*innen kamen aber nicht nur der Bildung wegen, vor allem das Versprechen einer spektakulären, technisch vermittelten Erfahrung des klaren und brillanten, künstlichen Sternenhimmels, der die Presse viel Aufmerksamkeit schenkte, lockte sie unter die Kuppeln.

Das Projektionsplanetarium war eines von vielen Werkzeugen zur Vermittlung astronomischen Wissens und es war nicht das erste, das unter dem Namen »Planetarium« fungierte. Bevor die Projektionsplanetarien bekannt wurden, waren Planetarien mechanische Modelle des Sonnensystems, die den Blick ›von außen‹ auf die planetarischen Bewegungen ermöglichten. Es gab globusartige Gebilde (Armillarsphären) und flache, scheibenähnliche Darstellungen (Astrolabien) des Planetensystems, astronomische Rathaus- und Kirchturmuhren (beispielsweise die Uhr des Tübinger Rathauses),[8] oder bewegliche Deckeninstallationen, wie das Eise-Eisinga-Planetarium, die allesamt (und noch mehr) als Vorgänger des Projektionsplanetariums gelten können.[9] Neben solchen Modellen zählen begehbare Hohlkugeln, sogenannte Himmelsgloben oder -sphären, zu den unmittelbaren Verwandten des Projektionsplanetariums (beispielsweise die Atwood Sphere, die 1913 in Chicago eingerichtet wurde). Die Hohlkugeln waren durchlöchert, sodass das hereinfallende Licht die Sterne simulierte. Die Zuschauenden befanden sich mit ihrem Kopf oder Körper mitten in der Kugel, waren also von der Himmelsdarstellung von allen Seiten umgeben. Die

liche Kultur, naturwissenschaftliche Bildung und die deutsche Öffentlichkeit, 1848–1914. München 1998.

6 Kretschmann, Carsten: Wissenspopularisierung – ein altes, neues Forschungsfeld. In: ders. (Hg.): Wissenspopularisierung. Konzepte der Wissensverbreitung im Wandel. Berlin 2003, S. 7–21, S. 9.

7 Ebd.

8 Siehe dazu Wolfschmidt, Gudrun: Der Himmel über Tübingen. In: dies. (Hg.): Der Himmel über Tübingen. Barocksternwarten – Landvermessung – Astrophysik. Hamburg 2014, S. 15–51, S. 20f.

9 Siehe dazu Meier, Ludwig: Der Himmel auf Erden. Die Welt der Planetarien. Heidelberg 1992; King, Henry C.: Geared to the Stars. The Evolution of Planetariums, Orreries and Astronomical Clocks. Toronto/Buffalo/London 1978.

zugrunde liegende Idee, die Zuschauenden und ihren Standpunkt mit in die Himmelsdarstellung zu integrieren, war ausschlaggebend für die Erfindung des Projektionsplanetariums. Dieser knappe Abriss zeigt: Das Verständnis und die Vermittlung astronomischen Wissens waren eng an seine Darstellung gebunden, die nicht nur belehren, sondern auch ästhetischen Ansprüchen Genüge tun sollte. Astronomische Inhalte waren beliebte Gegenstände der populärwissenschaftlichen Bildungsbestrebungen des Bürgertums im 19. Jahrhundert. Weil sie visuell interessant präsentiert werden konnten, widmeten sich ihnen Wissenschaftstheater und Lichtbildvorträge.[10] Öffentliche Teleskope[11] und sogenannte Volkssternwarten[12] ermöglichten es den Menschen, selbst in den Himmel zu sehen und dort unter Anleitung Beobachtungen zu machen. Das alles führte zu einem gesteigerten Interesse am Sternenhimmel, das sich über den Ersten Weltkrieg hinaus hielt, vielleicht auch deshalb, weil der Himmel und die astronomischen Wissensbestände vom Kriegsgeschehen weitgehend unberührt blieben (obgleich astronomisches Wissen in der Ausbildung von Soldaten durchaus eine Rolle spielte, denn es konnte hilfreich für die Orientierung im Feld sein). Die Astronomie und Astrophysik verzeichneten zu Beginn des 20. Jahrhunderts und in den 1920er-Jahren große Entdeckungen und wissenschaftliche Weiterentwicklungen: Die Arbeiten von Max Planck, Max Wolf, Edwin Hubble, Albert Einstein und vielen anderen brachten neue Einsichten über das Universum. Neue optische Instrumente zur Himmelsbeobachtung und -fotografie machten bislang unsichtbare Bereiche des Universums dem menschlichen Blick zugänglich und bargen neues Wissen über das All. Science-Fiction-Romane und -Filme verarbeiteten das gewonnene astronomische Wissen zu Zukunftsvisionen, unter ihnen George Méliès »Le Voyage dans la Lune« (1902) oder Fritz Langs »Frau im

10 Siehe dazu Bigg, Charlotte/Vanhoutte, Kurt: Spectacular Astronomy. In: Early Popular Visual Culture 15 (2017), H. 2, S. 115–124; Willis, Artemis: ›What the Moon is Like‹: Technology, Modernity, and Experience in a Late-Nineteenth-Century Astronomical Entertainment. In: Early Popular Visual Culture 15 (2017), H. 2, S. 175–203; Vanhoutte, Kurt/Wynants, Nele: On the Passage of a Man of the Theatre Through a Rather Brief Moment in Time: Henri Robin, Performing Astronomy in Nineteenth Century Paris. In: Early Popular Visual Culture 15 (2017), H. 2, S. 152–174; Bruggmann, Jana: Der Weltraum im Zeitalter seiner technischen Reproduzierbarkeit. Das wissenschaftliche Theater der Berliner Urania, 1889–1905. In: Technikgeschichte 84 (2017), H. 4, S. 305–328.

11 Siehe dazu Rubin, David: The Moon for a Twopence: Street Telescopes in Nineteenth Century Paris and the Epistemology of Popular Stargazing. In: Early Popular Visual Culture 15 (2017), H. 2, S. 125–151.

12 Siehe dazu Mirwald, Benjamin: Volkssternwarten. Verbreitung und Institutionalisierung populärer Astronomie in Deutschland 1888–1935. Leipzig 2014.

Mond« (1929), die beide auf Romanvorlagen basierten. Populäre, pseudo-wissenschaftliche Ideen wie die Welteislehre oder Spekulationen über die Beschaffenheit der Marskanäle kursierten in der breiten Öffentlichkeit und als 1910 der Halleysche Komet am Nachthimmel erschien, reagierten die Menschen mit Angst und Schrecken oder nutzten den Anlass, um die Nacht zum Tage zu machen.[13] In jedem Fall waren astronomische Ereignisse und die Astronomie an sich Gegenstände von gesellschaftlich wirksamen Gesprächen, Gefühlen und Umgangsweisen. Hobbyastronom*innen organisierten und vernetzten sich in Vereinen: 1891 gründete sich die »Vereinigung von Freunden der Astronomie und kosmischen Physik«, 1917 die »Ingedelia – Internationale Gesellschaft der Liebhaberastronomen« und 1921 der »Bund der Sternfreunde«.[14] 1930 eröffnete der »Verein für Raumschifffahrt« in Berlin-Tegel einen Raketenflugplatz, auf dem die Träume von der Eroberung des Weltraums Wirklichkeit werden sollten.[15] Astronomie, der Weltraum und seine Erforschung waren in den 1920er Jahren beliebte Themen von Populärkultur und Wissenschaftspopularisierung. Das Projektionsplanetarium knüpfte an das gesellschaftlich breit gesäte Interesse für Astronomie an, verband es mit der Erfahrung neuer Technik und erlangte innerhalb kurzer Zeit eine große Bekanntheit und Beliebtheit, die andauert. Zwar ist das Projektionsplanetarium nicht mehr unbedingt als aufregende Unterhaltungsinstitution bekannt, wird bisweilen auch mit ungewollten Nickerchen auf Schulausflügen verknüpft, ist aber dennoch den meisten ein Begriff und vielen einen Besuch wert. Wenn heutzutage von Planetarien die Rede ist, ist damit in der Alltagssprache ausschließlich das Projektionsplanetarium gemeint – die anderen Geräte zur Vermittlung astronomischen Wissens kommen nicht mehr in den Sinn.[16]

Das Projektionsplanetarium machte in den ersten Jahren nach seiner Erfindung von sich reden, denn es bediente nicht nur das allgemeine Interesse an astronomischen Inhalten, sondern verband diese darüber hinaus mit eindrücklichen Erfahrungen: Die raumgreifende Simulation des Nachthimmels bereitete Vergnügen und forderte die Sinne heraus, die dahinterstehende Technik verblüffte das Publikum und regte zu Auseinandersetzungen mit möglichen Zukünften an.

13 Siehe dazu ebd., S. 412.

14 Siehe dazu ebd., S. 72.

15 Siehe dazu Siebeneichner, Tilmann: Die »Narren von Tegel«. Technische Innovation und ihre Inszenierung auf dem Berliner Raketenflugplatz, 1930–1934. In: Technikgeschichte 84 (2017), H. 4, S. 353–379.

16 Deshalb wird in dieser Arbeit sprachlich nicht zwischen »Planetarium« und »Projektionsplanetarium« differenziert.

Das Planetarium erschien den Zeitgenoss*innen als *Wunder der Technik* und es verbreitete *Techniken des Wunderns*, mit deren Hilfe astronomischem Wissen, Wissenschaft, Technik und Natur zu Bedeutung verholfen wurde. Wie genau das geschah und welche Rolle das Planetarium in der alltäglichen Lebenswelt seiner Besucher*innen spielte, macht eine kulturwissenschaftliche Perspektive auf die Institution und ihre Wirkung sichtbar, die ich hier einnehmen möchte. Diese Arbeit befasst sich mit dem Projektionsplanetarium in der Zeit seiner Entstehung und Etablierung (in etwa der Zeitraum zwischen 1923 und 1933) und fragt aus der Warte der Empirischen Kulturwissenschaft nach den gesellschaftlichen Bedeutungen, die ihm zukamen. Dabei stehen die Menschen, die mit dem Planetarium zu tun hatten, im Mittelpunkt. Es geht um ihre Erfahrungen, Gefühle, Imaginationen und Erzählungen, die das Planetarium inspirierte, in die sie es miteinbezogen und das durch sie erst zu dem wurde, was es war. Das Projektionsplanetarium zählt zu den technologischen Neuerungen, die den Blick auf die Welt verändert haben; Dampfmaschine und Eisenbahn, Fotografie, Stereografie und Panorama gingen ihm voraus und lehrten neue Arten des Wahrnehmens und Sehens, aus denen neue Weltanschauungen resultierten.[17] Der Kulturwissenschaftler Wolfgang Kaschuba beschreibt diese Veränderungen und zieht dafür unter anderem die Eisenbahn als Beispiel heran. Kaschuba erläutert in Anlehnung an die Arbeiten des Historikers Wolfgang Schivelbusch, wie Raum und Zeit beim Zugfahren anders empfunden wurden, sich neu zusammensetzten und sich die Menschen basierend auf dieser Erfahrung veränderte Weltbilder schufen. Ausschlaggebend dafür waren ihr Umgang mit Technik, ihre Technikgewohnheiten und welche Bedeutung sie den Erfahrungen mit (neuer) Technik zumaßen.

> Postkutsche, Eisenbahn, Auto, Telefon und Computer verkörpern also zugleich auch je spezifische historisch-soziale Modalitäten des Schauens, des Kommunizierens, der Bewegung, der Körperlichkeit. Ihre Technik setzt sich nicht über abstraktes Wissen durch, sondern als ein Paket von Möglichkeiten gedanklicher wie ästhetischer, technischer wie sozialer, symbolischer wie sinnlicher Art.[18]

Das Paket von gedanklichen, ästhetischen, technischen und sozialen Möglichkeiten, das die Planetariumstechnik mit sich brachte, wird auf den nächsten Sei-

17 Siehe dazu Crary, Jonathan: Techniken des Betrachters. Sehen und Moderne im 19. Jahrhundert. Dresden/Basel 1996.

18 Kaschuba, Wolfgang: Die Überwindung der Distanz. Zeit und Raum in der europäischen Moderne. Frankfurt a. M. 2004, S. 22.

ten entpackt und analysiert. So wie die Eisenbahn Landschaften und Räume anders wahrnehmbar und erreichbar gemacht hatte – zum Beispiel Europa durch sie als Städtenetz im wahrsten Sinne des Wortes erfahrbar wurde –, so brachte das Planetarium den Weltraum und die mit seiner menschlichen Durchdringung verbundenen Technologien und Ideen in die Lebenswelt der Menschen. Im Planetarium stand nichts weniger als die Position der Menschen im und zum Universum zur Debatte – es war, so beschreibt es der Historiker Joachim Krausse, »Kristallisationspunkt zivilisatorischer Reflexion der späten Zwanzigerjahre« und das vor allem aufgrund seiner »technischen Modernität«.[19]

Eine Deutung des Projektionsplanetariums als Ausdruck und Paradebeispiel einer vermeintlichen Moderne oder Modernität, wie Krausse sie vornimmt, liegt nahe. Das Planetarium erfüllt viele der Merkmale, die damit in Verbindung stehen. Moderne, damit wird allenthalben ein Zeitraum, ein damit zusammenhängendes Prinzip der Lebensführung und eine entsprechende Gesellschaftsordnung beschrieben, die sich durch Technisierung, Industrialisierung, Rationalisierung und Beschleunigung auszeichnen.[20] Verortet wird die Moderne in der ›westlichen Welt‹ des 18. bis 20. Jahrhunderts.[21] Mit dieser Verortung geht eine strikte Abgrenzung und Trennung von allem Nicht-Modernen (das vorher und woanders war) einher. Moderne ist die Erzählung eines radikalen Umbruchs. Sie ist auf ihr Gegenteil angewiesen und entsteht durch die Praxisbündel, in denen diese Erzählungen vom Umbruch Verwirklichung finden.[22] Lange fungierte ›Moderne‹ als eine geschichtswissenschaftliche Zeitangabe und die ihr zugeordneten Lebensweisen versah man in den Sozialwissenschaften mit dem Adjektiv ›modern‹. Solche Beschreibungsweisen wirkten nach innen homogenisierend (alles war auf die gleiche Art und Weise modern) und nach außen trennend (Moderne und Nicht-Moderne wurden als signifikant unterschiedlich dargestellt). Seit Mitte der 1990er-Jahre bemerkten immer mehr Wissenschaftler*innen, dass sich diese Trennungen und Homogenisierungen bei genauem Hinsehen nicht so eindeutig wiederfinden – die Realität war und ist viel vermischter und mehrdeutiger, als es ihre Deutung als modern suggeriert und zulässt: Die Idee einer einheitlichen und erkennbaren Moderne musste weichen.

19 Krausse, Joachim: Das Zeiss-Planetarium. In: Ernst-Abbe-Stiftung (Hg.): Wissen in Bewegung. 80 Jahre Zeiss-Planetarium in Jena. Jena 2006, S. 49–86, S. 70.

20 Siehe dazu Bonacker, Thorsten/Reckwitz, Andreas: Das Problem der Moderne: Modernisierungstheorien und Kulturtheorien. In: dies. (Hg.): Kulturen der Moderne. Soziologische Perspektiven der Gegenwart. Frankfurt a. M. 2007, S. 7–18, S. 10.

21 Vgl. ebd.

22 Vgl. Latour, Bruno: Wir sind nie modern gewesen. Versuch einer symmetrischen Anthropologie. Frankfurt a. M. 2002, S. 18 f.

»Wir sind nie modern gewesen«,[23] resümiert Bruno Latour seine Überlegungen. Und doch ist die Idee von der Moderne bis heute wirksam. Sie war und ist ein kulturelles Deutungsmuster und eine wirkmächtige Selbstbeschreibung, mittels der Menschen versuchen, ihre Erfahrungen zu benennen und sie bedeutsam zu machen. Die Idee und Aussage, modern zu sein, war und ist ein wichtiges Werkzeug, um sich zu unterscheiden; sie wirkt sinn- und ordnungsstiftend. Wenn also im Folgenden von ›Moderne‹ die Rede sein wird, so handelt es sich dabei nicht um eine analytische Zuordnung des Planetariums zu einer vermeintlichen Moderne (die es so einheitlich und klar erkennbar, wie es das Konzept suggeriert, ohnehin nie gegeben hat), sondern es sind damit die Selbstwahrnehmung und Selbstbeschreibung der Zeitgenoss*innen angesprochen, denen das Planetarium modern vorkam und die sich im Planetarium modern fühlten. Menschen gingen ins Planetarium, um sich und die Welt dort als modern zu erleben und erkannten in ihm ein Symbol der Moderne. Aus kulturwissenschaftlicher Perspektive wirft diese Art der Modernität mehr Fragen auf, als dass sie Antworten bereithält: Was genau erschien den Menschen modern am Planetarium? Welche Vorstellungen von Modernität lagen dem zugrunde und warum waren sie für die Erfahrungen im Planetarium wichtig? Die Idee, das Planetarium sei eine moderne Institution, markiert hier den Anfang und nicht das Ende der Analyse. Modern-Sein verstehe ich als Praxis und Wahrnehmungsweise, die – das wird noch zu sehen sein – im Planetarium eingeübt und ausgeformt wurden. Gleichzeitig und paradoxerweise überschritt das Planetarium selbst die Grenzen, die sich die Moderne setzte, und verweist damit auf deren Inkonsistenz – auch das wird im Laufe der Arbeit deutlich werden. Nichtsdestotrotz reproduzieren die meisten der Arbeiten, die bislang zur Geschichte des Planetariums erschienen sind, die Erzählung vom Planetarium als dem modernen Ort schlechthin. Die hier erzählte Planetariumsgeschichte ist der Versuch, jenseits totalitärer Deutungen und Fortschrittsnarrative, der Selbstbeschreibung der Menschen als modern nachzuspüren. Insofern ist sie ein Beitrag zur Kulturgeschichte des Alltags, die darauf zielt, das Leben der Menschen in Netzen und Beziehungen mit anderen menschlichen und nicht-menschlichen Akteur*innen zu erkunden und zu verstehen, wie sie sich ihre Welt zurechtlegten und mit Bedeutung versahen.

23 Ebd., S. 64.

1.1 Planetariumsgeschichte und Weltraumanthropologie

Die Erzählungen der Moderne sind strukturiert durch ein Fortschrittsnarrativ, das die Gegenwart als signifikant anders und besser als die Vergangenheit darstellt. Nicht nur die Planetariumsvorträge, auch zahlreiche wissenschaftliche Abhandlungen über das Planetarium folg(t)en diesem Erzählmuster. Schon die Entstehung des Projektionsplanetariums ging mit einer Historisierung und Verwissenschaftlichung des Planetariums einher. Zeiss-Ingenieure verfassten Fachartikel über die Konstruktion des Projektors und das Planetarium wurde in Museums-Fachzeitschriften besprochen.[24] In den verschiedenen Publikationen rund ums Planetarium wurde dieses in Entwicklungsreihen astronomischer Instrumente eingegliedert und als vorläufiger Höhepunkt in der Evolution der menschlichen Erkundung des Weltraumes markiert. Diese Erzählweise übernahmen auch die technikhistorischen Arbeiten, die seit den 1950er-Jahren über das Planetarium verfasst wurden. Der Technikgeschichte war die Fortschrittslogik qua Gründung eingeschrieben und das Projektionsplanetarium bot sich ihr als idealer Forschungsgegenstand an. Die Arbeiten von Gerhard Hartl, Ludwig Meier, Helmut Werner, Joachim Krausse und Henry C. King zeichnen einschlägig und detailgenau die Entwicklungsgeschichte des Planetariums nach und folgen dabei dieser Logik.[25] Sie setzen es in Bezug zu anderen technischen Apparaturen und streichen heraus, wie innovativ die Konstruktion im Kontext ihrer Zeit erschien. Dabei wagen sie teilweise auch Einschätzungen der sozialen und kulturellen Wirkmacht des Planetariums. Vor allem Krausse verbindet seine Entwicklungsgeschichte mit Überlegungen zu veränderten Weltsichten, die das Planetarium mit sich brachte. Seine Arbeit verknüpft klassische Technikgeschichte mit Gesellschafts- und Kulturanalyse, die erst in den letzten Jahren das Planetarium als Forschungsgegenstand entdeckte. Seit der Jahrtausendwende und mit dem Herannahen seines 100. Geburtstags ist das Interesse der Sozial-, Medien- und Kulturwissenschaft am Planetarium wach geworden und hat die technikhistorische Erzählung um weitere Facetten ergänzt. Die dabei entstandenen Arbeiten stellen die Grundlage dar, auf der diese Forschung aufbaut und

24 Bspw. H.W. Dickinson: Opening of the Deutsches Museum, Munich. In: The Museum Journal 25 (1925), H. 4. Verwaltungsarchiv Deutsches Museum: Dru 0986a; Walter Bauersfeld: Das Zeißische Projektionsplanetarium. Jena 1925.

25 Hartl, Gerhard: Der Himmel auf Erden. Das Projektionsplanetarium im Deutschen Museum. In: Kultur & Technik 11 (1987), H. 4, S. 198–206; King 1978; Krausse 2006; Meier 1992; Werner, Helmut: Die Sterne dürfet ihr verschwenden. Stuttgart 1953.

deren Leerstellen sie schließt. An diesem Punkt folgt deshalb ein kurzer Überblick über die bislang zum Planetarium erschienenen Arbeiten.

Der Historiker Jordan D. Marché II legte 2005 eine einschlägige Abhandlung über die ersten 50 Jahre der nordamerikanischen Planetariumsgeschichte vor, in der er dem kulturellen und gesellschaftlichen Einfluss der Institution nachspürt und umfassend die verschiedenen Facetten der Planetariumsnutzung aufzeigt.[26] Einen groben Überblick über die Geschichte der Planetarien in Deutschland und ganz besonders in Hamburg bietet das ebenfalls 2005 erschienene Buch von Planetariumsdirektor Thomas W. Kraupe, das auch für ein nicht-akademisches Publikum verfasst wurde.[27] Kraupe ist wie Krausse in die DFG-Projekte »Zeit – Bild – Raum« und »Konstellationen« an der TU Berlin eingebunden, die von 2011 bis 2013 unter der Leitung des Literaturwissenschaftlers Hans-Christian von Hermann die Geschichte und Gegenwart des Projektionsplanetariums untersuchten. Auf Basis der Projektarbeit ist der Sammelband »Zum Planetarium. Wissensgeschichtliche Studien«[28] entstanden, dessen Beiträge die Projektionsplanetarien einschlägig und umfassend aus medien- und wissensphilosophischer Sicht analysieren. Der von Boris Goesl, Christian von Hermann und Kohei Suzuki herausgegebene Band stellt eine wichtige und tiefgreifende Analyse der ersten Jahre des Projektionsplanetariums dar und bringt sein Potenzial als Gegenstand einer sozialwissenschaftlich argumentierenden Wissenschafts- und Technikforschung zur Geltung. Der Sammelband beleuchtet das Planetarium als facettenreiches Grenzobjekt, als Knoten, der Imagination und Technik, Ingenieurskunst und Didaktik, Weltraum und Erdraum verknüpft und der als Forschungsgegenstand folglich verschiedene Disziplinen zusammenbringt.[29] Das internationale und interdisziplinäre Forschungsnetzwerk »PARS – Performing Astronomy Research Society«, das Wissenschaftler*innen, Künstler*innen und die Vermittler*innen astronomischen Wissens zusammenbringt, stellt das Planetarium ins Zentrum seiner Arbeit. 2017 verantwortete das Netzwerk ein Themenheft der Zeitschrift *Early Popular Visual Culture*, in dem es die Geschichte und Gegenwart spektaku-

26 Marche II, Jordan D.: Theaters of Times and Space. American Planetaria, 1930–1970. New Brunswick/New Jersey/London 2005.

27 Kraupe, Thomas W.: »Denn was innen, das ist außen«. Die Geschichte des modernen Planetariums. Hamburg 2005.

28 Goesl, Boris/von Herrmann, Hans-Christian/Suzuki, Kohei (Hg.): Zum Planetarium. Wissensgeschichtliche Studien. Paderborn 2018.

29 Von Herrmann, Hans-Christian: Zum Planetarium. In: ders./Goesl, Boris/Suzuki, Kohei (Hg.): Zum Planetarium. Wissensgeschichtliche Studien. Paderborn 2018, S. 13–40, S. 13 ff.

lärer Astronomie beleuchtet – einige der im Heft erschienenen Aufsätze widmen sich dezidiert dem Projektionsplanetarium.[30] Herauszuheben sind hier vor allem die Arbeiten der Wissenschaftshistorikerin Charlotte Bigg, die das Projektionsplanetarium als Schule wissenschaftlicher Praktiken des Sehens und der Objektivität skizziert und damit verdeutlicht, inwiefern das Planetarium seinen Besucher*innen Modern-Sein beibrachte.[31] Das Verhältnis von Planetarium und Moderne steht auch in Katherine Boyce-Jacinos Aufsatz (erschienen 2017) über das Berliner Planetarium in seinen Anfangsjahren zur Debatte. Sie beschreibt das Planetarium am Berliner Zoo als paradoxen Ort, der mit ›modernen‹ Mitteln antimoderne Begehren stille.[32] Die Medienwissenschaftlerin Alison Griffiths widmet dem Zuschauer*in-Sein im Planetarium ein ganzes Kapitel in ihrem Buch »Shivers Down Your Spine«.[33] Sie ist interessiert an der Immersionserfahrung, die das Planetarium erzeugte, und erkennt in ihm eine Institution zwischen Popkultur, Wissenschaftsvermittlung und Religion. In den Arbeiten der Berliner DFG-Projektgruppe sowie von Bigg, Boyce-Jacino und Griffiths wird besonders deutlich, wie sehr das Planetarium mit der Formierung von Welt- und Wissenschaftsbildern sowie der Herausbildung eines Selbstverständnisses als Bewohner*in einer von Technik durchdrungenen Welt zusammenhängt. Die Erfahrungen der Besucher*innen bleiben in den genannten Publikationen ansonsten eher unterbeleuchtet. Boyce-Jacino, Bigg und Griffiths wenden sich einzelnen Facetten der Planetariumserfahrungen zu, die sie in ihren Texten umreißen, aber im Rahmen eines Aufsatzes oder eines Kapitels nicht in aller Tiefe erörtern können. Hier setzt diese Arbeit an. Die Erfahrung der Planetariumsbesucher*innen ist ihr Dreh- und Angelpunkt, von dem ausgehend das Projektionsplanetarium als Teil der (städtischen) Alltagskultur der 1920er-Jahre untersucht wird. Sie fügt den bereits erforschten Seiten des Planetariums durch die starke Betonung der Besucher*innenperspektive eine weitere hinzu, füllt damit eine Forschungslücke und ermöglicht, die Geschichte des Planetariums um eine neue Erzählung zu ergänzen.

Nicht nur das Planetarium, auch das, was der Historiker Alexander C.T. Geppert als »Astrokultur« bezeichnet, hat in den letzten Jahren vermehrt wissen-

30 PARS (Hg.): Early Popular Visual Culture 15 (2017), H. 2.

31 Bigg, Charlotte: The View From Here, There and Nowhere? Situating the Observer in the Planetarium and in the Solar System. In: Early Popular Visual Culture 15 (2017), H. 2, S. 204–226.

32 Boyce-Jacino, Katherine: Space and Spectacle in the Berlin Planetarium, 1926–1930. In: Technikgeschichte 84 (2017), H. 4, S. 329–352.

33 Griffiths, Alison: Shivers Down Your Spine. Cinema, Museum, and the Immersive View. New York 2008.

schaftliche Aufmerksamkeit erfahren: »Astroculture comprises a heterogeneous array of images and artefacts, media and practices that all aim to ascribe meaning to outer space while stirring both the individual and collective imagination.«[34] In einem von Geppert 2012 herausgegebenen Sammelband mit dem Titel »Imagining Outer Space« vermessen Autor*innen verschiedener Disziplinen die Geschichte des europäischen Space Age und widmen sich verschiedenen Arten und Weisen, »in which human beings come to terms with and make sense of the infinite universe that surrounds us«.[35] Auch wenn das Planetarium dem von Geppert und Co gesetzten zeitlichen Horizont (etwa 1945–1975) vorausgeht, ist es ohne Frage Ausdruck, Exempel und Quelle der von ihm und seinen Mit-Autor*innen skizzierten Astrokultur. In einem Themenheft der *Technikgeschichte*, das von Geppert in Zusammenarbeit mit dem Historiker Tilmann Siebeneichner herausgegeben wurde und sich den »Berliner Welträumen« widmet, wird das augenscheinlich.[36] Die Autor*innen des Heftes untersuchen anhand von einzelnen Fallbeispielen – darunter ist auch das Projektionsplanetarium – die Berliner Astrokultur in den 1920er-Jahren. Sie erkennen in den Orten der Astrokultur »lieux de l'avenir«, an denen sich Zukunft kristallisiert und erfahrbar wird.[37] Die hier vorliegende Arbeit untersucht ein historisches Verhältnis zum Weltraum, an dem die Menschen im und durch das Planetarium arbeiteten – insofern ist sie auch als Beitrag zur Erforschung der Geschichte einer europäischen Astrokultur zu verstehen.

Im kleinen Kreis der Post-Volkskunde-Fächer des europäischen Raumes (in der DACH-Region operieren sie heute meist unter den Namen Empirische Kulturwissenschaft, Europäische Ethnologie oder Kulturanthropologie) ist bislang noch keine Studie zum Projektionsplanetarium erschienen – auch das ändert diese Arbeit. Sie ist ein Beitrag zur kulturwissenschaftlichen Forschung über die Beziehungen von Menschen und Technik, Menschen und Natur, Menschen und Wissen(schaft), in Vergangenheit, Gegenwart und Zukunft und hat damit so zahlreiche Anknüpfungsmöglichkeiten im Fach, dass sie an dieser Stelle unmöglich alle benannt werden können. Im Verlauf der Arbeit wird die Analyse einzelner Aspekte der Planetariumserfahrungen im Fachkontext verortet und auf

34 Geppert, Alexander C.T.: European Astrofuturism, Cosmic Provincialism: Historicizing the Space Age. In: ders. (Hg.): Imagining Outer Space. European Astroculture in the Twentieth Century. London 2018, S. 3–28, S. 8.

35 Ebd., S. 9.

36 Technikgeschichte 84 (2017), H. 4.

37 Geppert, Alexander C.T./Siebeneichner, Tilmann: Einleitung. ›Lieux de l'Avenir‹. Zur Lokalgeschichte des Weltraumdenkens. In: Technikgeschichte 84 (2017), H. 4, S. 285–304.

die Vorarbeiten und Diskussionen verwiesen, an die sie anschließen. Ein Anknüpfungspunkt sei hier dennoch explizit benannt: International widmet sich ein kleiner Forscher*innenkreis aus dem weiten Feld der Kultur- und Sozialanthropologie seit wenigen Jahren einer »Anthropology of Outer Space«.[38] Ihr liegt die Feststellung zugrunde, »that outer space is a crucial site for examining practices of future imagining in social terms, and for anthropological engagement with these practices«.[39] Mithilfe von ethnografischen Methoden wollen die Weltraum-Anthropolog*innen erkunden, wie Menschen mit dem All umgehen – wie sie es sich vorstellen, erzählen, erforschen und erobern. Dieser Umgang gilt ihnen als Praxis der Zukunftsgestaltung, die nicht außer Acht gelassen werden könne, wenn es darum geht, Alltage im 20. und 21. Jahrhundert zu verstehen: »[F]or the increasing number of nations and groups with a stake in this future/space [...] being earthbound is not a limitation, and it should not be one for anthropologists.«[40] Anthropolgy of Outer Space macht es sich zur Aufgabe, Astrokultur als Umgang mit der Zukunft und der eigenen Gestaltungsmacht zu verstehen, und damit in ihr die Essenz der (vergangenen) Gegenwart zu erkennen. Auch wenn es Forschungen über Zukunft, deren Aushandlung und Imagination im Fach schon lange gibt, ist das Weltall ein kulturwissenschaftlich bislang kaum beforschtes Feld. Unter der Prämisse, Weltraum-Anthropologie zu betreiben, sind bis jetzt in der deutschsprachigen Kulturwissenschaft kaum Arbeiten erschienen – zu nennen ist hier lediglich die in der Reihe »Würzburger Studien zur Europäischen Ethnologie« veröffentlichte Bachelorarbeit von Ayla Wolf, die die Diskurse um das SpaceX-Projekt zur Marskolonialisierung kulturwissenschaftlich befragt.[41] International sind es vor allem die Arbeiten von Debbora Battaglia und Lisa Messeri, die der Anthropology of Outer Space Aufmerksamkeit verschafft haben.[42] Beide Arbeiten verbindet ihr Fokus auf die (wissenschaftliche, populärkulturelle, alltägliche) Auseinandersetzung mit dem Extraterrestrischen als Auseinandersetzungen mit dem Mensch-Sein in einer planetarischen Welt, seiner Begrenztheit und Bedrohung (beispielsweise durch

38 Battaglia, Debbora/Olson, Valerie A./Valentine, David: Encountering the Future. Anthropology of Outer Space. In: Anthropology News 50 (2009), H. 9, S. 11–15.

39 Ebd., S. 11.

40 Ebd., S. 15.

41 Wolf, Ayla: Akteure im Weltraum. Eine medienanalytische Untersuchung des menschlichen Traums zur Marskolonialisierung anhand von SpaceX. Würzburg 2019. URN: urn:nbn:de:bvb:20-opus-192872 (Zugriff: 6.9.2021).

42 Battaglia, Debbora (Hg.): E.T. Culture. Anthropology in Outer Space. Durham/London 2005; Messeri, Lisa: Placing Outer Space. An Earthly Ethnography of Other Worlds. Durham/London 2016.

den Klimawandel als globales Phänomen), aber auch seinen Möglichkeiten und Potenzialen, die womöglich andere Welten umfassen als die irdische. Dabei fokussieren Battaglia und Messeri zunächst die Gegenwart des 21. Jahrhunderts. Dass diese eine Geschichte hat, gerät nicht in Vergessenheit, rückt aber in den Hintergrund. Die hier vorliegende Arbeit will anhand des Projektionsplanetariums Astrokultur als historisch geworden und gesellschaftlich wirksam beschreiben und lässt sich als Beitrag zu einer historischen Anthropologie des Weltraums lesen. Die Auseinandersetzungen mit dem Mensch-Sein in globalen und von vielgestaltigen Akteur*innen besiedelten Welten, die das Planetarium zu Beginn des 20. Jahrhunderts ermöglichte, und die damit zusammenhängenden Planetariumserfahrungen lassen sich aber genauso aus Perspektive einer kulturwissenschaftlichen Technikforschung, relationalen Anthropologie, Populärkulturforschung, Emotionsgeschichte und Wissenskulturforschung untersuchen. Empirische Kulturwissenschaftler*innen lassen sich von der reichen Empirie der Alltagswelt durch die Forschung leiten und versuchen, ihrer Komplexität und Vielschichtigkeit gerecht zu werden. Entsprechend lässt sich diese Arbeit nicht nur einem der genannten kulturwissenschaftlichen Forschungsprogramme zuordnen, sondern nimmt an verschiedenen Stellen verschiedene Perspektiven ein, um die Mehrdeutigkeit der alltäglichen Lebenswelten, in die das Planetarium eingebettet war, sichtbar zu machen. So werden auch Zusammenhänge und Transgressionen deutlich und es zeigt sich, dass gerade das Zusammenspiel verschiedener Entitäten, Erzählungen, Ideenwelten und Wissensbestände das Planetarium als kulturwissenschaftlichen Gegenstand spannend und aussagekräftig macht.

Anlässlich des 80. Geburtstags des Jenaer Planetariums formulierte Hans-Christian von Hermann die Diagnose einer »bisweilen vernachlässigte[n] kulturelle[n] Dimension«[43] des Planetariums. Angesichts der hier zusammengefassten Forschungslage lässt sie sich nicht mehr halten. Allerdings ist die kulturelle Dimension des Projektionsplanetariums noch lange nicht ausgeforscht. Erste Arbeiten haben vor allem deutlich gemacht, wo es Desiderate gibt – gerade die Erfahrungen der Planetariumsbesucher*innen und ihr Umgang mit dem Planetarium gehören dazu. Diese Forschungslücke soll auf den folgenden Seiten geschlossen werden. Dafür ist eine konsequent auf Alltag und die sich darin zurechtfindenden Menschen gerichtete Perspektive, wie sie die Empirische Kulturwissenschaft vertritt, vonnöten. Sie hilft dabei, das Planetarium als Ort der For-

43 Von Hermann, Hans-Christian: Einleitung. In: Ernst-Abbe-Stiftung (Hg.): Wissen in Bewegung. 80 Jahre Zeiss-Planetarium in Jena. Jena 2006, S. 7–8, S. 7.

mierung historischer Astrokultur zu verstehen und beleuchtet seinen Beitrag zum Selbstverständnis der Menschen als Erdbewohner*innen sowie ihre Beziehungen mit den Dingen, Imaginationen, Erzählungen und Politiken, die sie (inner- und außerhalb des Planetariums) umgaben.

1.2 Kulturwissenschaftliche Herangehensweise

Welche spezifischen Erfahrungen, welche Wahrnehmungs-, Wissens- Fühl- und Erzählweisen ermöglichte das Planetarium seinen Besucher*innen in der Zeit seiner Entstehung und Etablierung (etwa 1923 bis 1933)? Welche Bilder, Ideen und Vorstellungen von der Welt, von Wissen(schaft), Technik, Natur und Menschen wurden darin verhandelt und vermittelt? In welcher Verbindung standen die Erfahrungen und Wahrnehmungsmodalitäten zu diesen Welt- und Wissensbildern? Wie wirkten sie aufeinander ein? Diese Forschungsfragen liegen der kulturwissenschaftlichen Analyse des Projektionsplanetariums zugrunde, geben ihr Struktur und führen als roter Faden durch das Labyrinth des historischen Quellenmaterials. Sie umkreisen die Erfahrungen der Planetariumsbesucher*innen, die im Mittelpunkt der Arbeit stehen, und helfen zu verstehen, aus welchen Beziehungsgeflechten das Planetarium hervorging und welche Beziehungsgeflechte sich durch das Planetarium und in ihm entfalteten. Darüber hinaus verweisen sie auf die Wirkmacht des Planetariums als visuelles Wissensmedium, das die Welt nicht nur zeigte und erklärte, sondern dadurch auch formte und veränderte.

Um diesen Forschungsfragen nachzugehen, untersuche ich im Folgenden vier historische Fallbeispiele: die Planetarien in Jena, München, Wien und Hamburg. Jedes dieser vier Planetarien entstand in einem anderen Kontext und unter anderen Bedingungen: Das Jenaer Planetarium stand in enger Verbindung mit der Firma Zeiss und war geprägt vom industriellen und (ingenieurs)wissenschaftlichen Umfeld der Stadt; das Münchener Planetarium war Teil des Deutschen Museums und dort eine Attraktion unter vielen; in Wien eröffnete das Planetarium zunächst temporär, als Teil der Ausstellung »Wien und die Wiener«, und zog dann an den Praterstern, wo es sich gegenüber den dortigen Vergnügungsangeboten verhalten musste; das Hamburger Planetarium im Stadtpark unterstand der Leitung der Oberschulbehörde, war Teil der sozialdemokratischen Bildungspolitik und sollte auch durch seine Naturnähe bestechen. Die vier unterschiedlichen Kontexte verdeutlichen die verschiedenen Nutzungsweisen, Inszenierungen, Organisationsformen und Erzählungen des Planetariums – ihre zahlreichen Gemeinsamkeiten zeigen, was die Planetarien verband. Aus der Zusammenschau der vier Fallbeispiele ergibt sich ein facettenreiches Bild des Projektionsplanetariums in seiner Anfangszeit und von dem Platz, den es im Alltag verschiedener Menschen und verschiedener Orte einnahm. Kriterien für die Auswahl der Fallbeispiele waren ihre Verortung im deutschsprachigen Raum, in dem die Planetariumseuphorie ihren Ursprung nahm, die zentrale Rolle, die sie für die Planetariumsgeschichte spielen (besonders München und Jena), ihre Unterschiedlichkeit und schließlich die gute und zugängliche Quellenlage zu allen vier Planetarien.

Bei mehreren Archivbesuchen habe ich gut 900 historische Dokumente zu den vier Planetarien gesammelt, die die empirische Grundlage für diese Arbeit darstellen. Dazu zählen beispielsweise Bilder, Briefe, Zeitungsartikel, Programmhefte und Verwaltungspläne. Das historische Material habe ich mit den Werkzeugen einer historischen Kulturanalyse ausgewertet. Dazu nutzte ich eine Software zur qualitativen Daten- und Textanalyse, die mir gleichzeitig als Quellendatenbank diente. Die Empirische Kulturwissenschaft geht explorativ vor. Es ist ihr Ansinnen, Forschungen möglichst ergebnisoffen zu gestalten und sich dabei vom Vorfindlichen leiten zu lassen. Das methodologische Vorgehen, die dahinterstehenden theoretischen Überlegungen und damit zusammenhängenden Einschränkungen werden in einem eigenen Kapitel ausführlich erörtert. Hier sei lediglich darauf verwiesen, dass gerade diese Offenheit es ermöglichte, die verschiedenen, auch widersprüchlichen Facetten der Planetariumserfahrung in ihrem Zusammenspiel zu beobachten, zu erfassen und in ihrer Komplexität zur Geltung zu bringen.

Die kulturwissenschaftliche Untersuchung des historischen Materials macht deutlich: Die Wahrnehmungs-, Fühl-, Erzähl- und Wissensweisen des Planetariums lassen sich als Wundern oder Staunen bezeichnen und analysieren. Wundernderweise entwickelte sich im Planetarium eine bestimmte Haltung zur Welt, zum Wissen, zur Technik und zur Natur, die die Planetariumsgäste dort erlernen, einüben und erproben konnten. – Diese These wird auf den kommenden Seiten vertieft, ausgearbeitet und theoretisch sowie empirisch untermauert. Mit dem Wundern als Leitmotiv der Berichte über die Planetarien und als Beschreibungsformel, um die dortigen Erfahrungen sagbar zu machen, ist zweierlei angesprochen: Zum einen geht es um die Beschreibung des Planetariums als »Wunder der Technik«, als das das Planetarium vielen zeitgenössischen Kommentator*innen galt. In der Rede vom »Wunder der Technik« ist ein spezifisches Mensch-Maschine, Mensch-Natur, Mensch-Wissen und Mensch-Welt-Verhältnis angelegt, das in dieser Arbeit genauer unter die Lupe genommen wird. Zum anderen geht es um die Erfahrungen, die die Menschen unter den Planetariumskuppeln machten und die sie als Wundern und Staunen entwarfen – um Techniken des Wunderns. Erfahrungen – auch dazu gibt es später noch mehr zu lesen – setzen sich aus vielen Komponenten zusammen, erstehen aus einer Mischung von Wahrnehmungen, Erzählungen und Gefühlen. Was Wundern als Erfahrung auszeichnet und wie diese Erfahrung als Praxis erlernt, adaptiert und bedeutsam gemacht wird, wird im Rahmen dieser Arbeit ebenfalls ausgelotet. Im Planetarium wurden (Körper-)Techniken des Wunderns ausgehandelt und eingeübt, die den Weltbezug – auch außerhalb der Kuppeln – prägten. Was es damit auf sich hat, sollen die folgenden Seiten zeigen.

Es ist Ziel dieser Arbeit, das Planetarium als Wunder der Technik und gleichzeitig als Technik des Wunderns zu untersuchen, den diskursiven und praktischen Seiten der Planetariumserfahrung gerecht zu werden und dabei deutlich zu machen, wie Formen des Wahrnehmens, Fühlens, Erzählens und Wissens zusammenhängen. Der Sozialanthropologe Alfred Gell schrieb 1992 einen Aufsatz mit dem Titel »The Technology of Enchantment and the Enchantment of Technology« – ein Titel, der dem der hier vorliegenden Arbeit ähnelt.[44] Darin beschreibt er den Reiz von Kunstobjekten als das Wissen über die Technologizität ihrer Herstellung. Weil sie die dahinterstehenden Technologien augenscheinlich, nachvollziehbar und zum Selbstzweck machen, verzaubern Kunstobjekte – sie fungieren als Technologien der Verzauberung und erfüllen damit eine wichtige soziale Rolle. Menschen gehen Beziehungen mit ihnen ein, vergegenwärtigen sich die Technologien, die den Kunstwerken vorausgingen, und die Menschen, die sie vollführten. Diese Technologien selbst wirken verzaubernd, weil sie die Welt in ein anderes Licht rücken und auf andere Art und Weise sichtbar machen. Kunst ist auch Verzauberung durch Technologie: »The technology of enchantment is founded on the enchantment of technology. The enchantment of technology is the power that technical processes have of casting a spell over us so that we see the real world in an enchanted form.«[45] Das Planetarium lässt sich mit Gell als Kunststück, das verzaubert, weil es das Ergebnis von Technologie ist, verstehen, aber auch als Technologie, die verzaubert, weil sie die Welt anders sichtbar macht. Die Doppelläufigkeit von Gells Argument kann außerdem auf die Wunder der Technik und die Techniken des Wunderns übertragen werden: Wunder der Technik entstehen durch die Techniken des

44 Gell, Alfred: The Technology of Enchantment and the Enchantment of Technology. In: Coote, Jeremy/Shelton, Anthony (Hg.): Anthropology, Art and Aesthetics. Oxford 1992, S. 40–63.

45 Ebd., S. 42.

Wunderns – weil sie den Techniken des Wunderns einen Ansatzpunkt bieten, können sie als Wunder gelten. Wie die Technologien der Verzauberung erfüllen die Techniken des Wunderns soziale Aufgaben, moderieren Beziehungen verschiedener – menschlicher und nicht-menschlicher – Entitäten und machen die Welt anders sichtbar. Wie genau das im Planetarium aussah, zeigt diese Arbeit.

1.3 Zum Aufbau der Arbeit

Die Arbeit ist in drei Teile gegliedert, auf die sich auch der Titel »Planetarien. Wunder der Technik – Techniken des Wunderns« bezieht. Im ersten Teil der Arbeit stehen die *Planetarien* als historische Phänomene und als kulturwissenschaftliche Forschungsgegenstände im Fokus. Es geht um ihre Geschichte(n) und die Möglichkeiten, sie zu erforschen. Neben der *Einleitung* zählt dazu ein Kapitel, in dem Überlegungen zur Methodologie mit einer ausführlichen Beschreibung der vier Fallbeispiele kombiniert werden – es wird deutlich, wie *das Planetarium als Feld und Forschungsgegenstand* einer historisch arbeitenden Empirischen Kulturwissenschaft verstanden werden kann. Außerdem wird die Frage geklärt, ob und wie sich vergangene Erfahrungen, Gefühle, Wahrnehmungen kulturwissenschaftlich erforschen lassen und unter welchen Bedingungen das funktionieren kann. Nachdem klar geworden ist, unter welchen Voraussetzungen und mit welchen Einschränkungen eine *historische Ethnografie des Planetariums* arbeitet, stehen die vier Fallbeispiele und die *Planetariumsgeschichten*, die sich durch sie erzählen lassen, im Fokus. Es wird deutlich, innerhalb welcher Kontexte die Planetarien in München, Jena, Wien und Hamburg entstanden, wie sie von ihren jeweiligen Aufstellungsorten geprägt waren, was sie unterschied und verband. Die Geschichten über die Planetarien basieren auf den archivarischen Quellen, die zu den einzelnen Standorten zu finden sind. Deshalb werden sie von einer kurzen Reflektion über die jeweilige Quellenlage gerahmt.

Der zweite Teil der Arbeit befasst sich mit dem Planetarium als *Wunder der Technik*. Einleitend wird die Rede von »Wundern der Technik« als Topos historisch verortet und es zeigt sich, dass gerade Wissenschaft und Wissensvermittlung eng mit dem Wundern und den damit zusammenhängenden Erzählweisen verbandelt sind. Auf Basis dieser allgemeinen Überlegungen rücken zwei Facetten der Planetariumserfahrung in den Blick, die vom Wundertopos gerahmt und durchs Wundern geprägt waren. Das ist zum einen die *Technikerfahrung*, die das Planetarium bereithielt (Kapitel 3): Im Herzen des

Planetariums stand der Projektor, der den künstlichen Sternenhimmel an die Kuppel projizierte. In ihm erkannten die Gäste ein Wunder der Technik. Planetariumsbesuche waren gezeichnet von der Begegnung mit der Maschine und begleitet von Reflexionen über die Handlungsmacht der Technik in Vergangenheit, Gegenwart und Zukunft. Der technisch projizierte Sternenhimmel galt den Planetariumsgästen darüber hinaus als »Wunder der Natur«. Sie machten im Planetarium ambivalente *Naturerfahrungen* (Kapitel 4). Das Planetarium brachte mit urbanen Mitteln eine scheinbar unberührte Natur in die Großstadt und die Besucher*innen hatten den Eindruck, sie im Planetarium intensiv zu erfahren. Ausschlaggebend für die empfundene Naturhaftigkeit des Planetariumshimmels waren die Gefühle, die er hervorrief: Sie erschienen dem Publikum so natürlich, dass ihr Auslöser nur Natur sein konnte – folglich galt ihnen der projizierte Sternenhimmel als Natur. Allerdings zeigt sich anhand der Naturerfahrungen des Planetariums auch, dass dort viele anscheinend dichotome Kategorien durcheinandergerieten, aber auch erst durch einander Bestand hatten – was Natur war, was Technik und was Kultur wurde infrage gestellte und neu ausgehandelt. Wie sich die Technik- und Naturerfahrungen in den Durcheinandern des Planetariums zusammensetzten und warum sie als wunderbar erschienen, wird in Kapitel drei und vier ausführlich erörtert.

Im dritten Teil der Arbeit geht es um die praktische Seite des Planetariums, um die *Techniken des Wunderns*, die dort erlernt, eingeübt und angewandt wurden. Eine kurze Einführung widmet sich dem Wundern als (Körper-)Technik, an der die Planetariumsbesucher*innen aktiv mitarbeiteten, die sie gestalteten und für ihre Zwecke einspannten. Das fünfte Kapitel untersucht die *Körpererfahrungen*, die das Planetarium ermöglichte und die zum Wundern führten. Es geht dabei um die (ästhetische) Arbeit, die sowohl die Betreiber*innen als auch Besucher*innen leisteten, um Wunder(n) hervorzubringen und um das Gefühl der Wissbegier, das damit in Verbindung stand. Der Blick auf die körperliche Seite der Planetariumserfahrung verdeutlicht, dass Wissen und Wissensvermittlung ein körperlich-sinnliches Unterfangen sind und Wissen selbst mit Körper- und Emotionspraktiken einhergeht. Die Techniken des Wunderns zeigen sich sowohl als Techniken der Wissensvermittlung als auch des Wissenserwerbs. Im sechsten Kapitel wird schließlich deutlich, inwiefern die emotionale Haltung des Wunderns im Planetarium zu *Transzendenzerfahrungen* beitrug, die das Planetarium für die Besucher*innen zu einem spirituellen oder religiösen Ort machten. Es zeigt sich, wie im Planetarium Bedeutungen verhandelt und erfahrbar wurden, wie der Horizont der alltäglichen Lebenswelt neu justiert wurde und sich Umgangsformen mit potenziellen Zukünften fanden. Am Beispiel von Weihnachten entpuppt sich das Planetarium als wirkmächtiges (politisches) Symbol, das sich für verschiedene Weltanschauungen als anschlussfähig erwies und Baustoff für Identität und Abgrenzung darbot. Die Erfahrungen von Natur und Technik, menschlicher Macht und Ohnmacht, die das Planetarium bereithielt, mündeten in die Erfahrung des technischen Erhabenen – einer machtvollen, bedeutungsoffenen Empfindung, die die Planetariumserfahrung auf den Punkt bringt und deutlich macht, welche gesellschaftliche Strahlkraft sie hatte.

Das Planetarium war zwar für die meisten Menschen, die es besuchten, kein Thema, das sie andauernd beschäftigte und ihren Alltag beherrschte – die Beziehungen, die sie zu Natur, Technik, Wissen(schaft) und ihren Mitmenschen pflegten und die dort zur Verhandlung standen, waren es wohl. Ein Besuch im Planetarium war eine Freizeitaktivität unter vielen, für manche vielleicht sogar eine lästige Pflicht oder ein kurzlebiger Trend, dem gefolgt werden wollte. Dennoch war das Planetarium bedeutsam, insofern es die Beziehungen zwischen Menschen, Natur, Technik und Wissenschaft thematisierte, sie zur Verhandlungssache machte, erfahrbar werden ließ und seinen Besucher*innen ermöglichte, sie aktiv mitzugestalten. Deshalb lohnt sich eine intensivere Auseinandersetzung mit dem Planetarium aus kulturwissenschaftlicher Sicht: Gerade, weil es zunächst nebensächlich erscheint und als ein Phänomen unter vielen betrachtet werden kann, sich aber bei genauem Hinsehen als Kristallisationspunkt der Beziehungsarbeit entpuppt, die den Zeitgenoss*innen als zukunftsweisend erschien. Die Gestaltungsmöglichkeiten der Beziehungsgeflechte von Menschen, Technik, Natur und Wissen(schaft), die das Planetarium anbot und sichtbar machte, waren in die Zukunft gerichtet und zeigen sich als Vorboten der Diskussionen und Debatten, die bis heute wirksam sind – sowohl in den Geistes- und Sozialwissenschaften als auch in breiten Öffentlichkeiten. Die Kulturwissenschaftlerin Michaela Fenske beschreibt die Bezüglichkeit kulturhistorischer Forschungen wie folgt:

> Es ist ja nicht so, dass wir, indem wir Vergangenes erforschen, nur Vergangenes erforschen: Im spannungsreichen Spagat zwischen Damals und Heute, in der Auseinandersetzung mit dem Vergangenen, ist von Anfang an die Auseinandersetzung mit der Gegenwart angelegt und die Veränderung des Eigenen, auch unseres Selbst.[46]

46 Fenske, Michaela: Mikro, Makro, Agency. Historische Ethnografie als kulturanthropologische Praxis. In: Zeitschrift für Volkskunde 102 (2006), H. 2, S. 151–177, S. 167.

Das gilt auch für diese Auseinandersetzung mit dem Planetarium in den 1920er-Jahren. Sie macht die Historizität der Diskussionen über das Verhältnis von Menschen, Natur, Technik und Wissenschaft deutlich, die heute beispielsweise die Auseinandersetzungen mit der Klimakrise mitbestimmen. Vor allem aber zeigt sie, dass Alltag in komplexen Beziehungsgeflechten stattfindet, die sich als Aushandlungssache konstant verändern und dadurch Gestaltungsmöglichkeiten eröffnen. Das Planetarium ist ein Ort, der dies erfahrbar machte und zur Gestaltung einlud.

2. Das Planetarium als Feld und Forschungsgegenstand

Von 1925 bis 1930 eröffneten weltweit 20 Planetarien – die meisten davon, nämlich 14, in Deutschland. Aber auch Moskau, Rom oder Chicago schmückten sich mit dem prestigeträchtigen Instrument.[47] Jedes dieser Planetarien hat eine eigene Geschichte, individuelle Beweggründe initiierten den Kauf der kostspieligen Maschine und die Kontexte, in die das Planetarium gesetzt wurde, unterschieden sich von Ort zu Ort. Trotzdem gab es auch Verbindendes: Dort, wo ein Planetarium eröffnete, grassierte zunächst eine regelrechte Planetariumseuphorie, die sich durch überschwängliche Zeitungsberichte und vollbesetzte Vorstellungen äußerte. Die Begeisterung hielt zwar oft nur kurz an – meistens nicht länger als ein paar Wochen –, wirkt aber bis heute im positiven Bild fort, das die Menschen vom Planetarium haben. Vier Fallbeispiele stehen im Mittelpunkt dieser Arbeit und exemplarisch für diese erste Welle der Planetariumseröffnungen: die Planetarien in München, Jena, Wien und Hamburg. Anhand dieser Beispiele lassen sich vier verschiedene Planetariumsgeschichten erzählen, die sich in manchem gleichen und in vielem unterscheiden. Sie sind je eng verwoben mit der Geschichte und dem Geschehen ihres jeweiligen Aufstellungsortes und nur vor dessen Hintergrund zu entschlüsseln. Grund für die Auswahl dieser Fallbeispiele waren zum einen die vier unterschiedlichen Entstehungskontexte, die im zweiten Teil dieses Kapitels beleuchtet werden und die in ihrer Zusammenschau viele verschiedene Facetten des Phänomens Planetarium aufscheinen lassen. Ausschlaggebend für die Auswahl war darüber hinaus die gute Quellenlage für alle vier Fälle.

In diesem Kapitel sollen die Geschichten der vier Planetarien genauso bedacht werden wie die Quellen, die sie erzählen, und die Bedingungen ihrer Entstehung. Es geht darum, die vier Fälle kennenzulernen, sie zeitlich und gesellschaftlich zu verorten, in Bezug zum Zeitgeschehen und zueinander zu setzen und so das historische Feld, das durch das Projektionsplanetarium beschrieben wird, für diese Arbeit abzustecken und sich ihm vorsichtig anzunähern. Es geht auch darum, die Bedingungen dieser Feldausbreitung kritisch zu betrachten, methodologische Rahmungen vorzunehmen, sich der Quellenlage gewahr zu werden und die Leerstellen und offenen Fragen, die sie zwangsläufig mit sich bringt, als Teil des Feldes zu begreifen. Bevor im zweiten Teil dieses Kapitels die

47 Gemäß der chronologischen Auflistung von Werner 1953, S. 153.

vier Planetariumsgeschichten aus dem historischen Material herauspräpariert werden, widmet sich der erste Teil methodologischen Grundsatzüberlegungen und entwirft diese Arbeit als historische Ethnografie.

2.1 Zur historischen Ethnografie des Planetariums

Anliegen dieser Arbeit ist es, die Wahrnehmungen, Wissens- und Fühlweisen zu erforschen, die Besuche in den ersten Planetarien hervorriefen. Diese Erfahrungen sind lang vorüber und die Menschen, die sie machten, leben nicht mehr. Von ihren Planetariumsbesuchen ist wenig geblieben. Das, was geblieben ist, sind Bruchstücke und Schnipsel, materielle Überreste, die beinahe hundert Jahre in Archiven und Sammlungen überdauerten und deren Herkunft oft rätselhaft ist. (Wie) Kann es unter diesen prekären Umständen überhaupt gelingen, etwas darüber herauszufinden, wie es für die Menschen in den späten 1920er-Jahren gewesen ist, einer Planetariumsschau beizuwohnen? – Allgemein gefragt: Wie verschafft man sich Zugang zu einem Feld, das in der Vergangenheit liegt?

Solche Fragen werden im Fach unter dem Schlagwort »historische Ethnografie« diskutiert. Dabei steht weniger im Fokus, *ob* ein kulturwissenschaftliches Befragen vergangener Alltage, Eindrücke und Erfahrungen überhaupt möglich ist – dass es funktioniert, zeigt die große Fülle kulturhistorischer Arbeiten, die es bereits gibt –, es geht vielmehr darum, *wie* und mit welchem methodologischen Rüstzeug sich Kulturwissenschaftler*innen der Vergangenheit nähern können, was sich über sie noch herausfinden lässt und was unbeantwortet bleiben muss. Zudem stellt sich die Frage, was es bedeutet, historisch *ethnografisch* zu forschen und was historische Forschungen von ethnografischer Gegenwartsforschung unterscheidet – eine Frage, die in den letzten Jahren von zahlreichen historisch arbeitenden Kulturwissenschaftler*innen produktiv bearbeitet und diskutiert wurde.[48]

48 Siehe dazu bspw. Fenske 2006; Ingendahl, Gesa/Keller-Drescher, Lioba: Historische Ethnografie: Das Archiv als Beispiel. In: Schweizerisches Archiv für Volkskunde 106 (2010), H. 2, S. 241–263; URL: http://doi.org/10.5169/seals-131278 (Zugriff: 10.12.2017); Kienitz, Sabine: Von Akten, Akteuren und Archiven. Eine kleine Polemik. In: H-Soz-Kult, 11.9.2012. URL: www.hsozkult.de/debate/id/diskussionen-1867 (Zugriff: 1.12.2017); Maase, Kaspar: Das Archiv als Feld? Überlegungen zu einer historischen Ethnographie. In: Tisch, Katharina/Hamm, Marion (Hg.): Die Poesie des Feldes. Beiträge zur ethnographischen Kulturanalyse. Tübingen 2001, S. 255–271; Wietschorke, Jens: Historische Ethnografie. Möglichkeiten und Grenzen eines Konzepts. In: Zeitschrift für Volkskunde 106 (2010), H. 2, S. 197–224.

Auf Basis ihrer Überlegungen erläutere ich im Folgenden mein methodologisches Vorgehen und skizziere es als historische Ethnografie.[49]

Was macht historisches Forschen zur Ethnografie?

Mit Ethnografie ist keine Methode und auch kein Methodenmix gemeint, sondern ein Forschungsprogramm, eine epistemische Haltung, die sich vor allem durch ihre Fragerichtung, ihr Erkenntnisinteresse und ihre Vorgehensweise auszeichnet. Ethnografie beruht oft auf Feldforschung, ist aber nicht mit ihr gleichzusetzen.[50] Feldforschung ist gekennzeichnet von teilnehmender Beobachtung, überhaupt der (körperlichen) Co-Präsenz von Forschenden und Beforschten im Feld, von einem dialogischen Austausch zwischen ihnen und der daraus resultierenden Nähe der Forschenden zu ihrem Gegenstand, die sich bis zur Verschmelzung steigern kann. Der*die Forschende nutzt seine*ihre Sinne, Gefühle und Eindrücke als Forschungsinstrumente. Diese Eindrücke werden ihm*ihr zum Material und später analytisch verarbeitet. Daraus resultieren die Notwendigkeit und Selbstverpflichtung, sich selbst sowie die Positionen im und Beziehungen zum Feld ständig zu reflektieren. Eine solche Idee von Feldforschung – darauf besteht Jens Wietschorke in seinem umfassenden Aufsatz zur historischen Ethnografie[51] – lässt sich für ein Feld[52] der Vergangenheit nicht

49 Ich beschränke mich dabei auf die deutschsprachigen Diskussionen – zum einen aus Gründen der Praktikabilität, zum anderen deshalb, weil die Idee und das Schlagwort der historischen Ethnografie sich vor allem im deutschsprachigen Fachkontext herausgebildet haben (selbstverständlich im Austausch mit und in Rezeption von internationalen Konzepten).

50 Das exakte Verhältnis von Ethnografie und Feldforschung ist nicht einheitlich fixiert. In Methodenhandbüchern und -aufsätzen variiert die Darstellung – teilweise findet eine Quasi-Gleichsetzung statt, anderen Autor*innen ist es wiederum sehr wichtig, die Differenzen in den Fokus zu rücken – nicht selten im Verweis auf die historische Ethnografie. Siehe dazu bspw. Breidenstein, Georg/Hirschauer, Stefan/Kalthoff, Herbert/Nieswand, Boris (Hg.): Ethnografie. Die Praxis der Feldforschung. Konstanz/München 2015; Ehn, Billy/Löfgren, Orvar/ Wilk, Richard (Hg.): Exploring Everyday Life. Strategies for Ethnography and Cultural Analysis. London 2015.

51 Wietschorke 2010.

52 Ich verwende trotz allem den Feldbegriff, auch wenn – wie Wietschorke bemerkt (Wietschorke 2010, S. 201 ff.) – er für historische Forschungen irreführend sein kann, die ja eben nicht mit klassischer Feldforschung gleichzusetzen sind. Dennoch möchte ich die Bereiche, über die ich forsche und die sich durch meine Fragestellung zeigen und eröffnen, als historisches Feld bezeichnen – zum einen, um auf deren Konstruktionscharakter aufmerksam zu machen, zum anderen, um ihrer Breite und Tiefe gerecht zu werden.

ohne Weiteres realisieren. Erst recht nicht dann, wenn die Forschung auf Archivalien beruht und es nicht mehr die Möglichkeit gibt, Zeitzeug*innen zu befragen. Aber auch, wenn Interviews noch möglich sind, ist die zeitliche Distanz zum Geschehenen nicht zu überwinden.[53] Die Vergangenheit lässt sich nicht unmittelbar teilnehmend beobachten, und wie es sich angefühlt hat, Teil des historischen Feldes gewesen zu sein, können Forschende nicht mehr am eigenen Leib erfahren. Michaela Fenske resümiert in ihren Überlegungen zur historischen Ethnografie: »In dem eher mittelbaren Zugang und in der Tatsache, dass die direkte Auseinandersetzung mit dem Vergangenen nicht interaktiv ist, sondern ausschließlich auf Seiten der Forschenden stattfindet, besteht einer der größten Unterschiede zwischen der Arbeit im historischen und gegenwärtigen Feld.«[54]

Historische Ethnografie unterscheidet sich also maßgeblich von gegenwartsbezogener Feldforschung – nämlich dadurch, dass den Forschenden ein körperliches Im-Feld- und In-der-Situation-Sein verwehrt bleibt. Doch (wie) lässt sich der Anspruch eines ethnografischen Erkundens auch ohne unmittelbare Teilnahme und körperliche Präsenz erfüllen? Welches sind die entscheidenden Merkmale ethnografischen Arbeitens, die sich auch bei der Erforschung der Vergangenheit durchsetzen lassen? Sowohl Wietschorke als auch Fenske antworten darauf mit der Nähe zum Gegenstand, die sie zum distinktiven Merkmal ethnografischen Arbeitens erklären und die sich trotz zeitlicher Distanz zum Feld herstellen lässt. Ethnograf*innen sind darum bemüht, die von ihnen Erforschten zu Wort kommen zu lassen, ihnen eine Stimme zu verleihen, ihre (Selbst-)Deutungen in den Mittelpunkt zu stellen und dabei die eigene Forscher*innenrolle kritisch zu reflektieren. Das lässt sich auch beim Erforschen historischer Felder umsetzen. An die Stelle der körperlichen Nähe zu Menschen, die im Feld aktiv sind, tritt die Nähe zum historischen Material. Für Gesa Ingendahl und Lioba Keller-Drescher heißt historisch Ethnografieren folglich, »das Material als Gegenüber der Forschung zu begreifen, das es nicht einfach zu lesen gilt, sondern das zur Geltung gebracht werden muss«.[55] Sie verstehen archivalische Quellen als »kondensierte Praxis«,[56] als auf Dauer gestellte »schriftliche Substrate«[57] sozialer (Aus-)Handlungen, die das Handeln der historischen

53 Siehe dazu auch Lipp, Carola: Perspektiven der historischen Forschung und Probleme der kulturhistorischen Hermeneutik. In: Hess, Sabine/Moser, Johannes/Schwertl, Maria (Hg.): Europäisch-ethnologisches Forschen. Neue Methoden und Konzepte. Berlin 2013, S. 205–246, S. 205.

54 Fenske 2006, S. 173.

55 Ingendahl/Keller-Drescher 2010, S. 250.

56 Ebd., S. 244.

57 Ebd.

Akteur*innen für die Gegenwart zugänglich machen. Dabei betonen sie, dass die überlieferte Vergangenheit stets fragmentarisch sei: Es bleibt für historisch Forschende unerlässlich, auch den Leerstellen der Überlieferung Aufmerksamkeit zu schenken und sie analytisch miteinzubeziehen.[58] Wietschorke plädiert ebenfalls dafür, Praktiken der historischen Akteur*innen aus dem Material herauszudestillieren. Er betont, »dass sich der epistemologische Anspruch einer historischen Ethnografie nur dadurch einlösen lässt, dass mittels einer konsequenten Praxistheorie und relationalen Kulturanalyse die Akteure im historischen Feld zum Sprechen gebracht werden«.[59] Die historischen Praktiken vollziehen sich nicht im luftleeren Raum – Wietschorke will zudem die gesellschaftlichen Machtverhältnisse und Kraftfelder vermessen, innerhalb derer sie zustande kamen. Er bezieht sich dabei unter anderem auf Kaspar Maase, für den »die möglichst detailgenaue und nuancenreiche Rekonstruktion der Praktiken aus den Quellen«[60] die Grundlage für das Verstehen der historischen Akteur*innen darstellt. Die Praktiken können aber nicht ohne Kenntnisse des sozialen Gefüges, innerhalb dessen sie stattfanden, verstanden werden.[61] Für Maase ist das historisch ethnografische Arbeiten der Versuch, »zwischen überlieferten Selbstdeutungen und überlieferten Praxen«[62] die Sinnhorizonte vergangener Welten nachzuzeichnen. Er betont, dass dies nur gelingen kann, wenn sich Forschende von ihren Vorannahmen distanzieren – sie müssen sich fremd machen, um sich auf die Vielstimmigkeit der Quellen einlassen und den Eigenlogiken der historischen Akteur*innen folgen zu können.

Als ein Schlüssel historisch-ethnografischen Arbeitens zeigt sich in den hier zitierten Aufsätzen eine praxistheoretische Lesart der historischen Quellen: Historische Ethnograf*innen versuchen Nähe zum historischen Feld herzustellen, indem sie den historischen Praktiken nahekommen und die Vergangenheit als prozessual, im Werden und Wandel befindlich, erkunden. Sie bemühen sich darum, verschiedene – oftmals bislang ungehörte – historische Akteur*innen zu Wort kommen zu lassen und ein facettenreiches Bild vom vergangenen Geschehen zu zeichnen, auch wenn dabei Widersprüche zutage treten, die Geschichtsschreibung verkomplizieren und das Bild von der Vergangenheit kaleidoskopartiger gestalten. Was genau damit gemeint ist und wie es sich methodisch anstellen lässt, das Material zur Geltung und die historischen Akteur*innen

58 Ebd., S. 249 f.
59 Wietschorke 2010, S. 200.
60 Maase 2001, S. 258.
61 Vgl. ebd., S. 258 ff.
62 Ebd., S. 262.

zum Sprechen zu bringen, bleibt oft vage, ist abhängig von der Quellenlage und variiert von Forschung zu Forschung.

Für meine konkrete Forschungspraxis bedeutete der Anspruch einer historischen Ethnografie ausführliche, kleinteilige Archivrecherchen und – soweit möglich – längere Archivaufenthalte, bei denen ich eine große Menge an verschiedenen Materialien sicherte und sichtete. Daraus ergab sich schließlich ein etwa 900 Dokumente umfassender Korpus, den ich unter Verwendung einer für die Analyse qualitativer Forschungsdaten entwickelten Software mit einem Codesystem, Referenzen und Notizen versah.[63] In Jena und München war es mir möglich, jeweils eine Woche von morgens bis abends im Archiv zu arbeiten. In Hamburg und Wien blieben mir für einen physischen Aufenthalt in den Akten je maximal zwei Tage. Die Archive dehnten sich aber, dank digitaler Arbeitspraktiken, weit über ihre physischen Mauern hinaus aus; damit verlängerte sich auch die zeitliche Dimension der Archivaufenthalte. Das Fotografieren der einzelnen Archivalien, das inzwischen in den meisten Archiven erlaubt ist, ermöglichte es, die Teile der Archive, die ich mir zu erkunden vorgenommen hatte, für die sorgfältige Bearbeitung und Sichtung mitzunehmen. Wie viele Stunden, Tage, Wochen, Monate und Jahre ich schließlich im mobilen Archiv, in das sich mein Computer verwandelt hatte, verbrachte, lässt sich nicht zuletzt aufgrund digitaler Entgrenzungen nur schwer messen – mit Sicherheit überschreitet der digitale Archivaufenthalt die Zeit, die ich in den steinernen Archivgebäuden verbracht habe, um ein Vielfaches. Natürlich macht es einen Unterschied, ob ich in ein Gebäude gehe, bestellte Akten abhole, mich an einen Tisch setze, Archivknoten löse, die Akte aufschlage, sie durchblättere, einen Brief mit meinen Händen entfalte, ihn sorgfältig glattstreiche, das Papier fühle und rieche, oder ob ich mir ein Foto dieses Briefs auf dem Bildschirm meines Computers im Kontext der beschränkenden und ermöglichenden Software ansehe, heran- und herauszoome und ihn mit Codes versehe. Über diese Unterschiede gibt es schon einige Reflektionen, die es in Zukunft noch

63 Die Software affordiert gewisse Handlungs- und Analyseweisen (bspw. das Denken in Codes) und nahm Einfluss auf den Verlauf der Forschung. Das der Quellendatenbank zugrunde gelegte Ordnungssystem (gegliedert nach Herkunftsarchiv und dann chronologisch aufsteigend) legte gewisse Lesarten nahe, rückte manche Zusammenhänge in den Fokus und andere an den Rand der Aufmerksamkeit. Zu den Affordanzen, die Technologien auf das Handeln der Menschen haben, siehe Bareither, Christoph: Affordanz. In: Heimerdinger, Timo/Tauschek, Markus (Hg.): Kulturtheoretisch argumentieren. Ein Arbeitsbuch. Münster 2020, S. 32–55.

weiter auszuarbeiten gilt.[64] Für mich hat sich auch das stunden- und tagelange Stöbern in ›meinem‹ digitalen Archiv als wirksam und ergebnisreich erwiesen, in dessen Verlauf mein Feld sich entfalten und ich ihm – im Sinne der hier erläuterten historischen Ethnografie – nahekommen konnte. Dies glückte nicht zuletzt auch deshalb, weil die digitalen Dokumente immer noch Spuren meiner physischen Begegnung trugen (beispielsweise in Form einer aus Versehen mitfotografierten Fingerspitze). So vermittelte sich ihre Materialität digital.

Vor diesem Hintergrund stellt sich auch die Frage, inwieweit die Forscher*innenpersönlichkeit und ihre Bezüge zum Material, ihre sinnlichen und körperlichen Eindrücke Auskunft über das historische Feld geben können und wo diese explizit gemacht werden müssen? Was sagt der »Geschmack des Archivs«[65] über das Feld aus, das sich durch seine Akten und Signaturen auftut und (wie) muss das in der Forschungspraxis berücksichtigt werden? – Hierüber gibt es verschiedene Einschätzungen und vor einigen Jahren ergab sich sogar eine kleine Kontroverse, in der Sabine Kienitz unter anderem auf den Vorschlag von Gesa Ingendahl und Lioba Keller-Drescher reagierte, das »Archiv als Feld«[66] zu verstehen. Kienitz hinterfragt in ihrer »Polemik« den von den Verfechter*innen einer neuen historischen Ethnografie in Anschlag gebrachten epistemischen Wert der sinnlich-emotionalen Erfahrungen im Archiv. Sie kritisiert den daraus resultierenden Prozess der Emotionalisierung der Ergebnisse und die Auratisierung der wissenschaftlichen Archivarbeit. Die Idee, dass durch archivarische Quellen Menschen aus der Vergangenheit unmittelbar nahe rücken und in ihren subjektiven Empfindungen verständlich werden, empfindet Kienitz als Anmaßung – vor allem angesichts »einer breit rezipierten Writing-Culture-Debatte, die auf die Unangemessenheit solcher Deutungs- und Konstruktionsprozesse [...] hingewiesen hat«.[67] Kienitz resümiert:

> Die Aussagekraft meiner persönlichen Emotion in der Konfrontation mit den Quellen und die Affizierung durch die räumliche Konstellation Archiv hat in dem Falle eben wenig mit den Inhalten der Archivalien zu tun. Denn: Das Archiv selbst ist nur der Ort, wo die Forscherin den Quellen begegnet, es

64 Beispielsweise Nicholson, Bob: The Digital Turn. Exploring the Methodological Possibilities of Digital Newspaper Archives. In: Media History 19 (2013), H. 1, S. 59–73.

65 Farge, Arlette: Der Geschmack des Archivs. Göttingen 2011.

66 Ingendahl/Keller-Drescher 2010.

67 Kienitz 2012.

> ist aber nicht der Ort, wo diese Quellen produziert wurden, wo sie entstanden sind.[68]

Ingendahl und Keller-Drescher stärken in ihrem Aufsatz entgegen Kienitz' Deutung aber insbesondere den Punkt, dass das Archiv mit seinen wirkmächtigen Strukturen und Materialien »die Ergebnisse [der Forschung] beeinflusst«.[69] Insofern stehen die beiden Beiträge gar nicht zwangsläufig im Widerspruch, sondern wählen verschiedene Annäherungen an die und Bewertungen der Feststellung, dass Forschende im Archiv sich auch von ihren Gefühlen und Sinneseindrücken leiten lassen und ihre subjektiven Eindrücke die Erkenntnisprozesse maßgeblich beeinflussen. Eine wenig überraschende Feststellung, zu der auch Michaela Fenske gelangt und sie auf andere Weise mit der Writing-Culture-Debatte in Verbindung bringt:

> Die Subjektivität der Forschenden findet sich auch bei historisch-ethnografischer Forschung bereits in der Interaktion im Feld, konkret in ihrer Lesart historischer Dokumente und schreibt sich später, wie nicht zuletzt die ›Writing Culture Debatte‹ bewusst gemacht hat, in ihre Darstellung dieser Beobachtung ein.[70]

Resümierend lässt sich festhalten: Das Archiv (digital oder analog) ist nicht das historische Feld, es ist aber häufig der Ort, an dem sich der Zugang zum Feld öffnet und es sich zu entfalten beginnt. Für die historische Arbeit gilt dasselbe wie für die gegenwartsbezogene Forschung: Forschungsfelder sind nicht einfach gegeben und sie bestehen auch nicht jenseits des Einflusses der Erforschenden. Sie gehen der Forschung nicht voraus, sondern sind Ergebnisse ihrer Fragerichtung, von Abgrenzungsversuchen und wissenschaftlicher Konstruktionsarbeit. Im Archiv werden hierfür wichtige Entscheidungen getroffen, auf die unter anderem die körperlichen, sinnlichen und emotionalen Erfahrungen der Forschenden Einfluss nehmen – sie sind deshalb sehr wohl am Erkenntnisprozess beteiligt, auch wenn sie nicht unmittelbar auf die subjektiven Eindrücke der historischen Akteur*innen verweisen. Über meine Arbeit in den Archiven und später in deren digitalen Repräsentationen habe ich deshalb ein Feldforschungstagebuch geführt, das mir im weiteren Verlauf zum einen als Kompass durch die schnell anwachsende Materialmenge diente, zum anderen als Indika-

68 Ebd.
69 Ebd.
70 Fenske 2006, S. 169.

tor dafür, wie meine Beziehungen zu den Archivalien, mein Denken und Umgehen, Bewerten und Analysieren zustande kamen.

Den Anspruch einer historischen Ethnografie setzte ich also erstens durch Länge, Fülle und Intensität der Auseinandersetzungen mit den Archivalien um, die ohne digitale Hilfsmittel in der Form für meine Arbeit nicht möglich gewesen wären. Dazu gehörte beispielsweise die Möglichkeit, sich in den Quellen zu verlieren, Seitensträngen und scheinbar Nebensächlichem zu folgen: Ich schmökerte unter anderem in Zeitungsartikeln, die zunächst wirklich gar nichts mit dem Forschungsthema zu tun hatten, aber im unmittelbaren Umfeld der Artikel zum Planetarium zu finden waren und es mir ermöglichten, ein Gefühl für die Lebenswelt der historischen Akteur*innen zu entwickeln. Auch die schiere Masse und Mannigfaltigkeit der Quellen halfen dabei, das Feld dicht zu beschreiben. Dabei wäre es ohne die Strukturen, die eine elektronische Datenbank bietet, deutlich schwieriger gewesen, den Überblick zu bewahren, jede einzelne Archivalie trotzdem ausführlich qualitativ zu befragen und ihr Raum zu geben. Die große Fülle des Materials und die Zeit, die ich darin und damit verbringen konnte, haben viel dazu beigetragen, über die zeitliche und räumliche Distanz hinweg Nähe zum Gegenstand herzustellen. Zweitens nutzte ich – wie oben bereits erläutert – ein Feldtagebuch, um die Situiertheit meines Wissens und Arbeitens kritisch zu reflektieren und die zeitliche Distanz zum Feld nicht aus den Augen zu verlieren. Historisch-ethnografisches Arbeiten findet im Bewusstsein der subjektiven Konstruktionsleistungen statt, die zu den Geschichten an seinem Ende führen, und versucht, diese im Prozess des Erkenntnisgewinns zu berücksichtigen. Schließlich habe ich drittens eine Herangehensweise gewählt, die die Akteur*innen und ihre Praktiken fokussiert, aber darüber hinaus auch nach Wissens- und Weltbildern fragt. Sie ist mit weiteren methodologischen sowie konzeptionellen Kernfragen verknüpft, welche im folgenden Teil im Fokus stehen.

Wie forschen über vergangene Erfahrungen, Wahrnehmungen und Gefühle?

Neben der Nähe zum Gegenstand und einer selbstreflexiven Forschungshaltung hat sich im vorangegangenen Teil eine praxistheoretische Lesart als Merkmal der historischen Ethnografie herauskristallisiert. Seit der Diagnose des »Practice Turn« um die Jahrtausendwende[71] stehen Praxistheorien in den Geistes- und Sozialwissenschaften hoch im Kurs. Es gibt viele verschiedene Ansätze, die sich

71 Prominent ausgerufen von Karin Knorr Cetina, Theodore R. Schatzki und Elke von Savigny in ihrem 2001 erschienen Sammelband zu Praxistheorien, der häufig als Beleg für den »Practice Turn« zitiert wird: Knorr Cetina, Karin/Schatzki, Theodore R./von

selbst als Praxistheorien verstehen oder sich als solche begreifen lassen. Die verschiedenen Theorieangebote verbindet – laut Theodore E. Schatzki – dreierlei: Sie zeichnen sich dadurch aus, dass sie erstens den Praxisbegriff zentral setzen, zweitens Praktiken als sozial verfasst definieren und drittens, dass sie soziale Phänomene als in Praktiken begründet ansehen.[72] Damit rücken sie das Handeln und seine Akteur*innen in den Mittelpunkt des Interesses, betonen Materialität und Körperlichkeit und fragen danach, *wie* etwas getan wird und was Menschen (aber auch Dinge, Systeme, Infrastrukturen) *machen*, wenn sie dieses oder jenes tun.[73] Praxis lässt sich am besten im Vollzug beobachten. Für vergangene Ereignisse und historische Felder ist das nicht ohne Weiteres möglich. Ausgehend von dieser Feststellung und vor dem Hintergrund meines Forschungsanliegens stellt sich im Rahmen dieser Arbeit folglich eine weitere Frage: Was bleibt vom Handeln historischer Akteur*innen? Wie hat es sich in den Quellen niedergeschlagen und wie lässt sich etwas darüber herausfinden? Oder anders formuliert: Wenn archivalische Quellen »kondensierte Praxis«[74] sind, (wie) lässt diese sich dann wieder sublimieren? Nun richten sich die Forschungsfragen der Arbeit ja nicht in erster Linie auf Praktiken, sondern konkret auf die Erfahrungs-, Wahrnehmungs- und Wissensweisen der Planetariumsbesucher*innen und darauf, welche Vorstellungen, Welten und Wissensbestände sich darin widerspiegeln und herausbilden. Es gilt also zunächst zu klären, wie das Verhältnis von Praxis zu Wahrnehmungen, Sinneseindrücken, Gefühlen, Erfahrungen beschaffen ist und wie sie sich zu übergeordneten Deutungen und Narrativen (Weltbildern und Wissensbeständen) verhalten. Damit ist letztlich die Beziehung von Praxis und Diskurs angesprochen, die für diese Arbeit ausgelotet werden soll.

Andreas Reckwitz betrachtet mit Praxistheorie und Diskursanalyse zwei vielgenutzte kulturwissenschaftliche Analyseansätze und plädiert dafür, diese nicht zu kontrastieren, sondern sie zu kombinieren. Ein Blick auf die methodologischen Herangehensweisen der beiden Konzepte offenbare »ein Muster, in

Savigny, Elke (Hg.): The Practice Turn in Contemporary Theory. London/New York 2001.

72 Vgl. Schatzki, Theodore R.: Praxistheorie als flache Ontologie. In: Schäfer, Hilmar (Hg.): Praxistheorie. Ein soziologisches Forschungsprogramm. Bielefeld 2016, S. 29–44, S. 30.

73 Zu Praxistheorien und ihrer Verwendung in den Kultur- und Sozialwissenschaften siehe außerdem Reckwitz, Andreas: Grundelemente einer Theorie sozialer Praktiken. Eine sozialtheoretische Perspektive. In: Zeitschrift für Soziologie 32 (2003), H. 4, S. 282–301; Schäfer, Hilmar: Einleitung. Grundlagen, Rezeption und Forschungsperspektive der Praxistheorie. In: ders. (Hg.): Praxistheorie. Ein soziologisches Forschungsprogramm. Bielefeld 2016, S. 9–25.

74 Keller-Drescher/Ingendahl 2010, S. 244.

dem sich die Inkommensurabilität beider Forschungsstrategien auflöst und in dem sich beide in der Forschungspraxis zu überschneiden beginnen«.[75] Auf der einen Seite seien praxeologische Erkundungen – vor allem, aber nicht nur, der Vergangenheit – auf die diskursiven Schilderungen und Spuren von Praktiken angewiesen. Sie arbeiten also text-/bildanalytisch; Diskursanalytiker*innen hingegen fragen auch nach dem Kontext der Aussagekomplexe, die sie erforschen, und begegnen dabei Dispositiven »wie Komplexe[n] von Körpern, Artefakten, Repräsentationen und Wissen«[76] – Praktischem also. Reckwitz schlägt auf theoretischer Ebene das vor, was die Forschungspraxis schon leistet, nämlich keinen der beiden Ansätze zu privilegieren, sondern den Blick auf Praxis-Diskurs-Formationen zu richten. Praxis und Diskurs sind für ihn nichts essenziell Unterschiedliches, sondern »zwei aneinander gekoppelte Aggregatszustände der materiellen Existenz von kulturellen Wissensordnungen«.[77] Reckwitz definiert Diskurse als »Praktiken der Repräsentation […], das heißt Praktiken, in denen Objekte, Subjekte und Zusammenhänge auf eine bestimmte, regulierte Weise dargestellt werden und in dieser Darstellung als spezifische sinnhafte Entitäten erst produziert werden«[78] – und verleiht seinen Ausführungen damit letztlich eine praxistheoretische Schlagseite. Praktiken, wie Reckwitz sie versteht, sind aber nicht vordiskursiv, sondern durchaus vom Diskurs gezeichnet: »Alle sozialen Praktiken enthalten Wissensordnungen und Codes; die diskursiven Praktiken produzieren und explizieren selbst – über den Weg von Argumentationen, Narrationen, Montagen usw. – Wissensordnungen.«[79] Praxis und Diskurs sind einander eingeschrieben und nicht voneinander zu trennen. Gerade ihre Verschränkungen und Verknüpfungen, die sich als brüchig, widersprüchlich und kontingent erweisen, können Auskunft über das Werden und den Wandel von Wissensordnungen und den daraus erwachsenen Weltbildern geben. Die praxistheoretische Perspektive, die historische Ethnograf*innen bei der Archivarbeit anlegen, zeigt sich in der Forschungspraxis als gleichzeitig diskursanalytisch, denn es sind zunächst Bild- und Textdiskurse, die in Archiven übermittelt werden, die aber Auskunft über beide »Aggregatszustände«[80] (Diskurs und Praxis) bereithalten und diese abhängig

75 Reckwitz, Andreas: Praktiken und Diskurse. Eine sozialtheoretische und methodologische Relation. In: Kalthoff, Herbert/Hirschauer, Stefan/Lindemann, Gesa (Hg.): Theoretische Empirie. Zur Relevanz qualitativer Forschung. Frankfurt a. M. 2008, S. 188–209, S. 200.

76 Ebd., S. 201.

77 Ebd., S. 202.

78 Ebd., S. 203.

79 Ebd., S. 205.

80 Ebd., S. 202.

von Fragerichtung und Untersuchungsfokus preisgeben. Reckwitzs Konzeptionierung von Praxis-Diskurs-Formationen bietet sich als Perspektive historischer Ethnografien an, hilft sie doch dabei, den überlieferten Diskurs als diskursive Praxis mit dem vergangenen Geschehen in Verbindung zu bringen und die Spuren vergangener Praxis sowie ihre diskursive Zeichnung zu erschließen.

Vor diesem Hintergrund lässt sich den Forschungsfragen dieser Arbeit eine weitere hinzufügen, die letztlich als Umformulierung und Theoretisierung der bereits genannten Fragen gelten kann: Aus welchen Praxis-Diskurs-Formationen gingen die Wissensordnungen des Planetariums hervor? Dabei liegt der Fokus vor allem auf dem Scharnier zwischen Diskurs und Praxis und das Zusammenspiel der beiden rückt in den Blick: das Verhältnis von implizitem (Körper-)Wissen und expliziten Ordnungsideen von der Welt, das Zusammenkommen von Erfahrung und Erzählung. Folglich bedient sich diese historische Ethnografie des Planetariums sowohl diskursanalytischer als auch praxistheoretischer Lesarten, arbeitet sowohl Aussagestrukturen und -komplexe als auch Praktiken aus den Quellen heraus und setzt sie zueinander in Bezug. Dabei liegt ein besonderer Schwerpunkt auf Erfahrungen, Wahrnehmungen, Emotionen und Sinneseindrücken. Vor allem die Frage nach der Beschaffenheit von Emotionen und die daraus resultierenden theoretischen Konzeptionierungen sowie methodologischen Folgen wurden in den letzten Jahren in der gegenwartsorientierten und der historischen geistes- und kulturwissenschaftlichen Forschung viel diskutiert.[81] Die Entwürfe einer Geschichtsschreibung der Gefühle möchte ich hier mit Überlegungen zur Erforschbarkeit einer Geschichte der Sinne, der Erfahrung und Wahrnehmung in Verbindung bringen und damit eine Antwort auf die Frage formulieren: Wie kommt man an vergangene Erfahrungen, Gefühle, Wahrnehmungsweisen und Eindrücke heran?

Gefühle[82] verstehe ich mit Monique Scheer als kulturelle Praktiken – als etwas, das wir tun. Etwas, das Ergebnis und Basis sozialer Aushandlungsprozesse ist, erlernt, veränderbar und einverleibt,[83] Produkt des Bourdieu'schen Habitus.[84] Scheer entwirft Emotionen zwar als Praktiken, kommt aber auch auf ihre

81 Einen Überblick darüber bieten bspw. Plamper, Jan: Geschichte und Gefühl. Grundlagen der Emotionsgeschichte. München 2012.

82 Ich verwende in dieser Arbeite die Worte »Gefühl(e)« und »Emotion(en)« synonym als analytische Begriffe.

83 Scheer, Monique: Emotionspraktiken: Wie man über das Tun an die Gefühle herankommt. In: Beitl, Matthias/Schneider, Ingo (Hg.): Emotional Turn?! Europäisch ethnologische Zugänge zu Gefühlen & Gefühlswelten. Beiträge der 27. Österreichischen Volkskundetagung in Dornbirn von 29. Mai – 1. Juni 2013. Wien 2016, S. 15–36, S. 17.

84 Vgl. ebd., S. 28.

diskursive Seite zu sprechen und argumentiert dabei ähnlich wie Reckwitz: »Emotionen als Praxis zu begreifen bedeutet, sie sowohl als Diskurs als auch als Performanz beschreiben zu können.«[85] Gefühle als Praktiken haben körperlich-performative *und* diskursive Dimensionen, die zusammenwirken und ineinander übergehen. Scheer bedenkt dabei die enge Beziehung, die Körper und Sprache miteinander eingehen: »Körperliche Aktivierung wird erst durch Versprachlichung sinnvoll; emotionale sprachliche Äußerungen verweisen auf körperliche Zustände, evozieren sie, werden erst durch sie verständlich.«[86] Mit der Konzipierung von Gefühlen als Praktiken, die sich sprachlich-diskursiv und leiblich-performativ äußern, bietet sie auch Antworten auf die methodologische Frage an: Diskurs- und Körperpraktiken lassen sich beobachten, sind sozial und kommunikativ und machen Gefühle für Forschungen greifbar – für historische wie gegenwärtige gleichermaßen.[87] Gerade für die historische Forschung spielt dabei die sprachliche Verfasstheit von Gefühlen eine Schlüsselrolle. Dabei interessiert nicht nur die Art und Weise der Benennung und Anrufung von Emotionen, auch die Beschreibung der körperlichen Affizierung und Reaktionen verweist auf die jeweiligen Praktiken. Scheer schlägt vor, neben den Gefühlswörtern die Erzählungen und Bilder vom fühlenden Körper in die Analyse miteinzubeziehen – wie etwa die Rede vom klopfenden Herzen, vom stockenden Atem und von erstarrten Gliedern. Auch für die Historikerin Ute Frevert ist es die »Sprache der Gefühle«,[88] die für historisch Forschende einen Zugang zu vergangenen Gefühlswelten eröffnen kann (obwohl sie den Schilderungen körperlicher Praktiken dabei weniger Aufmerksamkeit schenkt). Frevert stellt zunächst fest, dass Gefühle Konjunkturen hätten, einem Wandel unterlägen und als sozial ausgehandelte Formen in und aus der Mode kämen – sich also zum Gegenstand historischer Forschungen qualifizierten. Benennung und Bezeichnung spielen in ihren Augen eine zentrale Rolle für das Empfinden und Erleben von Emotionen:[89] »Erst der kognitive Akt der Zuschreibung hebt das, was physiologisch-neuronal wahrgenommen werden kann, in die subjek-

85 Ebd., S. 23.

86 Ebd., S. 29.

87 Vgl. ebd., S. 17.

88 Frevert, Ute: Vergängliche Gefühle. Göttingen 2013, S. 12.

89 Sowohl Frevert als auch Scheer stützen sich dabei auf die Arbeiten von William Reddy. Siehe Reddy, William: The Navigation of Feeling. A Framework for the History of Emotions. Cambridge 2004. Die enge Verbindung von Sprache und Emotion, die gerade für das Erforschen historischer Gefühlskulturen einen elementaren Zugang darstellt, fasst William Reddy mit dem Begriff *emotive*: »Emotives sind Sprechakte, die sowohl beschreiben als auch verändern« (Plamper 2012, S. 304).

tive Erfahrung.«[90] Folglich wandeln sich mit der Sprache und den Grenzen des Denk- und Sagbaren (um hier noch Foucaults Diskursbegriff ins Spiel zu bringen)[91] das Empfinden und Erleben von Gefühlen und vice versa. Frevert fokussiert also mediale und diskursive Praktiken, die Gefühlen Ausdruck verleihen, und analysiert, welche Sprache dabei zum Einsatz kommt:

> Ihre Sprache [der sozialen Praktiken und Medien], sei sie laut oder leise, verkünstelt oder grob, eloquent oder stockend, liefert Historikern den Zugangspunkt, von dem aus sie vergangene Gefühlswelten rekonstruieren können. Diese Sprache spiegelt zuerst und vor allem kulturelle Konventionen und soziale Normen wider. Aber sie erlaubt auch Rückschlüsse auf das, was Menschen tatsächlich fühlten, fühlen wollten oder zu fühlen meinten.[92]

Als Quellen zieht Frevert Egodokumente zurate, aber auch öffentliche Druckerzeugnisse wie (wissenschaftliche) Literatur und Presse, in denen Gefühle zur Sprache kommen. Außerdem schätzt sie Wörterbücher und Konversationslexika als besonders ergiebige und gewinnbringende Quellen ein, die soziale Übereinkünfte über den Kern eines bestimmten Gefühlsworts explizieren, normierend wirken und in historischer Zusammenschau den »semantischen Wandel der Gefühlsbegriffe«[93] illustrieren können. Vergangene Emotionen – kann mit Scheer und Frevert resümiert werden – lassen sich erforschen, indem ihre überlieferten sprachlichen Niederschläge als diskursive Praxis und die Texte als Zeugnisse und Ergebnisse von (Körper-)Praktiken unter die Lupe genommen werden.

Nicht nur Emotionen haben eine sprachliche Dimension, die sie für historische Forschungen greifbar machen – Wolfgang Kaschuba bemerkt, dass auch Wahrnehmungsweisen und Sinneseindrücke sozial geformt, gesellschaftlich geprägt und diskursiv vermittelt seien und damit für historisch Forschende zugänglich würden. Menschen erlernen Weisen des Fühlens, Wahrnehmens und Sehens genauso wie die Sprache, mit der sie diese bezeichnen. Für Kaschuba stellen Literatur, bildende Kunst, Alltagstexte, aber auch Erziehung und Alltagshandeln Wahrnehmungsschablonen dar, die den Zeitgenoss*innen bestimmte Wahrneh-

90 Frevert 2013, S. 10.

91 Zu Foucaults frühem Diskursbegriff siehe bspw. Foucault, Michel: Die Ordnung des Diskurses. Inauguralvorlesung am Collège de France – 2. Dezember 1970. Frankfurt a. M./Berlin/Wien 1977.

92 Frevert 2013, S. 15.

93 Frevert, Ute: Gefühle definieren: Begriffe und Debatten aus drei Jahrhunderten. In: dies. u. a. (Hg.): Gefühlswissen. Eine lexikalische Spurensuche in der Moderne. Frankfurt a. M./New York 2011, S. 9–39, S. 18.

mungsweisen nahelegen, weil sie sich darin niederschlagen: »Man weiß, wie man Erlebtes und Erfahrenes zu sehen und wie man darüber zu reden hat, weil das Erziehung und Alltag, Gespräche und Lesestoffe lehren.«[94] Für ihn sind Texte und Bilder »›Quellen‹ besonderer Art [...]: Sie sind nämlich absichtsvolle Produkte und Medien dieses ›erfahrenden‹ Sehens, spiegeln also die ästhetische Verfertigung von gesellschaftlichen Blicken und zeitgenössischen Perspektiven explizit wieder«.[95] Der Historiker Robert Jütte wagt den Versuch, eine umfassende Geschichte der Sinne zu schreiben, und stützt sich dabei auf ähnliche Quellen:

> Es gibt durchaus auch für die Geschichte der Sinne ergiebige Zeugnisse, aus denen sich die Geschichtlichkeit unserer Sinne, ihre Rangordnung, ihre Gebrauchsweise und ihre Bezugsrahmen herausfinden lassen. Dazu zählen neben normativen Texten (z. B. Anstandsbüchern, Gesundheitsratgebern) und medizinischen, moral-theologischen oder philosophischen Abhandlungen vor allem die sogenannten ›Ego-Dokumente‹, die Einblicke in kulturelle Praktiken und Erfahrungen von Leiblichkeit gewähren. Sie liefern punktuelle Belege für die Entwicklung sowie für die Rolle einzelner Sinne und ihrer unterschiedlich erfahrenen Rangordnung (einschließlich der wahrgenommenen Bedeutung).[96]

Neben den Gefühlen sind also auch Wahrnehmungsweisen und Sinneseindrücke Produkte gesellschaftlicher Aushandlungsprozesse und lassen sich auf Praktiken zurückführen – sprachlich-diskursive wie körperlich-performative. Wie man die Wahrnehmung gebraucht, wie man sie steuert und leitet, welche Sinneseindrücke man nutzt, um der Welt nahezukommen und wie man sie deutet, hängt davon ab, welche Praktiken man erlernt hat, sich seiner Sinne und seines Körpers zu bedienen und welches (verbale und nonverbale) Ausdrucksrepertoire einem dafür zur Verfügung steht. Dieses Ausdrucksrepertoire und die Praktiken sind wirkmächtig, denn sie beeinflussen nicht nur die Wahrnehmung, sondern wirken konstitutiv auf das Wahrgenommene:

> Sinnesreize (bottom-up) treffen immer schon auf Erwartungsschemata (top-down). Sie werden gemäß erlernter Schemata, Kontextwissen und – unter anderem kulturell geprägter – kognitiver Landkarten strukturiert. Paradox

94 Kaschuba 2004, S. 24.

95 Ebd., S. 25.

96 Jütte, Robert: Geschichte der Sinne. Von der Antike bis zum Cyberspace. München 2000, S. 23.

zugespitzt: man nimmt nur wahr, was man zu einem gewissen Grade schon kennt.[97]

Das hat beispielsweise der Kunsthistoriker Jonathan Crary mit seiner Untersuchung des Sehens seit Beginn des 19. Jahrhunderts deutlich gemacht. Er beschreibt, wie Wahrnehmungsweisen und ihre Konzeptualisierungen sich im Laufe der Zeit wandeln und welchen nicht zu unterschätzenden Einfluss sie auf den Weltbezug der Menschen haben.[98] Anhand von Bildern und Texten, aber auch anhand von materiellen Zeugnissen zeigt Crary, wie sich das »Modell des subjektiven Sehens«[99] entwickelte, das die neue Subjektform des »modernen Betrachters«[100] und damit letztlich die Moderne selbst hervorbrachte.[101] Dabei zieht er auch materielle Arrangements und Apparaturen (wie bspw. das Stereoskop),[102] die den Körper in Position bringen und so Sehen ermöglichen und begrenzen, als Quellen heran. Kaschuba bringt Crarys These auf den Punkt: »Nicht nur Dinge, auch Sehweisen ›erfinden‹ die Welt neu.«[103]

Sinneseindrücke und Wahrnehmungsweisen münden zusammen mit Emotionen, Erzählungen und Wissensordnungen in Erfahrungen. Der Erfahrungsbegriff ist zwar ein Schlüsselbegriff kulturwissenschaftlichen Forschens, blieb aber bislang im Fach theoretisch eher unterbeleuchtet und unscharf.[104] Gerade die definitorische Offenheit und Unschärfe des Begriffs tragen erst dazu bei, dass er sich für so viele Forschungen anschlussfähig zeigt und häufig Verwendung findet. Silvy Chakkalakal macht Erfahrung als philosophischen und sozialwissenschaftlichen Schlüsselbegriff aus, der sich um 1800 herausbildete und seither zentral in ethnografisch arbeitenden Disziplinen verortet ist.[105] Als ge-

97 Kimmel, Michael: Kultur, Körper, Sinne. Embodiment als kognitives Paradigma. In: Aichinger, Franz/Eder, Franz X./Leitner, Claudia (Hg.): Sinne und Erfahrung in der Geschichte. Wien 2003, S. 53–74, S. 54.

98 Crary 1996.

99 Ebd., S. 20.

100 Ebd., S. 22 ff.

101 Ebd., S. 21.

102 Ebd., S. 30 und S. 128.

103 Kaschuba 2004, S. 10.

104 Auf dieser Feststellung fußte auch der im November 2020 digital abgehaltene Workshop »Erfahrung. Konzeptionen und Standortbestimmungen eines Schlüsselbegriffs der Europäischen Ethnologie«, der es sich zum Ziel gesetzt hatte, den Begriff für die Kulturwissenschaft neu zu befragen und zu schärfen.

105 Chakkalakal, Silvy: Lebendige Anschaulichkeit. Anthropologisierung der Sinne und der Erfahrungsbegriff im 18. Jahrhundert. In: Zeitschrift für Volkskunde 110 (2014), H. 1, S. 33–64.

winnbringend sei das Konzept unter anderem deshalb erkannt worden, weil »[d]ie Rede von der Erfahrung [es] erlaubt [...], Wahrnehmen und Erkennen auf einer Ebene zu behandeln«.[106] Das zum Ende des 18. Jahrhunderts einsetzende Primat der Erfahrung, das Chakkalakal konstatiert, brachte neue Ideen über Wissenserwerb mit sich: Erkenntnis wurde als eng an (sinnliche) Erfahrung geknüpft verstanden und Erfahrungen in die Bildung integriert. Man kuratierte sie, setzte sie didaktisch ein und führte sie absichtsvoll herbei: »Erfahrung-Machen muss deshalb als kulturelle Praktik verstanden werden, die Teil einer bürgerlichen Sozialstruktur war, innerhalb derer jeder Mensch seine Position einnehmen sollte.«[107] Erfahrungen haben also, ähnlich der oben bereits eingeführten Konzepte, tätige und gesellschaftliche Seiten. Während Chakkalakal zunächst die historische Genese des Konzepts und seine Wirkungen analysiert, verweist sie im letzten Teil ihres Aufsatzes auf den Begriff als »vielleicht ein[en] der zentralen Begriffe«,[108] der nicht nur zur disziplinären Selbstvergewisserung tauge,[109] sondern darüber hinaus vermöge, »die Doppelläufigkeit von Kultur im Sinne von Struktur und Möglichkeitsraum zu erfassen«.[110] Diese Doppelläufigkeit – das Zusammendenken und In-Bezug-Setzen von sinnlichen Eindrücken, Erkenntnis und Methode, vom Wie und Was, das der Begriff ermöglicht – macht ihn auch für diese Arbeit attraktiv. Obwohl bei der historischen Ethnografie des Planetariums wie bereits dargelegt Erfahrung als Methode in den Hintergrund rückt, interessiert sie als Gegenstand umso mehr, denn die Forschungsfragen, die der Arbeit zugrunde liegen, zielen mit ihrem Fokus auf Wissen und Wahrnehmen und deren Bezüglichkeit zu Lebenswelt und Alltag letztlich auf die Erfahrungsdimension des Planetariums. Dieser Fokus ist nicht neu, auch die in den 1970er-Jahren groß gewordene Alltagsgeschichte nahm – phänomenologisch inspiriert und informiert – die »ihre Alltagswelt deutenden und handelnden historischen Subjekte, deren Wissen und Erfahrungen«[111] in den Blick. Alltag ist in dieser Denkart verstanden als von mannigfaltigen Erfahrungen durchdrungen und geprägt, denen Sinn zugeschrieben wird, die Handlungsräume definieren und die Lebenswelt an die Subjekte vermitteln. Diese historische Ethnografie des Planetariums ist letztlich auch als Versuch einer Alltagsgeschichtsschreibung zu lesen, die das Erfahrung-

106 Ebd., S. 37.
107 Ebd., S. 41.
108 Ebd., S. 64.
109 Ebd., S. 63.
110 Ebd., S. 64.
111 Lipp 2013, S. 214.

Machen der Menschen, seine Bedingungen und Agenden auslotet. Erfahrung-Machen verstehe ich dabei als Konglomerat aus Fühlen, Wahrnehmen, Wissen und Erzählen beziehungsweise Erzählt-Bekommen – Erfahrungen sind zwar subjektiv, aber sie sind auch interpersonell und sozial verfasst.

Neben Emotionen haben auch Sinne, Wahrnehmungsweisen und Erfahrungen eine gesellschaftliche Seite und taugen damit als Gegenstände sozialwissenschaftlicher Forschungen. Eine Geschichte der Sinne, der damit verbundenen Wahrnehmungen und daraus resultierenden Erfahrungen lässt sich ähnlich einer Geschichte der Gefühle mit Hilfe mannigfaltiger Quellen schreiben, die sich vor der praxistheoretischen Linse als Auskunftsgeber über vergangenes Gefühls-, Wahrnehmungs- und Wissensgeschehen zeigen: Briefe, Broschüren, Dokumente, Pläne, Bilder, Verträge, Zeitungsartikel – und viele mehr, denen man im zweiten Teil dieses Kapitels begegnen kann. Inwiefern sind diese bewahrten Briefe, Broschüren, Dokumente, Pläne und so weiter aber zuverlässige Quellen für die Erfahrungen und Einstellungen der Planetariumsbesucher*innen? – Für eine öffentliche Publikation entstandene Texte bilden Erfahrungen nicht nur ab, sondern prägen und ermöglichen sie auch durch den diskursiven und deskriptiven Rahmen, den sie abstecken. Private oder halböffentliche Schrifterzeugnisse sind sowohl textliche Niederschläge von Erfahrungen als auch Anleitungen zum Erfahrung-Machen. Der Erzählforscher Albrecht Lehmann stellt bei seiner Untersuchung der Verbindung von Erfahrung und Erzählen fest, dass es nicht (mehr) möglich sei, zwischen Erfahrungen »aus erster Hand« und Erfahrungen »aus zweiter Hand« zu unterscheiden.[112] Damit meint er, dass jede Erfahrung, die Menschen machen, auf vorangegangene, erzählte Erfahrungen rekurriert und erst durch sie zu der Erfahrung wird, als die sie gilt. Erfahrungen macht man nicht im luftleeren Raum, sondern in sozial ausgestalteten und vermittelten Kontexten: »Die Erfahrungen zweiter Hand ergeben in ihrer Gesamtheit die Kultur jeder modernen Gesellschaft, d.h. den sozialen Kontext, aus dem wir unsere Maßstäbe im Alltag beziehen.«[113] Was die Menschen über Planetariumsbesuche lasen, welches Bild sie sich davon machten, prägte ihre Planetariumserfahrungen maßgeblich. Im Anschluss an Ute Freverts »Sprache der Gefühle« verstehe ich meine Quellen als Träger einer »Sprache der Erfahrungen«, die mir Einblicke in vergangene Gefühls-, Wissens- und Erfahrungswelten gewähren und Zugänge zu den körperlichen und diskursiven Praktiken, die das Erleben im Planetarium ausmachten, eröffnen. Neben dieser

112 Lehmann, Albrecht: Reden über Erfahrung. Kulturwissenschaftliche Bewusstseinsanalyse des Erzählens. Berlin 2007, S. 39.

113 Ebd.

sprachlichen Seite ermöglichen es Beschreibungen von Körperempfindungen und die Analyse räumlich-materieller Settings sowie ihrer Abbildungen die körperliche Seite der Wahrnehmung mit in die Untersuchung einzubeziehen. Ein letzter Zweifel an der Zuverlässigkeit der Quellen kann und soll dennoch nicht ausgeräumt werden, denn er ist produktiv und verdeutlicht die Distanz zur Vergangenheit, die sich aller Anstrengungen zum Trotz nicht überwinden lässt. Die hier vorgeschlagene Geschichte ist zwar Ergebnis des dargelegten sorgfältigen, wissenschaftlichen Vorgehens – aber wie es *wirklich* war, muss fraglich bleiben.

2.2 Planetariumsgeschichte(n)

> Aufgabe der historiographischen Erzählung ist, sprachlich eine kleine Welt zu erschaffen, die die Quellen zu Äußerungen anregt, ihnen die Möglichkeit verschafft, von uns gehört zu werden – auch Widersprüchlichkeiten und Misstöne der Stimmen, Schreie und Schweigen, Unverständliches und Unartikuliertes.[114]

Vier Fallbeispiele liegen dieser Arbeit zugrunde, vier Fragmente, die mit Sorgfalt und Skepsis zu vermessen sind, und vier verschiedene Quellenlagen, die je eigene Aufforderungen und Herausforderungen darstellen. Daraus lassen sich vier Planetariumsgeschichten stricken, vier kleine Welten skizzieren, die das Feld dieser historischen Ethnografie beschreiben und einen Raum eröffnen, in dem die Quellen gehört und in ihren Kontexten verstanden werden können. Dies soll zunächst mit Hilfe dichter Beschreibungen gelingen, in denen die Geschichten der vier Planetarien, die von 1925 bis 1930 in München, Jena, Wien und Hamburg eröffneten, ausgebreitet werden. Für Clifford Geertz, der die Idee der dichten Beschreibung ausbuchstabiert, ist Kultur ein »selbstgesponnenes Bedeutungsgewebe«[115] und die Aufgabe von Ethnograf*innen ist es, das, was sie auf der Suche nach dieser Bedeutung finden, interpretierend – das heißt *dicht* – zu beschreiben. Dichte Beschreibung wird zum entscheidenden Merkmal von ethnografischem Arbeiten.[116] Geertz hat dabei zwar keine historischen, archivalischen Forschungen im Sinn, seine Idee von Ethnografie lässt sich aber hervorragend auf die Vergangenheit anwenden und als historische Ethnografie

114 Maase 2001, S. 262.

115 Geertz, Clifford: Dichte Beschreibung. Beiträge zum Verstehen kultureller Systeme. Frankfurt a. M. 1995, S. 9.

116 Vgl. ebd., S. 10.

umsetzen. Historische Quellen sind überlieferte Zeugnisse vergangener Webarbeiten. Der Versuch, diese Bedeutungsgewebe zu interpretieren, stößt an seine Grenzen, wenn offenbar wird, dass die Distanz zu den Weber*innen sich nie gänzlich überbrücken lässt, egal ob sie der Gegenwart oder der Vergangenheit angehören. Trotz alledem – Nähe zum historischen Material herstellen heißt zunächst: sich mit viel Zeit und Geduld in die Welten hineinbegeben, die sich in den Quellen auftun, sich auf die Sprechweisen, Erzählungen, Meinungen und Anschauungen einlassen, den Eigenlogiken der historischen Akteur*innen folgen, ihre Bedeutungsgewebe interpretieren sowie Mehrdeutigkeiten, Differenzen und Widersprüche, die zwangsläufig zwischen den Aktenzeichen lauern, nicht übergehen, sondern als elementaren Teil des Feldes begreifen. Deshalb finden in diesem Teil der Arbeit neben den mehr oder weniger chronologischen Erzählungen der einzelnen Planetariumsgeschichten auch eine Reflektion der Quellenlage und eine kritische Betrachtung des Vorfindlichen ihren Platz. Die dichte Beschreibung des Planetariums in seiner Anfangszeit wird in den später folgenden Analysen fortgeführt und erschöpft sich nicht in diesem Teilkapitel. Die vier Erzählungen dienen als Ausgangspunkte und Rahmen, als Vorbereitung für die folgenden Tiefenbohrungen und sollen dabei helfen, die Geschehnisse in einen breiteren Horizont einzuordnen und historisch zu verankern. Die Anmerkungen zur Quellenlage und zur Quellenkritik sollen darüber hinaus die Grenzen dieser Arbeit verdeutlichen und zeigen, dass die lokal verschiedenen Geschichten auch Ergebnis der lokal unterschiedlichen Quellenlagen sind.

Die Quellen spiegeln mannigfaltige Sichtweisen und Deutungen des Planetariums wider, die zusammengenommen ein facettiertes Panorama ausbreiten. Eines haben die Quellen dieser Arbeit aller Unterschiede zum Trotz gemeinsam: Die Perspektive, die sie eröffnen, ist vornehmlich eine männliche. Frauen treten als Autorinnen kaum (sichtbar) in Erscheinung, was nicht zwangsläufig bedeutet, dass sie keinen Anteil am Entstehen der Quellen oder gar des Planetariums hatten.[117] Es zeigt allerdings deutlich, dass patriarchale Gesellschaften auch patriarchale Überlieferungsstrukturen hervorbringen, die bis heute nachwirken. Als Autoren der Briefe, Geschäftsschreiben, Verträge, Zeitungsartikel, Vorträge und so weiter, die im Quellenkorpus vorhanden sind, zeigen sich nur Männer. Menschen anderen Geschlechts erscheinen in den Quellen als Planetariumsbesucher*innen, teilweise als Lehrer*innen, die dort Vorträge hielten, oder als Künstler*innen, die die Räume gestalteten – wir erfahren das aber

117 Zu den unsichtbaren Beiträgen, die Frauen bspw. zur Vermessung des südlichen Sternenhimmels leisteten, siehe Stevenson, Toner M.: Observing the Less Visible: Alice Takes on Astronomy. In: Museological Review 16 (2012), S. 29–45.

über sie und nicht explizit von ihnen. Welchen unsichtbaren Beitrag sie zur Erfindung, Entwicklung und Erfahrung des Planetariums geleistet und inwiefern sich ihre Ideen in die Quellen eingeschrieben haben mögen, bleibt unklar. Überliefert sind außerdem wenig private Dokumente – also kaum klassische Ego-Dokumente wie persönliche Briefe, Tagebucheinträge und Ähnliches, die als Paradequellen für Erkundungen zu Wahrnehmungen, Gefühlen und Erfahrungen gelten (entsprechende Suchanfragen beispielsweise im Deutschen Tagebucharchiv blieben leider erfolglos). Diese Lücken klaffen im Korpus und müssen ungeschlossen bleiben. Dennoch stecken auch in Lehrvorträgen, Zeitungsberichten, Essays, Planungsdokumenten, Werbeideen und Bildern Hinweise, die zur Beantwortung der Forschungsfragen dieser Arbeit taugen.

Das Planetarium im Deutschen Museum – eine Attraktion unter vielen

Wann und wo die Geschichte des Projektionsplanetariums begann, ist schwer zu sagen und abhängig vom Ziel der jeweiligen Erzählung: Manch eine fängt mit der Himmelsscheibe von Nebra an, einer der ältesten Darstellungen des Firmaments. Andere nehmen die ersten mechanischen Astrolabien – drehbare Scheiben, die als kartenähnliche Abbildungen des bewegten Nachthimmels fungierten und zur Orientierung dienten – zum Ausgangspunkt ihrer Erzählung. Wiederum andere starten ihre Geschichte im 17. Jahrhundert mit dem Gottdorfer Globus, einer begehbaren Hohlkugel, auf deren Innenseite ein barocker Sternenhimmel bis zu zwölf Personen gleichzeitig zur Kontemplation einlud. Und viele sehen einen unmittelbaren Vorläufer des Projektionsplanetariums in der Atwood Sphere, die 1913 in Chicago Furore machte. Die dreh- und begehbare Hohlkugel aus Blech war durchlöchert, sodass Tageslicht hineinfallen konnte – jedes Loch simulierte einen Stern. Ähnliches hatten auch die Mitarbeiter*innen der »Firma Michael Sendtner – Fabrik für Präzisionsinstrumente« im Sinne, als sie im Jahr 1912 auf eine Anfrage hin dem Deutschen Museum eine Skizze für ein Planetarium zukommen ließen. Darin wird die Konstruktion einer Blechkugel entworfen, durch die »Bohrungen geführt [sind], die durch ihre Größe und Stellung zu einander die Sternkarte darstellen«.[118] Die Firma Sendtner hatte 1906 schon zwei kleinere Planetarien für das Museum angefertigt: durchsichtige Glasgloben, in deren Inneren bewegliche Modelle des Sonnensystems zu sehen waren. Das jetzt neu geplante soge-

118 Firma Michael Sendtner, Fabrik für Präzisionsinstrumente: Beschreibung der Planetarien, Brief vom 1. Oktober 1912. Verwaltungsarchiv Deutsches Museum: VA 4037.

nannte Ptolemäische Planetarium sollte den Besucher*innen die Sternen- und Planetenbewegungen, wie sie den Menschen von ihrem Standpunkt auf der Erde erscheinen, verdeutlichen und die Abteilung Astronomie des Deutschen Museums vervollkommnen. Es sei schon vorab verraten: So, wie es sich die Firma Sendtner in ihrem Entwurf ausmalte, kam es nicht.

Die Geschichte des Projektionsplanetariums, die hier erzählt wird, findet ihren Startpunkt hingegen in der Planung des Deutschen Museums in München, die freilich schon etwas früher begann, als es der Zeitrahmen dieser Arbeit vermuten lässt. 1903 rief Oskar von Miller, ein dem Kaiser sowie der bayerischen Monarchie treuer Bürger, Elektroingenieur und Museumsinitiator, zur Gründung eines »Deutschen Museums für Meisterwerke der Naturwissenschaft und Technik« auf.[119] Die Idee gor bereits eine Weile – 1891 schrieb er in einem Brief an seine Ehefrau Marie von der Möglichkeit eines technischen Nationalmuseums – aber es dauerte, bis sie schließlich eine konkrete Gestalt annahm.[120] Das wilhelminische Bildungsbürgertum und die kulturellen Eliten des Kaiserreichs huldigten zwar dem Fortschritt, den Technik und Industrie mit sich brachten, Ingenieure und Techniker mussten aber als gesellschaftliche Gruppe lange vergeblich um Anerkennung kämpfen (ein Beispiel: das Promotionsrecht zum Dr.-Ing. wurde erst 1899 gewährt).[121] Technik und Industrie wurden nur allmählich als legitimer Teil von Kulturlandschaften akzeptiert und ihre Museumstauglichkeit erst nach und nach erkannt – das wollte Oskar von Miller mit dem Deutschen Museum ändern. In seiner ersten Satzung aus dem Jahr 1903 hatte es sich das Museum zur Aufgabe gemacht, »die historische Entwickelung der naturwissenschaftlichen Forschung, Technik und Industrie in ihrer Wechselwirkung darzustellen«.[122] Es war damit nach der Eröffnung der provisorischen Ausstellung im Jahr 1906 das Erste seiner Art im deutschen Kaiserreich.[123] Die Besucher*innen strömten ins Alte Nationalmuseum, wo das

119 Weber, Wolfhard: Vorgeschichte und Voraussetzungen der Museumsgründung. In: Füßl, Wilhelm/Trischler, Helmuth (Hg.): Geschichte des Deutschen Museums. Akteure, Artefakte, Ausstellungen. München 2003, S. 45–58, S. 57.

120 Vgl. Füßl, Wilhelm: Gründung und Aufbau 1903–1925. In: Trischler, Helmuth/ders. (Hg.): Geschichte des Deutschen Museums. Akteure, Artefakte, Ausstellungen. München 2003, S. 59–101, S. 59.

121 Vgl. Füßl 2003, S. 59 und Weber 2003, S. 57 f.

122 Museum von Meisterwerken der Naturwissenschaft und Technik. Satzung, 28.12.1903, § 1, zit. nach Füßl 2003, S. 81.

123 Eine ausführliche Geschichte der Gründung des Deutschen Museums ist bei Füßl 2003 nachzulesen. Ein Porträt der Gründungszeit und ihrer Artefakte enthält außerdem der Sammelband: Blumtritt, Oskar/Hashagen, Ulf/Trischler, Helmuth (Hg.): Circa 1903. Artefakte in der Gründungszeit des Deutschen Museums. München 2003.

Deutsche Museum vorläufig untergekommen war, und bestaunten die über 50 thematisch geordneten Räume, in denen sie die stetig anwachsende Sammlung erkunden konnten.[124] Fast gleichzeitig begannen die Arbeiten am Museumsneubau, der auf der Kohleinsel in der Isar entstehen sollte. Der Erste Weltkrieg brachte die ohnehin bereits verzögerten Bauarbeiten zum Erliegen; die galoppierende Inflation und die allgemein schlechte Wirtschaftslage nach Kriegsende taten ihr Übriges und rückten die Fertigstellung in weite Ferne. Die feierliche Eröffnung mit Festzug durch die Münchener Innenstadt konnte erst am 7. Mai 1925, Oskar von Millers 70. Geburtstag, stattfinden.[125] Mit der Neueröffnung des prachtvollen Museumsbaus eröffnete auch das von der Firma Zeiss erbaute erste Projektionsplanetarium der Welt, das nicht mehr viel mit der Idee einer durchlöcherten Blechkugel gemein hatte. Zwischen dem Vorhaben des Museums, ein Planetarium zu präsentieren, und dessen Umsetzung lagen mehr als zehn Jahre und ein weiter Weg, der im Verwaltungsarchiv des Deutschen Museums aktenförmige Spuren hinterlassen hat.

Zu den Quellen im Museumsarchiv

Das Verwaltungsarchiv des Deutschen Museums bewahrt und erschließt die bürokratischen und administrativen Überbleibsel der über hundertjährigen Arbeiten an Sammlungen, Ausstellungen und Strukturen der Institution.[126] Rund 10 000 Akten lagern in den Beständen und dokumentieren die Entwicklung des Museums. Die Quellenlage ist dicht und ermöglicht tiefe Einblicke in die Geschichte des Hauses, auch wenn einige Papiere zwei »Vernichtungsaktionen« zum Opfer fielen – einmal infolge der Machtergreifung der Nationalsozialist*innen 1933 (es wurde die Kommunikation mit jüdischen Wissenschaftler*innen »aussortiert«) und einmal nach Kriegsende 1945 (mutmaßlich kompromittierende Briefkorrespondenz mit hohen NSDAP-Funktionären wurde vernichtet).[127] Aus den Zeiten der Planung, Etablierung und Neueröffnung des Museums sind dennoch zahlreiche kleinteilige Aktenvorgänge überliefert. Innerhalb einer Woche im August 2018 sichtete ich 29 im Vorfeld von mir aus-

124 Siehe dazu o. A.: Übersicht über die 1906 eröffnete provisorische Ausstellung des Deutschen Museums. In: Blumtritt, Oskar/Hashagen, Ulf/Trischler, Helmuth (Hg.): Circa 1903. Artefakte in der Gründungszeit des Deutschen Museums. München 2003, S. 550.

125 Vgl. Füßl 2003, S. 65–68.

126 Siehe dazu Füßl, Wilhelm: Das Verwaltungsarchiv des Deutschen Museums. In: Archiv und Wirtschaft 27 (1994), H. 3, S. 112–116.

127 Vgl. Füßl 1994, S. 115 f.

gewählte Aktenzeichen aus dem Zeitraum 1905 bis 1945 und warf darüber hinaus Blicke in die Zeitungsausschnittssammlung sowie in weitere Drucksachen des Museums. Das Ergebnis des Aufenthalts war eine Auswahl von etwa 300 Dokumenten, die in den Datenkorpus dieser Arbeit eingingen. Wie in vielen Archiven ist es auch im Verwaltungsarchiv des Deutschen Museums inzwischen erlaubt, mit Handys und Digitalkameras Bilder von Dokumenten zu machen. Das half dabei, die große Menge an Material in relativ überschaubarer Zeit zu sichten, eine Auswahl zu fotografieren und für die feingranulare Analyse, die jenseits des Archivs stattfand, ›mitzunehmen‹. Das Archiv und sein Lesesaal sind Teil der Museumsbauten auf der Kohleinsel und liegen in unmittelbarer Nähe zu den Ausstellungsräumen. Dies ermöglichte es mir, neben der Archivrecherche das noch heute bespielte Museumsplanetarium zu besuchen und den ersten Planetariumsprojektor zu besichtigen, der immer noch in der Ausstellung zu sehen ist. Eindrücke und Auffälligkeiten der Recherche, Gedanken und Selbstreflexives habe ich in einem Forschungstagebuch notiert.

Zunächst suchte ich in den Verwaltungsakten der Fachgruppe Astronomie nach Quellen zur Entstehung und Planung des Planetariums. Die hochgestapelten Archivmappen enthielten die Korrespondenz eines sich im Aufbau befindlichen Großmuseums. In ihrer Zusammenschau zeugen die Verwaltungsakten von dem großflächigen und engmaschigen Netzwerk, das Oskar von Miller und sein Team um sich spannen und das sie benutzten, um an Objekte und Unterstützung für ihr Museumsprojekt zu gelangen. Von Miller korrespondierte mit Sternwarten, Verlagen, Professoren und Industriellen, immer das Wohl des von ihm geplanten Museums vor Augen. Die sorgfältig gepflegten Briefwechsel erzählen von dem Bemühen, die Abteilung Astronomie mit zugänglichen und beeindruckenden Anschauungsmitteln zu bestücken. Die Kommunikation war zumeist sachlich und nüchtern, aber stets höflich und eröffnet heute Einblicke in die zeitgenössischen geschäftlichen Umgangsformen und -formalitäten. Zwischen Dokumenten zu vielen anderen Projekten und Objekten finden sich zahlreiche Briefe, Listen, Beschreibungen, Pläne und Zeitungsberichte zum Planetarium. Den größten Teil der ausgewerteten Dokumente macht die Briefkorrespondenz mit der Firma Zeiss aus, aber auch mit Wissenschaftlern wie dem Heidelberger Astronom Max Wolf, dem Hamburger Kulturwissenschaftler Aby Warburg und mit Max Adler, dem Begründer des weltbekannten Adler-Planetariums in Chicago. Darüber hinaus regte das Novum des Planetariums weitere Firmen und Einzelpersonen dazu an, sich mit dem Museum in Verbindung zu setzen, Kritik, Verbesserungsvorschläge und Lob zu äußern oder Produkte zum Erwerb vorzuschlagen – ihre Briefe sind Quellen, die Einblicke in die Rezeption des Planetariums ermöglichen. Auch Zeugnisse der ersten Planetariumsvorführungen beherbergt das Archiv. Zu nennen ist allen voran das vom Leiter der Abteilung Astronomie, Franz Fuchs, verfasste Manuskript des ersten Münchener Planetariumsvortrags. Eine weitere, besondere Quellengattung sind die sogenannten Wunschlisten, auf denen die Fachbereichsleitungen alle Ausstellungsstücke zusammenschrieben, die idealerweise zu einem Themengebiet vorhanden sein sollten – darunter für den Bereich der Astronomie auch das Planetarium. Vermerkt sind nicht nur die bereits vorliegenden und noch zu gewinnenden Stücke, die einzelnen Posten wurden auch mit Beschreibungen und Notizen versehen, die die Visionen der Museumsplaner verdeutlichen.[128] Zeitungsausschnitte und vom Museum selbst herausgegebene Broschüren wiederum zeigen die angestrebte und erzielte Außenwirkung des Hauses. Auch dabei steht das Planetarium selten für sich allein. Meist wird es als eine Attraktion unter vielen präsentiert und im Gesamtkontext der Ausstellung besprochen. Das machen die Archivalien ohnehin deutlich: Das Projektionsplanetarium war im gigantischen Projekt Deutsches Museum lediglich einer von mehreren Planungsposten. Es brachte zwar Prestige und Aufmerksamkeit, aber es war nicht der alleinige Star der 1925 neueröffneten Ausstellung, wenngleich es in den Quellen häufig als einer der »Hauptanziehungspunkte«[129] benannt wird. Die Planetariumsplanung war eingebettet in den Gesamtaufbau der astronomischen Abteilung und das Planetarium musste nicht für sich allein, sondern im Kontext dieser und des gesamten Museums funktionieren.

Kritisch muss angemerkt werden, dass, auch wenn sich Briefkorrespondenz, beispielsweise mit der Firma Zeiss, über Jahre mehr oder weniger lückenlos nachverfolgen lässt und damit eine vollständige Überlieferung suggeriert, Inhalte informeller Treffen, Absprachen und persönliche Unterhaltungen (die es mit Sicherheit gegeben hat) fehlen. Dies muss bei der Analyse bedacht werden und wird augenscheinlich, wenn Sprünge und Verweise in den überlieferten Brieffolgen solche Leerstellen umkreisen. Außerdem bleibt unklar, welche Teile der Kommunikation nicht den Weg ins Archiv fanden oder in anderen Teilen der Registratur gelandet sind (beispielsweise im Nachlass Oskar von Millers), die diese Untersuchung nicht umfassen konnte. Nichtsdestotrotz lässt sich aus

128 Zu den Wunschlisten siehe auch Füßl 1994, S. 115 und Füßl 2003, S. 87–90.

129 Hier seien nur zwei exemplarische Verweise angeführt: Fuchs, Franz: Astronomie. Vermutlich 1925. Verwaltungsarchiv Deutsches Museum: VA 4037; o. A.: Deutsches Museum. Sonderbeilage zur Bayrischen Staatszeitung, 6.5.1925. Verwaltungsarchiv Deutsches Museum: Dru 0986a.

dem vorfindlichen Material eine detailreiche Geschichte des Projektionsplanetariums im Deutschen Museum herauspräparieren.

Was die Quellen sagen: Das Planetarium als Ausstellungsstück

> Das Ptolemäische Planetarium auf Anregung der Museumsleitung von der Firma Carl Zeiss in Jena in mehr als vierjähriger Arbeit ausgeführt, hat hier seine erste Aufstellung gefunden. Der Zweck des Planetariums ist, die am Himmel beobachtbaren Sternbewegungen naturgetreu jedoch so beschleunigt wiederzugeben, dass die Gesetzmässigkeiten dieser Bewegung in wenigen Minuten übersehen werden können. Das Planetarium besteht aus der kuppelförmigen Projektionsfläche über uns und dem in der Mitte des Saales aufgestellten Projektionsapparat. Die Kuppel von 9 Meter ø [Symbol im Original] ist durch den tiefschwarzen Horizont von München wie er von der Terrasse des Museums erscheint, begrenzt. Der Projektionsapparat setzt sich aus 34 auf einer Kugel angebrachten kleinen Apparaten zusammen, die zur Projektion der Fixsterne dienen. Die Projektionskugel kann durch einen Elektro-Motor um eine zur Erdachse parallele Achse gedreht werden. Ich schalte jetzt diesen Teil des Projektionsapparates ein, Sie sehen den Fixstern-Himmel, wie er sich im Winter abends 9 Uhr in München darstellt.[130]

Der erste Planetariumsvortrag aus München liest sich wie eine Gebrauchsanweisung. Er erklärt, was beim Einschalten welcher Knöpfe geschah, wie der Planetariumsprojektor sich zusammensetzte und wie das astronomische Geschehen mit der Konstruktion der Maschine verbunden war. Außerdem – und das ist aus heutiger Sicht ein großer Gewinn – wird darin genau beschrieben und kommentiert, was das Publikum wo und wie zu sehen bekam. Neben einer Gebrauchsanweisung liefert der Vortrag auch Schauinstruktionen. Verfasst hat ihn Franz Fuchs (1881–1971), der schon seit 1905 – zunächst als Praktikant, später als wissenschaftlicher Mitarbeiter – in der Abteilung Astronomie beschäftigt war und die Planung des Planetariums von Beginn an begleitete. Der gebür-

130 Fuchs, Franz: Das Ptolemäische Planetarium. (Erläuterungstext). Mai 1925. Verwaltungsarchiv Deutsches Museum: unbekannt. Diese Quelle entstammt einer unveröffentlichten Präsentation aus dem Jahr 2014 des früheren Leiters der Abteilung Astronomie im Deutschen Museum, Gerhard Hartl. Darin schildert er ausführlich das Zustandekommen des Planetariums im Deutschen Museum. Sein Nachfolger Christian Sicka hat sie mir freundlicherweise zur Verfügung gestellt und mich beim Start meiner Recherchen unterstützt.

tige Straßburger studierte in München Mathematik und Physik, promovierte schließlich dort und trat 1905 in den Dienst des Deutschen Museums, dem er bis zu seiner Rente 1952 als Leiter der Abteilungen Astronomie und Physik treu blieb. Er war ein loyaler und verlässlicher Mitarbeiter Oskar von Millers, begleitete ihn im Mai 1912 mit einer Delegation auf seiner Amerikareise und war maßgeblich am Aufbau der Abteilung Astronomie beteiligt, auch wenn er selten öffentlich in Erscheinung trat.[131] Zu diesem Zweck war er im regen Austausch mit Zeiss und fuhr einige Male nach Jena, um bei Besuchen in den Werken Informationen über den Stand des Planetariumsprojekts einzuholen. Fuchs war es auch, der 1912 die Wunschliste anfertigte, in der die Idee eines großen Planetariums eines der ersten Male in den Quellen des Verwaltungsarchivs auftaucht. Die Liste zählt alle Ausstellungsstücke auf, die die Abteilung Astronomie nach der Museumsneueröffnung enthalten sollte. Vieles war schon vorhanden, einiges in Aussicht, aber es gab noch Lücken. Unter der Nummer 8 B führt Fuchs ein »Grosses Planetarium mit Fixsternhimmel (in besonderem Dunkelraum aufgestellt)«[132] auf und notiert dazu: »Vorschläge über Konstruktion bzw. Offerten über Ausführung erwünscht«.[133] »Eine interessante Aufgabe für Künstler in unserem Fach«[134] annoncierte wenig später die *Uhrmacher-Zeitung* vom 15. Juli 1912. Es folgt eine detailreiche Ausschreibung, in der das Deutsche Museum um Ideen für ein »großes Planetariums« bittet:

> Im Neubau des Deutschen Museums soll in einem besonderen kuppelartigen Dunkelraum […] der Sternenhimmel mit Sonne und den Planeten in der Weise dargestellt werden, dass auch dem Laien die Bewegung der Erde, des Mondes und der Planeten leicht verständlich werden, und dass auch verständlich wird, wie sich das Himmelsgewölbe dem Beschauer in München an verschiedenen Tagen und zu verschiedenen Stunden darstellt.[135]

131 Vgl. Füßl, Wilhelm: Oskar von Miller 1855–1934. Eine Biographie. München 2005, S. 353.

132 Franz Fuchs: Liste wünschenswerter Gegenstände für die Gruppe »Astronomie«. Juli 1912. Verwaltungsarchiv Deutsches Museum: VA 4037.

133 Ebd.

134 Meldung in der Kategorie »Vermischtes«. In: Deutsche Uhrmacher-Zeitung 36 (1912), Nr. 14, erschienen am 15.7.1912, S. 237. Quelle: Sächsische Landesbibliothek – Staats- und Universitätsbibliothek Dresden. Digitale Sammlung: I.171.a. PURL: https://digital.slub-dresden.de/werkansicht/dlf/59048/1/ (Zugriff: 27.8.2020).

135 Ebd.

Abbildung 1: Entwurf des Ptolemäischen Planetariums. München vermutlich 1916. Architekturbüro H. Stierhof. Quelle: Deutsches Museum, München.

Die Annonce enthält außerdem Maßangaben des Raumes und der Planeten, die man sich als bewegliche Kugeln auf Achsen oder Ähnlichem dachte. Das Ganze sollte, von einem Uhrwerk und einem Motor angetrieben, sowohl im Zeitraffer als auch in Echtzeit die Bewegungen am Firmament nachbilden, erklären und neben den Planeten den Sternenhimmel beinhalten: »Auf dem Gewölbe des Dunkelraumes sollen die in München sichtbaren Fixsterne als Glühlämpchen verschiedener Größe sichtbar sein.«[136] Als Termin der Inbetriebnahme wurde das Frühjahr 1915 in Aussicht gestellt. Offensichtlich führte die Annonce nicht zum gewünschten Ergebnis und auch der oben zitierte Vorschlag der Firma Sendtner konnte nicht überzeugen, denn im Juli 1913 wandte sich Oskar von Miller direkt an die Firma Zeiss, übersandte Beschreibungen und Überlegungen zur Planetariumsidee und fragte »höflichst an, ob Sie geneigt wären, für die Ausführung ganzen Werkes unter voller Garantie für die richtige konstruktive Durchführung und sichere Funktion des Werkes eine Offerte abzugeben«.[137] Die Himmelsdarstellung, die von Miller im Kopf hatte, sollte den Museumsbesucher*innen zeigen, »wie sich die Menschen in den verschiede-

136 Ebd.

137 Anfrage zur Planetariumskonstruktion, Brief an Carl Zeiss, 22.7.1913. Verwaltungsarchiv Deutsches Museum: unbekannt.

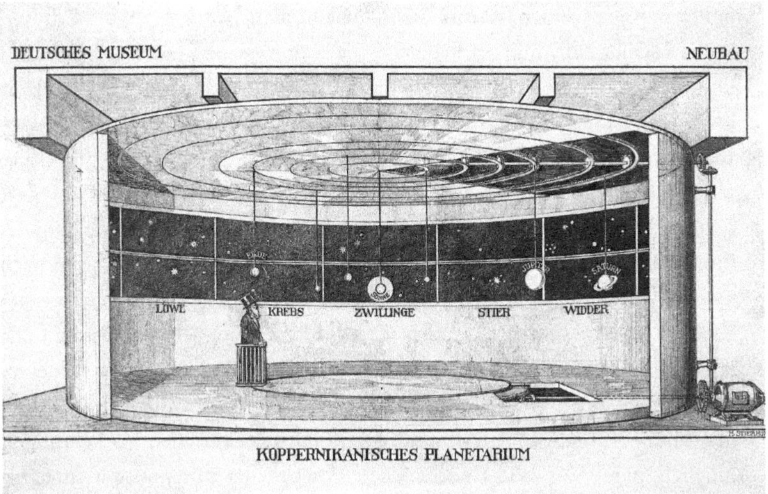

Abbildung 2: Entwurf des Kopernikanischen Planetariums. München vermutlich 1916. Architekturbüro H. Stierhof. Quelle: Deutsches Museum, München.

nen Zeitaltern die Bewegung der Erde und der Himmelskörper dachten«.[138] Technisch war das keine einfache Aufgabe, deren Lösung viel Mühe und viele Rückschläge mit sich brachte, über die in anderen Arbeiten ausführlich berichtet worden ist.[139] Man einigte sich schließlich mit der Firma Zeiss darauf, nicht ein, sondern zwei Planetarien einzubauen, die zu einem didaktischen Ganzen zusammenkommen sollten: Im *Ptolemäischen Planetarium* sollten der Fixsternhimmel und die Bewegungen der Gestirne vom Standpunkt der Erde aus zu sehen sein und zu naturalistisch anmutenden Himmelsbeobachtungen anregen (siehe Abbildung 1). Das *Kopernikanische Planetarium* ermöglichte ergänzend dazu eine Art Draufsicht des Sonnensystems. Es fokussierte die Darstellung der Planetenumlaufbahnen und erlaubte es den Besucher*innen, in einem kleinen Wagen die Bewegungen der Erde und die resultierende Perspektive auf die anderen, ebenfalls rotierenden Planeten nachzuvollziehen (siehe Abbildung 2).

138 Verwaltungsbericht des Deutschen Museums 1911/1912, S. 28. Verwaltungsarchiv Deutsches Museum: unbekannt.

139 Für eine ausführliche Schilderung des genauen Vorgangs der Planung und die Konstruktionsgeschichte sei vor allem auf die sorgfältig und sachkundig recherchierte Arbeit von Ludwig Meier verwiesen: Meier, Ludwig: Die Erfindung des Projektionsplanetariums. In: Jenaer Jahrbuch zur Technik- und Industriegeschichte 5 (2003), S. 82–147.

So sollte deutlich werden, warum die Planetenumlaufbahnen von der Erde aus betrachtet schleifenförmig erscheinen.

Die Arbeiten an beiden Planetarien übernahm im Oktober 1913 die Firma Zeiss. 1914 entstand die Idee, das Ptolemäische Planetarium als optischen Projektor zu konzipieren[140] – Oskar von Miller schrieb an Zeiss:

> Durch Herrn Dr. Fuchs haben wir erfahren, dass Sie für die Darstellung des Ptolemäischen Planetariums eine neue Idee zur Ausführung brachten, nach welcher die verschiedenen Himmelserscheinungen auf ein weisses feststehendes Gewölbe projiziert werden. Es soll hierbei möglich sein, durch feine optische Apparate die Bewegung der Sonne, des Mondes und der Planeten, die Einstellung der Gestirne auf verschiedene Daten wesentlich vollkommener durchzuführen, als es bei umfangreichen mechanischen Vorkehrungen möglich wäre. Wir sind diesen neuen Vorschlägen mit grossem Interesse gefolgt …[141]

Mit dem Ausbruch des Ersten Weltkriegs kamen die Arbeiten ins Stocken und rückten angesichts der Rüstungsaufträge und Materialknappheit in den Hintergrund, wurden aber nie ganz eingestellt. 1917 fand in München eine Besprechung zwischen Oskar von Miller und einer Delegation der Firma Zeiss statt, bei der auch die beiden Planetarien auf der Tagesordnung standen. Im Besprechungsbericht ist in grauer Schreibmaschinenschrift zu lesen: »Die mechanische Ausführung des kopernikanischen Planetariums ist im wesentlichen [sic] als gelöst zu betrachten. Das ptolemäische Planetarium bietet in optischer

140 In vielen Publikationen wird die Idee, den Himmel zu projizieren, anstatt ihn mechanisch nachzubilden, auf das Jahr 1919 datiert und Zeiss-Ingenieur Walther Bauersfeld zugeschrieben. Die vorliegenden Quellen zeigen jedoch deutlich, dass die Projektionsidee schon im Jahr 1914 entstand, allerdings reichte Zeiss erst 1922 ein Patent ein. Das war ungewöhnlich und ist nicht unerheblich, da im Jahr 1919 der Bremer Astronom Wilhelm Finke ein ähnliches Patent einreichte, über das er auch die Firma Zeiss informierte. Fragen nach der Urheberschaft der dem Planetarium zugrunde liegenden Grundidee wurden von Finkes Sohn, Friedrich Finke, aufgeworfen. Er schließt seine Erkundungen mit dem Fazit: »Urheber des Grundgedankens war Wilhelm Finke« (Finke, Friedrich: Der Grundgedanke der Lösung war … In: Sterne und Weltraum 35 [1997], H. 4, S. 350–355, S. 355). In den ausführlichen Erläuterungen zur Planetariumsentwicklung von Ludwig Meier wird hingegen deutlich, dass die Ideen »unabhängig voneinander entstanden sind« (Meier 2003, S. 139) und dass sich die Erfindung des Planetariums als »Gesamtheit dieser vielen Bausteine […] über die Zeit eines Jahrzehntes« zusammensetzte (Meier 2003, S. 142).

141 Oskar von Miller: Brief an Zeiss, 20. 3. 1914. Verwaltungsarchiv Deutsches Museum: unbekannt.

Ausführung ebenfalls keine unüberwindlichen Schwierigkeiten und ist entsprechend weiter zu bearbeiten.«[142] Das Wort »unüberwindlich« wurde nachträglich eingefügt, steht blau getippt und unterstrichen zwischen den Zeilen und zeigt, dass die Suche nach einer Konstruktionsidee damals noch nicht gänzlich überwunden war. 1919 entstand im Team um Zeiss-Ingenieur Walther Bauersfeld die entscheidende Idee, den Himmel segmentweise zu projizieren, die Projektionssegmente auf einem modifizierten Ikosaeder (ein aus 20 gleichseitigen Dreiecken zusammengesetzter Körper) anzuordnen und aus einer einzigen Lichtquelle zu speisen.[143] Auf der Jahreshauptversammlung des Museumsausschusses im Herbst 1921 konnten mit einem provisorischen Planetariumsprojektor einige »Bruchstücke des Sternenhimmels«[144] vorgeführt werden. Die Vorführung »erregte sowohl bei Fachleuten wie auch bei Laien das grösste Interesse«.[145] Der Ausschuss erkannte das große Potenzial des Apparates sofort und erwartete, »dass das Ptolemäische Planetarium [sic] wenn es einmal ganz fertig gestellt ist, den Hauptanziehungspunkt unseres neuen Museums bilden wird«.[146]

Im Spätsommer 1923 berichtete Zeiss von der ersten erfolgreichen Inbetriebnahme des Projektors, der nun eine ganze Kuppel bespielen konnte. Wenig später wurde der Projektor nach München gebracht und dort erneut dem Museumsausschuss vorgeführt. »Zu dem guten Verlauf unserer diesjährigen Ausschusssitzung hat vor allem die Vorführung Ihrer beiden Planetarien beigetragen, welche die grösste [sic] Begeisterung bei den Besuchern hervorriefen«,[147] schrieb Oskar von Miller im Nachklapp nach Jena, wo der Apparat nach einigen Wochen und Sondervorführungen in München für letzte Verbesserungsarbeiten noch einmal in die Obhut der Firma Zeiss überging. Zur Museumsneueröffnung stand der vollendete Projektor an seinem Bestimmungsort, in der Abteilung Astronomie in unmittelbarer Nähe des Kopernikanischen Planetariums, das – ebenfalls von Zeiss gefertigt – in seiner Endausführung aus heutiger Sicht an ein kosmisches Karussell für Erwachsene erinnert und damals eine spektakuläre Demonstrationseinrichtung darstellte (siehe Abbildung 3). Sein Gegenpart – das Ptolemäische Planetarium – bestand aus einem abgedunkelten Kuppelraum, an dessen Wänden die nächtliche Silhouette der Münchener Innenstadt den Horizont

142 Besprechung über die Sternwartenanlagen und Planetarien, 7.7.1917. Verwaltungsarchiv Deutsches Museum: VA 1109-4.

143 Vgl. Meier 2003, S. 98 ff.

144 Brief von Zeiss mit Betreff »Projektions-Apparat des Sternenhimmels«, 9.9.1921. Verwaltungsarchiv Deutsches Museum: VA 1111/4.

145 Brief an Zeiss, 11.10.1921. Verwaltungsarchiv Deutsches Museum: VA 1111/4.

146 Ebd.

147 Brief an Zeiss, 29.10.1923. Verwaltungsarchiv Deutsches Museum: VA 1113/4.

Abbildung 3: Das Kopernikanische Planetarium in Betrieb im Deutschen Museum. München 1927. Quelle: Deutsches Museum, München.

der Projektion markierte und in dessen Mitte der Planetariumsprojektor stand (siehe Abbildung 4). Diese Maschine – auch Model I genannt – bestand aus einem Zylinder, in dem die Projektionseinrichtungen für die Planeten untergebracht waren, und einer in Segmente unterteilten Kugel, die den Fixsternhimmel projizierte. Durch die Achsenneigung konnte man den Apparat so eichen, dass er genau den Sternenhimmel des jeweiligen Aufstellungsortes an die Kuppel brachte – allerdings konnte er nur den Nordsternenhimmel abbilden, für die Sterne der Südhalbkugel war im Model I noch keine Projektionsvorrichtung installiert.

Die Eröffnung des Deutschen Museums, die mit dem 70. Geburtstag Oskar von Millers zusammenfiel, war eine pompöse Feier. Ein überbordend geschmückter Festumzug durchquerte die menschengefüllte Münchener Innenstadt, es gab hohen Besuch, huldvolle Reden und ein großes Festtagsbankett. Das Spektakel und noch mehr die neue Ausstellung machten Eindruck: Die nationalen und internationalen Zeitungen überschlugen sich mit Lob für das neue Museum, schilderten die Ausstellungsstücke in aller Ausführlichkeit und huldigten Oskar von Miller als Genie. Der Museumseröffnung kam in der Öffentlichkeit nach Krieg, Rezession und Reparationsforderungen eine besondere

Abbildung 4: Planetariumsprojektor Modell I im Deutschen Museum. Im Hintergrund der Münchener Horizont. München 1925. Quelle: Deutsches Museum, München.

symbolische Rolle zu und das Haus mit seinen Ausstellungsstücken wurde zum Objekt eines neu aufblühenden Nationalstolzes. Die Zeitungen skizzierten das Museum und seine Eröffnung als Erfolgserlebnis nach den Verlusten des Ersten Weltkriegs; in Oskar von Miller erkannten sie einen verehrungswürdigen Nationalhelden. So auch der Zentrumspolitiker, Ritter und ehemalige Münchener Oberbürgermeister Wilhelm von Borscht: In einer Sonderbeilage der *Münchner Neuesten Nachrichten* beschrieb er die Museumsgeschichte ausführlich als triumphale Erfolgssaga (nicht ohne sein eigenes Mitwirken hervorzuheben). In seiner Erzählung gebärdet sich das Deutsche Museum beinahe als ein später Kriegserfolg:

> Mit reichem Erfolge hat das deutsche Volk, insbesondere um die Jahrhundertwende den Wettkampf mit den übrigen Nationen auf dem Gebiete kultureller Wohlfahrtspflege aufgenommen und zum Beweise seines unbezwinglichen Lebenswillens, trotz der schweren Folgen des verlorenen Krieges, oder vielmehr wegen derselben, mit wachsender Energie bis zur Gegenwart fortgeführt. In dieser Bewegung, die zu den bedeutsamsten Erscheinungen in der deutschen Geschichte zählt, nimmt die deutsche Wissenschaft, Technik

> und Industrie eine führende Stellung ein. Was dieser mächtige Dreibund zum Segen der Menschheit bewirkt, wie er überall in der Welt den deutschen Namen zu höchsten Ehren gebracht, die ihm keine Lügenpropaganda, kein Versailler Diktat streitig machen kann, wird stets zu den unsterblichen Ruhmestiteln deutschen Geistes und deutscher Arbeit gerechnet werden.[148]

Ähnlich pathetisch rahmte der Ingenieur Karl Wiedamann in der Zeitschrift *Natur und Kultur* die Eröffnung und stilisierte das Museum zur Geste der nationalen Überlegenheit und zum Akt des Widerstandes gegen den Versailler Vertrag: »Das deutsche Volk ist zwar zersplittert, niedergehalten und geknebelt von seinen Gegnern in noch nie dagewesener Art, wie kaum jemals ein wildes N[****]volk in seinem Selbstbestimmungsrecht beschränkt, aber der deutsche Geist sprengt jede Fessel.«[149] Als »Symbol der nationalen Erneuerung«[150] erschien das Museum den Zeitgenoss*innen, so die Historikerin Eve Duffy, und das, obwohl sich in den Verwaltungsstrukturen und Inhalten vor allem die Ideen aus der Gründungszeit des Hauses und damit aus der inzwischen erloschenen Kaisermonarchie gehalten hatten.[151] Gerade diese Kontinuitäten ermöglichten es, vergangenes Selbstbewusstsein wiederaufleben zu lassen und an vermeintlich bessere Zeiten anzuknüpfen. Gleichzeitig waren mit der Technikeuphorie und den Fortschrittserzählungen der Ausstellungen aktuelle Werte der Zwischenkriegszeit adressiert.[152] Auch die Stilisierung der Ingenieure, Techniker und Wissenschaftler zu Helden und die damit verbundenen Aufstiegsnarrative – der

148 Wilhelm von Borscht: Zur Geschichte des Deutschen Museums. In: Sonderbeilage der Münchner Neuesten Nachrichten zur Eröffnung des Deutschen Museums, 7.5.1925. Verwaltungsarchiv Deutsches Museum: Dru 0986a.

149 Karl Wiedamann: Das Deutsche Museum in München. In: Natur und Kultur 22 (1925), H. 8, S. 298–317, S. 298. Verwaltungsarchiv Deutsches Museum: Dru 0986a. Um rassistischer Sprache und der durch sie vollzogenen Gewalt nicht zur Kontinuität zu verhelfen, wurden die entsprechenden Ausdrücke hier unkenntlich gemacht.

150 Duffy, Eve: Im Spannungsfeld von Selbststeuerung und Fremdbestimmung 1925–1944. In: Trischler, Helmuth/Füßl, Wilhelm (Hg.): Geschichte des Deutschen Museums. Akteure, Artefakte, Ausstellungen. München 2003, S. 103–147, S. 103.

151 Siehe dazu auch Füßl 2003, S. 77: »Das Museum blieb in seinem organisatorischen Aufbau den konservativen Denkstrukturen der in ihm vertretenen politischen und wirtschaftlichen Eliten verhaftet. Die personelle und ideelle Kontinuität im ersten Drittel des 20. Jahrhunderts ist ein markantes Faktum der Museumsgeschichte« sowie Füßl 2003, S. 101: »Technikbild und Ausstellungskonzeption entsprachen lange weitgehend den Vorstellungen und Idealen der Zeit um die Jahrhundertwende.«

152 Siehe dazu Faulstich, Werner: »Ein Leben auf dem Vulkan«? Weimarer Republik und die »goldenen« 20er Jahre. In: ders. (Hg.): Die Kultur der 20er Jahre. München 2008, S. 7–20, S. 12: »Gegen den Mief solcher alten [bürgerlichen] Wertsysteme wur-

»technologische Korporatismus«[153] – passten gut in den Zeitgeist. Schließlich trug die allenthalben zur Schau gestellte »Volksnähe« des Museums, das sich dezidiert auch an ein Publikum jenseits des bürgerlichen Milieus wandte, zu seinem positiven Image bei. Auch und gerade diejenigen Menschen, die die vielgelobten Maschinen tagtäglich bedienten, sollten angesprochen werden und ein Bewusstsein für die Relevanz ihrer Arbeit und deren Beitrag zum »Großen Ganzen« erlangen.[154] Das Museum war mit seinen moderaten Eintrittsgeldern und seinen unterhaltsam aufbereiteten Inhalten für bildungshungrige Arbeiter*innen ein attraktives Freizeitziel – auch deshalb, weil sie ihre Lebenswelten repräsentiert sehen konnten. Die Ausstellung reflektierte Prozesse wie Urbanisierung, Automatisierung und Elektrifizierung, erklärte sie und stilisierte sie als Symptome eines den Menschen – und besonders den Deutschen – dienenden, gesamtgesellschaftlichen Fortschritts. Von Miller verfolgte außerdem das Ziel, Technikängste abzubauen und den Einsatz von Technologien im Alltag zu popularisieren.[155] Ob im Haushalt, in der Stadtplanung, im Verkehr oder der Fabrik – die Ausstellungsbereiche erzählten von der historischen Genese einzelner Technologien und strickten Narrative eines nie enden wollenden Fortschritts als Ergebnis harter Arbeit von klugen Männern. Allerdings verblieben sie dabei nicht in der Vergangenheit, sondern zeigten die neuesten Entwicklungen und fungierten teilweise beinahe als Werbeinstanz für neue technische Ideen, sollten zumindest geschulte (Technik-)Konsument*innen hervorbringen und erinnerten in ihrer Intention an Hygieneausstellungen.[156]

Das Ideal der Volksbildung lag der Museumsplanung von Beginn an zugrunde und äußerte sich in einer partizipativen Ausstellungsgestaltung, die das Deutsche Museum auch international zum Vorbild machte. »We can safely say that no museum official should rest satisfied till he has seen and profited by the great lessons afforded by the Deutsches Museum«,[157] resümierte H. W. Dickinson in seiner vor Lob überbordenden Ausstellungsbesprechung im *The Museum Journal*. »It is not a Museum of the old and dull kind of former days but wonderfully alive in all its sections, where working processes and machinery are not

den neue Werte gesetzt: Technikeuphorie, Aufstiegsorientierung, Statusbewusstsein, Volksgemeinschaft.«

153 Siehe dazu Duffy 2003, S. 109 ff.

154 Siehe dazu ebd., S. 112.

155 Vgl. Füßl 2005, S. 263; Duffy 2003, S. 112 f.

156 Vgl. Füßl 2005, S. 306.

157 H.W. Dickinson: Opening of the Deutsches Museum. In: The Museum Journal 25 (1925), S. 40–48, hier S. 48. Verwaltungsarchiv Deutsches Museum: Dru 0986a.

merely shown in dead exhibits and models but in full operation«,[158] schrieb die *Lloyd Zeitung* zur Eröffnung und war mit ihrer Einschätzung nicht alleine. Die Ausstellung des Deutschen Museums bestach vor allem mit lebendigen und anschaulichen Exponaten, denen ein besonderer didaktischer Mehrwert zugeschrieben wurde. Selbst aus museumskritischen Ecken, wie etwa der Redaktion von *Natur und Kultur*, war Zuspruch zu lesen:

> Auch haben wir bei einer früheren Gelegenheit uns dem allgemeinen Museumswahn unserer Zeit gegenüber ziemlich kritisch ausgesprochen. Wir haben aber damals auch ausdrücklich gesagt, dass wir nicht den Gedanken des Museums als solchen ablehnen, sondern nur dessen Überspitzung zum Schaden der lebendigen Welt. Unter solchem Gesichtswinkel betrachtet, macht das neue Deutsche Museum eine rühmliche Ausnahme. Es stellt gewissermaßen einen neuen Museumstypen dar, der nicht in erster Linie von der Idee des Sammelns und Registrierens ausgeht, sondern weit mehr auf lebendige Arbeit, auf Lehren und Lernen abgestimmt ist.[159]

Das Deutsche Museum als »neuen Museumstypen« zeichnete eine Kombination aus Belehrung und Unterhaltung aus, die die Presse als »lebendig« beschrieb und Museen alter Schule entgegensetzte. Der Eindruck der Lebendigkeit entstand vor allem aufgrund der von Besucher*innen oder dem Museumspersonal in Bewegung gesetzten Exponate: Maschinen, Fahrzeuge, Experimente und so weiter, die zudem oftmals auf dem neuesten Stand der Technik waren und die Zukunft ins Museum brachten. Auch wenn dabei bereits bekannte kuratorische Stilmittel, beispielsweise das Stubenprinzip oder Dioramen, zum Einsatz kamen, war die Kombination dieser Ausstellungsformate mit technischen Inhalten ein Novum. In einem »Ratgeber für Schülerfahrten zum Deutschen Museum in München« beschrieb der Göttinger Studienrat Hermann Weinreich den didaktischen Kniff des Museums:

> Der große Gedanke, der im Deutschen Museum seine Verwirklichung gefunden hat, besteht nun aber darin, diese Schaulust für wertvolle Bildungs- und Erziehungszwecke am ganzen Volke und besonders an seiner Jugend auszunutzen. Über dieses Ziel des Museums können wir uns schnell verstän-

158 O. A.: Pictures from the German Museum. In: Lloyd Zeitung, 15.7.1925. Verwaltungsarchiv Deutsches Museum: Dru 0986a.

159 W.: Dem Deutschen Museum in München! In: Natur und Kultur 22 (1925), H. 8, S. 297. Verwaltungsarchiv Deutsches Museum: Dru 0986a.

digen. Es will dem Besucher einen lebendigen Eindruck davon vermitteln, in wie entscheidender Weise die Technik den Gang der Gesamtkulturentwicklung beeinflusst hat. Nicht nur der Laie, sondern auch der Fachmann wird hier Gelegenheit finden, in die tiefen Zusammenhänge zwischen Technik und Gesamtkultur neue Einblicke zu tun, und so für seine Berufsarbeit neue Schaffensfreudigkeit schöpfen. [...] Die auch jetzt noch von manchen Leuten vertretene Ansicht von der Minderwertigkeit der Technik und ihrer materialistischen Weltanschauung wird er hier als oberflächliches Vorurteil entlarven lernen. Er wird auf Schritt und Tritt sich davon überzeugen, wie die Technik die Zivilisation geschaffen hat und wie eng der Fortschritt dieser Zivilisation mit dem Fortschritt der Gesamtkultur verflochten ist.[160]

Das Museum betrieb Edutainment avant la lettre und propagierte Technik und Fortschritt nicht nur als beeindruckende Exemplare einer als modern erlebten Gesellschaft, als Mittel für multiple Zwecke, sondern auch als Werke mit großem kulturellen Wert, die alle betrafen. Dies gelang sowohl über die vermittelten Inhalte als auch durch die als neu empfundenen Vermittlungsformate, die Technik nicht nur erklärten, sondern als Erfahrung inszenierten. Das Planetarium als besondere Attraktion des Museums war Kristallisationspunkt all dieser Werte und Prinzipien: Die Planetariumsmaschine galt als Zeuge des Genies von Zeiss-Ingenieur Walther Bauersfeld, als Ikone fortschrittlicher Technik, als Ergebnis astronomischer Wissenschaft und darüber hinaus als beeindruckende Vermittlungsinstanz dieses Wissens. Im Planetarium war der Ansatz des Deutschen Museums auf die Spitze getrieben und es stand gewissermaßen exemplarisch für die auf der Museumsinsel omnipräsente Didaktik der Anschaulichkeit.

Wie viele Objekte in den Museumssammlungen war auch das Projektionsplanetarium, das zunächst als Einzelanfertigung konzipiert wurde, eine Stiftung. Doch Zeiss erkannte in dem Projektor – nicht zuletzt aufgrund des durchschlagenden Erfolgs der Vorführungen, die im Vorfeld der Museumseröffnung in Jena stattgefunden hatten – ein attraktives Produkt, das sich gut zu verkaufen versprach. Es war für Zeiss von Interesse, dass die Qualität und beeindruckende Wirkung der Planetariumsaufführungen im Deutschen Museum auch nach der Eröffnung aufrecht erhalten blieben. Die Ausstellung stellte eine Art Warenauslage dar, zu der potenzielle Kaufinteressierte geführt wurden, um sie fürs Planetarium zu begeistern. Besuche, beispielsweise den des spanischen

160 Hermann Weinreich: Ratschläge für Schülerfahrten zum Deutschen Museum in München. München 1927, S. 9. Verwaltungsarchiv Deutsches Museum: Dru 0905c.

Königshauses,[161] kündigte Zeiss der Museumsleitung im Vorfeld an, sodass diese den reibungslosen Verlauf der Projektorvorführung sicherstellen konnte – mit mäßigem Erfolg: Zeiss war mit der Art und Weise des Projektoreinsatzes im Museum ganz und gar nicht zufrieden:

> Zu unserem Bedauern sind wir gezwungen, Ihnen wiederum Mitteilung eines unserer Geschäftsfreunde über die unsachgemäße Vorführung der Planetarien des Deutschen Museums zur Orientierung zu übermitteln. Wir hoffen, dass es Ihnen bald möglich sein wird, Abhilfe zu schaffen, da es ganz und gar nicht im Interesse unseres Planetariumsgeschäftes liegt, wenn Interessenten immer wieder von der Vorführung so wenig befriedigt werden.[162]

Wiederholt wandte sich die Firma brieflich an die Museumsleitung, beklagte den schlechten Eindruck, den die Maschine hinterlasse, und verlangte Besserung. Zu kurz und nicht fachmännisch genug seien die Vorführungen. Besucher*innen träten nach Belieben ein und aus und die Lichtverhältnisse seien dadurch ungünstig hell. Es fehlten ein einführender Vortrag, Erklärungen und außerdem ausreichend Zeit und Muße, um die richtige Stimmung bei den Besucher*innen aufkommen zu lassen, sodass das Instrument nicht seine volle Wirkung entfalten könne. Die Museumsleitung antwortete beschwichtigend, beteuerte, dass das Vorführungspersonal klare Anweisungen habe, mindestens 15-minütige Vorträge zu halten. Zeiss war das nicht genug, aber in der Museumslogik – wollte man alle Abteilungen durchschreiten, musste man immerhin 16,5 Kilometer zu Fuß zurücklegen – war einfach nicht mehr Zeit und Aufmerksamkeit fürs Planetarium vorgesehen. Nichtsdestotrotz blieb es bis zur kriegsbedingten Schließung des Museums eines der beliebtesten Ausstellungsstücke. Es überlebte die Bombenangriffe, bei denen das Museumsgebäude schwer beschädigt wurde, war auch nach dem Zweiten Weltkrieg bis 1960 im Einsatz und ist heute als »Meisterwerk« Teil der Dauerausstellung.

Das erste Projektionsplanetarium der Welt entstand also für das Deutsche Museum, dessen Ziele und Absichten seine Entwicklung und Ausführung maßgeblich prägten. Nicht nur ist der Planetariumsprojektor ein Paradestück seines didaktischen Ansatzes, der Schaulust mit Anschaulichkeit verband, der Prämisse Volksbildung folgte und unterhaltsam erziehen wollte. Darüber hinaus ist er

161 Brief von Zeiss betrifft »Planetarium für Spanien«, 6.8.1927. Verwaltungsarchiv Deutsches Museum: VA 1117-5.

162 Schreiben der Firma Carl Zeiss mit dem Betreff »Vorführung der Planetarien im Deutschen Museum«, 9.1.1926. Verwaltungsarchiv Deutsches Museum: VA 1117-5.

auch Ausdruck des vom Deutschen Museum propagierten Technikverständnisses: Oskar von Miller strebte in seinem Museum die »Versöhnung von Technik und Kultur«[163] an, die im Planetarium eine performative Ausformung fand. Der Projektor war in die Dramaturgie der Abteilung Astronomie eingebunden und als vorläufiger Endpunkt des Bestrebens, den bewegten Nachthimmel zu verstehen und zur Darstellung zu bringen, inszeniert. Im Projektor materialisierten sich nicht nur Ingenieurskunst und technische Finesse, auch die Jahrtausende alte Wissenschaft der Astronomie und damit in Verbindung gebrachte ›Kulturleistungen‹ – wie etwa das Erstellen eines Kalenders, die Orientierung auf offener See oder eben die Entwicklung der Vorstellungen vom Platz der Erde im Weltall – fanden im Projektor, so die Erzählung, ihren vorläufigen Gipfel. Eine solche Deutung legte das materielle Arrangement der Abteilung Astronomie nahe: Astrolabien, Sternkarten, Teleskope und nicht zuletzt das Kopernikanische Planetarium unterstrichen die Botschaft. Im Fokus stand nicht nur die Maschine, gleichzeitig machte das Museum mit dem Projektor den wissenschaftlich und technisch durchdrungenen Nachthimmel selbst zum Ausstellungsstück. Neben dem im Museumskeller nachgebildeten Bergwerk oder einem begehbaren U-Boot erschien nun auch der Nachthimmel als ein durch Technik und Wissenschaft zu erschließender Bereich der menschlichen Lebenswelt und stützte damit die Grunderzählung von Technik und Wissenschaft als eigentliche Entwicklungstreiber und kulturelle Leistung einer Gesellschaft. Das Planetarium materialisierte den Geist des Deutschen Museums und den Zeitgeist der Weimarer Republik (Didaktik der Anschaulichkeit, Volksbildung) aber auch des Kaiserreiches (Technik als kulturelle Leistung), der in den stabilen Verwaltungsstrukturen überdauerte.[164] Als Teil eines Ganzen war es zunächst nur im Kontext des Deutschen Museums zu verstehen, als Ausstellungsstück in der Abteilung Astronomie, innerhalb der ihm eine bestimmte didaktische Aufgabe zukam, und als ein Beitrag zum Kernnarrativ der Ausstellung: Wissenschaft und Technik bringen Fortschritt und Kultur.

163 Füßl 2005, S. 15.

164 Siehe dazu Füßl, Wilhelm: Konstruktion technischer Kultur: Sammlungspolitik des Deutschen Museums in den Aufbaujahren 1903–1909. In: Blumtritt, Oskar/Hashagen, Ulf/Trischler, Helmuth (Hg.): Circa 1903. Artefakte in der Gründungszeit des Deutschen Museums. München 2003, S. 33–53, S. 36.

Sieben Wunder, so sagte man, gäbe es in Jena zu sehen. Sieben geheime, beinahe ketzerisch weltliche Kuriositäten, die, wenn Alumni der Universität sie kannten, ihre tatsächliche Anwesenheit in Jena und ihr Studium dort bezeugen sollten: eine Altarunterführung, die Schnapphans-Figur am Rathaus, eine siebenköpfige Drachenstatue, den Berg Jenzig, die Camsdorfer Brücke, den Fuchsturm und das Weigelsche Haus mit seinem Aufzug.[165] Mit dem Planetarium der Firma Zeiss war die Stadt um ein Wunder reicher geworden – zumindest laut eines vielzitierten Artikels von Elis Strömgren. Der dänische Astronom und Direktor der Sternwarte in Kopenhagen berichtete im Februar 1925 in einem Artikel der Zeitung *Politiken* als einer der Ersten über den Planetariumsprojektor und bezeichnete ihn in Anknüpfung an die alte Erzählung als »Wunder von Jena«.[166] Später veröffentlichte er zusammen mit seinem Sohn, Bengt Strömgren, in einem Sammelband astronomischer Kurzessays einen ähnlichen, teilweise wortgleichen Text. Darin verknüpfte er die Geschichte des Planetariums mit der Geschichte der Stadt:

> Jena hat alte Kulturahnen. An Jena knüpfen sich viele der größten Namen deutschen Geisteslebens: Goethe und Schiller, Leibniz, Hegel, Fichte, Novalis, Schelling, Nietzsche … Das Jena von heute arbeitet vielleicht weniger mit philosophischen Systemen als das alte, und die Dichtkunst in Jena hat auch bessere Tage gekannt, aber es lieg in dem modernen Jenesischen Wunder soviel Phantasie und soviel Poesie, dass es von diesem Gesichtspunkt aus gut im selben Atemzug mit den großen Namen der deutschen Dichtkunst genannt werden kann. Eine Nitratlampe, eine Anzahl Taschenprojektionsapparate, einige Zahnradübersetzungen und soundsoviel Meter elektrischer Leitungsdraht, das sind die Hauptingredienzen und das Resultat: das schönste Kunstwerk.[167]

165 Siehe dazu Haun, Winfried: »Sieben Wunder«. In: Stutz, Rüdiger/Mieth, Matias (Hg.): Jena. Lexikon zur Stadtgeschichte. Jena 2018, S. 576–577; einen Einblick in den Aufbau des Mythos bietet außerdem Spieß, Edmund: Die sieben Wunder von Jena. Ein Beitrag zur Geschichte der Städtewahrzeichen. Jena 1878. Digitalisat: SLUB 2014, PURL: https://digital.slub-dresden.de/werkansicht/dlf/102772/1/ (Zugriff: 8.9.2020).

166 Vgl. Krausse 2006, S. 52.

167 Strömgren, Elis/Strömgren, Bengt: Das Wunder in Jena. In: dies. (Hg.): Zweite Sammlung astronomischer Miniauren. Berlin 1927, S. 1–11, S. 10. URL: https://books.google.de/books?id=16atBgAAQBAJ&printsec=frontcover&hl=de&source=gbs_ge_summary_r&cad=0#v=onepage&q&f=false (Zugriff: 8.9.2020).

Optik und Elektronik als der Dichtkunst ebenbürtig, das vergangene Jena als Stätte der einen, das gegenwärtige als Stätte der anderen und der Planetariumsprojektor als Bindeglied, das beides zusammenführt – diese Deutung dürfte vielen Bewohner*innen der Stadt und vor allem den Zeiss-Mitarbeiter*innen geschmeichelt und gut gefallen haben. Das Planetarium war und ist bis heute eine wichtige Erfindung und ein wichtiger Ort der Stadtgeschichte. Im Sommer 1924, als auf dem Dach der Firma Zeiss noch das für München bestimmte Gerät die Menschenmassen lockte, entschied die Jenaer Stadtverwaltung wie in vielen anderen Städten Deutschlands über die Einrichtung eines Planetariums, das am 18. Juli 1926 im Prinzessinnengarten eröffnete. Nach Barmen, Leipzig und Düsseldorf war es das vierte sogenannte Großplanetarium weltweit. Als Großplanetarien werden Planetarien mit einem Kuppeldurchmesser von 18 Metern oder mehr bezeichnet – die Kuppel im Prinzessinnengarten misst stolze 25 Meter. Neben der gigantistischen Bezeichnung versprachen vor allem die guten Besuchszahlen der Probeaufführungen in der ›nur‹ 16 Meter überspannenden Kuppel auf dem Zeiss-Dach den Erfolg der Institution. Das Planetarium im 1926 erbauten Gebäude ist bis heute in Betrieb und die Firma Zeiss mit ihrer wechselvollen Geschichte ist in Jena geblieben.[168] Auch wenn sich ihr Hauptstandort inzwischen in Oberkochen befindet, prägt sie immer noch das Stadtbild. Im Zeiss-Firmenarchiv auf dem Werksgelände findet sich eine Planetariumsgeschichte, die die Münchener Version ergänzt und erweitert.

Zu den Quellen im Firmenarchiv

Das Zeiss-Firmenarchiv besteht seit 1948. Was der Zweite Weltkrieg, die amerikanischen Beschlagnahmungen und sowjetischen Demontagen übriggelassen haben, wird seither dort aufbewahrt und ist inzwischen um die Geschichte der Firma während der deutschen Zweiteilung ergänzt.[169] Im Gegensatz zu den anderen befragten Archiven wird das Zeiss-Firmenarchiv weder öffentlich finanziert noch verwaltet, sondern untersteht der Leitung des Konzerns. Dementsprechend gestalteten sich Zugänge und die Archivarbeit unter anderen Bedingungen als in den sonst frequentierten Institutionen. Im September 2019 verbrachte ich fünf Tage dort. Jena war die letzte Station meiner Archivbesu-

168 Zur Geschichte der Firma Zeiss siehe Hermann, Armin: Nur der Name war geblieben. Die abenteuerliche Geschichte der Firma Carl Zeiss. Stuttgart 1989; Schomerus, Friedrich: Geschichte des Jenaer Zeisswerkes 1846–1946. Stuttgart 1952.

169 Siehe Homepage des Carl Zeiss Archivs. URL: https://www.zeiss.de/corporate/ueber-zeiss/geschichte/archiv.html (Zugriff: 9.9.2020).

che und der Aufenthalt war geprägt vom Eindruck der Sättigung. Vieles, was ich in den Akten fand, war mir zuvor schon begegnet – teilweise aus anderer Perspektive oder in einem anderen Rahmen. Einige Dokumente, Briefe oder Artikel hatte ich aber auch genau in der vorliegenden Form in den zuvor besuchten Archiven gefunden. Das war besonders deshalb eine Erleichterung, da es im Zeiss-Archiv nicht erlaubt ist, Dokumente zu fotografieren und auch das Kopieren in großen Massen keine Option darstellte. Alles, was von Belang war oder es eventuell werden könnte, musste ich vor Ort exzerpieren. Den zusätzlichen Notizen, die ich während meiner Recherchen anfertigte, kam vor diesem Hintergrund eine wichtige Rolle zu. Sie mussten das kompensieren, was sonst die Fotos der Archivalien leisten: Kontexte, Subtexte, Haptik, Materialität und Zusammenhänge ins Gedächtnis rufen. Aus den 29 vorab ausgewählten und im Archiv gesichteten Aktenzeichen befinden sich die Exzerpte von 37 Dokumenten im Quellenkorpus. Zusätzlich wurden 21 Fotografien aus der Bilddatenbank ausgewählt, die etwas über die Inszenierung und Präsentation des Planetariumsprojektors verraten. Ergänzt wurde die Recherche um eine Suche in der digitalen Druckschriftendatenbank, die einen Einblick in die firmeneigenen Publikationen über das Planetarium ermöglichte.

Obwohl die Quellen aus dem Zeiss-Archiv den kleinsten Teil des Korpus ausmachen, vermitteln sie in der Zusammenschau mit den anderen Archivalien einen umfassenden Eindruck von der Geschichte des Planetariums in Jena, vor allem aber innerhalb von Zeiss. Die überlieferten Briefwechsel zeigen – wie schon in München – die Wartung, Planung und Verwaltung des Planetariums. Darüber hinaus werden in der Korrespondenz auch Vertriebsstrategien und Marketingbemühungen augenscheinlich. Die dokumentierten Statistiken, beispielsweise die Besuchszahlen des Planetariums in Jena, ergeben zusammen mit den eingeholten Informationen anderer Standorte ein Bild des tatsächlich gemessenen Publikumsverkehrs. Archivierte Vortragsmanuskripte und Programme verweisen auf die Inhalte und Themen, denen die Besucher*innen im Planetarium begegneten. Der Vortrag, den Walter Villiger, Leiter der Abteilung »Astronomische Instrumente«, 1924 verfasste, ist wie der Vortrag von Franz Fuchs einer der ersten Planetariumsvorträge, die je gehalten wurden. Er findet sich unter den Archivalien genauso wie spätere Vorträge zum Kalender oder zum Stern von Bethlehem. Broschüren und Schriften, die zu Werbezwecken verfasst wurden, verdeutlichen das Geschäft, das Zeiss mit dem Planetarium zu machen hoffte, und enttarnen mancherlei Eindrücke und Deutungen des Publikums als Ergebnisse kluger Werbeslogans und von Inszenierungsstrategien. In der Werkzeitung wird schließlich die Rolle des Planetariums innerhalb der

Firma Zeiss deutlich. Der Projektor diente den Mitarbeiter*innen als Identifikationsobjekt und als Aushängeschild; für sein Schicksal und seinen Erfolg herrschte reges Interesse. Die ausgewählten Fotografien wiederum setzen die Beziehungen von Menschen und Maschinen ins Bild und überliefern den Blick der fotografierenden Zeitgenoss*innen auf das Planetarium. Unter ihnen sind neben sachlichen Produktdokumentationen und Werbefotografien auch Bilder von Planetariumsvorführungen, Gebäuden, Zeiss-Mitarbeiter*innen und Zusatzequipment. Neben der Planetariumsmaschine interessierte bei der Recherche in Jena auch die Herkunft und Entstehung eines den Projektor ergänzenden Geräts, das im Verlauf erster archivalischer Erkundungen mehr und mehr Interesse auf sich zog: ein Lichtzeiger, mit dem Vortragende auf konkrete Himmelsstellen deuten konnten, um sie genauer zu beleuchten. Die historischen Produktkataloge gaben Aufschluss über ihn und seine Verbindungen zum Planetarium.

Die im Firmenarchiv gelagerten Quellen ergeben ein umfassendes und eher positives Bild vom Planetariumsprojektor, von seinem Können und Wirken. Das verwundert wenig, da es doch im Interesse von Zeiss lag, genau ein solches Bild zu erzeugen, lädt aber zum kritischen Hinterfragen ein: Beispielsweise den sorgfältig orchestrierten Anekdotensammlungen skurriler Begebenheiten und Aussprüche rund ums Planetarium muss mit Misstrauen begegnet werden. Ob sie sich tatsächlich so zutrugen oder als Übertreibungen, vielleicht Erfindungen der Feder gewiefter Propagandist*innen entstammen, bleibt fraglich. Ähnlich verhält es sich mit vielen anderen für die Veröffentlichung bestimmten Texten und Bildern aus dem Archiv. Sie zeigen aber in jedem Fall das Kalkül und die Arbeit, aus der das öffentliche Bild des Planetariums hervorging und die sich auch auf die Planetariumserfahrungen der Besucher*innen auswirkten.

Andere Quellen, die für eine klassisch technikhistorische Abhandlung über das Planetarium sicherlich von großer Bedeutung sind, wurden bei der Recherche für diese Arbeit vernachlässigt. So beispielsweise das Labor-Journal von Ingenieur Walther Bauersfeld, anhand dessen sich die Entwicklung des Projektors in kleinteiligen Schritten nachvollziehen lässt. Diese ohne Frage sehr aufschlussreiche Quelle wurde andernorts schon ausführlich besprochen[170] und hält nur wenig Antworten auf die dieser Arbeit zugrunde liegenden Fragen bereit, weshalb sie bei den Recherchen keine Berücksichtigung fand. Ähnlich verhält es sich mit den von Zeiss eingereichten Patenten, deren Kenntnis zwar allgemein hilfreich ist, die aber zur Beantwortung der Fragstellung dieser Ar-

170 Bspw. Krausse 2006; Meier 2003.

beit wenig Hinweise bieten. Der Fokus der Recherche lag vor allem auf dem Planetarium und seinen Verbindungen zur Firma Zeiss. Damit sind sowohl das städtische Planetarium in Jena als auch das weiterhin auf dem Dach betriebene Vorführplanetarium gemeint. Spuren beider finden sich im Zeiss-Archiv in großer Menge und Ausführlichkeit. Für eine Recherche im Planetarium im Prinzessinnengarten blieben im Rahmen dieser Arbeit keine Kapazitäten, obwohl es dort womöglich weiteres, interessantes Material zu finden gäbe. Mit dem sowohl qualitativ als auch quantitativ üppig ausgestatteten Korpus sind die Hoffnung und Überzeugung verbunden, dennoch eine aussagekräftige Geschichte aus Jena erzählen zu können und dem Ansinnen gerecht zu werden, die Erfahrungen, Gefühle, Eindrücke und Wissensweisen im Planetarium zu erkunden.

Was die Quellen sagen: Das Planetarium als »Friedenswerk«

Die beiden Planetarien für das Deutsche Museum in München sollten zunächst als Einzelstücke angefertigt werden. Als sich aber bei den ersten Probedurchläufen die große Wirkmacht des Planetariumsprojektors abzeichnete, witterte Zeiss die Möglichkeit eines Geschäfts. Von Depression, Inflation und Reparation in der Nachkriegszeit schwer gebeutelt, war die Umstellung auf eine Friedensproduktion für Zeiss herausfordernd.[171] Das Projektionsplanetarium versprach nicht nur, sich gut zu verkaufen, sondern auch als symbolträchtiges »Friedenswerk« in der unsicheren Nachkriegszeit Hoffnung und Motivation zu verbreiten. Noch während der Vorführungen im Sommer 1924 kopierte Zeiss das Model I und baute einen Zwillingsapparat, sodass die Vorstellungen auf dem Firmendach in Jena weitergehen und potenzielle Kaufinteressierte angeworben werden konnten, auch nachdem der erste Projektor seinen Weg nach München gefunden hatte. Oskar von Miller war wenig erfreut über die frühen Jenaer Aufführungen. Er fürchtete, dass sich der Sensationswert des Planetariums bis zur Museumseröffnung abgenutzt haben könnte, und beanspruchte die Maschine für München. Im September 1924 vermerkte er in einer handschriftlichen Notiz für Franz Fuchs am Rande eines Schreibens von Zeiss (wohl in Aufruhr und grammatisch nicht ganz vollkommen):

> Ich halte es nicht für erwünscht, dass der Apparat, der auf Anregung des Museums und speziell für das Deutsche Museum [-] bis zur Eröffnung desselben so zahlreichen Bevölkerungsklassen gezeigt wird, dass er bei Besichtigung

171 Vgl. Schomerus 1952, S. 198 ff.

des Museums schon als etwas längst Bekanntes, vielleicht sogar Veraltetes betrachtet wird.[172]

In der direkten Kommunikation an Zeiss drückte sich Oskar von Miller etwas diplomatischer aus:

> Wir begreifen wohl, dass Sie das von Ihnen geschaffene grossartige [sic] Werk in Jena einem möglichst grossen Kreis von personen [sic] vorführen wollen, es würde dies aber in München ebenso gut möglich sein, zumal doch allgemein erwartet wird, dass das vom Deutschen Museum angeregte und für dasselbe konstruierte Planetarium in erster Linie im Museum selbst zu sehen sein wird.[173]

Zeiss versandte daraufhin zwar wie gewünscht den Projektor nach München, um dort auch Vorab-Aufführungen abzuhalten, setzte die Vorführungen unter der Kuppel auf dem Firmendach nach Fertigstellung des Zwillingsprojektors im März 1925 aber bis zur Eröffnung des Planetariums im Prinzessinnengarten fort.[174] Einen Alleinstellungsanspruch konnte und wollte man München nicht gewähren – schließlich war das nicht gerade günstige Gerät eine Stiftung ans Museum und Zeiss als Unternehmen an der Wirtschaftlichkeit des Projektes interessiert. Der Projektor sollte verkauft werden und darüber hinaus sollte sein Glanz nicht nur aufs Deutsche Museum, sondern auch auf die Firma Zeiss abstrahlen. Das gelang – die Sensationsmeldungen zum Planetarium, wie der eingangs zitierte Artikel von Elis Strömgren, kamen im Sommer 1924 aus Jena. Der Projektor lockte viele Besucher*innen auf das Dach der Firma Zeiss (siehe Abbildung 5). Neben dem Projektor, für dessen Erfindung und Entwicklung Ingenieur Walther Bauersfeld maßgeblich verantwortlich zeichnete und dem daraufhin teilweise heldengleiche Verehrung zufiel, stellte die ebenfalls von Zeiss entwickelte Schalenbauweise der Planetariumskuppel eine Neuerung dar, die den Kuppelbau allgemein nachhaltig veränderte, der aber in der breiten Öffentlichkeit weit weniger Aufmerksamkeit zukam als dem Projektor.[175]

172 Handschriftliche Notiz auf dem Brief von Zeiss an Oskar von Miller, 4. September 1924. Verwaltungsarchiv Deutsches Museum: VA 1113-4.

173 Brief an Zeiss, 8. September 1924. Verwaltungsarchiv Deutsches Museum: VA 1113-4.

174 Vgl. Meier 2006, S. 130.

175 Siehe dazu Krausse, Joachim: Sternenschau und Schalenbau. Die Doppelerfindung des Zeiss-Planetariums. In: Goesl, Boris/von Hermann, Hans-Christian/Suzuki, Kohei (Hg.): Zum Planetarium. Wissensgeschichtliche Studien. Paderborn 2018, S. 43–68.

Abbildung 5: Besucher*innen warten auf Einlass ins Planetarium auf dem Dach der Firma Zeiss. Jena 1924. Quelle: Zeiss-Archiv.

Für das in einer Serie von zunächst 25 Stück produzierte Nachfolgegerät des ersten Projektors – Modell II – waren einige Verbesserungen und Veränderungen geplant.[176] Die Zeiss-Konstrukteure hatten den Münchener Prototypen ergänzt, sodass er nun nicht mehr nur den Sternenhimmel eines vorher eingestellten Ortes auf der Nordhalbkugel projizierte, sondern durch eine mobile Achse den Sternenhimmel eines jeden Punktes auf der Erdkugel an die Kuppel werfen konnte. Damit das möglich war, erweiterte man die Konstruktion um eine zweite Projektionskugel, die den Fixsternenhimmel des Südens abbildete. Das Modell II des Projektors war deutlich größer als sein Vorgänger und erinnerte die Zeitgenoss*innen an eine Hantel (siehe Abbildung 6).

Ein solcher Projektor war auch im Jenaer Planetarium im Einsatz, das im Jahr 1926 eröffnete. Die Zeiss-Mitarbeiter*innen waren stolz auf die nun noch verbesserte Apparatur. In der Werkszeitung steht zu lesen:

> Eine ganz neue Sache ist entstanden, gar nicht mehr zu vergleichen mit dem Instrument des Deutschen Museums in München. Dieses erste Instrument zeigte uns den gestirnten Himmel so, wie wir ihn draußen in der Natur täglich zu sehen bekommen. Es zeigte nur den Himmel der Heimat, und trotzdem haben wir alle bei dem Aufenthalt im Planetarium erkannt, dass uns

176 Vgl. Hermann 1989, S. 231.

Abbildung 6: Modell II mit den Projektionskugeln für Nord- und Südsternenhimmel. Jena 1926. Quelle: Zeiss-Archiv.

> auch dieses wenige draußen in der Natur fremd geworden ist, dass uns das Planetarium aber eine Brücke dafür sein wird, uns am nächtlichen Himmel wieder besser zurechtfinden zu lernen. Das neue Werk macht uns unabhängig von unserem Standorte, wir können damit auf unserer Erde beliebig auf Reisen gehen, vom Nordpol bis hinunter zum Südpol.[177]

Das Planetarium interessierte die Zeiss-Belegschaft offenbar sehr und war wichtig für die Identität der Firma in den 1920er-Jahren: Zeiss-Planetarien, die Bauweise der Kuppeln sowie technische Neuerungen und Funktionen des Projektors sind ein überproportional wiederkehrendes Thema in der firmeneigenen Publikation. Neben Konstruktionserklärungen und Funktionsbeschreibungen finden sich dort Gedichte, Briefe und Anekdoten von Zeiss-Mitarbeiter*innen, die das Planetarium zu solchen Einreichungen inspiriert hatte. Viele von ihnen konnten sich wie zahlreiche ihrer Zeitgenoss*innen ohnehin für Astronomie begeistern,[178] waren schon in diesem Feld aktiv oder zumindest damit in Berührung gekommen und fanden im Planetarium eine neue Gelegenheit dazu. Schon mit der Gründung der Abteilung Astronomie im Jahr 1897 war bei einigen Zeiss-Mitarbeiter*innen die Idee entstanden, einen populärwissenschaftlichen Astronomieverein zu gründen. Im Jahr 1909 hatten sie diese Idee in Form der Gründung der »Astronomischen Liebhabergenossenschaft Urania GmbH« in die Tat umgesetzt.[179] Zeiss überließ den Mitgliedern eine Sternwarte mit Refraktor zur kostenlosen Nutzung und unterstützte die Genossenschaft weiter, die sich 1924 in den eingetragenen »Verein Volkssternwarte Urania e.V.« umwandelte und bis heute besteht. Die Vereinsgründung zeigt nicht nur das Interesse der Zeiss-Belegschaft für Astronomie und den damit verbundenen Apparaturen, darüber hinaus steht sie exemplarisch für ein allgemeines Interesse von Arbeiter*innen an Naturwissenschaft und Technik, dass sich in zahlreichen populärwissenschaftlichen Formaten und Organisationen ausdrückte (beispielsweise in der Gründung der »Naturfreunde« oder der Zeitschrift *Urania* – beides wird im Laufe der Arbeit noch genauer erläutert). Die immer stärker werdende Durchmischung von Wissenschaft und Öffentlichkeit, die Mitte des 19. Jahrhunderts zunächst vor allem von bürgerlicher Seite unter den Schlag-

177 Zeiss Werkszeitung, Juli 1926, H. 5, S. 67. Zeiss-Archiv: ohne Signatur.

178 Siehe dazu Mirwald 2014.

179 Vgl. Dorschner, Johann: Astronomie in Thüringen. Skizzen aus acht Jahrhunderten. Jena 1998, S. 57. Zur Geschichte der Jenaer Sternwarte siehe Vorstand des Vereins Volkssternwarte Urania Jena e.V. (Hg.): Kosmische Lichtblicke – Sternstunden der Wissenschaft. Hundert Jahre Volkssternwarte Urania Jena. Jena 2009.

worten Wissenschaftspopularisierung und Volksbildung vorangetrieben wurde, war längst ein gesamtgesellschaftliches Phänomen geworden, das eigene Ausformungen und Akteur*innen im Arbeiter*innenmilieu gefunden hatte.[180] Das erstarkende Bildungsbestreben der Arbeiter*innenschaft hielt auch nach dem Ersten Weltkrieg an, obwohl durch die Erfahrungen mit Tötungstechnologien, für die auch Wissenschaftler*innen in die Verantwortung genommen wurden, die Skepsis gegenüber Wissenschaft und Technik wuchs.[181] Unter den Bedingungen der Weimarer Republik gedieh der Bildungswille von Arbeiter*innen dennoch. Dies kann einerseits als Verbürgerlichungsbestreben angesehen werden. Andererseits bildeten sich eigene Formen und Formate, oft in politischer Absicht, die den gesellschaftlichen Einfluss von Arbeiter*innen (beispielsweise in der Produktion von Maschinen und Technologien) sichtbar machen und vergrößern wollten. Ihnen zugrunde lag die Deutung von Bildung als emanzipatorisches Mittel zur Teilhabe und als Befähigung zur Kritik an den herrschenden Umständen.

Jena war in der Mitte der 1920er-Jahre zu einem Zentrum des Szientismus und der populärwissenschaftlichen Aktivitäten des proletarischen Milieus geworden. Zum Anbruch des 20. Jahrhunderts war es eine wachsende und mit allen als modern empfundenen Attributen ausgestattete Stadt: Es gab Elektrizität, eine Straßenbahn, ein Kaufhaus, Schulen, Vereine aller Art und seit 1917 ein elfstöckiges Hochhaus mit Fahrstuhl, das auf dem Zeiss-Gelände stand.[182] Zwei Institutionen prägten das Stadtleben besonders: die 1558 gegründete Universität und die Firma Zeiss, die seit ihrer Gründung im Jahr 1846 stetig wuchs und sich – das Wohl der Belegschaft im Sinn – mit Stiftungen und Bauwerken ins Stadtgeschehen einschrieb. Entsprechend überwogen auch in der Lokalpolitik bürgerlich-liberale, studentische und vor allem sozialdemokratische Tendenzen (gleich drei Parteitage der deutschen Sozialdemokrat*innen fanden zu Beginn des Jahrhunderts in kurzer Abfolge im von Zeiss gestifteten Volkshaus statt [1905, 1911, 1913]). Die Nähe von Wissenschaft und Arbeiter*innenschaft, die sich nicht zuletzt durch deren Begegnung bei Zeiss ergab, drückte sich unter anderem in der Gründung der populärwissenschaftlichen Zeitschrift *Urania*

180 Zu Wissenschaftspopularisierung als zunächst vor allem bürgerliches Projekt siehe Daum 1998.

181 Vgl. Hopwood, Nick: Producing a Socialist Popular Science in the Weimar Republic. In: History Workshop Journal 41 (1996), S. 117–153, S. 118 ff.

182 Zu Daten und Vorkommnissen der Stadtgeschichte siehe Stadt Jena: Chronik. URL: https://geschichte.jena.de/chronik (Zugriff: 14. 9. 2020); Stutz, Rüdiger/Mieth, Matias (Hg.): Jena. Lexikon zur Stadtgeschichte. Jena 2018.

aus. Seit 1924 wurde sie in Jena herausgegeben und richtete sich im Gegensatz zu ihrem bürgerlichen Pendant, dem *Kosmos*, vor allem an Arbeiter*innen.[183] Zuständig für die Herausgabe war das »Freie Bildungsinstitut Urania e. V.« mit seinem Urheber Julius Schaxel (nicht zu verwechseln mit der Berliner Urania, die damals schon ihrem Niedergang entgegensah, oder der oben erwähnten Volkssternwarte – namentliche Anlehnungen waren in beiden Fällen vermutlich kein Zufall).[184] Schaxel war ein Schüler Ernst Haeckels, der als Professor der Biologie den Sozialdarwinismus in Deutschland populär vertrat und dem deutschen Monistenbund vorstand.[185] Das Ansinnen des Haeckelschen Monismus, religiöse Weltanschauungen abzulösen und die Wissenschaft als leitende, bedeutungsgebende Instanz der Gesellschaft zu etablieren, lässt sich mit dem Historiker Thomas Schmidt-Lux als eine Spielart des Szientismus bezeichnen. Schmidt-Lux skizziert Szientismus als den Glauben an Wissenschaft, Fortschritt und die Überlegenheit der menschlichen Vernunft und erkennt in Jena ein Zentrum und in der *Urania* ein wichtiges Verbreitungsorgan dieser Idee.[186] Schaxel und seine Mitautor*innen verpassten dem Szientismus der *Urania* einen neomarxistischen Anstrich. Das wird anhand eines Zitates aus der ersten Ausgabe ersichtlich: »Wer die Gesetze der Natur- und Menschheitsentwicklung in ihren ursächlichen Zusammenhängen überschaut, hat die freie atheistische Diesseits-Weltanschauung, die die stärkste Waffe im Klassenkampfe, die notwendige Voraussetzung sozialistischen Kulturwillens ist.«[187] Jene »Diesseits-Weltanschauung«, die gleichzeitig dem Klassenkampf zuträglich sein sollte, konnte mittels ästhetisch-gefälligen und stimmungsvollen populärwissenschaftlichen Formaten wie gemeinsamen Himmelsbeobachtungen in Sternwarten oder dem Planetarium gut vermittelt und genährt werden. Die Angebote des Planetariums im Prinzessinnengarten fielen in Jena auf fruchtbaren Boden. Nicht weil die Vorführungen dort einen besonderen politischen Anstrich hatten – sie waren wie allerorts zunächst wissenschaftlich-pathetisch, aber eher unpolitisch –, sondern weil Instanzen wie die *Urania* sowie die Universität den jeweiligen Zuschauer*innengruppen für ihren Besuch einen Deutungsrahmen boten, innerhalb dessen das Planetarium als attraktiv und wert-

183 Siehe dazu Hopwood 1996.

184 Vgl. Schmidt-Lux, Thomas: Das helle Licht der Wissenschaft. Die Urania, der organisierte Szientismus und die ostdeutsche Säkularisierung. In: Geschichte und Gesellschaft 34 (2008), S. 41–72, S. 54 ff.

185 Siehe dazu ebd.

186 Vgl. ebd., S. 44.

187 O. A.: Was will die Urania? In: Urania 1 (1925), H. 1, S. 1, zit. nach Schmidt-Lux 2008, S. 41–72, S. 55.

voll erschien. Für Student*innen mag ein Besuch als anregende, informierende Unterhaltung, für Bürger*innen als soziales Erlebnis und für Angehörige der politischen Abeiter*innenbewegung als Beitrag zur eigenen Bildung und damit zur Verbesserung des Klassenstandes gegolten haben. Das Planetarium war in viele Richtungen anschlussfähig und besonders für die Jenaer*innen ein Ort, an dem man gerne und wiederholt verkehrte. Das Jenaer Planetarium schrieb auch dann noch gute Besuchszahlen, als an vielen anderen Orten das Interesse an der Einrichtung längst abgeebbt war. Die Institution stand in unmittelbarer Verbindung zu Zeiss, sodass neue, zusätzliche Projektionsapparate hier zum Einsatz kamen, sobald sie verfügbar waren. Schüler*innen kamen klassenweise unter die Kuppel, astronomiebegeisterte Zeissianer*innen besuchten das Planetarium regelmäßig. Gruppen, oft aus dem Arbeiter*innenmilieu, wie etwa Ortsverbände der »Naturfreunde« und andere Vereine aus der näheren und ferneren Umgebung, organisierten Ausflüge ins Planetarium und füllten den Vorführungssaal. Das führte immer wieder zu skurrilen Ereignissen, die Zeiss vermutlich aus Marketingzwecken sammelte und womöglich weiter ausschmückte. In einem Schreiben, vielleicht einer Pressemitteilung, flocht Zeiss eine solche Anekdote ein, um den Wert des Planetariums herauszustreichen und dessen Sinnhaftigkeit darzustellen:

> 250 000 wissbegierige Menschen haben nun schon in Jena im Zeiss-Planetarium nach den Sternen geschaut. Es gibt aber immer noch viele, die nicht wissen, was in dem dunklen Himmelsdom gemacht wird und wie es zugeht, dass man in der großen Halbkugel nach den Sternen sehen kann. Es gibt immer wieder eigenartige Erlebnisse in dem Himmelstheater:
>
> Ratlos stehen da neulich einige Naturfreunde, Menschen der freien Natur vom Lande vor dem stolzen Kuppelbau. Sie beraten geheimnisvoll unter sich. Endlich nach vielem Zögern wagt sich einer an die Himmelspforte. Er erkundigt sich, was es denn eigentlich da drinnen zu sehen gäbe. Den ganzen Sternenhimmel, täuschend nachgebildet, ein künstlicher Himmel, wird ihm Bescheid gegeben. ›Was, nur ein künstlicher Himmel‹, meint er verächtlich und geht mit seinen Gefährten weiter. Es dauert aber nicht lange, da kommen die Naturmenschen wieder, sie hätten sich's anders überlegt und wollten doch hineingehen. Aber einer von ihnen ist immer noch misstrauisch. Er fragt beim Betreten des weiten Domes: ›Können wir denn auch alle hier drinnen durch das große Glas, das da mitten drinn [sic] steht, nach den Sternen sehen?‹ Er wollte nicht glauben, dass der mächtige Apparat in der

> Mitte des Raumes es fertig brächte, alle Sterne des Himmelszelts, die wir nachts draußen mit bloßem Auge sehen, innen auf der Halbkugelfläche des Daches aufleuchten zu lassen. Nach Schluss des Sternenschauspiels treten die Naturfreunde mit recht zufriedenen Gesichtern wieder in den hellen Sonnenschein hinaus. Nun wussten sie aus eigener Anschauung, dass es tatsächlich möglich ist, in dem geheimnisvollen Raum das Himmelszelt künstlich nachzubilden. Sie meinten, da drinnen könnte man viel Neues lernen. Sie kämen bald wieder, es gäbe an diesem künstlichen Himmel so viel Schönes zu sehen …….[188]

Neben einem Schmunzeln, das solche kleinen Geschichten potenziellen Käufer*innen entlocken sollten, sollten sie ihnen auch den Wert und die Wirkung des Planetariums vor Augen führen und Skepsis ausräumen: Selbst eingefleischte Zweifler*innen und solche, die der städtisch-technisierten Welt fernstanden, vermochte die Himmelsprojektion zu begeistern. Der Vertrieb der Planetarien lief vor allem in den ersten Monaten und im deutschsprachigen Raum gut an. Für den Verkauf von Planetariumsprojektoren ins Ausland engagierte Zeiss zum 1.1.1927 den damals schon nicht mehr ganz jungen Franz Fieseler.[189] Der 63-Jährige hatte zuvor als kaufmännischer Leiter im Vorstand der Firma »Voigtländer & Sohn AG« gearbeitet und durfte jetzt als Bevollmächtigter von Zeiss im Ausland Geschäfte machen und Verträge abschließen. Für jeden Verkauf, den er in die Wege leitete, bekam er eine Provision von zwei Prozent. Beim stolzen Preis von 300 000 Reichsmark je Projektor waren das lohnenswerte Aussichten. Fieseler reiste durch Europa, um den Projektor international bekannt zu machen, besuchte aber auch bereits bestehende Planetarien in Deutschland – mit Kund*innen oder alleine – und berichtete von seinen Eindrücken. Er wollte so viele Projektoren wie möglich verkaufen und es war ihm deshalb ein Anliegen, die Vorführungen in den Planetarien stetig zu verbessern. Häufig formulierte er in seinen Berichten an Zeiss Vorschläge, wie sich das anstellen ließe, oder berichtete von Negativbeispielen, allen voran dem Deutschen Museum, dessen Präsentationsweise in den Augen von Fieseler und Zeiss den Projektor nicht ins beste Licht rückte (siehe vorangegangenes Teilkapitel). Fieseler hatte genaue Vorstellungen davon, wie ein erfolgreicher Planetariumsvortrag wirken sollte und wie sich die gewünschte Wirkung erzielen ließ:

188 Schreiben, vermutlich eine Pressenmitteilung »Eine viertel Million wissbegierige Besucher im Zeiss-Planetarium in Jena«, vermutlich 1926/1927. Zeiss-Archiv: BACZ 27439.

189 Informationen zu Franz Fiesler und seinem Anstellungsverhältnis entstammen einer Akte mit Briefkorrespondenz aus dem Zeiss-Archiv: BACZ 22833.

Damit ein Vortag im Zeiss-Planetarium wirken und seinen Zweck erfüllen kann, muss er auf das Begriffsvermögen der Durchschnittsbesucher eingestellt, darf nicht zu hoch und nicht zu inhaltsreich sein. Durch zu inhaltsreiche, durch langweilige, lehrhafte und gar schulmeisterliche Vorträge wird von weiterem Besuch des Zeiss-Planetariums abgeschreckt. Zweck der Vorträge ist aber, die Besucher zu veranlassen, das Zeiss-Planetarium nicht lediglich als eine Sehenswürdigkeit anzusehen, die man einmal gesehen haben muss, sondern als eine Stätte der Belehrung und Erbauung, die man immer wieder aufsucht.[190]

Zwischen Belehrung und Erbauung verortete Fieseler das Planetarium und verwies dabei auf seine Wirkung, die, so sie zur Entfaltung kommen konnte, den Besuch zu einer Erfahrung machte, die Besucher*innen wiederholen wollten – ein Ansinnen, das in Jena gelang. Das Planetarium im Prinzessinnengarten war – nimmt man die Besuchszahlen und die Konstanz des Programms als Parameter – das erfolgreichste Zeiss-Planetarium der ersten Jahre. Ursache dafür war nicht zuletzt die besondere Gemengelage gesellschaftlicher und politischer Strömungen, die im Jena der Weimarer Republik zusammenflossen und den Nährboden seines Erfolgs befruchteten: Zeiss mit seiner aufstrebenden Astronomieabteilung, die Universität mit eigener Sternwarte, in der astronomisch geforscht wurde, ein starkes Arbeiter*innenmilieu, das ein großes Interesse an Bildung und Wissenschaft hatte und schließlich die Nachwehen des Haeckelschen Monismus und die *Urania*, die eine szientistische Weltanschauung perpetuierten, in die sich das Planetarium perfekt einpasste. Die enge Verbindung der Stadt und des Planetariums mit der Firma Zeiss sorgte dafür, dass die Begeisterung für das Planetarium anhielt und es geradezu als ein Wahrzeichen Jenas empfunden wurde, das sich als Hort der Wissenschaft und optischen Industrie verstand und bis heute versteht.

Das Wiener Planetarium – Volksbildung und Vergnügen

Ein astronomisches Lehrtheater! Ein solches ist vor dem Wiener Messepalast aufgestellt. Das Dach ist anspruchslos, eine achtseitige Pyramide, der ganze Bau rein dem ganz besonderen Zweck entsprechend ausgeführt. Wir treten in die Halle ein, einen kreisrunden Saal von 20 m Durchmesser, den eine

190 Franz Fieseler: »Betrachtung über die Vorträge im Zeiss-Planetarium«, Ende 1920er. Zeiss-Archiv: BACZ 3025.

> schneeweiße Kuppel – aus Gründen der Akustik aus straffgespannten Leinwandstreifen hergestellt – halbkugelig umwölbt [...]. Mitten im Raum, genau im Mittelpunkt der weißen Halbkugel, steht das ›Instrument‹. Es sieht so seltsam aus, dass selbst der Astronom eine Weile braucht, um sich zurechtzufinden. Vierhundert Besucher nehmen bequem im Rundtheater Platz – der Vortrag beginnt.[191]

Voller Sorgfalt und Begeisterung beschrieb Leiter Oswald Thomas das neue Wiener Planetarium, schilderte dessen Funktionsweise und bewarb sein didaktisches Potenzial. Es war das erste Planetarium, das außerhalb der Grenzen Deutschlands eröffnete. Im Frühjahr 1927 konnten Besucher*innen der Messe »Wien und die Wiener« in einem provisorischen und ästhetisch umstrittenen Holzbau vor dem Messepalast den künstlichen Himmel beobachten. Zur Messeeröffnung hatte Thomas eine Broschüre verfasst, in der er Sinn und Zweck der Institution erläuterte. Der Gymnasialprofessor bemühte sich schon seit Langem um die Popularisierung der Astronomie. Von 1915 bis 1922 war Thomas Leiter der Wiener Urania-Sternwarte, 1924 gründete er den »Österreichischen Astronomischen Verein« und 1927 fand er im Planetarium eine neue Möglichkeit, die von ihm hochgeschätzten astronomischen Wissensbestände zugänglich zu präsentieren.[192] Thomas verstand sich als Volksbildner und Lehrer, dem es vor allem darum ging, Himmelsphänomene einfach, anschaulich und unterhaltsam zu erklären. Das zeigte Wirkung. Zu Beginn und während der Messe war das Planetarium gut besucht, sodass der Beschluss fiel, den Betrieb auch danach für eine Weile aufrechtzuerhalten. Später trug man das Holzgebäude ab und baute es am Praterstern auf, wo das Planetarium 1930 seine Wiedereröffnung feierte. Dort fanden neben Planetariumsvorträgen, die an Publikum und Beliebtheit stark eingebüßt hatten, nun auch Kinovorführungen statt. Bis heute gibt es in Wien ein Planetarium am Praterstern – wenn auch nicht mehr im ursprünglichen Gebäude, das bei einem Bombenangriff im Jahr 1944 beschädigt und später zerstört wurde. Der Platz vor dem Planetarium trägt seit 1974 Oswald Thomas' Namen.

191 Oswald Thomas: Das Wiener Planetarium. Wien 1927, S. 5. Österreichische Nationalbibliothek: 235.449-A.

192 Zur Biografie von Oswald Thomas siehe den Eintrag im Austria-Forum: »Thomas, Oswald«, zuletzt geändert im März 2017. URL: https://austria-forum.org/af/AEIOU/Thomas,_Oswald (Zugriff: 16.9.2020); außerdem Wiener Stadt- und Landesarchiv/Wienbibliothek im Rathaus: Wien Geschichte Wiki, »Thomas, Oswald«. URL: https://www.geschichtewiki.wien.gv.at/Oswald_Thomas (Zugriff: 17.9.2020).

Der Standort des Planetariums am Praterstern, in unmittelbarer Nähe zum, aber noch nicht im vergnügungsreichen Wurstelprater, verweist auf ein besonderes Spannungsverhältnis der Institution, das sich nicht nur in Wien bemerkbar machte, aber hier besonders deutlich zutage trat: Im Planetarium trafen sich Vergnügen und Volksbildung. Dies führte zu Verortungsversuchen, Abgrenzungsstrategien und Distinktionskämpfen, auch wenn beide Sphären im Planetarium gleichzeitig und nebeneinander bestanden und sich nicht immer konflikthaft begegneten. Dieser Hybridstatus zeichnet den Ort in besonderer Weise aus, was an der Geschichte des Wiener Planetariums sichtbar wird.

Zu den Quellen im digitalen Zeitungsarchiv

Auskunft über das Wiener Planetarium geben die Quellen aus dem digitalisierten Bestand der Österreichischen Nationalbibliothek. Das Forschen in digitalen Archiven unterscheidet sich maßgeblich von der Suche in Archiven aus Papier und Beton. Deshalb gehe ich an dieser Stelle etwas ausführlicher auf die Online-Recherche mit all ihren Implikationen ein. Die Österreichische Nationalbibliothek hat ihre historischen Zeitungen und Zeitschriften der Jahrgänge 1689 bis einschließlich 1952 digitalisiert und zugänglich gemacht.[193] ANNO (AustriaN Newspapers Online) bietet die Möglichkeit, online auf den gesamten Bestand zuzugreifen und ihn mittels automatisierter OCR-Texterkennung nach Schlagworten zu durchsuchen.[194] Bei einer solchen Suche fallen gegebenenfalls Beiträge durchs Raster, die die automatisierte Texterkennung beispielsweise aufgrund der Druck- oder Scanqualität nicht als passend erkennen kann, sie ermöglicht aber eine umfassende Sichtung ohne vorherige Einschränkungen. Das Ergebnis ist ein ungefilterter Fundus, der die Berichterstattung aus verschiedenen politischen Lagern und unterschiedlichen gesellschaftlichen Milieus beinhaltet und je nach Trefferzahl anschließend weiter eingeschränkt werden muss. Die Vorteile, aber auch die methodologischen Herausforderungen, die Recherchen in Online-Zeitungsarchiven mit sich bringen, sind in den letzten Jahren langsam in den Fokus historisch Forschender gerückt.[195] Sie begegnen

193 Stand Januar 2023.

194 AustriaN Newspapers Online – ANNO. URL: http://anno.onb.ac.at/index.htm (Zugriff: 16.1.2020).

195 Siehe dazu bspw. Blome, Astrid: Zeitungen. In: Busse, Laura u. a.: Clio Guide. Ein Handbuch zu digitalen Ressourcen für die Geschichtswissenschaften. Berlin 2018, S. B.6–1-B.6–36, hier S. B.6–13. DOI: 10.18452/19244 (Zugriff: 20.9.2020); Nicholson 2013.

dem wachsenden digitalen Angebot und den neuen Möglichkeiten digitaler Durchsuchbarkeit mit vorsichtiger Begeisterung, flankiert von mahnender Bedachtsamkeit. Neben der Feststellung, dass Digitalisate kein vollwertiger Ersatz, sondern schlicht etwas ganz anderes sind als ihre materiellen Pendants,[196] reflektieren sie die Auswirkungen digitaler Datenbanken auf Rechercheweisen und Suchstrategien. Der britische Historiker Bob Nicholson stellt fest, dass sich vor allem die Suchrichtung verändert hat. Während analoge Zeitungsarchive eine top-down-Suche nahelegen, bei der zunächst Zeiträume und publizistische Organe ausgewählt werden, die Forschende durchblättern und anhand von Überschriften interessante Artikel auswählen, deren textliche Inhalte sie dann wiederum erfassen und gegebenenfalls als relevant für die Forschung markieren, zielen digitale Suchen zuallererst auf die Textebene ab und führen direkt in die Artikel und Berichte hinein.[197] Erst davon ausgehend werden dann Kontexte und Rahmenbedingungen der jeweiligen Presseerzeugnisse abgeleitet. Darin erkennt Nicholson einen großen Vorteil für die Erforschung historischer Alltage:

> The vast majority of the information in an article – the things that we can learn about the people and the society who produced and read it – are not organised using a top-down system. Once you get down to the article level in a newspaper, organisation breaks down and it becomes a complex mix of words and ideas. This is everyday cultural discourse – the fabric of everyday life in all its chaotic splendour.[198]

Die unmittelbare Konfrontation mit einzelnen Inhalten kann allerdings auch problematisch werden. Die Zeitungswissenschaftlerin Astrid Blome gibt zu bedenken: »Die Suchergebnisse einer Volltextrecherche isolieren […] den Inhalt einzelner Textabschnitte vom Medium.«[199] Nicholson sieht darüber hinaus die Gefahr »that newspapers will be treated as mere buckets of words with no agency or function of their own«.[200] Eine Suche in digitalen Archiven bietet auf den ersten Blick weder Überlieferungszusammenhänge noch materielle Spuren, die aber für die Auswertung wichtig sein können – außerdem tritt das publizierende Organ in den Hintergrund und gerät schnell aus dem Sichtfeld der

196 Vgl. Nicholson 2013, S. 64.
197 Vgl. ebd., S. 66 f.
198 Ebd., S. 66.
199 Blome 2018, S. B.6–13.
200 Nicholson 2013, S. 71.

Forschenden. Diese Mängel mindern nicht die Vorteile digitaler Archivrecherchen, müssen aber methodologisch aufgefangen werden. Mittel dazu sind die sorgfältige Kontextualisierung und Historisierung der einzelnen publizistischen Organe, aus denen die Texte stammen, sowie das Offenlegen der angewandten Suchstrategien. Nicholson merkt zudem an, dass sich die digitale Suche auf die Fragestellung auswirken kann und aufgrund ihrer hohen Trefferzahl nahelegt, auch quantitative Ergebnisse zum Erkenntnisgewinn und zur Rahmung der Einzelquellen heranzuziehen.[201] Bei meiner Suche im ANNO-Bestand spielten diese Überlegungen eine wichtige Rolle. Ich möchte hier die angewandten Suchstrategien offenlegen und die ausgewählten Quellen numerisch vermessen – dies ermöglicht eine erste Annäherung an die Wiener Planetariumsgeschichte.

Die Suche nach dem Stichwort »Planetarium« ergab im gesamten ANNO-Bestand insgesamt 4 670 Treffer. Weit über die Hälfte stammte aus den Jahren 1926 bis 1936 (3 487) und fiel damit in den Untersuchungszeitraum der Arbeit. Innerhalb dieses Zeitraums ließen sich wiederum zwei Spitzen ausmachen: einmal im Jahr 1927 (445 Treffer) und in den Jahren 1930/31 (1 454 Treffer). Zu beiden Zeitpunkten war der Nachrichtenwert des Planetariums anscheinend hoch – sie verweisen zum einen auf die Eröffnung des ersten Wiener Planetariums im Frühjahr 1927 und zum anderen auf die Wiedereröffnung 1930 sowie auf die Umstrukturierung und Neuausrichtung des Planetariums im Jahr 1931. Auch in den Jahren nach 1931 ergibt die Suche eine konstant hohe Trefferquote, die vor allem durch die Bewerbung des Planetariums- und Kinoprogramms in den Ankündigungsspalten begründet ist. Die Suchfunktion von ANNO ermöglicht es, die Treffer verschieden anzuordnen (nach Relevanz, nach Zeitung, chronologisch auf- oder absteigend). Die Treffer wurden zunächst chronologisch aufsteigend sortiert und dann einzeln gesichtet. Dabei bot es sich aus forschungspragmatischen Gründen an, zunächst jene Digitalisate mit einer hohen Trefferzahl (zwei oder mehr) in den Blick zu nehmen, die aufgrund einer Mehrfachnennung des Suchbegriffs »Planetarium« auf eine aussagekräftige Berichterstattung schließen ließen. Die Suchergebnisse, die lediglich eine einfache Nennung des Wortes »Planetarium« anzeigten, überprüfte ich stichprobenartig. Sie stellten sich in vielen Fällen als Werbeanzeigen oder Veranstaltungsankündigungen heraus, die ich exemplarisch in den Korpus übernahm. Mit dieser breiten und doch selektiven Sichtung wählte ich aus der großen Anzahl an Treffern im abzudeckenden Zeitraum 215 Zeitungsausschnitte für den Quellenkorpus dieser Arbeit aus. Darunter sind zahlreiche Schilderungen von Planetariumsbe-

201 Vgl. ebd., S. 67 ff.

suchen, Meldungen und Terminankündigungen zum Planetariumsprogramm, Witze und Karikaturen sowie einige Artikel, die das Planetarium in einem weit gefassten gesellschaftlichen und historischen Kontext verorten. Für die Auswahl war meine persönliche, informierte Einschätzung der Relevanz, Repräsentativität und des Aussagegehalts der jeweiligen Zeitungsausschnitte ausschlaggebend. Schon die Zusammensetzung des Samples ist also – trotz großer Sorgfalt und Mühe um Ausgeglichenheit – das Ergebnis eines subjektiven Blicks in die Bestände. Der letztendliche Quellenkorpus versucht, der Vielfalt, Redundanz und Mannigfaltigkeit der Suchergebnisse gerecht zu werden. Doppelungen sind in den 215 ausgewählten digitalen Zeitungsschnipseln genauso abgebildet wie Artikel, in denen das Planetarium nur eine Nebenrolle spielt. Mein Vorgehen und meine Eindrücke bei der Suche habe ich in meinem Forschungstagebuch reflektiert.

Die 215 Artikel stammen aus 47 verschiedenen Zeitungen (siehe Grafik).[202] Die *Arbeiter-Zeitung* und die *Kleine Volks-Zeitung* sind am stärksten vertreten. Der Quellenkorpus deckt das breite politische Spektrum der Ersten Republik Österreich ab:[203] Von katholisch-konservativ (*Reichspost*) über bürgerlich-liberal (*Neue Freie Presse*) bis sozialdemokratisch (*Arbeiter-Zeitung*) und marxistisch-kommunistisch (*Die Rote Fahne*) ist alles dabei. Es fällt auf, dass Zeitungen, die sich an ein links-sozialdemokratisches Publikum und/oder das Arbeiter*innen-Milieu richteten, im Korpus besonders stark vertreten sind. Andreas Daum verortet die Populärwissenschaft im deutschen Kaiserreich zunächst eher im liberal-bürgerlichen Milieu, wenn sich auch »häufig Anknüpfungspunkte für die Arbeiterkultur«[204] boten, wie etwa in Form von Arbeiter*innenbildungsvereinen oder ersten Volkshochschulen. Der Historiker Nick Hopwood beschreibt die sozialdemokratische Rezeption von und ihr Verhältnis zur (Populär-)Wissenschaft in der Weimarer Republik und bemerkt ein besonderes Interesse der Sozialdemokrat*innen für Bildung, Wissenschaft und Technik. Hopwood sieht darin die Fortführung eines sozialdemokratischen Kernanliegens, das sich schon

202 Als Grundlage für kritische Quellenarbeit im Allgemeinen und die politischen sowie sozialen Verortungen der jeweiligen Zeitschriften wurden Melischek, Gabriele/Seethaler, Josef: Die Wiener Tageszeitungen. Eine Dokumentation. Band 3: 1918–1938. Frankfurt a. M. 1992; und Lang, Helmut W./Ladislaus, Lang: Österreichische Retrospektive Bibliographie. Reihe 2: Österreichische Zeitungen 1492–1945. Band 2: Bibliographie der österreichischen Zeitungen 1621–1945. München 2003; sowie die Informationen auf ANNO herangezogen.

203 Ähnlich wie die Gesellschaft der Weimarer Republik war auch die der Ersten Republik Österreich zerrüttet in verschiedene politische Milieus.

204 Daum 1998, S. 471.

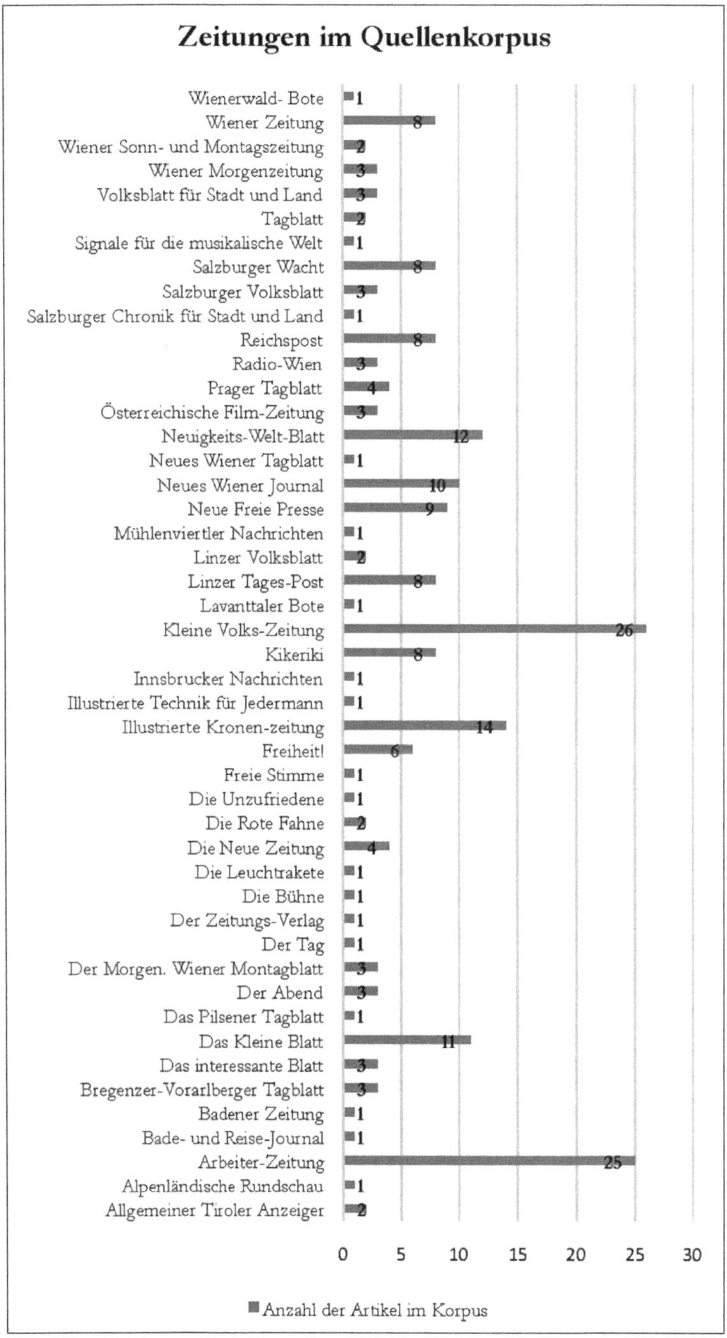
Zeitungen im Quellenkorpus
Wienerwald- Bote 1
Wiener Zeitung 8
Wiener Sonn- und Montagszeitung 2
Wiener Morgenzeitung 3
Volksblatt für Stadt und Land 3
Tagblatt 2
Signale für die musikalische Welt 1
Salzburger Wacht 8
Salzburger Volksblatt 3
Salzburger Chronik für Stadt und Land 1
Reichspost 8
Radio-Wien 3
Prager Tagblatt 4
Österreichische Film-Zeitung 3
Neuigkeits-Welt-Blatt 12
Neues Wiener Tagblatt 1
Neues Wiener Journal 10
Neue Freie Presse 9
Mühlenviertler Nachrichten 1
Linzer Volksblatt 2
Linzer Tages-Post 8
Lavanttaler Bote 1
Kleine Volks-Zeitung 26
Kikeriki 8
Innsbrucker Nachrichten 1
Illustrierte Technik für Jedermann 1
Illustrierte Kronen-zeitung 14
Freiheit! 6
Freie Stimme 1
Die Unzufriedene 1
Die Rote Fahne 2
Die Neue Zeitung 4
Die Leuchtrakete 1
Die Bühne 1
Der Zeitungs-Verlag 1
Der Tag 1
Der Morgen. Wiener Montagblatt 3
Der Abend 3
Das Pilsener Tagblatt 1
Das Kleine Blatt 11
Das interessante Blatt 3
Bregenzer-Vorarlberger Tagblatt 3
Badener Zeitung 1
Bade- und Reise-Journal 1
Arbeiter-Zeitung 25
Alpenländische Rundschau 1
Allgemeiner Tiroler Anzeiger 2
0 5 10 15 20 25 30
Anzahl der Artikel im Korpus

in der Arbeiter*innenkultur des Kaiserreiches niedergeschlagen habe und in der Weimarer Republik nach wie vor bestehen bleibe: Volksbildung.[205] Die zitierten Untersuchungen beziehen sich nicht auf Österreich, die aus ihnen gewonnenen Grundtendenzen lassen sich aber auch auf die österreichische Monarchie und nach dem Ersten Weltkrieg auf die Erste Republik übertragen. Vor allem im »Roten Wien« waren Volksbildungsbestrebungen sowohl im bürgerlichen Milieu, aber auch besonders im sozialdemokratisch bis kommunistisch-marxistisch geprägten Arbeiter*innenmilieu stark vertreten. Eine große Zahl der analysierten Zeitungstexte richtete sich dezidiert an Arbeiter*innen und stammt häufig auch aus der Feder von Menschen, die sich dieser gesellschaftlichen Gruppe zugehörig und verpflichtet fühlten.

Viele der von mir untersuchten Artikel fanden sich im Feuilleton, das sich als Textgattung der sogenannten klassischen Moderne »nicht nur thematisch mit der Großstadt auseinander [setzt], es bildet vielmehr seine spezifische Gattungspoetik entlang der neuen urbanen Seins- und Wahrnehmungsweisen aus«.[206] Subjektivierung und Perspektivierung kennzeichnen den feuilletonistischen Schreibstil, der als neue Textgattung symptomatisch für das Erleben (in) der Großstadt stand. Dass das Planetarium gerade auf diese Weise geschildert wurde, zeigt zum einen, dass es sich als Gegenstand der Projektion und Produktion urbaner Lebensgefühle eignete. Zum anderen verweist es darauf, dass es vor allem die Erfahrungsdimension war, die seinen Neuigkeitswert ausmachte und die sich am besten subjektiv vermitteln ließ. Die feuilletonistischen Quellen enthalten literarisch kuratierte, individuelle Erfahrungen und damit einen Zugang zum Erlebnis Planetariumsbesuch.

Ergänzend zu den 215 Zeitungsbeiträgen sichtete ich Archivalien aus dem Wiener Stadtarchiv. Die dünne Akte, die dort nach dem Zweiten Weltkrieg verblieben ist, enthält Baupläne und -zeichnungen, an denen sich die funktionale, räumliche und bauliche Entwicklung des Planetariums über die Jahre hinweg bis zur schweren Zerstörung des Gebäudes bei einem Bombenangriff nachvollziehen lässt. Darüber hinaus zog ich die von Oswald Thomas verfasste Broschüre zum Wiener Planetarium aus dem Jahr 1927 hinzu. Sie fand sich in den physischen Beständen der Österreichischen Nationalbibliothek und eröffnet einen weiteren Zugang zu einer zeitgenössischen Deutung und Erklärung

205 Hopwood 1996, 118 f.

206 Kernmayer, Hildegard: Poetik des Urbanen: das Feuilleton und die Stadt. In: Erian, Martin/Kucher, Primus-Heinz (Hg.): Exploration urbaner Räume – Wien 1918–38. (Alltags)kulturelle, künstlerische und literarische Vermessungen der Stadt in der Zwischenkriegszeit. Göttingen 2019, 87–105, S. 89.

des Planetariums – wenn auch ganz klar vor dem Hintergrund wirtschaftlicher und propagandistischer Interessen.

Was die Quellen sagen: Das Planetarium als Bildungs- oder Vergnügungsstätte

> Wir haben es, seitdem wir das Planetarium überhaupt kennen, als einen unwürdigen Zustand betrachtet, dass gerade in einer Stadt wie Wien, in der so viel für die Volksbildung geschieht – denken wir nur an das Wirken der Urania, des Volksbildungsheims und ähnlichen Organisationen –, die Mittel zu seiner Errichtung nicht aufzubringen sein sollen. Leider war es aber zwei Jahre lang so […]. Den vereinten Anstrengungen scheint es, nach der letzten Rede des Stadtrates Breitner zu schließen, nun endlich doch gelungen zu sein, die Gemeinde Wien auf eine wichtige kulturelle Aufgabe hinzuweißen. Das Wiener Planetarium wird errichtet.[207]

Dass die Stadt Wien im Jahr 1927 trotz finanzieller Bedenken ein Planetarium anschaffte, ist auch das Ergebnis des unermüdlichen Bemühens von Wilhelm Exner, dem Autor des oben zitierten Zeitungsartikels aus dem *Neuen Wiener Journal*. Wilhelm Exner (1840–1931) war Lehrer, Professor und überaus rührig, was die Popularisierung von Technik und Wissenschaft anging.[208] Er hatte unter anderem die Gründung des Technologischen Gewerbemuseums Wien (eröffnet 1879) angeregt, stand ihm als Direktor vor und war später ein Initiator des 1908 eröffneten Technischen Museums Wien. Zusammen mit dem Leiter des Technischen Museums, Hofrat Ludwig Erhard,[209] hatte Exner das Münchener Planetarium im Zuge einer Ausschusstätigkeit im Deutschen Museum erlebt und arbeitete seither mit Erhard daran, Wien mit einem Zeiss-Apparat zu bestücken. Die Zeiten waren allerdings denkbar schlecht für solche großen Anschaffungen. Wien war nach dem Ersten Weltkrieg und dem Zerfall der Habsburgermonarchie in eine tiefe Krise gestürzt. Die wirtschaftliche und politische Macht, die

207 Wilhelm Exner: Das Wiener Planetarium. Wünsche und Einwände. In: Neues Wiener Journal, 4.2.1927. Österreichische Nationalbibliothek: ANNO.

208 Zur Biografie von Wilhelm Exner siehe Steiner, Fritz: »Exner, Wilhelm«. In: Neue Deutsche Biographie 4 (1959), S. 703. URL: https://www.deutsche-biographie.de/pnd101300891.html#ndbcontent (Zugriff: 11.12.2019).

209 Zur Biografie von Ludwig Erhard siehe Schützenhofer, Viktor: »Erhard, Ludwig«. In: Neue Deutsche Biographie 4 (1959), S. 578f. URL: https://www.deutsche-biographie.de/pnd121051072.html#ndbcontent (Zugriff: 23.9.2020).

sich dort, in der Hauptstadt eines großen Reiches, kumuliert hatte, war – wie die territoriale Größe – Vergangenheit. Die Erste Republik Österreich, die nach dem Ersten Weltkrieg auf die Monarchie folgte, war stark verschuldet, gesellschaftlich fragmentiert und politisch zerrissen. Wie in der Weimarer Republik formierten sich Meinungen, Einstellungen und Lebensweisen in politischen Teilkulturen, die sich durch eigene Presseorgane und Organisationsstrukturen auszeichneten, vernetzten und herausbildeten. Darüber hinaus verschärfte das Spannungsverhältnis zwischen einer vornehmlich »roten« Hauptstadt unter sozialdemokratischer Verwaltung und einem in großen Teilen im katholischen Konservatismus schwelgenden Hinterland die Lage und erschwerte die Regierungsarbeit. Das »Rote Wien«[210] fokussierte mit sozialem Wohnungsbau, Gesundheitsvorsorge, Erwachsenenbildung und Schulreform eine facettenreiche Fürsorge, die der »Verelendung« entgegenwirken und die Grundlage einer starken und gebildeten Arbeiter*innenklasse (der auch das Kleinbürgertum zugeordnet wurde) bilden sollte. Das »Rote Wien« war ein Projekt, das auf die gesamte Lebensführung zielte und nicht nur gute Rahmenbedingungen für ein »gesundes« Leben schaffen, sondern die Wiener*innen auch moralisch erziehen wollte. Begünstigt unter anderem durch die kultur- und sozialpolitischen Bemühungen der Stadtverwaltung, entwickelte sich in den 1920er-Jahren in der Stadt ein reges kulturelles Leben, das – aller Kaiserreich-Nostalgie zum Trotz – als urban und modern wahrgenommen wurde, für viele zugänglich war und in eine bessere Zukunft wies.[211]

Die große Ausstellung »Wien und die Wiener«, die im Mai und Juni 1927 im Messepalast stattfand, sollte einen Beitrag dazu leisten, Wien als zeitgemäß und wirtschaftsstark zu präsentieren und ein neues Image sowie Selbstverständnis für die Hauptstadt zu etablieren – das zeigt sich auch in der Vermittlung und Darstellung der Ausstellung in der Presse. Bundespräsident Hainisch beschwor in seiner Eröffnungsrede die kulturelle Bedeutung der Stadt und gab damit den

210 Zum »Roten Wien« siehe Schwarz, Werner Michael/Spitaler, Georg/Wikidal, Elke (Hg.): Das Rote Wien. 1919–1934. Ideen, Debatten, Praxis. Basel/Wien 2019; Braun, Karl-Heinz/Wetzel, Konstanze: Das »Rote Wien« (1920–1934) – eine exemplarische historische Sozialreportage. In: dies. (Hg.): Sozialreportage. Einführung in eine Handlungs- und Forschungsmethode der Sozialen Arbeit. Wiesbaden 2010, S. 192–209; Wien Geschichte Wiki-Bearbeiter: Rotes Wien. In: Wien Geschichte Wiki, 15. 7. 2020. URL: https://www.geschichtewiki.wien.gv.at/index.php?title=Rotes_Wien&oldid=427722 (Zugriff: 22. 9. 2020).

211 Siehe dazu Fähnders, Walter: Berlin, Paris, Moskau – und Wien. Metropolenwahrnehmung im Vergleich, mit Blick auf Hugo Bettauer und andere. In: Erian, Martin/Kucher, Primus-Heinz (Hg.): Exploration urbaner Räume – Wien 1918–38. (Alltags) kulturelle, künstlerische und literarische Vermessungen der Stadt in der Zwischenkriegszeit. Göttingen 2019, S. 23–37.

Rahmen für solche Deutungen vor: »Wenn nun auch Wien aufgehört hat, ein politisches und wirtschaftliches Zentrum ersten Ranges zu sein, so ist es doch ein Kulturzentrum geblieben.«[212] Auch im Umfang und Ausmaß der Ausstellung zeigte sich die Bedeutung, die ihr beigemessen wurde. An der Messe beteiligt waren »[a]lle Museen, öffentliche Institute und Körperschaften, die Industrie und die Handelswelt, mit einem Wort alles und jedes, was in Wien Geltung und Bedeutung hat«.[213] Die Ausstellung würde »in erster Linie der Aufgabe dienen, belehrend zu wirken. Nichtsdestoweniger ist aber das Bestreben vorhanden, auch für das Amüsement des wohllöblichen Publikums zu sorgen.«[214] Wien war als »moderne Großstadt« zu sehen und zu erfahren, »die sich auch bei beschleunigtem Rhythmus ihres Blutkreislaufes den Zauber ihres Wesens zu bewahren weiß«.[215] Zum einen zeigte die Ausstellung historische Vergangenheiten, zum anderen machte sie mit der als modern empfundenen Zukunft bekannt, die schon jetzt, so legten es die Exponate nahe, in Wien angebrochen war. Moderner Verkehr, moderne Verwaltung, moderne Ernährung, moderner Unterricht wurden in der Ausstellung vorgestellt – und das auf eine Weise, die den Besucher*innen ebenso modern schien: »Durch die folgerichtige Durchführung des Anschaulichkeitsprinzips wirkt die Ausstellung aufklärend und erzieherisch.«[216] Neben einer Vorführung der Herstellung von Zeitungen, alten und neuen Verkehrsmitteln (Besucher*innen konnten zum Beispiel ein Flugzeug besteigen), einem Diorama über das »vorsintflutliche« Wien, einem Seismografen, einer Revue, einem Filmset und vielem mehr zählte auch das Planetarium zu den Attraktionen, die das Publikum anlockten, vergnügten und erzogen. Sowohl in der Kompensationshoffnung, die in die Ausstellung gesetzt wurde (sie sollte den Bedeutungsverlust Wiens durch den Ersten Weltkrieg kompensieren), als auch im didaktischen Ansatz der Anschaulichkeit und dem Ziel der Volksbildung zeigen sich viele Parallelen zum Deutschen Museum. Auch personell: Wilhelm Exner, der »museum master« und Planetariumsadvokat, war eine der Gründerpersönlichkeiten, die die Museumslandschaft um die Jahrhundertwende prägten, und ähnelt im Ansehen und Einfluss Oskar von Miller.[217]

212 O. A.: Die Eröffnung der Ausstellung »Wien und die Wiener«. In: Neuigkeits Welt Blatt, 8.5.1927. Österreichische Nationalbibliothek: ANNO.
213 O. A.: Wien wird ausgestellt. In: Illustrierte Kronen-Zeitung, 17.2.1927. Österreichische Nationalbibliothek: ANNO.
214 Ebd.
215 O. A.: »Wien und die Wiener.« Ein Rundgang durch die Ausstellung. In: Neue Freie Presse, 6.5.1927. Österreichische Nationalbibliothek: ANNO.
216 Ebd.
217 Vgl. Füßl 2003, S. 60.

Als Inspiration für die Messe hatte aber nicht das Deutsche Museum, sondern eher die Düsseldorfer »GeSoLei« gedient – die »Große Ausstellung für Gesundheitspflege, soziale Fürsorge und Leibesübungen« –, die »hygienische Volksbelehrung« zum Ziel hatte und 1926 am Rheinufer Düsseldorfs eröffnete.[218] Die GeSoLei war eine bunte Mischung aus Hygieneausstellung und Vergnügungsmeile, auf der es unter anderem ein Planetarium zu sehen gab, das sich während der Messe nicht nur als Publikumserfolg, sondern auch als wirtschaftlich rentabel entpuppte. Dieser Erfolg hatte, neben dem Beharren von Wilhelm Exner und Ludwig Erhard, den Ausschlag für die Anschaffung eines Planetariums für »Wien und die Wiener« gegeben. Allerdings, so fürchtete Exner, barg die temporäre Aufstellung des Planetariums im Rahmen der Messe die Gefahr, dass der Projektor danach ohne feste Spielstätte seinen Betrieb würde einstellen müssen. Für Exner ein Unding, weshalb er sich schon vor der Eröffnung zu Wort meldete und zu bedenken gab: »Es ist vollkommen unbegreiflich, warum man nach der Ausstellung das Wunderwerk wieder abtragen will.«[219] Seiner Meinung nach sollte das Planetarium trotz aller ungelöster Platz- und Kostenfragen auf jeden Fall weitergenutzt und zur Not an einem ungünstiger gelegenen Ort wieder aufgebaut werden, denn: »Die Lage des Planetariums ist nicht das Entscheidende; wesentlich ist, dass wir, wie so viele andere Großstädte, überhaupt eines haben und so unsere Volksbildung um ein großes und wertvolles Stück dauernd fördern können.«[220] Für Exner mag der Standort des Planetariums nicht ins Gewicht gefallen sein, für viele andere Wiener*innen war der Standort hingegen ein Politikum – nicht erst nach, sondern bereits vor der Exposition. Auf den Beschluss des Gemeinderats hin, das Planetarium auf dem Platz vor dem Messepalast provisorisch aufzubauen, protestierten die »Kaufleute der Inneren Stadt«.[221] Der erste Bezirk profitiere nicht von den Menschenströmen, die die Ausstellung verursache, so die Klage. Der Messepalast, an der »Peripherie« der Innenstadt gelegen, ziehe die Aufmerksamkeit des Fremdenverkehrs gänzlich auf sich und kaum eine*r »verirre« sich in die Geschäfte des ersten Bezirks.[222] Es half nichts, das Planetarium wurde

218 Zur GeSoLei siehe Weinert, Stefan: Der Körper im Blick. Gesundheitsausstellungen vom späten Kaiserreich bis zum Nationalsozialismus. Berlin/Boston 2017, S. 55–68.

219 Exner, Wilhelm: Das Wiener Planetarium. Wünsche und Einwände. In: Neues Wiener Journal, 4. 2. 1927. Österreichische Nationalbibliothek: ANNO.

220 Ebd.

221 O. A.: Ausstellung des Wiener Planetariums auf dem Hof? Ein Wunsch der Geschäftsleute der Inneren Stadt. In: Neuigkeits-Welt-Blatt, 9. 2. 1927. Österreichische Nationalbibliothek: ANNO.

222 Vgl. ebd.

am Messepalast geplant und aufgebaut. Kaum hatte der Bau begonnen, regte sich erneut Protest. »Ein Attentat auf das Stadtbild Wiens«[223] nannte die ständige Delegation der vier Künstler*innenvereinigungen Künstlerhaus, Sezession, Hagenbund und Kunstschau den Planetariumsbau im *Neuen Wiener Journal*. Gegen das Planetarium an sich sei nichts einzuwenden, aber

> war es notwendig, das Gebäude dafür auf einem Platz zu errichten, auf dem es sich so unorganisch wie möglich in die umgebende Architektur einfügt, wo es wie ein lästiger und quälender Fremdkörper wirkt und das bauliche Bild in einer jedem künstlerischem Empfinden geradezu hohnsprechenden Weise verschandelt?[224]

Mit dieser Einschätzung waren die Künstler*innenvereinigungen nicht alleine. Die »Bretterbude […] verschandle einen der schönsten Plätze Wiens«[225] merkte die Bezirksverwaltung an und unterstrich, dass der Bau binnen eines Jahres auf jeden Fall abgetragen und das Planetarium gegebenenfalls an einem anderen Ort wiederaufgebaut werden müsse. Der schlichte, zeltförmige Holzpavillon, den der Architekt Robert Örley entworfen hatte (siehe Abbildung 7), stand im ästhetischen Kontrast zu den klassizistischen Prachtbauten, die ihn umgaben, und missfiel vielen Wiener*innen.

Was sich darin befand – der Zeiss-Projektor – befriedigte die ästhetischen Bedürfnisse der Messebesucher*innen dafür umso mehr. Viele der Zeitungsartikel, die im Vorfeld der Ausstellung über »Wien und die Wiener« berichteten, hoben das Planetarium sowohl sprachlich als auch typografisch als besondere Attraktion hervor. Ob sich hier Sektionschef Exners Begeisterung für das Thema übertrug, oder was genau die Ursache dafür war, bleibt unklar. Sicher ist, dass den Leser*innen der Wiener Tageszeitungen schon vor Beginn der Ausstellung das Planetarium als besonderer Höhepunkt angepriesen wurde: »Alle Sehenswürdigkeiten der Ausstellung werden aber durch ein Schauobjekt in den Schatten gestellt, durch das Planetarium«.[226] Der Erfolg des Planetariums trat wie von der Presse heraufbeschworen ein. Bereits am 28. Juni – wenige Wochen nach seiner

223 Ständige Delegation der vier Künstlervereinigungen: Ein Attentat auf das Stadtbild Wiens? In: Neues Wiener Journal, 2.4.1927. Österreichische Nationalbibliothek: ANNO.

224 Ebd.

225 O.A. Das Planetarium wird bald fertig und jetzt wird gegen den Bau protestiert. In: Illustrierte Kronen-Zeitung, 13.3.1927. Österreichische Nationalbibliothek: ANNO.

226 O.A.: Wien wird ausgestellt. In: Illustrierte Kronen-Zeitung, 17.2.1927. Österreichische Nationalbibliothek: ANNO.

Abbildung 7: Zeichnung des Wiener Planetariumsbau von Architekt Robert Örley. Wien 1927. Quelle: Zeiss-Archiv.

Eröffnung am 7. Mai 1927 – so die *Kleine Volks-Zeitung*, feierte der Planetariumsvortrag »Der Himmel über Wien« sein fünfhundertstes Jubiläum.[227] Seit dem der Planetariumsbesuch vom Stadtschulrat als »Lehrausgang« empfohlen und somit als Unterrichtsäquivalent markiert wurde, gab es einen »Massenbesuch« von Schüler*innen, die wie vielerorts einen großen Teil des Planetariumspublikums ausmachten.[228] Das Planetarium war schnell zu einem Teil des Wiener Stadtgeschehens geworden: Es gab Schlager und Theaterrevuen, Kostüme und Witze, die sich mit dem planetarischen Stoff befassten und ihn während der Laufzeit der Messe im Alltag der Menschen in Erscheinung treten ließen.

Das Planetarium schloss mit Ende der Ausstellung »Wien und die Wiener« am 17. Juli 1927 vorerst seine Tore. Zum Abschluss der Ausstellung befragte die *Kleine Volks-Zeitung* »Theaterlieblinge« dazu, was ihnen am besten daran gefallen habe. Neben viel Lokalpatriotismus fand vor allem das Planetarium

227 R. B.: In der Werkstatt des Wunders. In: Kleine Volks-Zeitung, 26.6.1927. Österreichische Nationalbibliothek: ANNO.

228 Vgl. o. A.: Wien und die Wiener. Massenbesuch durch die Schuljugend. In: Kleine Volks-Tagesneuigkeiten, 20.5.1927; o. A.: Das Planetarium als Unterrichtsbehelf. In: Arbeiter-Zeitung, 26.5.1927. Österreichische Nationalbibliothek: ANNO.

Erwähnung.[229] Schon am 20. Juli meldeten die Zeitungen die Wiedereröffnung des Planetariums, das nun außerhalb von Messeausstellungen seinen Betrieb aufnahm – wenn auch am selben Ort und im selben umstrittenen Gebäude. Für einen Schilling konnte man am frühen Abend wieder Oswald Thomas' Vortrag »Der Himmel über Wien« zuhören. Ende Oktober wurde die Schau von einem neuen Programm abgelöst. Von nun an hieß es »Ewiger Tag und ewige Nacht« im Planetarium. Basis des Vortrags war die Simulation des Aussetzens der Erdachsendrehung. Auf einer Seite der Erde sei fortan also ausschließlich Tag, auf der anderen ausschließlich Nacht. Die neue Vorstellung wurde in den Zeitungen wie ein Theaterstück rezensiert und gelobt.[230] Nichtsdestotrotz war schon wenige Wochen nach der Premiere in den Zeitungen auch vom »vergessenen Planetarium«[231] zu lesen, das aufgrund mangelnder Besucher*innen und teurer Heizkosten nur noch zu wenigen Terminen und ausschließlich für Schulklassen geöffnet wurde. Die »Krise«,[232] in der die Presse das Planetarium sah, rührte nicht nur von den ausbleibenden Besuchen her, auch der Standort und die Architektur des Gebäudes gerieten wieder in den Fokus der Kritik. Von vornherein nur für ein Jahr errichtet worden sei der Holzpavillon. Nun müsse man sich auf die Suche nach einem neuen Standort für das Planetarium machen. Das Interesse der Wiener*innen sei »nach einem kurzen Begeisterungsrummel einer Teilnahmslosigkeit«[233] gewichen. Zur Frühjahrsmesse im Jahr 1928 nahm das Planetarium nochmals seinen öffentlichen Betrieb auf.[234] Neue Vorträge und populäre Themen sollten die Besucher*innen der nahegelegenen Messe anlocken und das Planetarium wiederbeleben. Titel wie »Bewohnte Planeten« und »Tropensonne und Kreuz des Südens« versprachen Exotik, Spektakel, Schauer

229 O. A.: Wien und die Wiener. Theaterleute über die Ausstellung. In: Kleine Volks-Zeitung, 12. 7. 1927. Österreichische Nationalbibliothek: ANNO.

230 Siehe bspw. M—r.: Der ewige Tag. In: Arbeiter-Zeitung, 1. 11. 1927. Österreichische Nationalbibliothek: ANNO; o. A.: Wenn's immer finster wäre. In: Illustrierte Kronen-Zeitung, 30. 10. 1927. Österreichische Nationalbibliothek: ANNO; W. S.: Unter ewig klarem Himmel. In: Das Kleine Blatt, 2. 11. 1927. Österreichische Nationalbibliothek: ANNO.

231 O. A.: Das vergessene Wiener Planetarium. In: Neuigkeits-Welt-Blatt, 11. 2. 1928. Österreichische Nationalbibliothek: ANNO.

232 O. A.: Was geschieht mit dem Wiener Planetarium? In: Neues Wiener Journal, 4. 3. 1928. Österreichische Nationalbibliothek: ANNO.

233 Ebd.

234 Siehe o. A.: Eröffnung der Wiener Frühjahrsmesse. In: Arbeiter-Zeitung, 8. 3. 1928. Österreichische Nationalbibliothek: ANNO.

und Abenteuer.[235] Der Versuch, dem Planetarium erneut zum Publikumserfolg zu verhelfen, scheiterte jedoch: Am 9. September 1928 fand die letzte Vorführung im Planetarium vor dem Messepalast statt.[236] Danach wurde es endgültig geschlossen. Bis zum 15. September 1928 war das Gebäude gänzlich abgetragen und der Projektor eingelagert. In der Satirezeitschrift *Kikeriki*, die sich Mitte der 1920er-Jahre der österreichischen NSDAP angenähert hatte, erschien zu diesem Anlass ein Gedicht, ein spöttischer Abgesang des Planetariums und der austromarxistischen[237] Volksbildungsbestrebungen:

> Kehraus im Planetarium
> Nun kommt das große Abschiednehmen
> Vom Wiener Planetarium,
> Das Publikum ist fortgegangen,
> Die Demolierer gehen um.
> Die roten Leuchten flackern trübe,
> Das wahre Wien hält längst sich fern,
> Wer schert sich um die Sterntrabanten,
> Den Hofrat und den Luitpold Stern?[238]

Den Abriss des Planetariums deutete das rechte Satireblatt als Symbol für das trübe Flackern und die schwindende Bedeutung des Roten Wiens und seiner Volksbildungsarbeit, vertreten auch durch den sozialdemokratischen Bildungsfunktionär und Redakteur der Arbeiterzeitung Luitpold Stern und einen nicht weiter spezifizierten Hofrat, mit dem Ludwig Erhard, der Leiter des Technischen Museums gemeint sein könnte. Das Schicksal des Planetariums wurde zum Anschauungsobjekt politischer Botschaften und zeigt die Krise, die das Rote Wien 1930 heimsuchte. Die Depression rüttelte seit 1929 an seinen Festen

235 Erich Dolezal: Neue Vorträge im Planetarium. In: Reichspost, 3.5.1928. Österreichische Nationalbibliothek: ANNO.

236 O. A.: Schließung des Planetariums. In: Arbeiter-Zeitung, 9.9.1928. Österreichische Nationalbibliothek: ANNO.

237 Zum Austromarxismus siehe Öhner, Vrääth: Austromarxismus. Die Ideologie der Einheit der österreichischen Arbeiterbewegung. In: Schwarz, Werner Michael/Spitaler, Georg/Wikidal, Elke (Hg.): Das Rote Wien. 1919–1934. Ideen, Debatten, Praxis. Basel/Wien 2019, S. 32–37.

238 Kiki: Kehraus im Planetarium. In: Freiheit, 15.9.1928. Österreichische Nationalbibliothek: ANNO.

und vergrößerte den Einfluss der Austrofaschist*innen, die ihm schließlich ein Ende bereiteten.[239]

Derartig abgeschrieben hatten das Planetarium aber noch nicht alle Teile der Stadtgesellschaft. Oswald Thomas wandte sich in einem verzweifelten Brief an die Wiener Öffentlichkeit, den verschiedene Zeitungen in gekürzten Fassungen abdruckten und damit sein Plädoyer unterstützten:

> Es kann uns allen, denen Schule und Volksbildung in hohem Grade am Herzen liegen, nicht gleichgültig sein, was mit dem Wiener Planetarium geschieht. [...] So wenig man bei einem Museum, bei einer Wohlfahrtseinrichtung in erster Linie gleich danach fragen wird, wie das betreffende Institut sich rentiere, ebensowenig wird man bei einem als wirkliches Bildungsinstitut geführten Planetarium nach seiner Rentabilität allein fragen dürfen, sondern vielmehr, wie es geführt, wie es seiner kulturellen Sendung gerecht wird, wie durch dasselbe unsere unverantwortliche Entfremdung mit dem heimatlichen Himmel und unsere Unfähigkeit, zu den herrlichsten Fragen einer kosmischen Weltverfassung Stellung zu nehmen, allmählich behoben und in freudiges Erkennen umgewandelt wird.[240]

Thomas' Anliegen stieß auf offene Ohren: Die Eigentümer des Planetariums, die Gemeinde, die Wiener Messe A.G. und die Fremdenverkehrskommission nahmen die Suche nach einem neuen Standort wieder auf. Man wollte den Zeiss-Projektor weiter nutzen – er hatte schließlich eine halbe Million Schilling gekostet –, aber das abnehmende Publikumsinteresse machte eine Investition unattraktiv. Ende Juni 1929 entschied der Gemeinderat pragmatisch, das abgetragene Planetariumsgebäude auf einer freien Fläche am Praterstern wieder aufzustellen. Die Reaktionen waren verhalten. Zu weit außerhalb liege der neue Standort und außerdem sei »der Platz infolge der zahlreichen in der Nähe beheimateten Weinschenken nicht genug seriös«.[241] Das *Wiener Morgenblatt* notierte satirisch: »Im Planetarium, das bekanntlich auf dem Praterstern in unmittelbarer Nähe der Praterwirtshäuser wieder zur Aufstellung gelangt, wird es

239 Vgl. Bauer, Lilli/Konrad, Helmut/Lichtenberger, Hanna/Maderthaner, Woflgang/Rásky, Béla/Schwarz, Werner Michael: Was ist das Rote Wien? In: Schwarz, Werner Michael/Spitaler, Georg/Wikidal, Elke (Hg.): Das Rote Wien. 1919–1934. Ideen, Debatten, Praxis. Basel/Wien 2019, S. 18–23.

240 Oswald Thomas: Die Zukunft des Wiener Planetariums. In: Neues Wiener Journal, 9.10.1928. Österreichische Nationalbibliothek: ANNO.

241 O. A.: Das heimatlose Planetarium. In: Kleine Volks-Zeitung, 27.6.1929. Österreichische Nationalbibliothek: ANNO.

an sternhagelvollbesoffenen Besuchern wohl nicht fehlen.«[242] An anderer Stelle versuchte man, den Standort positiv zu deuten: »Erst die Arbeit – dann das Vergnügen, erst die Bildung, dann Amüsement! Dem Wiener ist dieser Grundsatz nunmehr dadurch verkörpert, dass vor dem Stadtbahnviadukt, den jeder Praterbesucher passieren muss, das Planetarium steht.«[243] Am 11. Januar 1930 wurde das Planetarium am Praterstern eröffnet. Es sollte als »neues Volksbildungshaus«[244] »nach Art der Urania«[245] vom Astronom Alfons Johnschen geführt werden (auch in Wien gab es eine Volksbildungseinrichtung mit dem Namen Urania, die das Angebot, das Planetarium zu übernehmen, abgelehnt hatte). Die Vorführungen des Projektors sollten außerdem um andere »volkstümliche Vorträge aus allen Gebieten der Naturwissenschaften«[246] und Filme ergänzt werden. Zu diesem Zwecke hatte man den Planetariumsprojektor auf Schienen gesetzt, um ihn gegebenenfalls aus dem Raum zu rollen. Zur Neueröffnung des Planetariums druckten die Zeitungen blumige und ausschweifende Beschreibungen, teilweise regelrechte Huldigungen. Danach wurde es in der Presse ruhig. In den Ankündigungsspalten standen noch – klein und unauffällig – die Termine der verschiedenen astronomischen Vorträge, die zunächst in regelmäßigem Turnus stattfanden, immer weniger wurden und schließlich ganz verebbten. Der Projektor ging kaputt und das Planetarium blieb ein »missglückte[s] Geschäftsunternehmen«, das für die wirtschaftlich motivierte Messe A.G., in deren Verantwortung es stand, nicht lukrativ und daher auch von keinerlei Interesse mehr war.

Im April 1930 machte das Planetarium aus anderem Grund Furore. Die *Österreichische Film-Zeitung* berichtete, dass sich das Planetarium »jetzt als reguläres Kino etabliert«[247] habe und als solches unfaire Vorteile vor der Konkurrenz genieße: Im Gegensatz zu regulären Kinos war das Planetarium von »Lustbarkeitsabgaben«, die immerhin 28,5 Prozent der Einnahmen dem Staat zusprachen, befreit – es sollte schließlich kein Ort der Lustbarkeit, sondern der Volksbildung sein. Mit einer solchen Bevorzugung züchte man »Schmutz-

242 O. A.: Korrespondenz der Redaktion. In: Der Morgen. Wiener Morgenblatt, 22.7.1929. Österreichische Nationalbibliothek: ANNO.

243 O. A.: Der Wiener sieht den Himmel offen. In: Illustrierte Kronen-Zeitung, 9.1.1930. Österreichische Nationalbibliothek: ANNO.

244 O. A.: Der Himmel über Wien. In: Der Abend, 8.1.1930. Österreichische Nationalbibliothek: ANNO.

245 Ebd.

246 O. A.: Bevorstehende Eröffnung des Wiener Planetariums. In: Neues Wiener Journal, 24.11.1929. Österreichische Nationalbibliothek: ANNO.

247 O. A.: Gleiches Recht für alle! In: Österreichische Film-Zeitung, 19.4.1930. Österreichische Nationalbibliothek: ANNO.

Abbildung 8: Das Planetarium am Praterstern. Wien 1930. Quelle: Zeiss-Archiv.

konkurrenz« und dem müsse vehement entgegengetreten werden, meinten die Kinobetreibenden, die im Planetarium dennoch einen Mitbewerber erkannten. Magistrat und Planetarium reagierten mit der Verlautbarung, das Planetarium habe sehr wohl Lustbarkeitsabgaben zu zahlen, ließen aber unklar, monierte die *Österreichische Film-Zeitung*, in welchem Umfang.[248] Dieser Eklat verweist auf die verschiedenen Deutungen der Institution und auf die neue Verwendung des Vorführungsraums: Er war zu einem Stummfilmkino geworden. Im Jahr 1931 blieb das Planetarium für Umbauarbeiten mehrere Monate lang geschlossen. Basierend auf den Erfahrungen des Betriebs im vorangegangenen Jahr, sollten dort in Zukunft noch mehr Filmvorführungen, auch von Tonfilmen, stattfinden. Die Baupläne, die die schmale Akte über das Planetarium im Wiener Stadtarchiv beinhaltet, verzeichnen die Geschichte einer Umnutzung und räumlichen Adaption, im Verlauf derer sich der Saal mehr und mehr vom Planetarium zum Kino wandelte.[249] Trotz allem sollte das Planetarium weiterhin volksbildnerisch wirken: »Die Aufgabe des wiedereröffneten Planetariums ist

248 O. A.: Gleiches Recht für alle! In: Österreichische Film-Zeitung, 26.4.1930. Österreichische Nationalbibliothek: ANNO; o. A.: Gleiches Recht für alle! In: Österreichische Film-Zeitung, 10.5.1930. Österreichische Nationalbibliothek: ANNO.

249 Stadtarchiv Wien: M. Abt. 471.

aber nicht die eines Tonfilmkinos. Seine Ziele sind ganz anders gerichtet. Hier soll, wenn ich mich so ausdrücken darf, ein neues Kulturtheater entstehen.«[250] Mit ausgewählten Filmen über wissenschaftliche Themen wollte man sich abgrenzen und dem Status einer Bildungseinrichtung weiterhin gerecht werden. Am 4. Oktober 1935 – das Rote Wien war Vergangenheit und der Austrofaschismus auf dem Vormarsch – wurde das Planetarium endgültig zum »Tegetthoff-Lichtspieltheater am Praterstern«. Eine Vorrichtung für den Projektor war laut Bauplan noch vorhanden, aber der nun gänzlich auf die Leinwand abgestimmte Sitzplan zeigt deutlich, dass der Raum für Planetariumsvorführungen nicht mehr eingerichtet war.[251] Der Name »Kino-Planetarium« blieb am Gebäude bis zu seiner Zerstörung im Jahr 1945 dennoch haften.

Die Geschichte des Wiener Planetariums ist gekennzeichnet vom Spannungsverhältnis zwischen Bildung und Vergnügen, das sich aus seinem hybriden Status ergab – einerseits stillte es Schaulust und Unterhaltungsbedürfnisse, andererseits wurde es von Erzieher*innen in den Dienst der Volksbildung genommen, was seine sensationelle Seite in ihren Augen adelte. Agent*innen der Volksbildung, die das Planetarium schon von Beginn an als Teil einer den pädagogischen Idealen des Roten Wiens entsprechenden Didaktik der Anschaulichkeit und Lebensnähe empfanden, bemühten sich um die Anerkennung seines Bildungswertes und nutzten dafür öffentliche Sprachrohre beispielsweise die *Arbeiter-Zeitung*. Der erste Standort des Planetariums vor dem Messepalast und seine Einbindung in Ausstellungen wie »Wien und die Wiener« halfen dabei, einen als seriös empfundenen Kontext herzustellen, in den sich das Angebot eines unterhaltsamen und gehaltvollen astronomischen Vortrags gut einpasste. Mit dem Umzug an den Praterstern rückte das Planetarium in die räumliche Nähe des Vergnügungskarrees und damit in einen anderen Kontext, dem es nicht gewachsen war. Wer hierher kam, wollte sich zerstreuen und vergnügen. Verglichen mit den Praterattraktionen war der Vergnügungsgehalt des Planetariums – vielleicht auch als Ergebnis der Distinktionsversuche – gering, sodass es schließlich zum Kino umfunktioniert wurde. Außerdem trat in Wien, ähnlich wie in Jena, die politische Dimension des Planetariums zutage. Seine Anschaffung und Präsentation trugen nicht nur die Signatur des Roten Wiens, in der lokalen Presse wurde das Planetarium darüber hinaus ideologisch aufgeladen und gedeutet. Es waren nicht die Inhalte oder Qualität der Planetariumsvor-

250 Eduard Heinl: Rede zur Wiedereröffnung des Planetariums. Abgedruckt in: Radio Wien, 11.12.1931. Österreichische Nationalbibliothek: ANNO.

251 Vgl. Fritz Nowak: Adaptierungsplan Planetarium-Kino, 7.1.1935. Stadtarchiv Wien: M. Abt. 471.

träge, die zur Debatte standen, sondern die Anschaffung und das Fortbestehen der Einrichtung an sich, die von den verschiedenen politischen Akteur*innen unterschiedlich gedeutet und in ihrem Sinne interpretiert wurden. Das verweist darauf, dass das Planetarium, auch wenn die Besuchszahlen schnell zurückgingen, zu einem Teil des Stadtgeschehens geworden war, über das es sich für die Zeitungen zu berichten lohnte und das zum Anschauungsobjekt taugte, anhand dessen sich politische Wetterlagen verbildlichen ließen. Die Krise, in die das Planetarium nach wenigen Monaten Betrieb stürzte, und das Desinteresse, das viele Wiener*innen durch ihr Fortbleiben ausdrückten, waren kein Unikum. Auch an anderen Orten blieben die Planetarien Ende der 1920er-Jahre leer (Ausnahmen waren München und Jena) – ihr Neuigkeitswert hatte sich abgenutzt, ihre audiovisuelle Ansprache hatte mit dem Tonfilm eine starke Konkurrenz bekommen und die harsche Realität der wirtschaftlichen Depression rückte Volksbildung in den Hintergrund.

Das Hamburger Planetarium – Warburg im Wasserturm

Genau in der Zeit der Depression eröffnete das Planetarium in Hamburg. Dort hatte die Stadtverwaltung schnell auf die Kunde vom sensationswürdigen Projektor reagiert und bereits im Jahr 1925 im Senat die Anschaffung eines Apparates für Hamburg in die Wege geleitet. Bis sich allerdings ein Standort gefunden hatte und die Mittel zum Bau einer Kuppel aufgetrieben worden waren, dauerte es fünf weitere Jahre, in denen das Interesse am Planetarium sowohl in Hamburg als auch gesamtgesellschaftlich abgenommen hatte. Am 15. April 1930 fand schließlich die feierliche Eröffnung des Hamburger Planetariums im Wasserturm im Stadtpark statt, wo es auch heute noch besucht werden kann. Den Projektor und den Kuppelsaal rahmten Aby Warburgs »Bildersammlung zur Geschichte von Sternglaube und Sternkunde« und eine von ihm für diesen Zweck zusammengestellte Bibliothek.[252] Der Hamburger Kunsthistoriker und Kulturwissenschaftler hatte die Sammlung im Verlauf mehrerer Jahre im Zuge seiner Forschungen über astrologische Bildwelten aufgebaut und im Hamburger Planetarium einen passenden Ort gefunden, um sie der Öffentlichkeit zu präsentieren. Für Warburg war das Planetarium eine günstige Gelegenheit, seiner Sammlung Aufmerksamkeit zu verschaffen, sie räumlich unterzubringen

252 Siehe dazu Fleckner, Uwe/Galitz, Robert/Naber, Claudia/Nöldeke, Herwart (Hg.): Aby M. Warburg, Bildersammlung zur Geschichte von Sternglaube und Sternkunde. Hamburg 1993. Zu Warburgs Biografie siehe Michels, Karen: Aby Warburg. Im Bannkreis der Ideen. München 2007.

und sich Büroräume für seine Mitarbeiter*innen zu sichern. Sein Interesse an der neuen Institution war vor allem von diesen Motiven bestimmt. Die Projektion des Sternenhimmels wurde durch Warburgs Sammlung in einen anderen Kontext gerückt als in Technikmuseum, Hygieneausstellung oder auf dem Firmendach:

> Sie [die Ausstellung] gibt uns – indem jedes Bild und jede Skulptur mit erläuternden Inschriften versehen ist – einen Überblick über die Geschichte des Sternglaubens (Astrologie) und der Sternkunde (Astronomie). Wir sehen, wie sich die Vorstellung der Menschen von dem Wesen der Gestirne im Laufe der Jahrtausende zur Erkenntnis ihrer Gesetzmäßigkeit entwickelt haben.[253]

Warburgs Ausstellung legte die Deutung des Planetariumsprojektors als darstellendes, quasi-mythisches Kultobjekt nahe und betonte weniger Interpretationen des Apparates als wissenschaftliche Errungenschaft oder technologischen Fortschritt. Mehr noch: Warburg zog keine klaren Linien zwischen diesen Bereichen, sondern erkannte in ihnen Spielarten ein und derselben Beziehung des Menschen zum Kosmos. Die Leitung des Planetariums oblag der hamburgischen Oberschulbehörde, die im Projektor zuallererst ein Lehrinstrument zum Transport des astronomischen Schulstoffs erkannte und ihn auch entsprechend einsetzte. Darüber hinaus lud Warburgs Sammlung zu kultur- und kunsthistorischen Deutungen des projizierten Firmaments ein und war das Alleinstellungsmerkmal des Hamburger Planetariums. Die Sammlung galt lange Zeit als verschollen, erst 1987 wurde sie wiederentdeckt und zu Beginn der 1990er-Jahre gelang eine Rekonstruktion ihrer Inhalte.[254] Warburgs Sammlung ist nur ein Teil der Geschichte des Hamburger Planetariums. Die Akten im Hamburger Staatsarchiv zeugen überdies von einer langen und kleinteiligen, wenn auch nicht immer konfliktfreien Planungsphase, in der Erfahrungen von anderen Planetariumsstandorten berücksichtigt wurden. Ferner berichten sie von einem gut dokumentierten, evaluierten und durchgeplanten Betrieb der Einrichtung.

253 O. A.: Unsere Sternenschau. Zeitung nicht bekannt, vermutlich April 1930. Staatsarchiv Hamburg: 135-1 I-IV 5061.

254 Siehe dazu Fleckner u.a. 1993.

Zu den Quellen im Staatsarchiv

Das Staatsarchiv der Freien und Hansestadt Hamburg ist die Fortführung des Ratsarchivs, in dem seit dem späten Mittelalter der »schriftliche Niederschlag«[255] von Verwaltungsvorgängen, die die Stadt betreffen und betrafen, aufbewahrt wird. Urkunden, Dokumente, Pläne, Akten und andere Archivalien stehen dort der Öffentlichkeit zur Verfügung. Da das Planetarium der Oberschulbehörde und damit einem kommunalen Verwaltungsapparat unterstand, sind die Akten zu dessen Planung und Betrieb in den 1920er- und 1930er-Jahren im Staatsarchiv erhalten. Für absichtsvolle Vernichtungen oder andere Überlieferungslücken aus der Entstehungszeit des Planetariums gibt es keinerlei Hinweise; die Akten scheinen im vollen Umfang überliefert zu sein.

Hamburg war die erste und eine eher kurze Station meiner Archivreisen; im Mai 2018 verbrachte ich einen Tag im Staatsarchiv. Ich sichtete die gut gefüllten Archivmappen, die sich hinter den zehn Aktenzeichen verbargen, die ich im Vorfeld recherchiert und in den Lesesaal bestellt hatte. Die wertvolle Zeit vor Ort nutzte ich vor allem zum Fotografieren der Archivalien, die mir auf den ersten Blick interessant erschienen (das traf nur auf wenige Papiere nicht zu). Die so digitalisierten Dokumente sortierte und sondierte ich später, nach einer gründlichen inhaltlichen Sichtung, noch einmal. Insgesamt sind etwa 320 Dokumente aus den Beständen des Staatsarchivs im Quellenkorpus dieser Arbeit enthalten. Die meisten stammen aus den Verwaltungsakten der Oberschulbehörde; ergänzt wurden sie um Archivalien aus dem Bestand der staatlichen Pressestelle. In beiden Beständen finden sich zahlreiche Zeitungsausschnitte, die sich teilweise doppeln und das Echo dokumentieren, das das Planetarium in der lokalen Presse auslöste. Darüber hinaus bergen die Akten Briefwechsel der einzelnen Hamburger Akteur*innen miteinander sowie mit anderen Planetarien und der Firma Zeiss. Die Korrespondenz mit Aby Warburg und seinen Mitarbeiter*innen gehört ebenso dazu wie der Austausch mit dem Planetarium in Stuttgart oder etwa dem Hausmeister des Wasserturms. Die überlieferten Briefe geben Aufschluss über die Planungsprozesse, aber auch das personelle wie institutionelle Netzwerk, in dem sich das Hamburger Planetarium eingebunden fand. Werbeplakate, Flyer und Broschüren zeigen die Außenwirkung, die das Planetarium erzielen wollte. Programme sowie ausformulierte Vorträge berichten von den Vorstellungen, die im Kuppelraum stattfanden. In den Korpus übernommen habe ich außerdem

255 Gabrielsson, Peter: Einleitung. In: Flamme, Paul/Gabrielsson, Peter/Lorenz-Schmidt, Klaus-Joachim (Hg.): Kommentierte Übersicht über die Bestände des Staatsarchivs der Freien und Hansestadt Hamburg. Hamburg 1999, S. 13–20, S. 13.

normierende Quellen, in denen gelungene Beispiele und Erfahrungen aus Hamburg und von anderen Planetarien verarbeitet und zu normativen Programmen sowie Empfehlungen für den Planetariumsbetrieb umgestaltet wurden. Sie verdeutlichen, welche Kalküle Planetariumsbetreibende vornahmen, wo sie Schwierigkeiten ausmachten und wie sie damit umgingen. Schließlich geben Statistiken und Planungsaufstellungen Einblick in die finanzielle Lage des Planetariums und informieren über die Besuchszahlen.

Die Quellen aus dem Hamburger Staatsarchiv legen zunächst die Verwaltungsabläufe innerhalb der Oberschulbehörde offen. In den umfangreichen Presseausschnitten spiegelt sich zudem die Wahrnehmung und Deutung des Planetariums in der Hamburger Stadtgesellschaft wider. Auch die Planetariumspraxis geht aus den Programmen, Plänen, Berichten und Handlungsanweisungen hervor. Die Briefwechsel zwischen Warburg und der Oberschulbehörde zeugen von den nicht immer problemlosen Verhandlungen bezüglich der Sammlungsausstellung und erzählen von ihrer Form und ihrem Ziel. Zum Inhalt und Aufbau von Warburgs Sammlung und ihrer Ausstellung ließen sich andernorts noch weitere Quellen auftreiben, die im Rahmen dieser Arbeit keine Berücksichtigung finden konnten.[256] Die zahlreichen editierten Quellen in der zur Wiederentdeckung der Sammlung erschienenen Publikation ermöglichen jedoch einen umfassenden Überblick über das Zustandekommen und die Aussagen von Warburgs Ausstellung.[257] Es sei betont, dass Aby Warburgs Sammlung *eine* Facette der hier untersuchten Hamburger Planetariumsgeschichte darstellt. Im Kontext dieser Arbeit interessiert insbesondere ihr Verhältnis zum Planetarium, das aus der im Staatsarchiv überlieferten Korrespondenz in seiner Vielschichtigkeit hervorgeht.

Was die Quellen sagen: Standortfragen und Sternglaube

Neben Barmen, Leipzig, Düsseldorf, Hannover und Berlin war auch Hamburg unter den ersten Städten, die sich unmittelbar nach der Eröffnung des Deutschen Museums bei Zeiss einen Planetariumsprojektor sicherten. Der Hamburger Senat legte den Vorschlag zur Anschaffung eines Planetariums bereits 1925 der Bürgerschaft zur Abstimmung vor, die diesen bewilligte. Wie in Wien waren es in Hamburg einige wenige Personen, die die Anschaffung eines Projektors forcierten, allen voran Landesschulrat und Erziehungswissenschaftler

256 Bspw. im Bestand des Kunsthistorischen Instituts der Universität Hamburg oder im Warburg Institut London.

257 Fleckner u.a. 1993.

Karl Umlauf. In einem Schreiben an den sozialdemokratischen Schulsenator und Reformpädagogen Emil Krause warb er für die Anschaffung eines Planetariums und zog dabei alle Register:

> Durch das Planetarium wird dem Menschen eine Quelle edler geistiger Anregung, vornehmsten ästhetischen Genusses und reiner sittlicher Erhebung erschlossen, die geneigt ist, ihn über das Getriebe des Tages hinauszuheben, ihm eine Weihestunde zu verschaffen und seiner Sehnsucht nach dem Großen und Ewigen Nahrung zu geben. Hier hat der Staat einmal wirklich die Möglichkeit, dem Kino, den Schaustellungen niederen Ranges und sonstigen derben Reizen der Großstadt eine Konkurrenz zu bieten, die Empfänglichen willkommen sein wird und auch stumpfe Gemüter zu wecken imstande ist. Ich betrachte die Einrichtung eines Planetariums geradezu als eine Kulturtat. Für die reiferen Schüler der Volksschulen und der höheren Schulen ist das Planetarium als Anschauungsmittel zur Einführung in die Himmelskunde unschätzbar. Bisher war man auf Karten, Globen und sehr mangelhafte Apparate zur Veranschaulichung der Planetenbewegung angewiesen; der Sternhimmel war höchstens bei günstigem Wetter auf Ferienwanderung und beim Aufenthalt in Schulheimen als Objekt der Betrachtung zu erreichen. Das Planetarium macht die Schule vom Wetter und von der Tageszeit unabhängig; der Besuch kann eingeschaltet werden, sobald der Unterricht es erfordert. Der Apparat für sich ist überdies ein technisches Kunstwerk ersten Ranges, das dem technisch interessierten Schüler reiche Anregung gibt.[258]

In diesem argumentativen Rundumschlag finden sich viele der Merkmale und Eindrücke, die den Zeitgnoss*innen das Planetarium typischerweise schmackhaft machen sollten und die später noch einer genaueren Analyse unterzogen werden – darunter Technikbegeisterung (Kapitel 3), hyperreale Naturerfahrung (Kapitel 4) und transzendentale Empfindungen (Kapitel 6), die mit den Vorführungen verbunden waren. Umlauf berechnete in seinem Schreiben außerdem die Rentabilität der Anschaffung, appellierte daran, anderen Städten (vor allem Altona) zuvorzukommen und verwies auf die Empfehlung von Richard Schorr, den Astronomen und damaligen Leiter der Bergedorfer Sternwarte, der sich ebenfalls begeistert zum Planetarium geäußert habe. Ob die Fülle und Schlagkraft der Argumente nötig gewesen waren oder ob Umlauf mit seinem

258 Brief von Karl Umlauf an Senator Krause, 2.2.1925. Staatsarchiv Hamburg: 361-2 V 725 Band 1 MA.

Anliegen ohnehin auf offene Ohren stieß, geht aus den Akten nicht hervor. Fest steht, dass die Bürgerschaft die Anschaffung ohne große Umschweife beschloss und den Apparat bei Zeiss orderte. In der Weimarer Republik war die Hamburger Regierung trotz der unsteten gesellschaftlichen Gesamtsituation überraschend stabil – sie verblieb in der Hand der linken und sozialdemokratischen Parteien (allen voran die SPD), die seit den ersten Wahlen im März 1919 zusammen mit liberalen und bürgerlichen Kräften (DDP, seit 1925 zusätzlich die DVP) bis zur Machtübernahme der Nationalsozialist*innen im Jahr 1933 die Geschicke der Stadt lenkten.[259] Unter der pragmatischen sozialdemokratischen Regierung mit bürgerlichem Rückhalt wurden bereits 1919 die Universität und die Volkshochschule gegründet. In den fortgeschrittenen 1920er-Jahren, nachdem sich die politische und wirtschaftliche Lage stabilisiert hatte, setzte sie viele weitere Reformen in den Bereichen Arbeitsschutz, Wohnungsbau, Strafvollzug und vor allem auch im Bildungswesen durch.[260] Die Idee des Planetariums passte gut in das reformpädagogische Programm, das die Schulbehörde in Hamburg schon seit Ende des Ersten Weltkrieges verfolgte.[261] 1925 schien die teure Anschaffung des Projektors vor dem Hintergrund des wirtschaftlichen Aufschwungs zunächst finanziell zu stemmen und lohnenswert.

1926 stellte Zeiss den Projektor fertig, konnte ihn aber nicht ausliefern, da noch kein passender Standort dafür gefunden worden war – Zeiss lagerte den Projektor vorübergehend ein und verwahrte ihn, bis ein passender Ort bestimmt sein würde. Die Suche danach gestaltete sich sehr schwierig. Ein Neubau war den Hamburger*innen zu teuer und ein Bauplatz dafür ohnehin schwer aufzutreiben. Dennoch sollte das Planetarium an den öffentlichen Ver-

259 Vgl. Büttner, Ursula: Neue Verfassung – neue Politik. Hamburg 1921–1933. In: Freie und Hansestadt Hamburg Behörde für Schule und Berufsbildung (Hg.): Digitales Hamburg Geschichtsbuch. URL: https://geschichtsbuch.hamburg.de/epochen/weimarer-republik/neues-leben-neues-bauen-neue-stadt/ (Zugriff: 29.9.2020).

260 Büttner, Ursula: Weimarer Republik. Das demokratische Intermezzo: Not und Aufbruchsstimmung. 1918–1933. In: Freie und Hansestadt Hamburg Behörde für Schule und Berufsbildung (Hg.): Digitales Hamburg Geschichtsbuch. URL: https://geschichtsbuch.hamburg.de/epochen/weimarer-republik/ (Zugriff: 29.9.2020).

261 Zur Schulpolitik im Hamburg der Weimarer Republik siehe Lehberger, Reiner: Schule in der Weimarer Republik. In: Freie und Hansestadt Hamburg Behörde für Schule und Berufsbildung (Hg.): Digitales Hamburg Geschichtsbuch. URL: https://geschichtsbuch.hamburg.de/epochen/weimarer-republik/schule-in-der-weimarer-republik/ (Zugriff: 29.9.2020); Zur Kulturpolitik siehe Stuhlmann, Andreas: »Ihre vornehmste Aufgabe, Ruhm, und Ruf ihrer Vaterstadt oder Wahlheimat zu verkünden.« Kultur und Politik in Hamburg 1919–1933. In: Hempel, Dirk/Weimar, Friederike (Hg.): »Himmel auf Zeit«. Die Kultur der 1920er Jahre in Hamburg. Neumünster 2010, S. 19–35.

kehr angebunden und im Idealfall in unmittelbarer Nähe von weiteren, für Reisende interessanten Orten gelegen sein, wie es die Erfahrung anderer Städte mit Planetarien und die Firma Zeiss nahelegten. Der Vorschlag, das Planetarium im ungenutzten Wasserturm im Stadtpark einzubauen, war vor diesem Hintergrund wenig attraktiv, wie Zeiss-Planetariumsvertreter Franz Fieseler in einem Brief an Umlauf deutlich machte:

> Für das Ergebnis des Betriebes eines Zeiss-Planetariums ist die Wahl des Platzes, an dem es steht, von erheblicher Bedeutung. Für ein Planetarium kommen, in dieser wie in anderen Hinsichten, dieselben Erwägungen in Betracht, die für Theater, Kino und dergl. gelten. Deshalb wäre m. E. zu überlegen, ob, besonders mit Rücksicht auf den starken Fremdenverkehr in Hamburg, der Stadtpark wirklich die geeignete Stelle ist, um an ihr das Zeiss-Planetarium zu errichten. [...] Zwecke des Zeiss-Planetariums ist nicht nur, die heranwachsende Jugend mit den Vorgängen am Sternenhimmel bekannt zu machen, es soll vielmehr eine Stätte der Volksbildung und der Erbauung für alle, für jung und alt, sein. Um diesen Zweck erreichen zu können, muss das Planetarium in erreichbarer Nähe für die meisten Besucher liegen.[262]

Zwischen den Zeilen klingt durch, dass Fieseler die ausschließliche Nutzung und Einbindung des Planetariums in die schulische Bildung nicht unterstützte. Er sah im Planetarium – im Gegensatz zu Umlauf – neben einem Bildungsinstrument vor allem eine Unterhaltungseinrichtung, die er durchaus mit Kino und Theater gleichsetzte (und sie einander nicht gegenüberstellte wie Umlauf). Das lag auch im Interesse von Zeiss, denn Planetariumsbetreibende hatten sogenannte »Lizenzabgaben« an die Firma zu entrichten, die sich aus den Bruttoeinnahmen der Vorführungen errechneten. Für Hamburger Schulen sollte der Besuch im Planetarium kostenlos sein und damit für Zeiss wenig lukrativ.

Nachdem die Standortfrage in der Presse und Verwaltung lange und ausführlich diskutiert worden war, legte der Senat im Februar 1929 der Bürgerschaft den Vorschlag vor, das Planetarium in den ungenutzten Wasserturm im Stadtpark einzubauen. Dabei erläuterte er auch, in welches Gesamtkonzept das Planetarium eingebettet werden sollte und warum sich gerade der Stadtpark als optimaler Standort dafür eigne. Der Kuppelsaal mit seinem Projektor würde flankiert werden von Aby Warburgs Sammlung zu Sternglaube und Sternkunde

262 Franz Fieseler: Brief an Landschulrat Umlauf, 23.6.1928. Staatsarchiv Hamburg: 361-2 V 725a Band 2a.

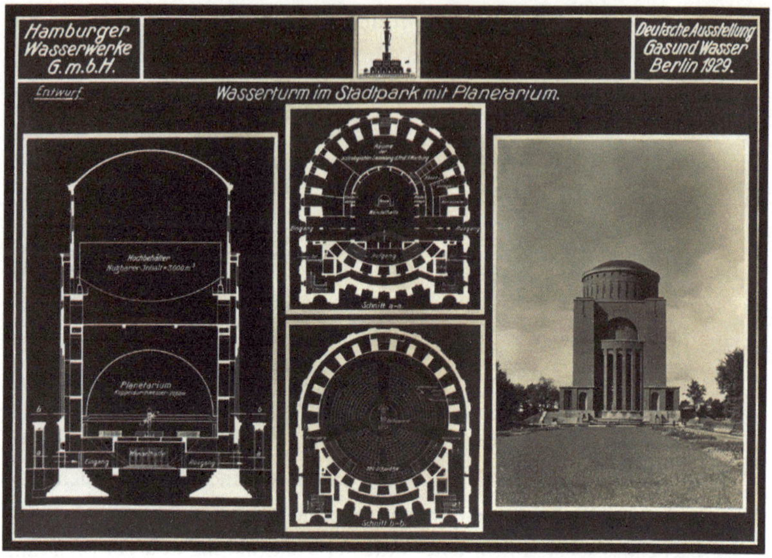

Abbildung 9: Postkarte mit Entwurf des Hamburger Planetariums im Wasserturm. Hamburg 1929. Quelle: Staatsarchiv Hamburg.

sowie einer kleinen Sternwarte auf der Aussichtsplattform des Wasserturms, die zum Blick durchs Teleskop einlud. Die drei Elemente sollten einander ergänzen und sich gegenseitig in ihrer didaktischen Wirkung unterstützen:

> Der Besucher des Planetariums wird also im Vorführungsraum das Himmelsgewölbe mit den Fixsternen, den Planeten und Sonne und Mond in ihren scheinbaren Bewegungen beobachten, sodann in dem unteren Ausstellungsraume ein vollständiges Bild vom Wechsel der Anschauungen über das Weltall von der astrologisch-mystischen Deutung an bis zur wissenschaftlich-astronomischen Erfassung studieren und endlich in günstiger Stunde auf der oberen Plattform die Vorgänge am Himmelsgewölbe unmittelbar durch das Fernrohr beobachten können.[263]

Schüler*innen sollten sich nach den Vorführungen außerdem auf den Turnbahnen und Sportplätzen im Stadtpark austoben, sodass der Besuch zu einem

263 Entwurf der Mitteilung des Senats an die Bürgerschaft zur Errichtung eines Planetariumsgebäudes, Februar 1929. Staatsarchiv Hamburg: 361-2 V 725a Band 2a.

ganzheitlichen »Fest«[264] würde. Auch für andere Besucher*innen sei der Stadtpark der ideale Ort, um sich mit dem Planetarium zu befassen, denn: »Wer [...] den Stadtpark aufsucht, hat Muße und ist innerlich eher darauf eingestellt, seine Gedanken von den Lasten des Tages zu befreien und ein erhebendes Schauspiel, wie es der Sternenhimmel in seiner Pracht bietet, zu genießen.«[265]

Bis zur Umsetzung der Pläne und Eröffnung des Planetariums im April 1930 verging mehr als ein Jahr und die Weltwirtschaftskrise, die in dieser Zeit Hamburg erreichte, dezimierte die finanziellen Mittel der Hamburger Regierung – viele Reformen kamen zum Erliegen. Die Planetariumseröffnung war und blieb dennoch beschlossene Sache und am 15. April 1930 fand die Einweihungsfeier im Wasserturm statt.[266] Das erste öffentliche Betriebswochenende war das Osterwochenende. Erwachsene bezahlten eine Reichsmark Eintritt, Kinder 50 Pfennig, Besuche von Schulklassen waren kostenlos. Wie allerorts überschlug sich die Presse zur Eröffnung mit Huldigungen und positiven Besprechungen des Planetariums. Neben dem Projektor stand dabei auch Aby Warburgs Bildersammlung im Fokus:

> Fast ein ganz seltsamer Kontrast und doch eine sehr wertvolle Ergänzung ist dann die kleine Ausstellung von Bildern und Modellen zur Geschichte von Sternglaube und Sternkunde. Was oben im Planetarium weltenfern an einem vorüberzog, hier sieht man es, vom Menschen in seine Begriffswelt heruntergeholt, erfüllt mit Idee und Leben. Hier wird gezeigt, wie die Menschen sich in Jahrtausenden zu dem gestirnten Himmel eingestellt haben, wie sie versuchten, ihn zu ergründen und ihn in Beziehung zu sich, zu ihren Schicksalen und zu großen Geschehnissen zu bringen. Damit wird der Besucher des Planetariums auf die geschichtlichen Zusammenhänge in der Sternkunde hingelenkt als Ausgleich für die überwältigenden Eindrücke, den [sic] der Apparat vom heutigen Weltbild vermittelt.[267]

Warburgs Ausstellung setzte den Projektor in den Kontext der andauernden und weit zurückreichenden menschlichen Mühen, den Himmel darzustellen

264 Ebd.

265 Ebd.

266 Thomas Kraupe schreibt in seinem Buch von einer ersten Vorführung am 22. April und der Öffnung fürs Publikum am 30. April – die Quellen im Staatsarchiv sprechen aber eindeutig von einer Eröffnung am 15. April und der Aufnahme des öffentlichen Betriebs am Osterwochenende. Vgl. Kraupe 2005, S. 122.

267 O. A.: Sternenhimmel im Wasserturm. Das Planetarium ist fertig. In: Hamburger-Echo, 4. 12. 1930. Staatsarchiv Hamburg: 361-2 V 725a Band 2a.

und ihn sich zu erklären. Aby Warburg (1866–1929) war Kunsthistoriker und Kulturwissenschaftler, Professor an der Universität Hamburg und Ende der 1920er-Jahre seit Langem von schweren Depressionen heimgesucht, die ihn zeitweise in seiner Arbeit lähmten. Warburgs Arbeiten zu Sternkunde und Sternglauben befassten sich mit der Kombination von mythisch-astrologischem Dämonenglauben und rational-mathematischer Astronomie. Er empfand diese Ansätze nicht als entgegengesetzt, sondern wollte in der aktuellen Astronomie die Spuren der antiken Bilder- und Gedankenwelt wiederfinden. Zunächst sollte Warburgs Sammlung teilweise in die Ausstellung, dann in den Bibliotheksneubau des Deutschen Museums einziehen, der erst nach der Eröffnung des Ausstellungsgebäudes errichtet wurde. Warburg war dazu mit Franz Fuchs, dem Leiter der Abteilung Astronomie des Deutschen Museums, in brieflichem Austausch, versandte Pläne und Vorschläge zur Bilderreihe, die vor allem die Verbindungen von Astrologie und Astronomie darlegten und damit der technikhistorischen Deutung des Deutschen Museums eine geistesgeschichtliche hinzufügen sollten:

> Wenn der Orientierungsprozess vom phantastischen Weltenei bis zu Keplers exakter Ellipse als geistorganische gesetzmäßig notwendige Abwandlung im ›Geschäfte (Kant) der kosmischen Orientierung‹ vor Augen steht und dadurch der Urkonflikt der Psyche dem Gedächtnis einverseelt wird, so können wir von dieser Seite her für ein Museum der Technik gleichsam als Parallelerscheinung die Grundlinien für ein Museum des Geistes liefern. Dass man so die Welt der Technik und die Welt des Geistes an der Funktion der kosmischen Orientierung als innerlich einheitliche Werkzeuge des Menschengeistes zeigen kann, ist die Hoffnung, aus der heraus wir mithelfen wollen, damit das Gerede vom Konflikt zwischen technischer und geisteswissenschaftlicher Weltanschauung ad absurdum geführt wird.[268]

Für Oskar von Miller und Franz Fuchs passten diese Erzählart und die von Warburg gezeichnete Verbindung von Astronomie und Astrologie jedoch nicht ins Programm des Deutschen Museums. So lehnten sie, nach einem Besuch in Hamburg, bei dem Warburg ihnen seine Ideen persönlich erläutert hatte, die Übernahme der Sammlung dankend ab:

268 Brief von Aby Warburg an das Deutsche Museum, 25.7.1927. Verwaltungsarchiv Deutsches Museum: VA 1117-4.

> Wir haben durch Ihre Ausführungen einen interessanten Einblick in die Geschichte der Astrologie gewonnen und erkannt, wieviel historisches und religionswissenschaftliches Verständnis erforderlich ist, um die eigenartige Stellung der Astrologie in der Kulturgeschichte zu verstehen. Da wir bei den meisten Besuchern unseres naturwissenschaftlichen und technischen Museums ein derartiges tieferes Verständnis nicht voraussetzen können, glauben wir, dass Ihre an sich außerordentlich interessante Ausstellung im Rahmen unseres Museums nicht die genügende Würdigung finden wird.[269]

Als Anerkennung für Warburgs Mühen und als Zeichen des Dankes wurde er zum Mitglied des Ausschusses des Deutschen Museums gemacht. Warburg, der München nicht sonderlich grollte, nahm nun Gespräche mit der Hamburger Schulbehörde auf, die mit der Planung des Planetariums betraut war. Sie zeigte großes Interesse an seiner Sammlung (das durch das Wissen um die Verhandlungen mit München noch weiter befeuert wurde) und auch Warburg war zufrieden, dass seine Sammlung nun doch einem Publikum zugänglich gemacht werden würde. Er schrieb an Landschulrat Umlauf und erläuterte, was er sich von der Kombination aus Planetarium und Bilderschau versprach:

> Ich sehe diese Kombination von mechanischer Anschaulichkeit und rückwirkender Bildbetrachtung eben als ein Erziehungsmittel für Gebildete und Ungebildete an, wie es die menschliche europäische Gesellschaft bisher noch nicht besitzt. Denn es handelt sich darum, dass der Weg an sich von der bildhaft-religiösen Ursachensetzung bis zur begriffsmäßig-mathematischen in der ganzen Tragik, oder wenn man will, unendlichen Entwicklungsfähigkeit seines gesetzmäßigen Kreislaufes eingeprägt werden kann, um dadurch vor allem der pseudo-mythischen Willkür ein Bollwerk entgegenzusetzen, das, besonders wenn der Wasserturm auch noch die Möglichkeit bietet, sich mit den Grundzügen der astronomischen Observation vertraut zu machen, nicht mehr aus dem Bewusstsein eines verantwortungswilligen Menschen hinauseskamotiert werden kann.[270]

Neben Räumen für die Sammlung und die zugehörige Bibliothek waren für Warburgs Mitarbeiter*innen kleine Büros im Wasserturm eingeplant. Warburg

269 Schreiben von Oskar von Miller an Aby Warburg, 15.9.1927. Verwaltungsarchiv Deutsches Museum: VA 1117-4.

270 Brief von Aby Warburg an Landesschulrat Umlauf. Bologna, 13.10.1928. Staatsarchiv Hamburg: 361-2 725a Band 2a.

wollte zudem unbedingt, dass eine befahrbare Straße bis zu den Toren des Wasserturms angelegt würde. Als sich der Senat aus Kostengründen gegen den Bau einer Straße entschied, zog Warburg sein Angebot zurück und verweigerte die geplante Übergabe der Sammlung. Senator Krause wandte sich in einem verzweifelten Brief an Warburgs Bruder Max und fragte: »Was soll ich tun? Bitte, raten Sie mir. [...] Würden Sie selbst vielleicht ein Wort mit ihm sprechen?«[271] Der Konflikt ließ sich nicht mehr abschließend klären: Im Oktober 1929 verstarb Aby Warburg an einem Herzinfarkt. Seine Mitarbeiter*innen Getrud Bing und Fritz Saxl übernahmen den Aufbau und die Einrichtung der Ausstellung, die – mangels Alternativen – auch ohne Fahrstraße im Planetarium einzog. Selbst nach der für beide Seiten durchaus erfolgreichen Eröffnung blieb die Kooperation der Kulturwissenschaftlichen Bibliothek Warburg (K. B. W.) mit der Oberschulbehörde konfliktbehaftet. Die Warburg-Nachfolger*innen klagten über eine mangelnde Einbindung und Kenntnis der Sammlung seitens der im Planetarium Vortragenden – allen voran Planetariumsleiter und Oberstudienrat Theodor Körner.[272] Die Besucher*innen würden nicht ausreichend motiviert, sich mit Warburgs Arbeit auseinanderzusetzen, und die Vorträge im Kuppelsaal gäben keinerlei Impuls dazu, sondern seien lediglich ein Instrument zum Eintrichtern der Planetennamen, so ihre Kritik.

Es lief nicht gut im Wasserturm. Auf die anfängliche Begeisterung folgten Ernüchterung und Desinteresse. Schon im zweiten Betriebsjahr kündigte sich ein Rückgang des Besuchsaufkommens an – ein Problem, mit dem das Hamburger Planetarium nicht alleine war. In einem Schreiben, das den Titel »Über die Einrichtung und Leitung eines Planetariums« trägt und sich in den Akten aus dem Jahr 1931 findet, reflektierte der*die unbekannte Autor*in (die Vermutung liegt nahe, dass es sich dabei um Körner handelt) über Verbesserungsmöglichkeiten im Planetariumsbetrieb. Ausgangspunkt war eine bittere Bilanz, die den Vorschlägen vorangestellt wurde:

> Die Hoffnungen, die man an die Errichtung der Planetarien in Deutschland geknüpft hat, haben sich nicht erfüllt. Von Jahr zu Jahr sind die Schwierigkeiten, die Planetarien zu erhalten und weiter zu führen, gestiegen. Am meisten haben die Planetarien in Düsseldorf, Mannheim und Barmen zu

271 Brief ab Max Warburg, 7.8.1929. Staatsarchiv Hamburg: 361-2 V 725a Band 2a.

272 Vgl. bspw. Bericht von Arthur Beer an die Kulturwissenschaftliche Bibliothek Warburg über eine Sondervorführung im Planetarium, veranstaltet von der Oberschulbehörde, 24. April 1930. Quelle: Warburg Institut London, Akte »Planetarium 1930–33«. Zit. nach: Fleckner u.a. 1993, S. 82–84.

kämpfen. Der Planetariumsbetrieb wird nur noch notdürftig aufrecht erhalten. Die regelmäßigen Vorführungen (täglich) sind bereits eingestellt worden. In Nürnberg, Leipzig, Dresden macht man verzweifelte Versuche, den Besuch zu heben. Einstweilen ohne großen Erfolg. Relativ gut gehen die Planetarien in Stuttgart, Hannover und Jena. Berlin kann nur existieren, weil man dort eben mit 4 Millionen Einwohnern rechnen kann. Im Verhältnis zu den anderen Planetarien – auf die jeweilige Einwohnerzahl umgerechnet – geht es am schlechtesten.[273]

Das Planetarium in Hamburg machte keine Gewinne, sondern brauchte Zuschüsse, die die Stadt nicht aufbringen konnte. Im August 1931 drohte Hamburg der Staatsbankrott, die Reformpolitik kostete in der Wirtschaftskrise zu viel Geld. Das Reich musste eingreifen und die Stadt retten. Das Ergebnis war ein strikter Sparkurs, von dem auch das Planetarium betroffen war – seine Schließung stand im Raum. Körner, der das Planetarium nebenberuflich und gegen Erlass von Deputatsstunden führte, reagierte mit Kürzungen, schlug Mittel und Wege vor, die Kosten des Planetariums zu minimieren und dessen Betrieb doch aufrechtzuerhalten. Nichtdestotrotz schloss das Planetarium im Winter 1931 zeitweilig, um Heiz- und Betriebskosten zu sparen. Lediglich für zehn Vorträge, die schon angekündigt und beworben worden waren, wurde der Kuppelsaal beheizt. Für Warburgs Sammlung bedeutete dies, entweder den Winter in ungeheizten, feuchten Räumen zu überdauern und mögliche Schäden in Kauf nehmen oder umzuziehen – im Gespräch war das Museum für Völkerkunde, das der Sammlung ein neues Zuhause anbot. Die Sammlung überwinterte letztlich im Wasserturm. In der wärmeren Jahreszeit war auch der Planetariumsprojektor wieder in regelmäßigem Betrieb.

Das Hamburger Planetarium blieb bis in den Zweiten Weltkrieg hinein geöffnet und verzeichnete über die Jahre hinweg vergleichsweise hohe Besuchszahlen – vor allem deshalb, weil es einen festen Platz im schulischen Curriculum hatte und die Schüler*innen einen Großteil des Publikums ausmachten. Der Zeiss-Projektor überstand den Zweiten Weltkrieg weitgehend unbeschadet und blieb danach im Einsatz, bis er im Jahr 1957 von einem neueren Modell der Firma Zeiss abgelöst und nach Südafrika verschifft wurde, wo er weiter genutzt werden sollte.[274] Auch Warburgs Sammlung verblieb zunächst im Wasserturm, wurde im Laufe des Krieges verpackt und dort eingelagert. Sie kam 1968 im

273 O. A.: »Über die Einrichtung und Leitung eines Planetariums«. Staatsarchiv Hamburg: 361-2 V 725a Band 2b.

274 Vgl. Kraupe 2005, S. 130.

Rahmen einer kleinen Ausstellung mit Besuch der Nachkommen Warburgs noch einmal ans Licht und geriet dann, bis zu ihrer Wiederentdeckung Ende der 1980er-Jahre, in Vergessenheit.[275] Heute befindet sich die Sammlung in der Obhut des Kunsthistorischen Instituts der Universität Hamburg.

An der Geschichte des Hamburger Planetariums wird ersichtlich, wie schnell die erste Welle der Planetariumsbegeisterung vielerorts abebbte und dass die Institution für viele Städte bald nach der Eröffnung eine finanzielle Last bedeutete, die vor allem in Zeiten der Wirtschaftskrise schwer wog. Darüber hinaus machte das ausbleibende Besucher*inneninteresse Investitionen in das Aufrechterhalten des Betriebs nur schwer begründbar. Dort, wo es gelungen war, das Planetarium an andere Einrichtungen zu koppeln, kamen weiterhin ausreichend Besucher*innen in die Vorstellungen (wenn auch weniger als zu Beginn erhofft) – wie etwa in München oder auch in Hamburg, wo das Planetarium in den Schulunterricht integriert worden war. Das Wissen um die Endlichkeit des Interesses am Planetarium, das die Zeitgenoss*innen durchaus hatten, erklärt auch, warum die Standortfrage in Hamburg wie in Wien so erbittert diskutiert wurde: Den Erfolg des Planetariums hatte man als fragil und seinen Standort sowie seine Umgebung als ausschlaggebend dafür erkannt. Die Konfrontation mit dem Misserfolg anderer Planetarien führte schließlich dazu, dass das Programm und der Betrieb des Planetariums in Hamburg besonders strikt und in Antizipation möglicher Probleme geplant wurden. Außerdem verdeutlicht die Hamburger Geschichte, dass sich das Planetarium besonders gut in reformpädagogische Volksbildungsbestrebungen der Sozialdemokrat*innen integrieren ließ. Ähnlich wie in Wien und Jena war der Planetariumsbau auch in Hamburg mit der Hoffnung verbunden, astronomisches Wissen für viele Menschen zugänglich und attraktiv zu machen. Die sozialdemokratischen Bildungsbestrebungen waren dabei häufig mit einem hohen moralischen Anspruch verknüpft, der sich auch aufs Planetarium übertrug. Den Akteur*innen der Volksbildung galt es als hehre Institution, die sich vom Ruch anderer städtischer Vergnügungsstätten zu unterscheiden hatte.

Nicht zuletzt ist es die Sammlung zur Geschichte von Sternglaube und Sternkunde, die als besonderes Merkmal der Hamburger Planetariumsgeschichte ins Auge fällt. Sie fügte den technikhistorischen Fortschrittserzählungen, die sich sonst um den Projektor spannen, ein weiteres Narrativ hinzu: Das Zeiss-Planetarium stand im Kontext der Ausstellung nicht ausschließlich für den Erfolg von Wissenschaft und Technik, sondern für einen Versuch der Menschen, sich dem Unbekannten des Sternenhimmels anzunähern und es (mechanisch-

275 Vgl. Fleckner u.a. 1993, S. 107–110.

technisch) zu durchdringen. Die damit verbundene Idee, dass Astronomie und Astrologie – Sternkunde und Sternglaube – keine grundlegenden Gegensätze, sondern einander eingeschrieben seien, stieß vor allem bei eingefleischten Naturwissenschaftler*innen wie dem Leiter der Bergedorfer Sternwarte Schorr (der später Astrolog*innen bei der Gestapo anzeigte)[276] oder auch der Führung des Deutschen Museums – verkörpert von Oskar von Miller und Franz Fuchs – auf Ablehnung, Kritik oder zumindest Skepsis. Dabei ging es Warburg nicht darum, astrologische Praktiken zu legitimieren oder zu verwissenschaftlichen. Sein Anliegen war es vielmehr, die historische wie gegenwärtige Astronomie in ihrer Verbindung mit anderen Himmelsdeutungen darzustellen und den gemeinsamen Ursprung dieser zu befragen. An den Diskussionen und Reaktionen, die Warburgs Ausstellung verursachte, wird ersichtlich, dass diejenigen, die sich als Agent*innen von Technik und Wissenschaft verstanden, die volle Deutungsmacht für das Planetarium und seine Inhalte beanspruchten. Das Instrument sollte ganz im Dienst einer ›rationalen‹ und ›modernen‹ Weltanschauung stehen. Es zeigt sich darüber hinaus, dass eine solche Deutung nicht alternativlos war. Vielmehr war sie das Ergebnis vehementer, konstanter und bewusster Grenzziehungen, als deren Schauplatz sich das Planetarium darbot – als materiell ausgestatteter und eingebetteter Raum, als zu verwaltende Institution und als didaktische Idee.

Fazit: Vier Planetarien – viele Geschichten

Die vielfältigen Quellen, die hier sorgfältig beschrieben und eingeordnet wurden, ermöglichen es, das Planetarium als Ergebnis und Ort verschiedener kultureller Wahrnehmungs-, Wissens und Erfahrungspraktiken zu fassen, die in den folgenden Kapiteln mittels einzelner Tiefenbohrungen näher untersucht werden. Die vier Fallbeispiele, die in diesem Kapitel im Mittelpunkt standen, stecken zunächst das Feld dieser kulturhistorischen Erkundung des Planetariums ab. In ihnen treten die Akteur*innen und Netzwerke in Erscheinung, die zur Entstehung und zum Betrieb der Planetarien beitrugen – wie etwa die einzelnen Initiatoren, die miteinander in Kontakt standen und voneinander lernten. Es zeichnen sich auch die Strukturen und Organisationsformen ab, die das Planetarium ermöglichten, begrenzten und formten – dazu zählen beispielsweise die verschiedenen Verwaltungsstellen, die das Planetarium regelten,

276 Lorenz, Dirk: Umstrittener Astronom. Richard Schorr und die Verfolgung der Astrologen. Deutschlandfunk, 17.5.2017. URL: https://www.deutschlandfunk.de/umstrittener-astronom-richard-schorr-und-die-verfolgung-der-100.html (Zugriff: 24.1.2022).

unter ihnen die Hamburger Oberschulbehörde oder die Abteilung Astronomie des Deutschen Museums. Außerdem umreißen die Geschichten den Resonanzraum, in den hinein das Planetarium wirkte – Zeitungen, Briefkorrespondenz und künstlerische Verarbeitungen des Stoffes, den das Planetarium darbot, weisen auf seinen Sitz im Alltag hin. Die Geschichten aus München, Jena, Wien und Hamburg verhelfen in ihrer Zusammenschau nicht nur zu einem chronologischen Überblick über das Planetarium zur Zeit seiner Entstehung und Etablierung, darüber hinaus erlauben sie gesellschaftliche Verortungen und erzählen von den Kontexten, innerhalb derer die Menschen ihm begegneten.

Das Planetarium im Deutschen Museum in München war eine Attraktion unter vielen im neueröffneten Museumsgebäude. Es war eingebettet in ein Fortschrittsnarrativ und stellte neben dem Nachthimmel auch die Konstruktionsleistung hinter dem Planetariumsprojektor aus, band diese in die museale Erzählung vom Triumph durch Wissenschaft und Technik mit ein. Das Deutsche Museum perpetuierte nicht nur Technikbegeisterung, sondern bot mit seinen Darstellungen von großen deutschen Konstrukteuren und Erfindern den Besucher*innen auch eine Projektionsfläche für den nach dem verlorenen Ersten Weltkrieg kompromittierten Nationalstolz und fungierte als Kompensation der damit verbundenen Verlusterfahrungen. Das Technikmuseum als Kontext verweist auf die didaktischen Absichten, die hinter der Erfindung des Planetariums standen, auf den Schauwert des Projizierten sowie auf die Funktion des Projektors als Anschauungsobjekt, anhand dessen technisch-mechanische Konstruktionsleistungen sowie astronomisch-wissenschaftliche Erkenntnisse erklärt und verehrt werden konnten.

Die Geschichte des Planetariums in Jena ist eng mit der Firma Zeiss und ihren Mitarbeiter*innen verbunden. Die ersten Planetariumsvorführungen fanden auf dem Firmengelände statt und auch der Bau des Planetariums im Prinzessinnengarten geschah in enger Abstimmung mit Zeiss. Viele Zeiss-Mitarbeiter*innen interessierten sich für Astronomie und für das Planetarium mit seinen technischen Neuerungen, was zu hohen Besuchszahlen führte. Im industriellen Kontext erscheint der Projektor zunächst als Werkstück, auf das viele Zeissianer*innen stolz waren und anhand dessen sich das Können und die Expertise der Firma Zeiss publikumswirksam präsentieren ließen. Darüber hinaus taugte der Projektor als Bindeglied, durch das Technik als Teil von Kultur erfahrbar wurde – ein Ziel, das auch dem Deutschen Museum zugrunde lag und die Arbeit von Zeiss aufwertete.

Die Wiener Planetariumsgeschichte zeigt den Bedeutungsverlust, den die Planetarien mit dem Ausklang der 1920er-Jahre erfuhren. Nach einer kurzen

Welle der Euphorie blieben die Kuppelsäle vielerorts leer. Das Wiener Planetarium war während der Ausstellung »Wien und die Wiener« gut besucht und passte hervorragend in ihr Gesamtkonzept, das in erzieherischer Manier sowohl ein heimeliges Bild von der Wiener Vergangenheit beschwor, als auch in eine vielversprechende, hygienische, gebildete und moralisch gute Zukunft führen sollte. Nach dem Umzug an den Praterstern wandelte sich der Kontext der Institution und damit der Anspruch ans Planetarium. In unmittelbarer Nähe von Weinschenken, Karussells und weiteren Vergnügungsstätten wurde der Planetariumssaal zum Kino, das den Bedürfnissen, die die Menschen im Prater stillen wollten, eher entgegenkam. Dennoch verweist die Standortwahl auf die durchaus vorhandene vergnügliche Seite der Planetariumserfahrung, die für viele im Mittelpunkt ihres Besuchs stand. Der Kontext des Vergnügungskarrees zeigt das spektakuläre Potenzial des Planetariums, aber auch seine Grenzen.

In Hamburg wurde das Planetarium nach langem Hin und Her in den Wasserturm im Stadtpark eingebaut und damit in das städtische Freizeit- und Erholungsangebot eingegliedert. Die Verwaltung oblag der Oberschulbehörde, die das Planetarium als wertvolle Ergänzung des Schulunterrichts ansah. Aby Warburgs »Bildersammlung zu Geschichte von Sternglaube und Sternkunde« legte eine wiederum andere Interpretation des Planetariums nahe. Im Kontext der von ihm zusammengetragenen Bilder und Objekte zeigte es sich als Ausprägung des jahrtausendealten Versuchs der Menschen, Ordnung und Sinn in das kosmische Chaos des Sternenhimmels zu bringen – sei es durch mythische Erzählungen oder durch wissenschaftliche Vermessungen und Berechnungen. Vor dem Hintergrund von Warburgs Sammlung erschien der Projektor als halbmythische, halb-mathematische Maschine, die der ambivalenten Beziehung der Menschen zum Sternenhimmel Ausdruck verlieh. Eine solche kunst- und kulturhistorische Deutung stand zwar nicht zwangsläufig im Widerspruch zur Technikeuphorie und zum Fortschrittsglauben der Zeitgenoss*innen, wurde von vielen aber so empfunden und deshalb abgelehnt.

Neben Museum, Industrie, Vergnügungsstätte und Kulturgeschichte lassen sich anhand anderer Planetarien noch weitere Kontexte aufzählen, die die inhaltliche Offenheit und Anschlussfähigkeit der Institution verdeutlichen. Das Planetarium in Berlin eröffnete 1926 in unmittelbarer Nachbarschaft des Zoologischen Gartens.[277] Im Zoo konnte man Tiere in Gehegen beobachten, die ihrer »natürlichen Umgebung« nachempfunden waren; der Kuppelsaal des Planetariums erschien vor diesem Hintergrund als naturalistisches Gehege für die

277 Zum Berliner Planetarium siehe Boyce-Jacino 2017.

Himmelskörper.[278] Das Planetarium in Hannover wiederum zierte das Dach eines der ersten Hochhäuser Deutschlands, in dem der *Hannoversche Anzeiger* seinen Verlagssitz hatte. Als architektonische Krönung der als modern und neu empfundenen Bauweise des Hochhauses, das darüber hinaus dem schnelllebigen und zukunftszugewandten Journalismus ein Zuhause bot, erschien das Planetarium als Gipfel der Modernität. Alle hier vorgestellten Kontexte brachten das Planetarium mit Wissenschaftlichkeit, Bildung und Modernität in Verbindung, die sich auf die Erfahrungen der Besucher*innen auswirkten. Darüber hinaus legten die Kontexte nahe, dass neben Bildung auch Vergnügen auf die Besucher*innen wartete. Außerdem zeigt sich das Planetarium als urbanes Phänomen, das im Kontext Stadt verortet und davon geprägt war (siehe dazu Kapitel 4).

Verschiedene Interessen kulminierten in den Planetarien: wirtschaftliche, bildungsreformerische, künstlerische, architektonische und wissenschaftliche – natürlich in unterschiedlicher Mischung. Die Fallbeispiele zeigen, dass es gerade die in den 1920er-Jahren in vielen Städten einflussreichen Sozialdemokrat*innen waren, die ihre Interessen im Planetarium vertreten sahen. Die sozialdemokratische Reformpolitik, die Wien und Hamburg, aber auch Jena prägte, zielte auf Volksbildung und vertrat neue didaktische Ideale – Volksnähe und Anschaulichkeit –, denen die Präsentationsweise des Planetariums entgegenkam. Das Planetarium sollte Schüler*innen und Erwachsene aufklären, zur Bildung ermutigen, für Wissenschaft und Technik begeistern und nicht zuletzt auch moralisch wertvoll unterhalten. Überdies bot es sich als Plattform dar, um Technik und die damit zusammenhängenden Berufe zu popularisieren. Das lag im Interesse des Deutschen Museums, aber auch der Firma Zeiss, die beide viel ins Planetarium investierten.

Nichtsdestotrotz zogen viele Planetarien nach nur wenigen Betriebsmonaten oder -jahren eine bittere Bilanz. Der erhoffte große und anhaltende Erfolg blieb aus. Auf lange Sicht zeigte die Erfindung des Projektors allerdings doch Wirkung: Bis heute gibt es verteilt auf der ganzen Welt Planetarien, die als Einrichtungen bestehen und Besucher*innen begeistern. Die überbordende Euphorie, die die Erfindung und Einführung des Planetariumsprojektors in den 1920er-Jahren begleitete, bleibt indes ein historisches Phänomen, das heute nicht mehr zu erleben ist. Sehgewohnheiten und Präsentationsweisen haben sich in den letzten hundert Jahren geändert und damit auch die Art und Weise des Erfahrung-Machens. Das zeichnet sich schon in dem relativ kurzen Zeitraum

278 Ebd., S. 335 ff.

ab, den diese Arbeit untersucht und in dem sich mediale Darstellungsweisen so signifikant änderten, dass das Planetarium vom sinnesraubenden Spektakel zu einem der Tonfilmkonkurrenz nicht gewachsenen, müden Lehrtheater wurde – auch das haben die vier Fallbeispiele offengelegt. Die folgenden Analyseteile fokussieren vor allem die euphorischen Anfangsphasen der verschiedenen Planetarien. Dort formierten sich die besonderen Erfahrungs-, Wahrnehmungs- und Wissensweisen, die etwas über die Beziehungen von Menschen und Welt, Technik und Wissen(schaft) in den 1920er-Jahren aussagen und die ich untersuchen möchte.

Teil II
Wunder der Technik

Einleitung: »Wunder der Technik« als kulturwissenschaftliche Forschungsgegenstände

»Werkstatt des Wunders«,[1] »Wunder im Wasserturm«,[2] »Wunderinstrument,«[3] »Wunderschöpfung«,[4] »Wunderapparat«,[5] »Wunderwerk der modernen wissenschaftlichen Technik«,[6] »modernes Wunder«,[7] »Wunderwerk deutscher Präzisionskunst«,[8] »marvel of optical science«,[9] »Wunderleistung deutscher Technik«,[10] »das größte Wunderwerk der Gegenwart«[11] – der Topos des Planetariums als Wunder kommt in den Quellen in vielen Varianten vor und ist omnipräsent. Die Erzählung vom »Achten Wunder von Jena« des dänischen Astronomen Elis Strömgren (siehe Kapitel 2.2) war nur eine unter vielen – »Wunder(n)« ist der im Verlauf meiner Quellenauswertung mit Abstand am häufigsten vergebene Code.[12] An den zitierten Beispielen zeigt sich außerdem: Meistens wurde das »Wunder« des Planetariums mit Attributen wie »modern«, »wissenschaftlich« und »technisch« geschmückt oder als »Werk« deklariert. Es war höchst

1 R. B.: In der Werkstatt des Wunders. In: Kleine Volks-Zeitung, 26.6.1927. Österreichische Nationalbibliothek: ANNO.

2 O. A.: Das Wunder im Wasserturm. In: Hamburgischer Correspondent, 12.4.1930. Staatsarchiv Hamburg: 361-2 V 725a Band 2a.

3 Walter Villiger: Der Himmel auf Erden. In: München-Augsburger Abendzeitung, vermutlich Mai 1925. Verwaltungsarchiv Deutsches Museum: Dru 0986a.

4 Th. H.: Unser Planetarium. In: Hamburger Nachrichten, 21.6.1925. Staatsarchiv Hamburg: 361-2 V 725i.

5 R. B.: In der Werkstatt des Wunders. In: Kleine Volks-Zeitung, 26.6.1927. Österreichische Nationalbibliothek: ANNO.

6 O. A.: Das vergessene Wiener Planetarium. In: Neuigkeits-Welt-Blatt, 11.2.1928. Österreichische Nationalbibliothek: ANNO.

7 Wilhelm Exner: Das Wiener Planetarium. Wünschen und Einwände. In: Neues Wiener Journal, 4.2.1927. Österreichische Nationalbibliothek: ANNO.

8 O. A.: Das Planetarium bleibt geöffnet. In: Hamburgischer Correspondent, 3.9.1932. Staatsarchiv Hamburg: 135-1 I–IV 5061.

9 O. A.: Pictures From The German Museum. In: Lloyd Zeitung, 15.7.1925. Verwaltungsarchiv Deutsches Museum: Dru 0986a.

10 O. A.: Das künstliche Firmament. In: Salzburger Chronik für Stadt und Land, 13.6.1927. Österreichische Nationalbibliothek: ANNO.

11 A. Fehr: Planetarien von Archimedes bis Zeiss. In: Arbeiter-Zeitung, 6.5.1927. Österreichische Nationalbibliothek: ANNO.

12 Ganze 159-mal habe ich den Code vergeben. Gekennzeichnet wurden nur Stellen, in denen Wunder(n) und die dazugehörigen Verben sowie Adjektive wortwörtlich benannt werden.

diesseitig, gegenwärtig, menschengemacht, maschinenhaft und gehört damit einer besonderen Gattung an, die die Zeitgenoss*innen als »moderne Wunder« beschrieben; »Wunder der Technik« war eine Variante dieses Topos. Als rhetorisch-journalistische Strategie gaben solche Sprachbilder einen Rahmen für das Wahrnehmen, Fühlen, Wissen und Erfahren im Planetarium vor und prägten das Erleben der Besucher*innen und die Rezeption des Projektors maßgeblich. Es lohnt sich also, einen genaueren Blick auf den nahezu inflationär zur Beschreibung des Planetariums genutzten Topos zu werfen: Was war damit gemeint, wenn das Planetarium als »(modernes) Wunder (der Technik)« angepriesen wurde? Welche Strategien und Zwecke verfolgte der Wundertopos? Welche Wahrnehmungs-, Wissens- und Erfahrungsweisen waren damit verbunden? – Diese Fragen stehen in diesem Teil der Analyse im Mittelpunkt. Zunächst wird die Erzählformel »Wunder der Technik« genauer betrachtet: Wie ist sie historisch zu verorten? Wie fügt sie sich in die westeuropäischen 1920er-Jahre ein? Was leistete sie für die Zeitgenoss*innen? Ausgehend von diesen Vermessungen stehen dann das Verhältnis von Menschen und Technik sowie das Verhältnis von Menschen und Natur im Planetarium im Fokus. Besondere Natur- und Technikerfahrungen waren – wie zu sehen sein wird – maßgebliche Komponenten des Planetariumsbesuchs, die in den Wundertopos miteinflossen und sich darin kristallisierten.

Wunder(n) im Wandel

»Nach wie vor stellt die Zuschreibung eines ›Wunders‹ eine zentrale Form der Verarbeitung und Aneignung ungewöhnlicher Ereignisse und außeralltäglicher Erfahrungen dar«[13] – diagnostizieren die Historiker Till Kössler und Alexander C.T. Geppert für das 20. Jahrhundert. »Wunder« steht hier – wie auch in diesem Kapitel – zunächst als emischer Quellenbegriff und deshalb in Anführungszeichen. Darüber hinaus verstehen die Autoren Wunder als einen analytischen Begriff zur Beschreibung bestimmter Phänomene, die sie als Forschungsgegenstände interessieren. Sie schlagen folgende heuristische Definition vor: »Wunder sind für unmöglich gehaltene und daher Staunen erregende Transgressionen existierender Wissens- und Denkgrenzen, die alternative Ordnungsentwürfe aufscheinen lassen und häufig als Manifestationen von

13 Geppert, Alexander C. T./Kössler, Till: Einleitung: Wunder der Zeitgeschichte. In: dies. (Hg.): Wunder. Poetik und Politik des Staunens im 20. Jahrhundert. Berlin 2011, S. 9–68, S. 9.

Transzendenz gedeutet werden.«[14] Ausgehend von dieser Definition lässt sich auch das Planetarium als Wunder fassen, insofern es Staunen erregte (siehe Kapitel 5), Wissens- und Denkgrenzen verschob (siehe Kapitel 3 und 4), alternative Ideen der Zukunft aufscheinen ließ und transzendente Gefühle hervorrief (siehe Kapitel 6) – was noch zu zeigen sein wird. Wunder umfassen bei Geppert und Kössler sowohl Transzendenzwunder – *miracula* – als auch Naturphänomene – *mirabilia*. Beide Wundersorten rufen das Gefühl des Staunens[15] – *admiratio* – hervor und werden dadurch bestimmt.[16] Wenn hier das Planetarium als Wunder erkundet wird, dann ist damit zum einen auf den Wundertopos als gängige Erzählweise und Zuschreibung der Zeitgenoss*innen verwiesen. Er steht im Folgenden im Fokus und wird hinsichtlich seiner Wirkmacht, seines Zwecks und seiner Leistung befragt. Zum anderen wird dadurch das Planetarium als transgressiver Ort beschrieben, wo Arbeit an Denk- und Wissensordnungen stattfand, die sich körperlich, sinnlich sowie symbolisch manifestierte und ebenfalls einem genaueren Blick unterzogen werden soll. Schließlich rückt die Erfahrung des Staunens in den Mittelpunkt, die eine zentrale Rolle für das Erleben des Planetariums einnahm und im zweiten großen Teil der Analyse genauer untersucht wird (siehe Teil III: Techniken des Wunderns).

Was Menschen als Wunder gelten kann und Staunen hervorruft, ist abhängig vom historischen Kontext, also von den als gegeben akzeptierten Wissens- und Denkordnungen sowie den gewohnten Gefühlswelten – und damit kontingent: »Nicht nur die Wunder, sondern auch das dazugehörige Gefühl des Staunens, die *admiratio*, haben ihre ganz eigene Geschichte.«[17] Und – so kann ergänzt werden – auch das wissenschaftliche Reflektieren darüber hat eine eigene Geschichte. Wunder und Staunen sowie ihre Bewertung beschäftigten Intellektuelle schon seit Jahrhunderten.[18] Wundern und dem Wundern sprachen sie eine besondere Nähe und Verwandtschaft zum Wissen zu. Lorraine Daston und Katherine Park untersuchen in einer umfassenden Arbeit die Geschichte der kognitiven Leidenschaft des Staunens und ihrer Objekte in Europa vom 12. bis ins 18. Jahrhundert.[19] Sie stellen fest, dass Wunder und Staunen

14 Ebd., S. 38.

15 Ich verwende in dieser Arbeit (Be-)Wundern und Staunen synonym im Sinne von *admiratio*.

16 Vgl. Geppert/Kössler 2011, S. 16.

17 Ebd., S. 31.

18 Siehe dazu bspw. Walker-Bynum, Caroline: Wonder. In: The American Historical Review 102 (1997), H. 1, S. 1–26.

19 Daston, Lorraine/Park, Katharine: Wunder und die Ordnung der Natur. 1150–1750. Frankfurt a. M. 2002.

aufgrund ihres transgressiven Potenzials jahrhundertelang ein wertgeschätzter Teil der europäischen »Elitenkultur«[20] darstellten und wichtige Funktionen für sie übernahmen:

> Ein Wunder zu bemerken bedeutete, das Durchbrechen einer Grenze zu bemerken, den Umsturz einer Klassifizierung. Das Aufstellen und Niederreißen von Kategorien – sakralen und profanen, natürlichen und künstlichen, dem Tier-, Pflanzen- und mineralischen Reich, dem Erdkreis und der himmlischen Welt zugehörig – ist der Ur-Akt der Erkenntnis, der jeder Suche nach Regelmäßigkeit, jeder Aufdeckung von Ursachen zugrunde liegt.[21]

Im Laufe der Zeit wandelte sich die Rolle von Wundern und Staunen, die schließlich durch die Aufklärung mit ihrer neuen Auffassung von Wissenschaft und dem Gelehrten-Dasein umgedeutet wurden. Während zuvor Staunen und seine Objekte, die Wunder, als direkte Brücke zur wissenschaftlichen Erkenntnis galten, löste im Zuge der Aufklärung Neugier das Wundern ab. Neugier wurde als rationale Emotion aufgewertet und blieb als legitime wissenschaftliche Haltung bestehen, wohingegen Wundern als »blöde Verblüffung«[22] degradiert und damit zu einer Empfindung für das als unwissend abgewertete Volk erklärt wurde. Die Gegenstände der Neugier wurden durch wissenschaftliche Praktiken zu epistemischen Objekten, die nichts Wunderliches mehr an sich hatten. Wunder(n) wurde(n) vulgär. »Mitglied einer heutigen Elite zu sein bedeutet, Wunder und Staunen mit gepflegter Gleichgültigkeit zu betrachten«[23] – mit dieser Gegenwartsdiagnose beschließen Park und Daston ihre Ausführungen. Die Sehnsucht nach Wundern und Staunen hingegen sei immer noch vorhanden und auch ihre Verknüpfung mit Wissen(schaft) und Technik bliebe bestehen, die zwar Objekte der Bewunderung hervorbringen, selbst aber nicht mehr bestaunen:

> Wissenschaft und Technik produzieren reichlich Wunder, aber ihre Spektakel werden im Fernsehen und in Museen, in Planetarien und Imax-Kinos aufgeführt, nicht auf Fachtagungen. […] Sie sind erbauliche Wunder, ebensosehr angelegt darauf, zu belehren wie zu unterhalten. Das Staunen, das sie hervorrufen, dient dem höheren Ruhm der Wissenschaft, die sie erklärt,

20 Ebd., S. 20 f.
21 Ebd., S. 15.
22 Ebd., S. 358.
23 Ebd., S. 434.

> oder der Technologie, die sie erschafft, und übersetzt sich so in öffentliche Unterstützung für diese Wissenschaft und diese Technologie.[24]

Wundern hat sich von einer kognitiven Leidenschaft der Wissensproduktion zu einem Vermittlungsmodus der Wissen(schaft)skommunikation gewandelt. ›Vulgäre‹ Wunderorte propagieren und popularisieren häufig Technik und Wissenschaft.[25] Neben Kino und Fernsehen benennen Park und Daston dezidiert das Planetarium als einen Ort, an dem die Sehnsucht nach Wundern heute gestillt werden kann. Zu bewerten, ob dies für die Gegenwart des 21. Jahrhunderts tatsächlich gilt oder nicht, ist im Rahmen dieser Arbeit nicht angebracht. Allerdings erlauben die Quellen über die ersten Planetarien die Feststellung, dass das Versprechen, im Planetarium Wundern zu begegnen, in den 1920er-Jahren allgegenwärtig war (und sich vielleicht sogar bis in die Zeit des Verfassens der zitierten Zeilen gehalten hat). Das Versprechen wurde medial vermittelt und erzeugt – mit Hilfe des Wundertopos – und letztlich auch dadurch eingelöst, dass die mediale Berichterstattung zum Planetarium regelrechte Wahrnehmungsanleitungen beinhaltete, die das Staunen heraufbeschworen (siehe dazu Kapitel 5). Es ist also nicht zuletzt der Wundertopos, der Wunder(n) macht.

Zur Geschichte des Wundertopos

Die Rede von »modernen Wundern« hatte zur Zeit der ersten Planetariumseröffnungen Konjunktur. Der Historiker Bernhard Rieger zeigt, dass der Wundertopos den erzählerischen Rahmen für die Einführung zahlreicher innovativer Technologien in Europa von 1890 bis 1933 bereitete.[26] Anhand der Beispiele Luftfahrt, Passagierschifffahrt und Film erläutert Rieger die kulturellen und gesellschaftlichen Funktionen des Wundertopos und stellt fest, dass es sich dabei um eine beliebte, wenn auch nicht wirklich neue (west-)europäische Deutungsweise handelte, die sich an verschiedene politische Ideologien und Weltsichten anschließen ließ:

> Addressing new and surprising object as ›wonders‹ proved an elastic device of perception and knowledge production about technological change. The for-

24 Ebd.
25 Ebd.
26 Vgl. Rieger, Bernhard: ›Modern Wonders‹: Technological Innovation and Public Ambivalence in Britain and Germany, 1890s to 1933. In: History Workshop Journal 55 (2003), S. 153–176, S. 153.

> mula of the ›modern wonder‹ assumed the characteristics of a fundamental category around which public debate could be organized, thereby easing the classification of a wide range of artefacts and phenomena.[27]

Der Topos des »modernen Wunders« mit seiner Variante »Wunder der Technik« war nicht nur für eine große Bandbreite an Gegenständen und Phänomenen anwendbar, er ermöglichte es außerdem, ambivalente Einstellungen gegenüber dem technologischen Wandel zu bündeln. Technikangst und Technikeuphorie ließen sich damit gleichermaßen adressieren und bearbeiten:

> The rhetoric of the ›modern wonder‹ formulated ambivalence in public debate while simultaneously launching a variety of arguments meant to counteract uncertain evaluation of innovation. Thus, the trope of the ›modern wonder‹ allowed contemporary discussions to embrace technological change in the process of registering anxiety.[28]

Wundern zeigt sich zunächst als gefühlsmäßige Reaktion auf bislang unbekannte Technik – als Technikemotion:[29] Ängste, die angesichts dieser neuen Technik und den von ihr ausgehenden Veränderungen aufkamen, fanden durch den Wundertopos einen Platz in der öffentlichen Debatte, konnten zugleich besänftigt und positiv umgedeutet werden.[30] Schließlich war es ganz normal, etwas so sehr die Vorstellungskraft Übersteigendem wie einem Wunder respektvoll, ja ängstlich gegenüberzutreten, selbst wenn sich diese Angst beim genaueren Hinsehen als unbegründet entpuppen würde und als Symptom des Noch-Nicht-Verstehens interpretieren ließ. Dies zeigt sich auch am Planetarium: Obwohl nicht alle Besucher*innen die Himmelsvorgänge und Planetariumstechnik vollständig verstanden, genau so wenig wie die Wissenschaft alles vollständig zu erklären vermochte, wurde das Planetarium durch die Rahmung als »Wunder der Technik« doch als potenziell begreifbar und in der Reichweite des menschlichen Verstandes und der menschlichen Handlungsmacht liegend erfahren. Im Kern der Wunderrhetorik pulsierte eine Fortschrittserzählung,[31]

27 Ebd., S. 169.

28 Ebd., 171.

29 Siehe dazu Heßler, Martina: Technikemotionen. Einleitende Überlegungen zur historischen Ko-Konstruktion von Technik und Emotionen. In: dies. (Hg.): Technikemotionen. Paderborn 2020, S. 1–36.

30 Siehe dazu Heßler, Martina/Hitzer, Bettina: Tech-Fear. Histories of a Multifaceted Relationship. In: Technikgeschichte 86 (2019), H. 3, S. 185–199.

31 Vgl. Rieger 2003.

die die Gegenwart mit ihren neuen Technologien und Artefakten als radikal kontemporär und damit absolut modern entwarf.[32] Die Ängste, die sich damit verbanden, wurden durch die als rational und wissenschaftlich markierten Erklärungen der Artefakte und Technologien abgeschwächt, ließen sich in die großen, überwältigenden Gefühle kanalisieren, die für Wunder als angemessen erschienen und damit positiv ausdeuten.[33] Der Wundertopos zeigt sich hier als Form des Gefühls- und Erfahrungsmanagements. Er ermöglichte es, ambivalente emotionale Momente und bislang unbekannte Erfahrungen sagbar zu machen, sie in eine positive Richtung auszudeuten und zu wenden. Durch seine Omnipräsenz und beinahe mantraartige Wiederholung im Zusammenhang mit fast jeder neu eingeführten Technik, etablierte der Wundertopos auch Normen des Fühlens, Wahrnehmens und Erfahrens, die sich selbst aufrechterhielten: Wundern galt als angemessene und angesehene (emotionale) Reaktion auf die Begegnung mit neuer Technik, die allerorts reproduziert und verspürt wurde. Als Vermittlungsinstanzen dieser Erfahrungsnorm fungierten beispielsweise die Berichte über das Planetarium, die in Zeitungen, Zeitschriften, Büchern und Broschüren abgedruckt oder über das Radio ausgestrahlt wurden.

Besonders die zeitgenössischen Massenmedien verbreiteten und verstärkten den Wundertopos. Radio und Zeitung lösten regelrechte »media storms«[34] um die »Wunder« aus. Dabei standen nicht nur die ungewohnten Artefakte im Mittelpunkt, auch die dahinterstehenden wissenschaftlichen Entwicklungen wurden beleuchtet. Der Historiker Alexander Gall untersucht den Wundertopos in der Wissensvermittlung des 20. Jahrhunderts und stellt fest, dass er durchweg eine wichtige Rolle für die Kommunikation von Wissen(schaft) spiele. Die Erzählweise erlaube es, naturwissenschaftliche Inhalte zu verrätseln, unterhaltsam aufzubereiten und spannend zu erklären.[35] Gall konstatiert außerdem eine »Affinität zwischen dem Wunder und den Medien«,[36] die daher rühre, dass Wunder als außergewöhnliche Ereignisse einen hohen Nachrichtenwert hätten

32 Vgl. ebd., S. 162.

33 Siehe ebd., S. 164: »Drawing attention to the close link between ›science‹ and ›technology‹ provided an effective argument that helped lay people to achieve self-control and self-restraint when faced with innovative artefacts. Technological ›wonders‹, commentators argued, were firmly based on secular, rational and verifiable forms of knowledge and therefore obeyed human commands.«

34 Ebd., S. 153.

35 Vgl. Gall, Alexander: Wunder der Technik, Wunder der Natur. Zur Vermittlungsleistung eines medialen Topos. In: Geppert, Alexander C. T./Kössler, Till (Hg.): Wunder. Poetik und Politik des Staunens im 20. Jahrhundert. Berlin 2011, S. 270–301, S. 298 f.

36 Ebd., S. 274.

und Aufmerksamkeit bänden.[37] Sie versprachen ein »emotionales Erlebnis«,[38] das Unterhaltung und Vergnügen in Aussicht stellte und attraktiv für die von den Medien erreichten Öffentlichkeiten war. »Wunder der Technik« wie Hochhäuser oder Kreuzfahrtschiffe überwältigten nicht nur durch ihre als innovativ markierten Funktionen, sondern waren außerdem visuell aufregend, herausfordernd für die Wahrnehmung und oft gigantisch. Berichte über sie waren häufig mit vielen Abbildungen versehen und befriedigten die Schaulust der Medienkonsument*innen.[39] Wenn die Presse etwas als »Wunder« rahmte, dann immer auch im Sinne des Selbstmarketings. Das Planetarium war in dieser Hinsicht keine Ausnahme – wie in anderen Maschinen (Flugzeuge, Kinematographen, Fahrstühle, Röntgengeräte usw.) erkannten Journalist*innen in ihm eine sensationswürdige Meldung, griffen für ihre Berichte auf die bereits erprobte und beliebte Wundererzählung zurück und nutzten die visuellen Reize der Maschine (und Kuppelbauten), um das Interesse potenzieller Leser*innen zu wecken. Die sozialdemokratische Zeitschrift *Volk und Zeit*, die als illustrierte Einlage sonntags dem *Hamburger Echo* beilag, spielte im April 1930 zur Eröffnung des Hamburger Planetariums auf ihrem Titel beispielsweise mit der rätselhaft-futuristischen Erscheinung des Projektors und warb damit um die Aufmerksamkeit der Leser*innen (siehe Abbildung 10). Den Titel zierte eine Nahaufnahme der Projektionskugel in Grautönen, ergänzt um ein großes Fragezeichen und die Neugier schürende Frage: »Was ist das?« Wer die Antwort wissen wollte, musste die Zeitung aufschlagen (freilich erst nach dem Kauf) und erfuhr dann, dass es sich dabei um den Planetariumsprojektor im Hamburger Wasserturm handelte. Den erläuternden Artikel umrahmten verhältnismäßig viele Fotografien, die den Projektor und den Wasserturm eindrücklich ins Bild setzten; durch Schattenwurf und Perspektive erschienen das Planetariumsgebäude und sein Interieur gigantistisch – die Inszenierungen oktroyierten entsprechende Sehweisen und Blickwinkel und luden zum Staunen ein.

Neben den »Wundern der Technik« beobachtet Gall vor allem in der zweiten Hälfte des 20. Jahrhunderts vermehrt Berichte über »Wunder der Natur«. Dabei handelte es sich um eine spezielle Art der Wissenskommunikation, die naturwissenschaftliche Funde als Wunder rahmte und damit die Wissenschaft und ihre Objekte gleichsam verzauberte.[40] In der Kommunikation über das Planetarium der 1920er-Jahre verbanden sich beide Wundererzählungen: So-

37 Vgl. ebd., S. 273.
38 Ebd., S. 274.
39 Vgl. ebd., S. 280 f.
40 Vgl. ebd., S. 287 ff.

Deutschlands schönstes Planetarium

Das Rätsel der ersten Seite: Nahaufnahme des Okulars des Zeiß-apparates

VOLK u. ZEIT

No 5

Was ist das?

Kein Taucherhelm

Abbildung 10: Mit zahlreichen Fotografien illustrierter Zeitungsartikel zur Eröffnung des Hamburger Planetariums. *Volk und Zeit*, Hamburg 1930.
Quelle: Staatsarchiv Hamburg.

wohl die Technik (der Projektor) als auch die von der Technik produzierte und erklärte Natur (der Nachthimmel und die Bewegungen der Planeten) sowie die dahinterstehende (Ingenieurs-)Wissenschaft (verkörpert durch Zeiss-Ingenieur Walther Bauersfeld und Museumsleiter Oskar von Miller) wurden als Gegenstände der Bewunderung empfohlen – so etablierte das Planetarium spezifische Erfahrungsweisen von Technik und Natur, die auf Bewunderung basierten, aber noch viele weitere Dimensionen entfalteten (siehe dazu Kapitel 3 und 4). »Wunder der Technik« waren oft gleichzeitig »Wunder« der Naturbewältigung (qua Wissen[(schaft]) und damit Gesten einer menschlichen Übermacht.[41] Allerdings gestaltete sich das Verhältnis zur Natur im Planetarium etwas ambivalenter: Neben der Übermacht war es die eigene Ohnmacht angesichts der Ausmaße des Weltalls, derer sich die Menschen dort gewahr wurden. Auch hier taugte der Wundertopos dazu, Ambivalenzen zu bündeln und handhabbar zu machen.

41 Vgl. ebd., S. 278.

Wunder(n) und Wissensvermittlung

Die Verknüpfung von Wundern und Staunen mit der Wissensvermittlung, wie sie im Planetarium stattfand, ist Ergebnis machtvoller Umdeutungsprozesse. Nachdem Wundern als wissenschaftliche Methode und Wunder als wissenschaftliche Objekte im Zuge der Aufklärung ihre Bedeutung verloren hatten, rehabilitierten Wissenschaftspopularisierer*innen die Emotion des Staunens im 19. Jahrhundert und spannten sie in ihre Didaktik mit ein.[42] Die Gegenstände, die mittels dieser Empfindung rezipiert und verstanden werden sollten, rahmten sie erzählerisch wortwörtlich als »Wunder« oder knüpften indirekt an die damit verbundenen Attribute an – sie erarbeiteten eine eigene Wunderrhetorik. So versprachen sie ähnlich wie die Zeitungen Sensationelles und Vergnügliches, das darüber hinaus erzieherisch wirken sollte und deshalb als moralisch einwandfrei galt. Das öffentliche Interesse an (Natur-)Wissenschaften und ihrem Wissen wuchs im Verlauf des 19. Jahrhunderts stetig. Wissenschaftspopularisierung wurde zu einem neuen Berufsfeld, um das herum sich eigene Institutionen und Strukturen herausbildeten.[43] Dort entstanden eigene Inszenierungsstrategien und ein spezifisches Repertoire an Erzähl- und Vermittlungsweisen.[44] Durch performative Praktiken und theatrale Strategien rückten Wissenschaftler*innen und vor allem Popularisierer*innen Wissenschaft ins Rampenlicht und verschafften ihr Aufmerksamkeit. Der Topos der »Wunder der Technik« stellt eine solche Inszenierungsstrategie dar, mittels der die bezeichneten Objekte einer bestimmten Betrachtungsweise empfohlen, aufgewertet und mit einer passenden Deutungsweise versehen wurden. In den USA unterhielten seit Mitte des 19. Jahrhunderts »Wonder Shows« das Publikum mit einer Mischung aus Schaustellerei, wissenschaftlichem Vortrag und häufig religiöser Moralität.[45] Als »a performance genre that has offered a populist

42 Daum 1998, S. 464–468.

43 Daum definiert Popularisierung »als eine spezifische Form der Wissensvermittlung und -präsentation, d.h. den über sprachliche Manifestationen oder Organisationen und soziale Handlungen vermittelten Versuch bzw. Prozeß, aus den Naturwissenschaften stammende Inhalte sowie Fragen der Analyse von Naturphänomenen öffentlich an ein Publikum, das nicht selbst im Zentrum der Wissensproduktion steht, weiterzugeben oder in eigenständiger Form naturkundliche Themen diesem Publikum zu präsentieren«; Daum 1998, S. 25.

44 Siehe dazu Samida, Stefanie: ›Inszenierte Wissenschaft‹. Einführung in die Thematik. In: dies. (Hg.): Inszenierte Wissenschaft. Zur Popularisierung von Wissen im 19. Jahrhundert. Bielefeld 2011, S. 11–23.

45 Siehe dazu Nadis, Fred: Wonder Shows. Performing Science, Magic, and Religion in America. New Brunswick 2005.

vision of science and technology«[46] waren die Wonder Shows neben Unterhaltung auch eine Möglichkeit für viele Menschen, Wissenschaft, oder das, was als Wissenschaft inszeniert wurde, zu erfahren, mit ihr umzugehen und sie in alltägliche Bedeutungshorizonte einzupassen. Dabei standen nicht nur wissenschaftliche Wissensbestände im Fokus, sondern vor allem auch Maschinen und Technologien, die das Wissen zur Anwendung brachten. Im 19. Jahrhundert war beispielsweise Elektrizität ein beliebter Gegenstand der Shows: Die Schausteller*innen verblüfften mit elektrischen Effekten, erklärten, wie die Phänomene zustande kamen, und boten Aussichten auf futuristisch anmutende Einsatzbereiche der Elektrizität wie etwa die Heilung von Krankheiten.[47] In den 1920er-Jahren hatte die Elektrizität ihren Exotismus eingebüßt und war zum Teil des Alltags vieler Menschen geworden. Wonder Shows nahmen sich aktuelleren Themen an, die ungewöhnlicher und damit sensationeller waren – wie etwa das Röntgen.[48] In der zweiten Hälfte des 19. Jahrhunderts hatte sich in Nordamerika und Europa zunehmend öffentliches Interesse an den sich schnell professionalisierenden Naturwissenschaften herausgebildet und Forderungen nach Teilhabe an den stetig anwachsenden Wissensbeständen wurden laut.[49] Überall sprossen Zoos,[50] Aquarien,[51] Sternwarten,[52] populärwissenschaftliche Vereine und Museen.[53] Ähnlich der Wonder Shows bannten sie ihr Publikum mit einer Mischung aus Effekt und Erklärung und sollten das naturwissenschaftliche Wissen der Lebenswelt aller nahebringen. 1889 wurde zu solchen Zwecken beispielsweise die Urania in Berlin gegründet, die neben einer Sternwarte auch ein wissenschaftliches Theater betrieb.[54] Mit Hilfe von Projektionen, Dioramen und Panoramen wurden dort naturwissenschaftliche Themen aller Art auf die Bühne gebracht – beliebt waren beim Publikum vor allem auch

46 Ebd., S. XIV.

47 Vgl. ebd., S. 21 ff.

48 Siehe dazu Vogel, Christian: Exponierte Wissenschaft. Röntgenausstellungen als Orte der Wissensproduktion und -kommunikation, 1896–1934. Berlin 2020. URL: https://edoc.hu-berlin.de/handle/18452/22001 (Zugriff: 19. 1. 2020).

49 Vgl. Daum 1998, S. 1 f.

50 Siehe dazu Klothmann, Nastasja: Gefühlswelten im Zoo. Eine Emotionsgeschichte 1900–1945. Bielefeld 2015.

51 Siehe dazu Vennen, Mareike: Das Aquarium. Praktiken, Techniken und Medien der Wissensproduktion (1840–1910). Göttingen 2018.

52 Siehe dazu Mirwald 2014.

53 Siehe dazu Thiemeyer, Thomas: Geschichte im Museum. Theorie – Praxis – Berufsfelder. Tübingen 2018, S. 47 ff.

54 Siehe dazu Bruggmann 2017.

Vorträge zur Astronomie.[55] Die Astronomie nahm bei der Popularisierung der Naturwissenschaften im 19. Jahrhundert eine »Sonderstellung« ein.[56] Während es »jüngere« Naturwissenschaften schwer hatten, sich gegenüber den etablierten humanistischen Bildungsprogrammen zu behaupten,[57] konnte sich die Astronomie durch ihre jahrtausendealte Geschichte legitimieren.[58] Zudem stellten Phänomene wie Sonnenfinsternisse oder Kometenerscheinungen ansprechende Schauobjekte dar, die dem zeitgenössischen visuellen Verlangen Genüge taten.[59] Wissenschaftstheater und Wonder Shows etablierten zusammen mit vielen anderen Institutionen Formen der Wissensvermittlung – unter anderem den Wundertopos –, auf die sich die Planetarien der 1920er-Jahre bezogen und an die sie anknüpften.

Wissensvermittlung hatte einiges zu leisten: Es ging nicht nur darum, das erwachende Interesse breiter Öffentlichkeiten (allen voran des aufstrebenden Bürgertums)[60] an Wissenschaft zu stillen, auch sollte sie wissenschaftliche Ergebnisse beglaubigen und für die Lebenswelten der Menschen anschlussfähig machen oder gar ihre Verwendung im Alltag propagieren, wie im Fall von Elektrizität oder Hygiene. Solche Prozesse und Praktiken des Glaubhaft- und Evident-Machens von wissenschaftlichem Wissen untersuchen die Historiker*innen Veronika Lipphardt und Kiran Klaus Patel am Beispiel der Humandiversität im 20. Jahrhundert. Sie stellen fest, dass sich der »Interaktionsprozess, in dem Wissenschaft hergestellt und anverwandelt wird«, mit und gegen Max Weber als »Neuverzauberung im Gestus der Wissenschaftlichkeit« beschreiben lässt.[61] Damit meinen sie, dass wissenschaftliche Erzeugnisse erzählerisch gerahmt, in gesellschaftliche Sinnzusammenhänge eingesponnen und glaubhaft gemacht werden. Erst dadurch können sie gewusst werden:

> Neuverzauberung im Gestus der Wissenschaftlichkeit, das heißt ›reine Fakten‹ […] in einen historisch-gesellschaftlichen Sinnzusammenhang einzu-

55 Vgl. ebd., S. 306.
56 Vgl. ebd., S. 313.
57 Siehe dazu Daum 1998, S. 3, 12 f.
58 Vgl. Bruggmann 2017, S. 313.
59 Vgl. ebd., S. 314.
60 Vgl. Daum 1998, S. 9 ff.
61 Lipphardt, Veronika/Patel, Kiran Klaus: Neuverzauberung im Gestus der Wissenschaftlichkeit. Wissenspraktiken im 20. Jahrhundert am Beispiel menschlicher Diversität. In: Geschichte und Gesellschaft 34 (2008), S. 425–454, S. 427.

ordnen und damit um Anschlussmöglichkeiten oder auch Deutungsansprüche zu erweitern.[62]

Neuverzauberung im Gestus der Wissenschaftlichkeit verweist auf die narrative Dimension von Wissen und darauf, dass es keine klare Grenze zwischen Wissenschaft und Gesellschaft gibt, sondern dass sie in einem gegenseitig konstitutiven Verhältnis zueinander stehen und letztlich ineinander aufgehen.[63] Folglich findet Neuverzauberung auch nicht erst statt, nachdem Wissen produziert wurde, sondern begleitet die Prozesse der Wissensproduktion und Wissensvermittlung gleichermaßen. Mit dem Begriff Neuverzauberung beziehen sich Patel und Lipphardt auf Max Weber. Weber prägte die These von der »Entzauberung der Welt«:[64] Durch Wissenschaft und Rationalisierung erscheine zu Beginn des 20. Jahrhunderts alles als prinzipiell erklär- und verstehbar, nichts bliebe rätselhaft und die Welt verliere ihren Zauber.[65] Bei genauerem Hinsehen lässt sich diese These in ihrer Totalität nicht aufrechterhalten. Allein der Ausgangspunkt dieser Überlegung, dass Wissenschaft und Verzauberung einander diametral gegenüberstünden, ist nicht haltbar. Es genügt ein Blick auf die Konjunktur des Wundertopos zu Beginn des 20. Jahrhunderts. Dabei wird deutlich, dass Wissenschaft und Rationalisierung einen eigenen Zauber entfalteten, transzendente Momente beinhalteten und Menschen nicht nur intellektuell, sondern auch sinnlich, emotional angingen – seitens der Rezipient*innen wie auch seitens der Wissensproduzent*innen. Mit »Neuverzauberung im Gestus der Wissenschaftlichkeit« versuchen Lipphardt und Patel diese Verschränkungen begrifflich zu kleiden. Die Entzauberungs-These bleibt relevant für diese Überlegungen, insofern sie als eine prominente Selbstbeschreibung von Menschen, die sich als modern empfanden, eine eigene Wirkmacht entfaltete und das Welt- und Selbstverständnis der Zeitgenoss*innen, zu denen auch Max Weber zählt, widerspiegelt. Allerdings galten den Zeitgenoss*innen auch die »Wunder der Technik« als modern, und das Staunen, das sie hervorriefen, stand einem »entzauberten« Selbstverständnis offensichtlich nicht im Weg. Entzauberung und Verzauberung sind keine Widersprüche, sondern zeigen sich als zwei Seiten eines modernen Selbstverständnisses. Die Bezeichnungen *Wieder*verzauberung oder *Neu*verzauberung sind vor diesem Hintergrund problematisch, denn sie setzen eine bereits erfolgte Entzauberung voraus und reproduzieren

62 Ebd., S. 432.
63 Ebd., S. 453 f.
64 Weber, Max (1919): Wissenschaft als Beruf. Berlin 2011, S. 17.
65 Vgl. ebd.

wiederum die großen Erzählungen der Moderne, von denen hier abgesehen werden soll (siehe Einleitung). Deshalb möchte ich schlicht von Verzauberung sprechen. Nimmt man Lipphardts und Patels Ausführungen dennoch zum Ausgangspunkt, dann steht Verzauberung für eine Art der Wissensproduktion und -vermittlung, die Wissen, Objekte, Situationen so rahmt und deutet, dass sie glaubhaft und anschlussfähig, bedeutsam und augenscheinlich, fühlbar und erzählbar werden. Der Topos »Wunder der Technik« ist dabei ein spezifischer, verzaubernder Gestus der Wissenschaftlichkeit, der dazu beiträgt, dass seine Objekte und Inhalte gesellschaftlich absorbiert werden können – sie werden ins »Große Ganze« integriert.

Das Planetarium, das wird im Folgenden gezeigt, gebiert sich als Ort, an dem astronomisches und mechanisches Wissen evident gemacht wird, den Besucher*innen nahekommt und ihnen sinnhaft begegnet – ein Ort, an dem mittels des Wundertopos Verzauberung von astronomischem Wissen und Apparaten stattfindet. Dafür ist die Erzählung vom »Wunder der Technik« ausschlaggebend, denn diese rahmte die Erfahrungen im Planetarium derartig, dass sie ihre verzaubernde – evidenzerzeugende und validierende – Wirkung entfalten konnten und das Planetarium für die Besucher*innen erst zum Wunder wurde. In der Rede vom Planetarium als »Wunder der Technik« kumulieren die Technikerfahrungen, die die Menschen mit dem Planetarium machten, ihre Beziehung zur Institution und zum Apparat. Sie sind der Ausgangspunkt für weitere Erkundungen der Mensch-Technik-Beziehungen, die sich unter der Kuppel des Planetariums entfalteten. Das »Wunder der Technik« des Planetariums ermöglichte gleichzeitig die Begegnung mit einem »Wunder der Natur«: dem Sternenhimmel. Neben der Beziehung zur Technik stand im Planetarium auch die Beziehung zur Natur zur Verhandlung. Dabei war es gerade die Verbindung von Natur und Technik, die sich auf eine spezielle Weise formierte.

3. Technikerfahrung – das Planetarium als Maschine

> Wie ein ungeheures urzeitliches Insekt auf Spinnenbeinen hockt es da im Innern des umgebauten Wasserturms im Hamburger Stadtpark und glotzt dem Eintretenden aus unzähligen kleinen und größeren Objektivaugen entgegen. Man sitzt ihm mit einer merkwürdigen Mischung der Scheu, des Misstrauens und der Ehrfurcht gegenüber, man weiß noch nicht recht, wie man sich zu ihm einstellen soll, und glaubt ihm ganz einfach nicht, dass es uns aufgeklärten, nüchternen und verwöhnten Menschen des 20. Jahrhunderts irgendeine Illusion schaffen kann.[66]

Im Mittelpunkt des Planetariums stand der Projektor – eine Maschine, der die Planetariumsbesucher*innen mit Neugier und Misstrauen, Interesse und Schauder begegneten. Was war das für ein rätselhafter Apparat, der eine täuschend echte immersive Illusion erzeugen und dabei auch noch die Bewegungen am Sternenhimmel korrekt berechnen konnte? In welchem Verhältnis stand die Maschine zu den Menschen, die sie überragte? Wer oder was lenkte sie und wie? Die ersten Planetariumsbesucher*innen, zu ihnen zählte auch der*die Autor*in der oben zitierten Zeilen, wussten noch nicht so recht, was sie mit dem Projektor anfangen, wie sie sich ihm nähern, ihn nutzen und verstehen sollten. Sie mussten den Apparat erst kennenlernen und entwickelten eigene Beschreibungs-, Deutungs- und Umgangsweisen. Dabei war der Planetariumsprojektor nicht die einzige Maschine, der die Menschen in ihrem Alltag begegneten. Vielmehr waren und sind alltägliche Lebensweisen geprägt und durchdrungen vom sich kontinuierlich wandelnden Umgang mit Technik in Form von Werkzeugen, Geräten, Hilfsmitteln, Maschinen – Menschen lebten und leben »in einer technischen Kultur«.[67] Für das 19. und 20. Jahrhundert lässt sich allerdings eine »neue Dimension von Technisierungsprozessen«[68] feststellen, die eng mit der zunehmenden Industrialisierung und Verwissenschaftlichung zusammenhing. Die fortschreitende Technisierung des Haushaltes, der Freizeit, des Verkehrs und der Arbeitswelt konfrontierte die Menschen in ihrem Alltag mit vielen neuen technischen Artefakten, für die sie Umgangsweisen entwickel-

66 tm.: Hamburgs Planetarium. In: Bergedorfer Zeitung, 12.4.1930. Staatsarchiv Hamburg: 135-1 I–IV 5061.

67 Vgl. Heßler, Martina: Kulturgeschichte der Technik. Frankfurt a. M. 2012, S. 7.

68 Ebd., S. 8.

ten. Elektrizität hielt Einzug in die Städte, Betriebe und Wohnhäuser – mit ihr Geräte und Maschinen, die sich in den 1920er-Jahren bereits teilweise im Alltag etabliert hatten.[69] Autos und Schienenfahrzeuge prägten den Verkehr inner- und zunehmend auch außerhalb der Städte[70] und das techno-mediale Spektakel des Kinobesuchs wurde zum beliebten Freizeitvertreib. Ähnlich wie der*die oben zitierte Autor*in verstanden sich viele Zeitgenoss*innen der 1920er-Jahre als »aufgeklärt« und implizierten damit auch einen wissenden und gekonnten Umgang mit (neuer) Technik. Trotzdem oder gerade deshalb übte der Projektor als ein neues und aufwendig inszeniertes Stück Technik einen großen Reiz auf viele der Besucher*innen aus. Sie kamen auch seinetwegen in die Vorführungen. Der Projektor war mehr als Mittel zum Zweck, er war der Star der Planetariumsschau, der visuell rätselhaft und damit reizvoll anmutete, dessen Funktionsweise es zu erklären und zu verstehen galt und der als technisches Artefakt den Status eines Kunstwerkes erhielt. Wer ins Planetarium ging, wollte nicht nur das künstliche Firmament sehen, sondern auch die Maschine, die es zu erzeugen vermochte. Im Gegensatz zum Kino ging es im Planetarium nicht darum, den Ursprung der Illusion zu verbergen und die Maschinerie, die dahintersteckte, zu verstecken. Der Planetariumsprojektor stand räumlich im Mittelpunkt und war Teil der Schau. Hier zeigt sich eine Parallele zum barocken Theater, das von Hermann Bausinger als eine schon früh maschinell durchdrungene Sphäre beschrieben wird. Das Vergnügen des Theaterbesuchs bestand auch im Genuss der Maschine: »[M]an braucht nur an die oft raffinierten Maschinerien auf und hinter der barocken Bühne zu denken, mit denen man zwar zum Teil Illusionierung anstrebte, die aber doch nicht ganz in diesen Dienst zu stellen waren, sondern die das Publikum gleichzeitig *als* Maschinerie erfreuten«.[71]

Die Zeitungsartikel, in denen die neue Institution vorgestellt und die Planetariumsvorstellungen besprochen wurden, widmeten sich deshalb gründlich der Projektionsmaschine. In den ausführlichen Beschreibungen versuchten die Autor*innen ihre Eindrücke in Worte zu kleiden und den Leser*innen ihre Begegnung mit der Maschine zu vermitteln – dabei griffen sie oft auf den in den 1920er-Jahren bereits etablierten und vielgenutzten Wundertopos zurück. Dies rührte auch vom Kalkül der Planetariumsmacher*innen her, die sehr wohl um

69 Siehe dazu Binder, Beate: Elektrifizierung als Vision. Zur Symbolgeschichte einer Technik im Alltag. Tübingen 1999.

70 Siehe dazu Scharfe, Martin: »Ungebundene Circulation der Individuen.« Aspekte des Automobilfahrens in der Frühzeit. In: Zeitschrift für Volkskunde 86 (1990), S. 216–243.

71 Bausinger, Hermann (1961): Volkskultur in der technischen Welt. Frankfurt a. M. 2005, S. 23. Hervorhebung im Original.

den Schauwert des Apparates wussten und ihn gekonnt inszenierten: Vortragende erläuterten seine Geschichte und Funktionsweise und banden das Einschalten des Projektors erzählerisch mit in ihre Ausführungen ein. Das schlug sich in den Schilderungen von Planetariumsbesuchen nieder, stieß allerdings nicht überall auf Lob – Franz Fieseler, von Zeiss für den Planetariumsvertrieb angeheuert, bemerkte kritisch:

> Wenn, wie ich es selber mit angehört habe, ein Vortragender, ehe der Sternenhimmel erstrahlt, den Zuschauern dieses wunderbare Schauspiel mit den Worten ankündigt: ›Jetzt werde ich Ihnen den Sternenhimmel einschalten.‹, dann geht natürlich die Wirkung verloren, mit der Sinnestäuschung ist es dann vorbei. Es bleibt nur ein technischer Vorgang übrig, über den man sich nicht sonderlich zu wundern braucht.[72]

Gerade dieser technische Vorgang war es aber, der zu faszinieren vermochte und der Illusion keinen Abbruch tat, sondern sie – ganz wie von Bausinger erläutert – noch genüsslicher gestaltete. Gerahmt durch den Topos des »Wunders der Technik« und von ihm einer bestimmten Rezeptionsweise empfohlen, entfaltete der »technische Vorgang« entgegen Fieselers Bedenken einen eigenen Reiz, der vor allem in der Steuerbarkeit und potenziellen Durschaubarkeit – bei gleichzeitiger Obskurität – der Maschine lag. Ein*e Zeitungsautor*in beschrieb die Anziehungskraft des Projektors, die er*sie auch in seiner Unergründbarkeit erkannte:

> Man sieht immer wieder erstaunt auf diesen kleinen Apparat, der alle diese Geheimnisse zaubern, der aus seinen zwei Kugeln mit den je tausend Watt-Lampen die geheimnisvollen Strahlen auf den Kuppelhorizont schießt. Ein prächtiges Spielzeug für große Kinder, aber ein Spielzeug mit scheinbar unergründlichen Geheimnissen. Gewiss, es gibt Beschreibungen. Man hat uns eine in die Hand gedrückt. Man hat uns Erklärungen gegeben, und mein Nachbar hat alles so gut verstanden, dass er den Apparat immer durch den Raum rollen sieht, während er sich in Wahrheit lediglich um seine Achse dreht.[73]

Das Planetarium war ein Ort, an dem Menschen eine Maschine vorgeführt wurde, sie in Kontakt mit ihr und der von ihr erzeugten Simulation kamen

72 Franz Fieseler: »Betrachtung über die Vorträge im Zeiss-Planetarium«, Ende 1920er. Zeiss-Archiv: BACZ 3025.

73 O. A.: Im Planetarium. In: Linzer Volksblatt, 19.12.1926. Österreichische Nationalbibliothek: ANNO.

und diese sinnvoll ausdeuten mussten. Dort entwickelte sich ein spezifisches Mensch-Maschine-Verhältnis, das zentral für die Planetariumserfahrung war. Das Verhältnis wirkte über die Grenzen des Planetariums hinaus, denn es erschien den Besucher*innen als Exemplar und Exempel einer sich wandelnden Beziehung zwischen Menschen und Technik. Dieses Kapitel widmet sich ganz der Mensch-Maschine-Beziehung, die sich im Planetarium entfaltete und den sich dort zusammenfügenden Technikerfahrungen, die den Besucher*innen anheimfielen. Dazu stehen – nach einigen grundsätzlichen Überlegungen zur *kulturwissenschaftlichen Technikforschung* und dem *Planetarium als Leitfossil* einer solchen – zunächst die *Rollen des Planetariumsprojektors* im Mittelpunkt, die ihn als *ambivalente Apparatur* kennzeichneten. Er zeigt sich in den Quellen als *Wesen*, *Werk* und *Weltmaschine* – diese drei Rollen lassen sich auch als Konkretisierungen der Beschreibung als »Wunder der Technik« lesen. Schließlich rückt mit dem *Lichtzeiger* ein Teil der Planetariumsmaschinerie in den Fokus, an dem sich die Mensch-Maschine-Beziehung besonders punktiert verdeutlichen lässt und die auf die *vergnügliche Verkörperung* hindeutet, die das Planetarium ermöglichte.

3.1 Das Planetarium als Leitfossil einer kulturwissenschaftlichen Technikforschung

Zu sehen ist der Planetariumsapparat hinter einer Holzabsperrung, davor Menschen, die ihn begutachten und berühren, ja scheinbar in ihn hineinsehen und sein Innerstes ergründen wollen – das Foto von der Leipziger Frühjahrsmesse im Jahr 1933 zeigt eine Begegnung von Messepublikum und Planetariumsprojektor, eine Annäherung und ein gegenseitiges Kennenlernen (siehe Abbildung 11). Es verdeutlicht, welche Anziehungskraft von der Erscheinung des Apparates ausging und welche große Aufgabe es für die Menschen darstellte, ihn zu entschlüsseln. Auch wenn der Projektor 1933 nicht mehr ganz neu war, so ist davon auszugehen, dass längst nicht alle Teile der Bevölkerung mit ihm in Berührung gekommen waren und er in Leipzig vielen Messebesucher*innen immer noch Rätsel aufgab. Der Apparat versprach den Nachthimmel sichtbar zu machen. Die Linsen, die die beiden Kugelkörper der Maschine zierten, forderten die Menschen – das Versprechen der Sichtbarmachung im Ohr – dazu auf hineinzusehen, denn diese Art von technisch vermittelter Himmelsbeobachtung kannten sie schon von Teleskopen, Stereoskopen und Guckkästen. An

Abbildung 11: Der Zeiss-Projektor auf der Frühlingsmesse. Leipzig 1933. Quelle: Zeiss-Archiv.

ihr bereits vorhandenes inkorporiertes Technikwissen[74] und ihre Erfahrungen im Umgang mit anderen Instrumenten des Sehens anknüpfend, erschien der Blick in die Linse schlüssig und zielführend. Wie sonst sollte man den Himmel mittels der Maschine zu sehen bekommen? Dass es sich bei den Linsen auf der Kugel um Projektionslampen handelte, die das Firmament in den Raum projizierten, war nicht offensichtlich und basierend auf den bereits gesammelten Technikerfahrungen nicht zu erschließen. In einer von der Firma Zeiss verbreiteten Anekdote wird diese vorschnelle Anwendung der in Fleisch und Blut übergegangenen Technikerfahrung ebenfalls thematisiert. Die Anekdote ist nicht als bloßer Tatsachenbericht zu lesen, denn Zeiss bezweckte mit solchen kurzen Glossen vor allem, sein Produkt zu bewerben. Dennoch verdeutlicht sie, welche Lesarten des Projektors denkbar und gängig waren:

> Die Vorführung ist bereits im Gange. Draußen steht noch ein Nachzügler im hellen Sonnenschein. Er kann nicht eingelassen werden, denn, so wird

74 Zu inkorporiertem Technikwissen und Affordanzen siehe: Bareither, Christoph: Medien der Alltäglichkeit. Der Beitrag der Europäischen Ethnologie zum Feld der Medien- und Digitalanthropologie. In: Zeitschrift für Volkskunde 115 (2019), H. 1, S. 3–26, insbesondere S. 7–13.

ihm bedeutet, es würde zu lange dauern, bis sich seine Augen an die Dunkelheit gewöhnt hätten. Er findet sich in sein Schicksal und wartet draußen geduldig, doch die Zeit wird ihm schließlich doch recht lang und da meint er: ›Es wird wohl noch recht lange dauern bis alle die vielen Besucher drinnen an dem Apparat in den Himmel geschaut haben‹. Der gute Mann war tatsächlich der Meinung, dass drinnen in der Halbkugel Gelegenheit gegeben wäre, bei Tage im hellen Sonnenschein nach den Sternen zu schauen und konnte nicht begreifen wie es möglich wäre, den Sternenhimmel durch ein Werk der Optik und Feinmechanik, der Natur abgelauscht, in solch einer kleinen Kugel nachzubilden.[75]

Mit seiner Fehlinterpretation der langen Wartezeit sollte der Protagonist der Werbeanekdote ihre Rezipient*innen zum Schmunzeln bringen: Als Unwissender stellte er sich vor, dass alle Besucher*innen im Planetarium einzeln durch die Maschine in den Himmel sehen, dass es dabei zu Wartezeiten kommt, bis jede und jeder den Apparat benutzen kann. Er wandte das Wissen über eine Apparatur der Himmelsbeobachtung an, die ihm schon bekannt war und mit der er womöglich in einer Sternwarte bereits Erfahrungen gemacht hatte: das Teleskop. Die Funktionsweise des Planetariums wurde – ganz im Sinne der Zeiss'schen Werbebestrebungen – als so innovativ dargestellt, dass sie für Nicht-Eingeweihte schlicht unvorstellbar war.

Die Fotografie sowie die Anekdote illustrieren einen aus kulturwissenschaftlicher Perspektive besonders interessanten Augenblick: den Erfahrungsbruch und Irritationsmoment, der in der Begegnung mit neuer Technik liegt und zur Entwicklung neuer Beziehungen, zum Wandel der Umgangsweisen und Nutzung von Technik, zur Erschließung neuer Möglichkeiten des Denk- und Sagbaren führt. Dieser Moment zeigt auch, dass der Umgang mit dem Neuen immer auf bereits erlernten und verinnerlichten Umgangsformen fußt, an sie anknüpft, ihnen widerspricht, sie verändert oder zu anderen Anwendungen bringt. Jene Doppelläufigkeit der Technikaneignung bezeichnet der Kulturwissenschaftler Klaus Schönberger als Gleichzeitigkeit von Persistenz und Rekombination.[76] Er verweist darauf, dass Innovation und Tradition keine Dichotomie, sondern zwei Seiten einer Medaille beschreiben. Für die Untersuchung von

75 Walter Villiger: »Allerlei Erlebtes aus dem Planetarium«. 1927. Zeiss-Archiv: BACZ 27930.

76 Siehe dazu Schönberger, Klaus: Persistenz und Rekombination. Digitale Kommunikation und soziokultureller Wandel. In: Zeitschrift für Volkskunde 111 (2015), H. 2, S. 201–213, S. 206 f.

Technik im Alltag ist das eine wichtige Grundvoraussetzung. Die kulturwissenschaftliche Technikforschung macht sich dies zur Aufgabe, rückt die Verbindung von Technik mit Körpern, Menschen, Tieren, Praktiken und anderen technischen Artefakten in den Fokus und verweist auf ihre Einbettung in alltägliche Lebenswelten. Was das Programm einer kulturwissenschaftlichen Technikforschung beinhaltet und wie es in Bezug auf das Planetarium Anwendung finden kann, möchte ich im Folgenden knapp umreißen.

Unser Alltag ist fundamental von Technik durchwoben. »[W]ir leben in einer technischen Kultur«,[77] stellt die Technikhistorikerin Martina Heßler fest; »Technik stellt eine allgegenwärtige Bedingung des Alltagslebens in der Moderne dar, die kulturelle Ordnungen und Gewohnheiten in vielfacher Weise prägt und durch sie geprägt wird«,[78] spezifiziert Stefan Beck für die jüngere Vergangenheit. Technik ist so selbstverständlich und gewöhnlich, dass sie häufig nur durch ihr Nicht-Funktionieren in Erscheinung tritt – in Form von Unfällen und Ausfällen oder eben in Form von Erfahrungsbrüchen, wie sie unter anderem das Planetarium provozierte. Auch wenn viele technische Artefakte unauffällig und unbewusst den Alltag prägen: Technik kommt nicht einfach in die Welt und ist da, sondern ist das Ergebnis langer Entwicklungs-, Gewöhnungs- und Aneignungsprozesse. Sie findet ihren Weg in den Alltag von Menschen und wieder hinaus. Menschen gewöhnen sich an Technik, entwickeln Umgangsweisen mit ihr, finden (körperliche) Haltungen zu ihr und binden sie in ihren Alltag mit ein. Die Analyse solcher Gewöhnungs- und Absorbierungsprozesse zählt Schönberger zu einer von drei Perspektiven, die er für eine kulturwissenschaftliche Technikforschung als besonders interessant befindet: Er wendet sich erstens den technischen Artefakten als Dingen, zweitens den Menschen als Nutzer*innen und drittens der historischen Genese von Techniknutzung zu, die vor allem auf die Frage nach der Gewöhnung an Technik abzielt.[79] Alle drei Aspekte sind freilich miteinander verbunden und nicht isoliert zu betrachten. Allgemein zeigt sich Technik Schönberger zufolge als »Querschnittsdimension«,[80] die keinen Teilbereich beschreibt, sondern alle Bereiche des Lebens und damit der kulturwissenschaftlichen Forschung

77 Heßler 2012, S. 7.

78 Beck, Stefan: Zum Umgang mit Technik. Kulturelle Praxen und kulturwissenschaftliche Forschungskonzepte. Berlin 1997, S. 10.

79 Schönberger, Klaus: Technik als Querschnittsdimension. Kulturwissenschaftliche Technikforschung am Beispiel von Weblog-Nutzung in Frankreich und Deutschland. In: Zeitschrift für Volkskunde 103 (2007), H. 2, S. 197–221, S. 203.

80 Ebd., S. 203.

durchzieht. Gerade die Aneignungsprozesse, durch die Technik zum selbstverständlichen Teil des Alltags wird, zeigen besonders deutlich, wie Menschen und Technik füreinander und miteinander Sinn machen:

> Grundlegende und durchgreifende Veränderungen von Gewohnheiten im Zuge von Technisierungsprozessen geschehen in der Regel nicht ›von selbst‹. Vielmehr müssen die mit technischen Geräten einhergehenden neuen Handlungsoptionen [...] im Rahmen alltagsweltlicher Logik plausibel und ›sinnvoll‹ erscheinen, sie setzen Lernen und das Trainieren neuer Sichtweisen und Routinen voraus, müssen daher im Verlauf eines längeren Zeitraums in die kulturelle und symbolische Ordnung einer Gesellschaft eingebunden werden.[81]

Der fotografisch gebannte Moment, in dem Messebesucher*innen und Planetariumsprojektor aufeinandertrafen, konserviert einen solchen Aushandlungsprozess, zeigt wie Menschen und Maschinen in ihrer Körperlichkeit und Materialität einander berührten. Die schriftlichen Quellen, in denen die Erfahrungen der Planetariumsbesuche sinnhaft ausgedeutet wurden, verweisen darüber hinaus auf das Suchen, Finden und Arbeiten an einer symbolischen Ordnung der Welt, in der die Planetariumsmaschinerie einen Platz innehatte – auf die diskursive Seite der Gewöhnung. Der Wundertopos ist eine solche diskursive Praktik, Gewöhnung zu rahmen, anzubahnen und zu moderieren. Er wird um Körpererfahrungen ergänzt, wie sie beispielsweise das Bild von der Leipziger Messe zeigt. Beide – diskursive und praktische Facetten von Gewöhnung – sind nur im gegenseitigen Bezug verständlich und für eine kulturwissenschaftliche Technikforschung von großem Interesse.

Lange galt die Technik der Volkskunde und ihren Nachfolgedisziplinen als unliebsamer Gegenstand, der nicht ins Forschungsprogramm passte, weil man sich vor allem für ›vormoderne‹ und angeblich ›traditionelle‹ Lebensweisen interessierte, diese erhalten und vor dem Wandel (durch Technik) bewahren wollte. Gerade deshalb sei Technik der Fachgeschichte ex negativo eingeschrieben.[82] Viele kulturwissenschaftliche Arbeiten über Technik starten mit einer solchen Diagnose der Technikscheu des Faches,[83] die sich bis in die 1990er-Jahre hin-

81 Binder 1999, S. 11.

82 Schönberger 2007, S. 198.

83 Allen voran Bausinger 2005; aber auch Schönberger 2007, S. 197 f.; Hengartner, Thomas/Rolshoven, Johanna: Technik – Kultur – Alltag. In: dies. (Hg.): Technikkultur. Formen der Veralltäglichung von Technik – Technisches als Alltag. Zürich 1998, S. 17–49, S. 17 f.; für den anglo-amerikanischen Raum siehe Pfaffenberger, Bryan: Social An-

ein gehalten habe[84] und erst zögerlich verschwinde – sie ist gewissermaßen zum Gründungsmythos der kulturwissenschaftlichen Technikforschung geworden. Die Diagnose lässt sich für die Gegenwart nicht aufrechterhalten. Inzwischen gibt es ein großes Interesse an Technik im Fach und entsprechend viele Forschungsarbeiten, die sich mit den verschiedensten Aspekten technisierter und digitalisierter Alltage in Vergangenheit, Gegenwart und Zukunft auseinandersetzen.[85] Auch der Zwang zu legitimieren, sich aus kulturwissenschaftlicher Warte mit Technik zu befassen, ist vor dem Hintergrund der Erkenntnis, dass »Technik [...] ja doch die Lebensgeschichte von Menschen beeinflusst und [...] damit immer auch ein Stück Sozialgeschichte [ist]«,[86] hinfällig geworden. Einige Arbeiten haben inzwischen ausbuchstabiert, wie eine kulturwissenschaftliche Technikforschung aussehen kann und welchen Fragen sie sich zuwendet. Schönbergers Ansatz, die Gewöhnung zu fokussieren, zählt dazu und knüpft an Stefan Beck an, der früh eine konsequent praxistheoretische Lesart von Technik vorschlug und den »Umgang mit Technik« – so der Titel seiner Dissertation aus dem Jahr 1997 – als Gegenstand der Kulturwissenschaft lautstark und wirkungsvoll reklamierte. Becks Schilderung gemäß war zunächst die Abkehr von einem deterministischen Technikverständnis nötig, die mit der Hinwendung zu einem neuen, breiten Kulturbegriff einherging. Dieser ermöglichte es, Technik nicht als Gegensatz, sondern als Teil von Kultur zu begreifen und damit für Kulturwissenschaftler*innen als Untersuchungsgegenstand zu entwerfen.[87] Als zentrales Schlüsselwerk dafür benennt er Hermann Bausingers erstmals 1961 erschienene Buch »Volkskultur in der technischen Welt«.[88] Die fachliche Neuausrichtung der Kulturwissenschaft um 1970, die dieses neue Kulturverständnis perpetuierte und maßgeblich

thropology of Technology. In: Annual Review of Anthropology 21 (1992), S. 491–516, S. 491.

84 Beck 1997, S. 11.

85 Neben den hier zitierten Arbeiten sind das zum Beispiel Künzler, Sibylle: Walking – Clicking – Locating – Zooming: Circulations of Spatial Practices through Navigational Platforms like Google Maps. In: Müske, Johannes/Holfelder, Ute/Hengartner, Thomas (Hg.): Fixing and Circulating the Popular. Ethnographies of Technology, Media, Archives and the Dissemination of Culture. Zürich 2020, S. 87–106; Jablonowski, Maximilian: Imagine Drones. Eine Kulturanalyse ziviler Drohnen. Berlin 2022; Amelang, Katrin: Monatliche Blutflüsse als Gesprächsstoff? Zur Neuverhandlung der Menstruation im digitalisierten Zeitalter. In: Schweizerisches Archiv für Volkskunde 115 (2019), H. 1, S. 65–80.

86 Bausinger, Hermann: Technik im Alltag. Etappen der Aneignung. In: Zeitschrift für Volkskunde 77 (1981), S. 227–242, S. 242.

87 Beck 1997, S. 360.

88 Bausinger 2005.

von Bausinger vorangetrieben wurde, erkennt Beck als Ausgangspunkt einer kulturwissenschaftlichen Technikforschung, für die er ein begriffliches und theoretisches Instrumentarium vorschlägt.[89] Er entwirft technische Artefakte als »Verzweigung« von Struktur und Praxis und entwickelt einen weiten, offenen und komplexen Technikbegriff:

> Technik erscheint so – unter drei verschiedenen Perspektiven – (a) als strukturierte, systematische Sache, (b) als Versuch, situative Kontingenz einzuschränken oder (c) als Tat-Sache. Alle drei Aspekte gilt es gleichzeitig im Blick zu behalten, soll die situative Vieldeutigkeit von Technik im Alltag nicht verfehlt werden, ein Zusammenhang, der eindeutigere, lineare Definitionen von technischen Artefakten im Rahmen einer empirisch-kulturwissenschaftlichen Analyse verbietet.[90]

Dieser weite – man könnte auch sagen unscharfe – Technikbegriff erlaubt es Kulturwissenschaftler*innen, Technik als kontingent und in Bezug zu Praktiken und Diskursen zu untersuchen: Unschärfe wird hier zur Tugend, denn sie bezieht die verschwommenen Ränder des Phänomens mit ein, an denen es erst zu dem wird, als das es erscheint. Die Feststellung, was Technik ist, geht damit kulturwissenschaftlichen Forschungen nicht zwangsläufig voraus, sondern wird zur Frage ans Feld: Was erscheint Menschen wann warum als Technik? Die später von Thomas Hengartner und Johanna Rolshoven konstatierte »Kultürlichkeit von Technik« rückt durch Becks vieldeutigen Technikbegriff ins Blickfeld und damit das gegenseitige Eingeschrieben-Sein von Kultur und Technik, Menschen und Technologien: »Eine ›Kultürlichkeit‹, die mit einschließt, dass sich Technik tiefgreifend auf Alltagshandlungen aus- bzw. auf sie einwirkt, indem sie – zum Beispiel – Ernähren, Fortbewegen, Kommunizieren, in ihren Voraussetzungen, Möglichkeiten, Einschätzungen und Realisierungen grundlegend verändert.«[91] In den letzten Jahren orientiert sich die kulturwissenschaftliche Technikforschung außerdem vermehrt in Richtung der Science and Technology Studies (STS) – einem interdisziplinären Projekt, dass Wissenschaft und Technik gesellschaftswissenschaftlich bezüglich ihrer Funktionsweisen befragt und dabei die Handlungsmacht von Maschinen, Politiken und anderen nicht-menschlichen

89 Beck 1997, S. 360.
90 Ebd., S. 361.
91 Hengartner/Rolshoven 1998, S. 36.

Akteur*innen betont.[92] STS und kulturwissenschaftliche Technikforschung haben vielerlei Verbindungspunkte, gehen aber nicht ineinander auf. STS-Perspektiven bergen die Gefahr, sowohl die Frage nach dem Alltag als auch die Frage nach der Erfahrungsdimension des Alltäglichen auszublenden. Technik zeigt sich durch die Brille der Kulturwissenschaftler*innen als Ausgangsbedingung und Zielpunkt von alltäglichem Handeln, ist Teil steter praktischer und diskursiver Aushandlungsprozesse, in denen auch die gegenseitige Bezüglichkeit von Technik und Kultur zur Debatte steht und aus denen Bedeutung hervorgeht. Diese vielgestaltige Verschränkung in ihrer ganzen Komplexität zu beschreiben und zu analysieren, ist die Aufgabe, die sich die kulturwissenschaftliche Technikforschung gegeben hat. Dabei betrachtet sie sowohl gegenwärtige Aushandlungen wie auch vergangene, deren Argumentations- und Handlungsweisen teilweise in engem Bezug zur Gegenwart stehen und deshalb von besonderem Interesse sind. Kulturwissenschaftliche Technikforschung, die sich auf die Vergangenheit richtet, lässt sich mit Heßler als Historische Technikanthropologie bezeichnen. Heßler etabliert unter diesem Schlagwort für die Technikgeschichte neue Perspektiven und Ansätze, die vor allem die gegenseitige Bezüglichkeit von Menschen und Maschinen in den Blick nehmen und damit bereits bestehenden kulturwissenschaftlichen Lesarten nahestehen: »Den Kern einer Historischen Technikanthropologie stellt also die Frage nach technisiertem Menschsein und der technisierten *conditio humana* im Wandel von Zeit und Raum dar.«[93] Vor diesem Hintergrund will Heßler Diskurse und Praktiken, doings und sayings, befragen, die Aussagen über das Verhältnis von Menschen und Maschinen zu bestimmten Zeitpunkten erlauben.

»Den Historikerinnen und Historikern der Alltagskultur […] ist daran gelegen, etwas über lebensgeschichtliche und kulturelle Bedeutung der Objekte des technischen Fortschritts zu erfahren«,[94] konkretisiert Martin Scharfe 1993 das Interesse historisch forschender Kulturwissenschaftler*innen und bringt es in Zusammenhang mit der Analyse von Fortschrittserzählungen, die sie nicht füttern, sondern kritisch in den Blick nehmen sollen. Kulturhistoriker*innen fragen danach, ob und warum Menschen Technik als Fortschritt gegolten hat,

92 Siehe dazu Beck, Stefan/Niewöhner, Jörg/Sørensen, Estrid (Hg.): Science and Technology Studies. Eine sozialanthropologische Einführung. Bielefeld 2012.

93 Heßler, Martina: Menschen – Maschinen – MenschMaschinen in Zeit und Raum. Perspektiven einer Historischen Technikanthropologie. In: dies./Weber, Heike (Hg.): Provokationen der Technikgeschichte. Zum Reflexionszwang historischer Forschung. Paderborn 2019, S. 35–68, S. 38.

94 Scharfe 1993, S. 80.

nehmen diese Wertung aber selbst nicht vor, sondern unterziehen sie einer kritischen Analyse. Fragen nach der Bedeutungsdimension technischer Artefakte begleiten die Erkundung von diskursiver wie praktischer Gewöhnung und Aneignung. Scharfe stellt fest, dass es Techniken und Artefakte gibt, die besonders symbolträchtig werden und mittels derer sich die Gewöhnung, Adaption und Bedeutung an und von Technik kulturhistorisch außergewöhnlich gut untersuchen lassen. Anhand einzelner solcher »Leitfossilien in der Archäologie der modernen Seele«[95] – er benennt den elektrischen Christbaum und den Fernsehapparat – will er die Rolle des Technischen für die alltägliche Bedeutungsgenerierung erkunden. »Symbolisch aufgeladene Technologieprodukte« seien »von besonderem Interesse, weil nur sie uns erlauben, eine Geschichte des Eindringens der technologischen Zivilisation nicht nur in den Alltag, sondern auch in unsere Köpfe und Herzen zu schreiben«.[96] Als ein solches Technologieprodukt mit besonderem symbolischen Gehalt, als Leitfossil, begreife ich das Planetarium mit seiner Maschinerie. Obwohl es nicht in die Häuser und Wohnungen der Menschen einzog, wie Lichterkette und Satellitenschüssel, so drang es zumindest zeitweise in ihre »Köpfe und Herzen« und richtete sich dort als Ikone der »technologischen Zivilisation« ein. Der Wundertopos als Fortschrittsnarrativ leistete einen Beitrag dazu, aber auch die körperliche, affektive und sinnliche Begegnung mit dem Apparat war dafür elementar.

Die körperlichen und emotionalen Beziehungen von Menschen und Planetariumstechnik sind für die Beantwortung der dieser Arbeit zugrunde liegenden Fragen nach der Erfahrungsdimension des Planetariums von großer Bedeutung. Sie sind auch dem Programm der kulturwissenschaftlichen Technikforschung implizit, denn Gewöhnung, Umgang und Bedeutungskonstitution gehen mit Emotions-, Wahrnehmungs-, allgemein: Körperpraktiken einher und von ihnen aus: »Emotionen und emotionale Beziehungen sind in einer technischen Kultur von Technik mitkonstruiert«[97] und spielen für das Zustandekommen und Alltäglichwerden von Technik eine wichtige Rolle. Dennoch gibt es bislang in- und außerhalb der Kulturwissenschaft nur wenige Arbeiten, die sich explizit mit Technikemotionen auseinandersetzen oder sie in das Programm einer kulturwissenschaftlichen Technikforschung integrieren.[98] Wenn, dann steht dabei meistens die Technikangst im Fokus,[99] konkret: die Angst vor nukle-

95 Ebd., S. 80.
96 Ebd., S. 78.
97 Heßler 2020, S. 20.
98 Vgl. ebd., S. 2 f.
99 Vgl. ebd., S. 5.

arer Technik im 20. Jahrhundert.[100] Dabei lösen Begegnungen mit Technik eine Vielzahl komplexer Gefühle aus, die sich weder in der Angst noch im hier besonders bedachten Wundern erschöpfen. Technikemotionen lassen sich durch die Brille der in den letzten Jahren stark ausdifferenzierten Forschungen über Gefühle und ihre Geschichte betrachten. Nutzt man die daraus hervorgegangenen Ergebnisse und Theorieangebote, wie es Heßler in ihrer umfassenden und fundierten Einleitung zum Sammelband »Technikemotionen«[101] vorschlägt, zeigt sich: Der affektive Umgang mit Technik ist von Emotionsnormen geprägt,[102] Menschen werden durch geteilte Gefühle gegenüber bestimmter Technik zu »emotional communities«[103] (etwa im Protest oder Produktkult) und eignen sich einen Technikhabitus[104] an, der ihren Gebrauch von Technik färbt. Egal welche Konstellation man dabei begutachten möchte, die Untersuchung von Technikemotionen erfordert zwei Betrachtungswinkel: Emotionen beziehen sich auf Technik und prägen sie dadurch mit, aber Technik verändert auch Emotionspraktiken und die Arten und Weisen des Empfindens.[105] Dass sich Emotionen diskursiv niederschlagen, wurde bereits erläutert (Kapitel 2.1). Dass sie weit mehr als Diskurs sind, sich auch in den Körper einschreiben und dort materialisieren, sei an dieser Stelle noch einmal ausdrücklich festgehalten: »Diskurs geht ›unter die Haut‹, er beeinflusst als in uns eindringende konzeptuelle Folie direkt unseren Muskeltonus, Stoffwechsel, ›Flow‹, Entspannung oder Erregung und Sinnesfokus.«[106] Pascal Eitler und Monique Scheer fordern vor diesem Hintergrund, bei der Erforschung von Emotionsgeschichte den Körper nicht auszuklammern, sondern die Frage nach der diskursiven Verfasstheit von Emotionen um diejenige nach ihrer Verkörperung zu ergänzen: »Gefühle werden […] nicht nur kulturell signifiziert, […] sondern im engeren Sinne des Wortes materiell produziert. Sie müssen nicht nur körperlich dargestellt, sie müssen auch und zu allererst körperlich eingeübt bzw. hergestellt werden.«[107] Wie bereits anhand der

100 Heßler/Hitzer 2019, S. 193.

101 Heßler 2020.

102 Zu Emotionsnormen und -regimen siehe bspw. Reddy 2004.

103 Siehe dazu Rosenwein, Barbara H.: Emotional Communities in the Early Middle Ages. Ithaca 2007.

104 Siehe dazu Scheer, Monique: Are Emotions a Kind of Practice (And Is that what Makes Them Have a History)? A Bourdieuian Approach to Understanding Emotions. In: History and Theory 51 (2012), S. 193–220.

105 Vgl. Heßler 2020, S. 2.

106 Kimmel 2003, S. 62.

107 Eitler, Pascal/Scheer, Monique: Emotionsgeschichte als Körpergeschichte. Eine heuristische Perspektive auf religiöse Konversionen im 19. und 20. Jahrhundert. In: Geschichte und Gesellschaft 35 (2009), H. 2, S. 282–313, S. 290.

beiden Quellenbeispiele, die dieses Kapitel einleiten, gezeigt, ist es notwendig, den Körper auch bei der Erforschung des Umgangs mit Technik zu berücksichtigen – wenn es um Technikemotionen geht, aber auch wenn andere Aspekte wie Gewöhnung, Benutzung oder Erzählung in den Fokus rücken. »We are bodies in technologies«,[108] schreibt der Technikphilosoph Don Ihde. Er fokussiert Verkörperung und betont, dass Technologien sowie der Umgang mit technischen Artefakten sich in den Körper einschreiben und besondere körperliche Modi hervorbringen. Eine kulturwissenschaftliche Technikforschung nimmt also auch die Verkörperungsmöglichkeiten in den Blick, die Technik anbietet und in denen Technikerfahrungen sich formieren. Damit sind Emotionen, sinnliche Eindrücke, Wahrnehmungsweisen aber auch körperliche Haltungen und in Fleisch und Blut übergegangene Nutzungsweisen gemeint. Durch die Erforschung der emotionalen, sinnlichen und körperlichen Seite von Technik kann außerdem der Dichotomisierung von Emotion und Rationalität entgegengewirkt werden – der Idee, »einer zunehmenden Rationalität, Verwissenschaftlichung und der Zähmung von Emotionen und vor allem von der Beseitigung irrationaler Ängste«,[109] die dazu führt, dass der gekonnte Umgang mit Technik als rational-kühl und im Gegensatz zu irrational-emotionalen Umgangsweisen gelesen wird.

Zusammenfassend lässt sich festhalten: Das Planetarium erscheint aus Sicht der kulturwissenschaftlichen Technikforschung als Leitfossil, das die Spuren eines als ›modern‹ markierten Umgangs mit Technik trägt. Es eröffnet die Perspektive auf diskursive Praktiken der Technikgewöhnung und -aneignung; zu ihnen zählt zum Beispiel der Wundertopos als narrative Verarbeitungs- und Gewöhnungspraktik, mittels der das neue technische Artefakt seinen Platz im Alltag zugewiesen bekommt, sagbar und denkbar gemacht wird. Außerdem richtet sich der Blick auf die körperliche Seite des Technikumgangs: Körperpraktiken, Wahrnehmungsroutinen, Bewegungsabläufe, Sinnesreize und Gefühle stehen im Fokus der Forschung und verweisen auf die vielen Dimensionen, die Technik durchkreuzt. Das Planetarium zeigt sich als Tat-Sache, als technisches Artefakt, das Menschen machen, mit dem Menschen umgehen lernen und dessen Materialität sie beschäftigt. Dennoch weist der weite, kulturwissenschaftliche Technikbegriff auch darüber hinaus – was mit der Planetariumstechnik angesprochen ist, beschränkt sich nicht auf die Materialität der technischen Artefakte unter der Kuppel, wird aber durch sie mitbestimmt. Die Erforschung des Umgangs mit der Technik des Planetariums setzt am Umgang mit der materialisierten Planeta-

108 Ihde, Don: Bodies in Technology. Minneapolis 2002, S. 138.
109 Heßler 2020, S. 19.

riumsmaschine, dem Projektor, an, von dem ausgehend sich das Ausgreifen der Technik auf die Besucher*innenkörper, auf ihre Fantasie und ihren Alltag erkunden lassen. Technik aus kulturwissenschaftlicher Perspektive meint Maschinen *und* Menschen, Materialität *und* Narrativität, Projektor, Planetarium *und* Publikum in ihrer gegenseitigen Bezüglichkeit, Verwobenheit und Abhängigkeit.

3.2 Ambivalente Apparatur: Die Rollen des Projektors

Um herauszufinden, welcher Art die Technikerfahrungen im Planetarium waren, welche Vorstellungen von Technik sich damit verbanden und was diese Erfahrungen für die Alltagswelt der Menschen bedeuteten, können die Beschreibungen des Planetariumsprojektors, die in den Zeitungen und Journalen kursierten, befragt werden. Sie setzten am technischen Artefakt an und überzogen seine Materialität mit Deutungsangeboten, die an bereits Bekanntes anknüpften und unterschiedliche Lesarten des Projektors vorschlugen. All diese Lesarten weisen über das bloße Erscheinungsbild der Maschine hinaus, zeigen, in welche Beziehung sich die Planetariumsbesucher*innen zum Apparat setzten und wie sie ihn in ihre Welt einordneten. Auffällig ist bereits, dass der Projektor im Großteil der Zeitungsartikel ausführlich beschrieben und besprochen wurde – oftmals nahmen die Beschreibungen des Apparates einen ebenso großen Teil der Artikel ein wie die Ausführungen zur eigentlichen Vorstellung. Seine zentrale Präsenz im Planetarium machte ihn zum Angelpunkt, von dem ausgehend sich die Erfahrungen des Besuchs treffend darstellen und erläutern ließen. Dabei schrieben die Autor*innen der Artikel dem Projektor besonders drei Rollen auf den Leib: Er erschien ihnen als *Wesen*, als *Werk* und schließlich als *Weltmaschine*. Diese Rollen stellen auch eine Konkretisierung der Schilderung des Apparates als »Wunder der Technik« dar. Anhand dieser Rollen wird deutlich, was für das Publikum das Wunderbare am Projektor war und wie sie es für sich auslegten.

Der Projektor als Wesen

Als Ort für ein »Rendezvous im Weltall«[110] beschrieb ein Titel des liberalen Kultur- und Theatermagazins *Die Bühne* das Wiener Planetarium. Ob es sich dabei um ein klassisches Rendezvous mit einem weiteren Menschen oder um ein Stell-

110 C.: Rendezvous im Weltall. In: Die Bühne Nr. 124, 1927. Österreichische Nationalbibliothek: ANNO.

dichein mit dem Apparat handelte, bleibt offen. Im zugehörenden Artikel wurde das Planetarium jedenfalls vor allem als Begegnungsstätte von Besucher*in und Projektor dargestellt – von zwischenmenschlicher Romantik ist keine Rede:

> Mit einem Worte: aus kunstvollen Apparaten wird in verdunkeltem Raum das gesamte Sternensystem auf einem [sic] halbkugelförmigen schwarzen Himmel geworfen. […] Die Seele des Planetariums ist natürlich der Projektionsapparat. Es ist dies eine sehr sonderbar aussehende Maschine mit allerhand Augen und Armen und da man schon von der Phantasie mitgerissen wird, so mag man in diesen grotesken Formen irgend eine vage Gedankenassociation, irgendwelche Vorstellungen von Mars-Wesen entdecken. Zwei taucherglockenartige Köpfe mit einer Unzahl lichter Augen stecken auf Körpern aus Metallstäben, beide Köpfe können um eine Achse rotieren, die wiederum auf einem System von Metallstäben ruht. Das Ganze ist auf Rädern fahrbar.[111]

Der Projektor verlebendigte sich in dieser und in vielen weiteren Beschreibungen. Er erschloss sich den Planetariumsbesucher*innen zunächst nicht als Maschine, sondern als lebendiges Wesen. Aus Linsen wurden Augen, aus Kugeln Köpfe, aus Metallstäben Gliedmaße und Körper, die sich scheinbar eigenmächtig und unkontrolliert bewegten. Der Apparat erschien als lebendiges Gegenüber mit Handlungsmacht und Eigensinn, als eigenständiges Wesen. Zoomorphische Darstellungen dieserart sind in den Artikeln in vielfältiger Form vorhanden – dabei fällt auf, dass das Wesen, dass sich dort in der Planetariumsmitte erhob, als dezidiert nicht-menschlich beschrieben wurde, als lebend zwar und darin den Menschen ebenbürtig, aber als signifikant anders. Die Andersartigkeit war so eindrücklich, dass der Projektor als mythische Gestalt gedeutet und einer entrückten, undurchschaubaren Welt zugeschrieben wurde: »Doch nun zu dem geheimnisvollen schwarzen Koloss, der in der Mitte des Raumes fünf Meter hoch über den Fußboden emporragt. Wenn die Vorführung im künstlichen Himmel beginnt, sehen wir feine Lichtstrahlen aus dem schwarzen Ungeheuer schießen.«[112] Neben »Koloss« und »Ungeheuer« finden

111 Ebd.
112 R. B.: Ein Himmelstheater für alle Erdbewohner. In: Arbeiter Zeitung, 9.1.1927. Österreichische Nationalbibliothek: ANNO.

sich Beschreibungen des Apparates als »Fabeltier«,[113] »Ungetüm«,[114] »phantastisches Vorweltsgeschöpf«,[115] »Drache«[116] sowie »Kometenungetüm«.[117] All die angerufenen Wesen entstammen nicht nur der Welt der Mythologie, sie sind darüber hinaus gigantisch und durchaus gefährlich. Dies verweist darauf, dass die Technikerfahrung im Planetarium mitunter von Gefühlen wie Angst und Misstrauen geprägt war – starke Gefühle, die sich durch den Wundertopos managen ließen: Angst wurde als der Tragweite des »Wunders der Technik« angemessen markiert, damit als Teil der Erfahrung legitimiert und in deren Verlauf als Staunen positiv ausgedeutet (siehe *Zur Geschichte des Wundertopos*). Außerdem ist Angst nicht immer unangenehm – im Kontext von Freizeit und Unterhaltung kann sie auch vergnügen, man denke an Horrorfilme oder Science-Fiction-Erzählungen, deren kalkulierter, wohliger Grusel vom Publikum geschätzt und genossen wird.[118]

Die andere Welt, aus der die Maschine für die Besucher*innen zu kommen schien, wurde als teils mythologische, teils futuristisch-kosmische beschrieben, was im »Kometenungetüm« schon anklingt und sich in weiteren Beschreibungen konkretisiert: »Dämmriges Zwielicht herrscht zu Beginn im Kuppelbau, ein seltsames Ungetüm steht massig in der Mitte, wie ein Komet, der herniedergefallen und voll Verachtung auf diese notige Erde blickt.«[119] Die Deutung des Planetariumsprojektors als Alien, als »Mars-Wesen«[120] zeigt, dass die Fremdheit des Projektors nicht nur von Sagen und Mythen, sondern auch von extraterrestrischen Welten herzurühren schien. Schon seit Ende des 19. Jahrhunderts waren Aliens Objekte der Literatur – die Romane von Jules Verne, Kurd Laßwitz und H.G. Wells erfreuten sich einer großen Beliebtheit und

113 ws.: Das Wunder im Wasserturm. In: Hamburgischer Correspondent, 12.4.1930. Staatsarchiv Hamburg: 361-2 V 725a Band 2a.

114 a. st.: Der Himmel auf Erden. In: Illustrierte Kronen-Zeitung, 8.5.1927. Österreichische Nationalbibliothek: ANNO.

115 D. B.: Hamburgs Planetarium ist vollendet. In: Hamburger 8 Uhr Abendblatt, 12.4.1930. Staatsarchiv Hamburg: 135-1 I-IV 5061.

116 n. r.: Das eingefangene Weltall. In: Arbeiter-Zeitung, 8.5.1927. Österreichische Nationalbibliothek: ANNO.

117 a. st.: Der Himmel auf Erden. In: Illustrierte Kronen-Zeitung, 8.5.1927. Österreichische Nationalbibliothek: ANNO.

118 Siehe dazu bspw. Bareither, Christoph: Gewalt im Computerspiel. Facetten eines Vergnügens. Bielefeld 2016, S. 155 f.

119 a. st.: Der Himmel auf Erden. In: Illustrierte Kronen-Zeitung, 8.5.1927. Österreichische Nationalbibliothek: ANNO.

120 C.: Rendezvous im Weltall. In: Die Bühne Nr. 124, 1927. Österreichische Nationalbibliothek: ANNO.

popularisierten die Idee vom Leben im All.[121] Vor allem die Frage nach dem Leben auf dem Mars war Gegenstand öffentlicher Diskussionen. Auch wenn in den 1920er-Jahren viele Wissenschaftler*innen erdähnliches Leben auf dem Mars für eher unwahrscheinlich hielten, blieben Spekulationen darüber in Mode.[122] Gerade die 1877 von Giovanni Schiaparelli entdeckten Marskanäle befeuerten die Fantasie der Spekulant*innen und wurden als Anzeichen für eine zivilisatorische, menschenähnliche Marsbevölkerung gelesen. Als sich im August 1924 Mars und Erde ungewöhnlich nahekamen, luden Sternwarten Besucher*innen zu Marsbeobachtungen ein und viele hofften, bei den günstigen Beobachtungsbedingungen durch die Teleskope weitere Anzeichen für Leben zu erspähen. In den 1920er-Jahren waren Erzählungen von Außerirdischen und die Idee der Weltraumfahrt im Kino (Fritz Langs Film »Frau im Mond« feierte 1929 eine fulminante Premiere), in der Literatur, aber auch in der Presse präsent. Es ist wenig verwunderlich, dass der Projektor vor diesem Hintergrund Assoziationen mit dem Extraterrestrischen wachrief, vor allem, da er tatsächlich bislang unzugängliche Räume jenseits der Erde zumindest der Wahrnehmung zugänglich machte:

> Als fünf Meter hohes Ungeheuer mit 119 silbernen Augen tritt dem Beschauer das Instrument gegenüber, dessen Form am ehesten mit der einer gewaltigen überirdischen Turnerhantel verglichen werden kann. Es ist überhaupt ein Ding, das nicht von dieser Welt zu sein scheint. Wie von Jules Verne erfunden, wie von einem phantastischen Zeichner als Gebrauchsgegenstand der Marsbewohner erdacht, steht der Zeiss-Apparat im neuen Planetarium, der ja wirklich über die Erde und niedrige zeitliche Vorstellungen hinaus, hinwegführt durch alle Räume und Epochen der Gegenwart und der Zukunft.[123]

Die Vorstellung, in der Mitte des Planetariums ein exotisches Wesen zu beschauen, das in andere Welten weist, nahm zudem auf Sehgewohnheiten Bezug, die von Zoo- oder Zirkusbesuchen bekannt waren. Auch dort bestaunte man fremde Wesen, die – mehr oder weniger gezähmt – durch ihr ungewohntes

121 Dick, Steven J.: Space, Time and Aliens: The Role of Imagination in Outer Space. In: Geppert, Alexander C. T. (Hg.): Imagining Outer Space. European Astroculture in the Twentieth Century. London 2018, S. 31–50, S. 39.

122 Siehe dazu Eisfeld, Rainer: Projecting Landscapes of the Human Mind onto Another World: Changing Faces of an Imaginary Mars. In: Geppert, Alexander C. T. (Hg.): Imagining Outer Space. European Astroculture in the Twentieth Century. London 2018, S. 97–115.

123 O. A.: Im neuen Planetarium. In: Kleine Volkszeitung, 9.1.1930. Österreichische Nationalbibliothek: ANNO.

Erscheinungsbild und verblüffende Kunststücke amüsierten; auch dort wurden wissenschaftliche Referenzen und Erzählungen mit eingeflochten, um die Schlagkraft der Schau zu erhöhen.[124] Schließlich bauten auch Zirkusse und Zoos auf die Mischung aus Angst, Schauder, Exotismus und Verwunderung, um zu unterhalten.[125] Darüber hinaus legte die konzentrische Ausrichtung der Planetariumssitze um den Projektor herum eine (architektonische) Verwandtschaft mit dem Zirkus nahe – das Planetarium erschien als »Zirkusrund«,[126] der Projektor als Attraktion in der Manege.

Neben den unbekannten Weiten des Weltraums waren auch die Ozeane und insbesondere die Tiefsee mittels neuer Technik noch zu erforschende Gebiete, die sich in den 1920er-Jahren durch U-Boote und Tauchtechnik zugänglicher denn je zeigten. Die Planetariumstechnik regte Vergleiche mit der wissenschaftlichen Durchdringung der Meere an – Journalist*innen deuteten sie als »Seeungeheuer«[127] oder als Taucherausrüstung: »In der Mitte der Kuppel steht ein ganz eigenartiges Instrument. Als seien zwei Taucherhelme einer modernen Taucherausrüstung ineinander geschachtelt, so präsentiert sich diese geheimnisvolle Maschine, die sich um ihre eigene Achse drehen lässt.«[128] In der zweiten Hälfte des 19. Jahrhunderts wurde Tauchen zum Mittel meeresbiologischer Forschungen und die Tauchtechnologien differenzierten sich weiter aus. Gleichzeitig wurde das Tauchen zum Gegenstand der Populärkultur, zum Thema von Romanen, Bildern und Filmen. Der Meeresgrund erschien zunächst als gefährliche, unbekannte Welt, der Taucher als heldenhafter Eroberer.[129] Im Laufe der 1920er-Jahre wandelte sich dieses Bild und die Unterwasserwelt wurde zur Kulisse eines träumerischen Flanierens, Tauchende zu Naturforschenden und Genießer*innen. Das Helmtauchen kam in Mode und schlug zu Beginn der 1930er-Jahre vollends durch, wurde zum »festen Bestandteil der mittelständi-

124 Siehe dazu auch Nadis 2005.

125 Zu Gefühlen beim Zoobesuch siehe Klothmann 2015. Zur Kulturgeschichte des Zirkus siehe bspw. Kirschnick, Sylke: Manege frei! Die Kulturgeschichte des Zirkus. Berlin 2012. Im Zusammenhang mit Grusel und Exotismus sind insbesondere das Kapitel zur Artistik (S. 103–117) und die Kapitel zur Tierdressur (S. 119–153) von Interesse.

126 G. G.: Besuch im Planetarium. In: Wiener Morgenzeitung, 10.5.1927. Österreichische Nationalbibliothek: ANNO.

127 U. E.: Das Weltall im Zimmer. In: Unbekannt, 2.12.1926. Staatsarchiv Hamburg: 361-2 Band 1 MA.

128 O. A.: »Weißt du wieviel Sternlein stehen …?«. In: Neuigkeits-Welt-Blatt, 10.1.1930. Österreichische Nationalbibliothek: ANNO.

129 Vgl. Adamowsky, Natascha: Ozeanische Wunder. Entdeckung und Eroberung des Meeres in der Moderne. München 2017, S. 315 ff.

schen Vergnügungskultur«[130] vor allem in Nordamerika.[131] Die Zeit, in der die ersten Planetarien eröffneten, war also auch die Zeit, in der sich eine neue Faszination für das Tauchen, die damit verbundene Technik und die sich dadurch erschließende Unterwasserwelt etablierte. Die Vergleiche des Projektors mit der Tauchtechnik entstanden einerseits durch die visuelle Ähnlichkeit der kugeligen Projektionskörper mit Tauchhelmen, andererseits beinhaltete das Planetarium wie das Tauchen das Versprechen einer anderen, bislang unerschlossenen Welt, in der unbekannte Wesen, Exotik, wilde Natur und wissenschaftliche Erkenntnisse auf die Entdeckenden warteten. Auch die Rezeptionsgewohnheiten ähnelten sich: Bilder, Fotografien und Erzählungen vom Meeresgrund konsumierte man ebenfalls unter der Prämisse des Wunderns und sie gebaren sich genauso mythisch-unwirklich, wenn auch wissenschaftlich korrekt, wie es für die Sternenwelt des Planetariums der Fall war.

In der Beschreibung des Projektors als Wesen erfuhren die Planetariumsbesucher*innen Technik als eigenständige Handlungsmacht, die sich zähmen ließ, aber dennoch geheimnisvoll und widerspenstig blieb. Zudem repräsentierte die Technik fremde Welten, die sie nicht nur zugänglich machte, sondern denen sie auch anzugehören schien. Diese fremden Welten waren halb Zukunft, halb Mythos und wurden von Wissenschaft und Populärkultur gleichermaßen ausgestaltet. Die Erfahrungen des Planetariums knüpften an Bilder und Stoffe an, die in Kino, Literatur, Presse und anderen Formen der Unterhaltung geschildert wurden – darunter beispielsweise die Entdeckung des Meeresgrundes oder die Eroberung bislang unbekannter Himmelskörper. Die Verquickung von wissenschaftlichen Erkenntnissen und populärkulturellen Imaginationen, von Science und Fiction, trug zur Erfahrung von Technik als Wunder bei und erhöhte das Vergnügen der Besuchenden. Dabei waren Gefühle wie Angst, die sich vor allem als wohliger und vergnüglicher Grusel zeigte, aber auch Zuneigung, Bewunderung und Ehrfurcht, wie etwa gegenüber einem Zoo- oder Zirkustier, im Spiel.

Der Projektor als Werk

Neben den Schilderungen des Projektors als Wesen finden sich viele Erzählungen, die die Planetariumsmaschine als Werk – im Sinne von durch Menschen gefertigt und gemacht, aber auch im Sinne von Kunstwerk – entwarfen. Während die Beschreibungen des Projektors als Wesen aus einer fremden Welt

130 Ebd., S. 352.
131 Vgl. ebd., S. 350 ff.

vor allem seine Eigenständigkeit betonten, ihn als handelndes Gegenüber erdachten und das Vergnügliche im Genuss mythisch-futuristischer, vielleicht sogar gefährlicher Exotik suchten, betonte die Rede vom Projektor als Werk die menschliche Macht über und mittels Technik. In der Berichterstattung rund um das Planetarium schlug sich das in Form von ausführlichen, kleinteiligen Erklärungen der optisch-mechanischen Funktionsweise, der ihr zugrunde liegenden Berechnungen sowie der Konstruktionsgeschichte des Projektors nieder. Fachzeitschriften (darunter etwa die *Zeitschrift des Vereins Deutscher Ingenieure* oder die *Schweizerische Techniker-Zeitung*), Planetariumsbroschüren aber auch die Tagespresse versuchten, ihre Leser*innenschaft mit den mechanischen Prinzipien des Projektors bekannt zu machen. Oswald Thomas, der anfangs das Wiener Planetarium leitete und zu dessen Eröffnung ein kleines Buch darüber verfasste, widmete sich der Konstruktion und Funktion ausführlich, nicht ohne eine Mahnung vorwegzustellen:

> Will einer auch wissen, wie das Instrument gebaut, und wie es wirkt, der wird, auch wenn er gerne hört, von dem Erklärer wohl verlangen: ›Du musst es dreimal sagen!‹ – Und mit Recht. Die Antwort, die wir ihm auf seine Forderung geben, kann nicht anders lauten, als: ›Du musst es dreimal lesen!‹ – Dreimal das, was hier jetzt folgt. Denn leicht ist's nicht in die Seele unseres Werkes hineinzusehen.[132]

Die Maschine wirklich zu begreifen, war in Thomas' Augen schwierig, aber nicht unmöglich – das kam auch beim Publikum an. Dort herrschte oftmals weniger ein tatsächliches Verständnis der Maschine, mehr das Wissen, dass es potenziell zu verstehen sei, wie der Apparat funktionierte – das reichte aus, um die menschliche Macht über die Technik (qua Wissen) zu erfahren. Komplizierte Beschreibungen trugen zur Auratisierung des Projektors bei, erhöhten seine Glaubwürdigkeit und stellten performativ die Wissenschaftlichkeit und damit die Güte des Gezeigten unter Beweis. Neben den mechanischen Darlegungen rekurrierten sie auch auf die astronomischen Wissensbestände, die zur Maschine geworden waren. Fachtermini und technische Zeichnungen, die teilweise die Berichte illustrierten (siehe Abbildung 12), sollten darüber hinaus die Wissenschaftlichkeit augenscheinlich machen:

132 Oswald Thomas: Das Wiener Planetarium. Wien 1927, S. 14. Österreichische Nationalbibliothek: 235.449-A.

> Auf den ersten Blick ähnelt [der Apparat] einem großen parallaktisch montierten astrophotographischen Refraktor, bei näherer Betrachtung entpuppt sich das ›Objektiv‹ als ein System von 31 kleinen, äußerst präzis gearbeiteten Projektionsapparaten, deren jeder einen genau berechneten Bezirk des gesamten Fixsternhimmels als Teil einer Kugeloberfläche wiederzugeben hat.[133]

Die sprachlich und visuell performierte Wissenschaftlichkeit mündete in den Wundertopos. »Wunder der Technik« wurden zu Wundern der Wissenschaft und damit der menschlichen Handlungsmacht. Neben der Technik rückten die Menschen, die sie erbauten und erdachten, in den Fokus der Bewunderung – konkrete Personen wie Oskar von Miller und Walter Villiger, aber auch abstrakte Entitäten wie etwa die Gruppe der Ingenieure oder allgemein der menschliche »Erfindungsgeist«.[134] Zugrunde lag immer die Idee eines heilsbringenden Fortschritts durch Wissenschaft und Technik, den der Projektor materialisierte.

Seine Entstehungsgeschichte trug dazu bei, die Bedeutung des Projektors zu unterstreichen und ihn als Ikone zu stilisieren. Die Dramaturgie der Erzählung – von der ersten Idee zu Beginn des Jahrhunderts über die schwierigen Kriegsjahre bis hin zur durchbrechenden Konstruktionsidee und erfolgreichen Umsetzung – folgte dem Diktum des Fortschritts durch harte Arbeit und Beharrlichkeit:

> Als nach dem Kriege das Projekt wieder aufgenommen wurde, nahm man die feste Halbkugelschale als Ausgangspunkt der Lösung. Ein unendlich komplizierter und fein durchgearbeiteter Projektionsapparat oder besser ein ganzes System von Projektionsapparaten bildete die Gestirne und ihre Bewegung auf dem künstlichen Firmament ab. – Jahrelange Arbeit, ständige Verbesserung des ersten, bei der Firma Zeiss selbst aufgestellten Apparates haben nun zu einem Instrument geführt, dessen äußere bienenzellenartige Schönheit fast ebenso überwältigend ist wie seine überraschende Präzision.[135]

Vor dem Hintergrund solcher Erzählungen erlangte der Projektor den Status eines Kunstwerkes und taugte zum Objekt eines durch die Folgen des Ersten Weltkrieges in Mitleidenschaft gezogenen Nationalstolzes (siehe Kapitel 2.2).

133 Dinger: Ein neues Planetarium. In: Hamburger Nachrichten, 14.6.1924. Staatsarchiv Hamburg: 361–2 V 725i.

134 O.A.: Ein optisches Wunderwerk für Wien. In: Neues Wiener Journal, 30.8.1925. Österreichische Nationalbibliothek: ANNO.

135 O.A.: Im Planetarium. In: Linzer Volksblatt, 19.12.1926. Österreichische Nationalbibliothek: ANNO.

Seite 10 Wien, Sonntag Arbeiter-Zeitung 9. Jänner 1927 Nr. 8

Ein Himmelstheater für alle Erdbewohner.

Das Berliner Zeiß-Planetarium.

(Von unserem Berichterstatter.)

R. B. Berlin, Jänner 1927.

Das Zeiß-Planetarium im Prinzessinnengarten zu Jena.

Sternenschau hat ein findiger Kopf das Zeiß-Planetarium genannt, und er hatte recht damit. Nicht nur unser engeres Sonnensystem lernen wir in diesem Himmelstheater kennen, nein, weit mehr. Wir bekommen den Anblick des gestirnten Himmels zu sehen, wie wir ihn draußen in der Natur mit freiem Auge zu sehen gewohnt sind. Ja, gewohnt sind, muß man mit Nachdruck sagen, denn wir haben uns an ihn so gewöhnt, daß wir den Himmel als etwas Gegebenes, etwas Selbstverständliches betrachten, so Selbstverständliches, daß die wenigsten von uns sich noch die Mühe nehmen, diesen wirklich kennenzulernen.

Wir wollen heute etwas hinter die Kulissen gucken, den Bau möchten wir kennenlernen, in dem uns die Sternenschau hervorgezaubert wird.

Wir betreten den geheimnisvollen Raum durch eine stimmungsvoll abgetönte, weite Vorhalle — eine erste Ahnung des kommenden Himmels. Halbdunkel umfängt uns im Innern. Ein weißer Dom wölbt sich über uns. Unser Auge gewöhnt sich an die Dunkelheit, wir sehen das weiße Gewölbe in lauter horizontal verlaufende Streifen zerlegt. Wir erfahren, daß das Weiße, das wir sehen, reine weiße Leinwand ist. Tausend Quadratmeter Leinwand hat man ausgespannt und die horizontal verlaufenden Streifen sind die Stoffbahnen. Ein ganzes Gewölbe von Stoff.

Schnitt durch das Bauwerk.

Eine Stoffkuppel (8) hat man in die äußere Dachhaube (7) in etwa drei Viertelmeter Abstand eingebaut. Zwischen den beiden Kuppeln sehen wir im Bilde Kreuz- und Querlinien (9); diese deuten die 800 rund zwei Quadratmeter großen Blechtafeln an, welche ganz regellos in den Zwischenraum eingehängt sind. Wozu solche Umstände? Die weiße Fläche soll als Auffangfläche für die Himmelslichter dienen, die mit dem vielgestaltigen Projektionsapparat, der in der Mitte des Raumes steht, an die weiße Wand durch die flinken Lichtstrahlen geworfen werden. Da wär's doch wirklich einfacher gewesen, die dünne Betonschale (7) des halbkugeligen Bauwerkes innen weiß zu tünchen? Gewiß, das wäre einfacher und billiger gewesen, und so hatte man auch die erste Kuppel auf dem Fabriksdach des Zeiß-Werkes ausgeführt, und die optische Wirkung jener weiß getünchten Hohlfläche ist auch sehr gut gewesen. Aber die bösen Schallwellen haben uns in jener ersten Kuppel auf dem Zeiß-Werk arg mitgespielt. Die Erläuterungen des Vortragenden bei den Vorführungen des künstlichen Himmels in Jena waren unverständlich gewesen. An der harten Betonschale sind die Schallwellen regelrecht gespiegelt worden und haben sich zu Schallbrennpunkten vereinigt. Die Stoffkuppel (8) und die Schallbleche (9) beseitigen vollkommen diesen Uebelstand. So kommt es, daß in dem neuen Bauwerk die Schallwirkung gut ist. So gut, daß der Raum auch für andre Darbietungen, zum Beispiel musikalische Vorführungen, geeignet ist. Wir sehen, das Planetarium hat also die Anregung zur Lösung einer schalltechnischen Aufgabe gegeben, die man beim Bau großer Vorführungsräume wird ausnützen können.

Doch nun zu dem geheimnisvollen schwarzen Koloß, der in der Mitte des Raumes fünf Meter hoch über den Fußboden emporragt.

Wenn die Vorführung im künstlichen Himmel beginnt, sehen wir feine Lichtstrahlen aus dem schwarzen Ungeheuer schießen. Tausende von kleinen Himmelslichtern werden sichtbar, hervorgezaubert von hundertneunzehn Bildwerfern, die in dem mächtigen Wunderwerk der Optik und Feinmechanik enthalten sind. Die Himmelslichter kommen in Bewegung, die Bildwerfer werden durch sieben Elektromotoren angetrieben und geben uns die Tages- und Jahresbewegung der Gestirne, in der Zeit stark zusammengedrängt: Tage oder Jahre in wenigen Minuten, wieder.

Nach drei Achsen ist das Instrument aufgebaut: 1—1 ist die Achse, um welche durch die Motoren (18) der eigentliche Umschwung des ganzen Firmaments, ein Tag in vier oder in einer Minute, erfolgt. Diese Achse wird durch Drehung um die Achse (3—3) zur wagrechten

Zeiß-Planetarium

Das neue Zeiß-Planetarium.

Ebene um die geographische Breite des Ortes geneigt, dessen Himmelsanblick dargestellt werden soll. In dem Bilde steht diese Achse senkrecht, das Instrument ist für den Anblick des Himmels auf dem Nordpol eingestellt.

Die drei nachfolgenden Bilder zeigen das Instrument für den Anblick des Himmels auf dem Nordpol, in Jena und auf dem Aequator eingestellt.

Die dritte Achse (2—2) ist die Senkrechte zu der Ebene, in welcher unsere Erde um die Sonne kreist. Die Achse (2—2) ist die eigentliche Seelenachse für alle die vielen beweglichen Bildwerfer und deren Antriebswerke. Es ist die Richtung im Weltall, auf welche sich auch die Astronomen bei ihren Berechnungen in der Mechanik des Himmels beziehen. Die Kugeln (4, 5) N, S enthalten 32 Bildwerfer zur Darstellung des Fixstern- und des Nord- und Südhimmels, und 32 Bildwerfer in den kleinen Kugeln (7, 8) machen den künstlichen Himmel zur Sternkarte, sie werfen uns die Sternbildnamen an das Himmelszelt. Die komplizierten Werke mit 18 Bildwerfern für Sonne, Mond und die Wandelsterne sind bei (11, 12) zwischengebaut, ihre Bewegungen erhalten sie durch drei Motoren (19), den Ablauf eines Jahres in 7, 4, einer Minute oder gar in sieben Sekunden. Endlich geben uns 17 Bildwerfer in den Kugeln (13, 14, 15, 16, 17) das Netz astronomischer Linien, mit welchen die Astronomen das Himmelsgewölbe überziehen zur Messung der Zeit und zur Orientierung unter den Gestirnen nach ihrer gegenseitigen Lage und ihren Veränderungen. Das Band der Milchstraße und die mit dem bloßen Auge sichtbaren fernen Welten, Nebelflecken und Sternhaufen geben uns die Bildwerfer (6, 9 und 10).

Einfache Glühlampen dienen als Lichtquellen für die Bildwerfer. Die Himmelslichter sind lichtschwach, und doch ist elektrische Energie notwendig, um sie sichtbar zu machen und die sieben Motoren anzutreiben. Das erscheint viel, wenn man bedenkt, daß uns die schwächsten Sterne, die wir noch mit freiem Auge wahrnehmen können, nur so hell erscheinen wie eine Kerzenflamme, die wir in dunkler Nacht aus neun Kilometer Distanz beobachten. Und in der Tat wird an dem Instrument nur ein kleiner Bruchteil der Energie wirklich angewendet, denn auf den 32 Diapositivplatten, auf denen die 5400 Sterne als sehr feine Löcher in den sonst undurchsichtigen Platten ausgeführt sind, wird der weitaus größte Teil des Lichtes verschluckt, in Wärme umgewandelt — der schwarze Koloß erwärmt sich bei seiner Arbeit!

Sich selbst überlassen steht das mächtige Werk im dunklen Raume, es folgt dem Willen des Vortragenden durch die Fernschaltungen von der großen Schalttafel am Rednerpult aus. Nur durch ein leises Summen machen sich die Antriebsmotoren bei ihrer schweren Arbeit bemerkbar, denn sie müssen schwere Massen in Bewegung halten. Etwa 34 Zentner wiegen alle beweglichen Teile. Doch die Motoren folgen jedem Kommando der Steuermannes am Rednerpult geduldig, der mit den vielen Schaltern spielend das künstliche All regiert. Und dann noch eins. Er hat einen Zauberstab, mit dem er stets bereit ist, uns alle die fernen Welten einzeln aufzuzeigen, einen Lichtzeiger, durch den er einen Lichtpfeil an jeder Stelle des Himmelszeltes aufleuchten läßt. Und dieser Pfeil ist von solcher Helligkeit, daß er beim einleitenden Vortrag helle Lichtbilder an der Leinwandkuppel in allen Einzelheiten zeigen kann. Der alte unhandliche Zeigestock, den wir aus den Lichtbildvorträgen kennen, ist durch diesen handlichen optischen Zeiger ersetzt worden.

Doch, fragen viele, wie kommt es, daß die Sterne im künstlichen Himmel wie auf Kommando beim Untergang verschwinden und erst beim Aufgang wieder sichtbar werden? Nun, die Bildwerfer haben alle Augendeckel erhalten, die sich automatisch schließen, wenn die Gestirne untergehen. Vor jedem Lichtauge sind eigenartig ausgebildete Glasgefäße angebaut, die Quecksilber enthalten. Dieses leichtflüssige Metall fließt vor die Lichtaugen, sobald diese nach dem Horizont blicken. Dann bemerken wir ferner, daß rings um den Horizont an den Seitenwänden, und zwar unter dem Horizont, tiefschwarze Glastafeln angebracht sind, und Blechtafeln verschlucken den letzten Rest der Himmelslichter, wenn die Lichtaugen noch nicht ganz geschlossen sind. Wir wähnen, die Gestirne gingen weit, weit hinter der schwarzen Wand im Westen unter und tauchten ebenso fern im Osten wieder auf.

So haben sich in dem Wunderwerk Mechanik, Optik, Akustik und Elektrizität zu gemeinsamem Tun vereinigt und geben uns ein Schauspiel, ganz anders, als wir es bis jetzt zu erleben gewohnt waren!

In sechs deutschen Städten: Barmen, Berlin, Dresden, Düsseldorf, Jena und Leipzig, sind diese neuen Himmelstheater seit Wochen und Monaten in Betrieb. Mehr als eine halbe Million wißbegieriger Menschen haben die Sternenschau schon besucht. Nürnberg und Mannheim werden in den nächsten Monaten ihre Zeiß-Planetarien eröffnen. Dann folgen im Sommer noch die Städte Aachen, Hamburg, Hannover und Stuttgart.

Zwölf deutsche Städte haben im Sommer 1927 also ihre Zeiß-Planetarien in Betrieb. Sie haben Werke der Bildung für größte Volkskreise dazu geschaffen, die Menschen in besinnlichen Stunden abzukehren von den Sorgen des Alltags. Sie schufen Werke des Friedens, denn in der Betrachtung des Himmels und dem richtigen Verstehen dessen, was weit außerhalb unserer kleinen Erde ist, kommen sich die Menschen näher!

In der Hauptstadt Tschangtsolins.

Peking, Anfang Dezember 1926.

Gegenüber dem Theater Tsienmön, auf einer der belebtesten Straßen Pekings, hängen seit zwei Tagen auf den Laternen zwei Köpfe.

Zwei von den Soldaten Tschangtsolins, die sich 40.000 an der Zahl, in der Umgebung von Peking aufhalten, drangen ins Theater ein, und als man von ihnen Eintrittskarten verlangte, zogen sie ihre Revolver und schossen in die Luft. Sie wurden der Militärbehörde überstellt, und diese machte mit ihnen kurzen Prozeß. Noch in der Nacht wurden sie hingerichtet und ihre Köpfe zur Warnung vor dem Theater ausgestellt. Die chinesischen Zeitungen brachten davon nur eine kurze Notiz. Die englische und französische Presse erging sich darüber in längeren Aufsätzen und vermerkte dieses Ereignis mit einer gewissen Befriedigung.

Vor den Anschlagsäulen stehen Chinesen und lesen lachend die Warnungsplakate. Sie lachen fröhlich und aufrichtig. Das ist nicht jenes rätselhafte Lächeln, womit die Chinesen und Japaner dem Europäer begegnen. Nein, das ist das ehrliche Lachen des arbeitenden Menschen, des Kulis, der gewohnt ist, auf alle Erscheinungen seines harten Schicksals mit Lachen zu antworten. Lachen ist das Gesetz der Pekinger Straße. Wenn plötzlich ein Auto herantrompetet und Staubwolken aufwirbelt, so weichen ihm die Kulis mit den Rikschas mit Lachen aus dem Wege und so geschickt aus, daß Unglücksfälle fast nie vorkommen.

Auf den Straßen schreien und schimpfen die Händler, die ihre Waren direkt auf den Gehsteigen, in Zelten oder einfach auf der Erde ausbreiten. Aber teure Waren werden auf den Straßen nicht ausgestellt. Bei gutem Wetter sind die Türen der Verkaufsladen weit geöffnet und die Käufer werden gebeten, einzutreten. Ein Kaufzwang besteht nicht. Jede Kunde bittet man Platz zu nehmen und reicht ihr ein Erfrischungsgetränk. Der größte Andrang herrscht in Magazinen für Seidenstoffe, deren Inhaber es vortrefflich gelernt haben, die Kunden zu betrügen. Diese Laden befinden sich auf den großen Straßen.

Ein andres Bild bieten die kleinen Gäßchen, die weder einen Fahrdamm noch Gehsteige haben und eigentlich nur lehmige Wege darstellen. Eintönige graue Mauern erheben sich zu beiden Seiten der Gasse, und in Entfernungen von zwanzig zu zwanzig Meter sind Hoftore aus grauen Brettern. Manche Tore sind rot übertüncht und mit metallenen Verzierungen beschlagen: das sind die Häuser der Reichen.

Ein chinesisches Haus ist eine kleine Welt für sich. Wenn man das Außentor öffnet, tritt man durch ein Ganglabyrinth in einen blumen- oder baumbestandenen kleinen Hof, der von allen vier Seiten mit Gebäuden umgeben ist. In diesen Gebäuden befinden sich die Säle und die Empfangszimmer. Dann folgt der zweite Hof mit Gebäuden, die die Speise- und Arbeitszimmer enthalten, und schließlich der dritte Hof mit den Schlafräumen. Wenn man diese seltsame Anordnung der Häuser kennenlernt, wundert man sich nicht mehr über die riesige Ausdehnung der Stadt, die kaum eine Million Einwohner zählt.

Die Rikscha läuft stundenlang in diesen eintönigen Gassen, in denen, wie es dem Europäer scheint, man sich nur durch Wunder auskennen kann.

Peking ist von einer ganzen Reihe von Mauern durchzogen. Wie die blinden Mauern die Häuser von der Straße trennen (zum Schutze gegen die bösen Geister), so teilen die hohen Mauern Peking in fünf verschiedene Städte, aus denen Groß-Peking besteht. Diese Mauern erinnern an militärische Befestigungen.

Das Zentrum von Peking ist von einer roten Umfassungsmauer umgeben. Dies ist der Ort, wo jahrhundertelang chinesische Kaiser lebten und wohin der Zutritt früher verboten war: die „Verbotene Stadt".

Die „europäische Stadt", das heißt das Gesandtschaftsviertel, befindet sich zwischen der „Chinesen-" und der „Mandschustadt". Das ist ein Stückchen Europa mit modernen Gebäuden und europäischen Gewohnheiten, wo das Leben gesetzmäßig und ruhig fließt und wohin der Bürgerkrieg nicht reicht.

Der Krieg ist dort, hinter der Umfassungsmauer, und hier sprechen nur zwei Köpfe auf Laternen davon, daß im Lande etwas Schreckliches vorgeht.

Abbildung 12: Mit technischen Zeichnungen illustrierter Bericht über das Planetarium in der Arbeiter-Zeitung. Wien 9. 1. 1927. Quelle: Österreichische Nationalbibliothek: ANNO.

In der Jenaer Version des Planetariumsvortrags »Himmel der Heimat«, die der Volksbildner Friedrich Dannenberg im Herbst 1926 verfasste, spielte das Zustandekommen des Projektors eine wichtige Rolle. Um das Planetarium in vollem Umfang wertschätzen und erfahren zu können, war in Dannenbergs Augen auch das Wissen um seine Entstehungsgeschichte vonnöten, die die Tragweite der Konstruktionsleistung verdeutlichen sollte:

> Im Zeiss-Planetarium befinden wir uns in einer Ruhmeshalle menschlichen Erfindungsgeistes und menschlicher Arbeit. Schon das Bauwerk: die Kuppel mit ihrer Spannweite von 25 m Durchmesser, ist ein Wunderwerk, das der Baukunst früherer Zeiten die größten Schwierigkeiten bereitet hätte. [...] Schließlich das Projektionsinstrument. Auch hier hat man sich mit dem vor zwei Jahren erreichten, schon ungeheuren Erfolge nicht begnügt, sondern hat an der Vervollkommnung weitergearbeitet.[136]

Der Vortrag wurde mit projizierten Dias von technischen Zeichnungen und Fotografien des Kuppelbaus illustriert. Durch die Erläuterung der komplexen Konstruktion und der angewandten neuartigen Technologien zeigte sich die annähernde Unmachbarkeit der Institution und es ließ sich das Wunderbare der Existenz des Planetariums entgegen aller Widrigkeiten steigern. Überdies wurde in dieser Darstellungsart der Planetariumsprojektor zum Geniestreich und Kunstwerk, Mechaniker und Ingenieure zu Künstlern und damit gesellschaftlich aufgewertet. In einem Zeitungsartikel zum Planetarium stellte der Astronom Kurt Kißhauer die Planetariumserfinder in die Reihe damals bekannter und verehrter Ingenieure und vollführte ebenjene Aufwertung ihrer Arbeit: »Das Projektions-Planetarium der Zeißwerkstätte ist ein Werk würdig des Volkes der Dichter und Denker. Heinrich Seidel und Max Eyth bewiesen es uns: Konstruieren heißt Dichten.«[137] Die Wahrnehmung des Projektors als Kunstwerk weist nicht nur auf die veränderte gesellschaftliche Stellung der Ingenieure, sondern auch darauf hin, dass Technik im Planetarium durchaus im Modus des ästhetischen Genusses rezipiert wurde. Technik zeigte sich als

136 Friedrich Dannenberg: Der Himmel der Heimat. Vortragsskript, Jena Herbst 1926. Staatsarchiv Hamburg: 361-2 V 725c.

137 Kurt Kißhauer: Ein neuartiges Planetarium. In: Linzer Tages-Post, 14.9.1924. Österreichische Nationalbibliothek: ANNO.

»Kunstwerk allerersten Ranges«,[138] das »Anregung«[139] versprach und ästhetisches Vergnügen bereitete. Damit wurde eine Rezeptionsweise empfohlen, die sonst beispielsweise beim Opern- oder Kunstmuseumsbesuch Anwendung fand.

Zum Vergnügen trug außerdem das Spiel mit Macht und Ohnmacht bei, welches die Planetariumserfahrung ebenfalls beinhaltete und das weniger mit den Rezeptionsmodi der Hochkultur zu tun hatte. Während Zuschauende der Schau mehr oder weniger ausgeliefert waren, gab es doch einen Menschen, der als Herr der Lage in Erscheinung trat und stellevertretend die Technik meisterte:

> Eine Kurbelanordnung, von der man staunt, dass sie überhaupt menschlicher Geist erdenken konnte, ordnet mittels elektrischer Steuerung alle Himmelskörper derart zueinander, dass ihre sämtlichen vergangenen, gegenwärtigen und zukünftigen Konstellationen durch ›einfache‹ Einstellung der gewünschten Epoche gezeigt zu werden vermögen. Wer an ihr steht, kann sich dünken wie ein Kommandant des Weltraumes, wie ein Nachschöpfer der Schöpfung.[140]

Die Person, die den Planetariumsvortrag hielt, steuerte gleichzeitig die Maschine und bediente die Zusatzapparaturen, mittels derer beispielsweise Beschriftungen und Hilfslinien an die Kuppel projiziert wurden. Dafür nahm sie ihren Platz an einem Schaltpult ein, von dem aus sich die Geräte kontrollieren ließen (siehe Abbildung 13). Von den Planetariumsbesucher*innen wurde die menschliche Steuerung des Geschehens wahrgenommen und als Akt der Ermächtigung interpretiert:

> Das mächtige Werk von nahezu 5 m Höhe steht majestätisch, ohne einen Bedienungsmann zu benötigen, in der Mitte des dunklen Kuppelraumes [...]. Es folgt geheimnisvoll durch eine Fernsteuerung jedem Kommando des Vorführers am Rednerpult. Der Vortragende ist Steuermann und Kapitän des Himmelsschiffes. Er lenkt den Himmelswagen vom Schaltschrank aus. Einundzwanzig elektrische Schalter gestatten ihm, die vielen Himmelslichter anzuzünden, und

138 O.A.: Ankauf eines Planetariums. In: Hamburger Nachrichten, 15.7.1925. Staatsarchiv Hamburg: 361-2 V 725i.

139 Ebd.

140 O.A.: Im neuen Planetarium. In: Kleine Volks-Zeitung, 9.1.1930. Österreichische Nationalbibliothek: ANNO.

Abbildung 13: Lehrer Wolf am Schaltpult des Planetariums. Berlin 1928.
Quelle: Zeiss-Archiv.

die sieben Motoren des Werkes, welche die verwickelte Himmelsmechanik hervorzaubern, einzeln oder mehrere gleichzeitig in Gang zu setzen.[141]

»[D]en Weltenlauf nach seinem Willen zu dirigieren«,[142] dieses Versprechen ließ das Planetarium durch seine Steuerbarkeit wahr werden – alles, was es dafür bedurfte war »ein Druck auf einen Knopf«.[143] Im Planetarium wurde im Kleinen erlebbar, was Utopien im Großen erträumten: eine verbesserte und von Menschen steuerbare Welt durch Technik. Als Grundlage dafür präsentierten sich im Schöpfungsmythos der Maschine Wissenschaft, Konstruktionskunst, Fleiß und Beharrlichkeit. Auch wenn es nicht die Besucher*innen selbst waren, die Macht über den Apparat ausübten, stand die Person, die den Vortrag hielt, doch als einer der Ihrigen für die potenzielle Beherrschbarkeit der Maschinen und der Welt. Trotzdem zeigte sich der Projektor als nicht gänzlich unter Kontrolle, galt nach wie vor als handlungsmächtig. Das wird in den beiden oben

141 Zeiss-Werkzeitung, Juli 1926, Heft 5. Zeiss-Archiv: ohne Signatur.

142 M-r.: Der ewige Tag. In: Arbeiter-Zeitung, 1.11.1927. Österreichische Nationalbibliothek: ANNO.

143 Michael Schacherl: Reise um die Sonne in zwölf Minuten. In: Arbeiter-Zeitung, 24.1.1926. Österreichische Nationalbibliothek: ANNO.

angeführten Zitaten deutlich, die zunächst jeweils die Maschine als Akteur*in beschreiben, bevor sie sich ihrer Steuerbarkeit widmen.

Mithilfe der Maschine ließen sich im Planetarium Raum und Zeit steuern – zumindest Raum und Zeit der Himmelssimulation: Der Projektor konnte den Nachthimmel zeigen, wie er zu verschiedenen Zeitpunkten von verschiedenen Beobachtungspunkten auf der Erde zu sehen war. Er erlaubte es den Zuschauenden beispielsweise, den Sternenhimmel so zu betrachten, wie er in hundert Jahren, aber auch wie er vor tausend Jahren erschien. Durch die Zeitrafferfunktion ließen sich die Bewegungen der Himmelskörper beschleunigen – etwa konnten die Bewegungen eines Tages innerhalb einer Minute ablaufen. Das half dabei, die Abläufe, die ansonsten zu langsam für eine Beobachtung mit bloßem Auge waren, sichtbar zu machen. Außerdem konnte das Modell II des Zeiss-Projektors, das überall außer in München genutzt wurde, den Himmel eines jeden Standpunkts der Nord- und Südhalbkugel simulieren. Die Planetariumsvorstellungen vershießen dadurch eine »Reise« an den Äquator, zum Nordpol oder in Zukunft und Vergangenheit:

> Wohin soll die Reise gehen? In 3½ Minuten von Pol zu Pol, alle Sternbilder, die einem solchen Fahrer erschienen, leuchten über uns. Nun geht der Überflug ins Nordland, die Mitternachtssonne strahlt ihren fahlen Schein, und dann in entgegengesetzter Richtung glüht in für den Europäer phantastischer Helligkeit das südliche Kreuz auf. Nun aber mengt sich die Kurbel in unser eigenes Sein. Man denkt an Goethes orphische Urworte: ›Wie an dem Tag, der dich der Welt verliehen, die Sonne stand zum Gruß der Planeten‹, denn das lässt sich durch eine Handbewegung herstellen. Ein Blick nur und schon ist das Horoskop des Tages und der Stunde, an dem ein Erdenbürger in die Kette des Lebens eingetreten ist, ermittelt.[144]

Zeit, Raum und das eigene Dasein werden von dem*der Verfassenden dieses Zeitungsartikels als von maschineller Steuerung durchdrungen ausbuchstabiert. Die Goethe-Referenz verweist wiederum auf den an Erfahrungen mit als Hochkultur gerahmten Anlässen angelehnten Wahrnehmungsmodus der Planetariumsvorstellungen. Der Projektor führte eine potenzielle Beherrschbarkeit von Raum und Zeit vor Augen, machte sie für die Planetariumsbesucher*innen erfahrbar. Er gebärdete sich als Gefährt und manche Besucher*innen fragten

144 O. A.: Im neuen Planetarium. In: Kleine Volks-Zeitung, 9.1.1930. Österreichische Nationalbibliothek: ANNO.

sich: »Ist man noch auf dieser Welt oder schwebt man bereits mit einem Raumschiff im Kosmos dahin?«[145] Das Publikum war sich der Simulation des Planetariums jederzeit gewahr, keine*r glaubte tatsächlich, durch Zeit und Raum zu reisen. Dennoch beinhaltete die Illusion, die klar maschinellen Ursprungs war, die Erfahrung der Möglichkeit menschlicher Durchdringung von Raum und Zeit mittels Technik – wenn auch (vorerst) ausschließlich im Spiel. Diese Erfahrung ließ sich im Wundertopos ausformen und ausdrücken.

Der Planetariumsprojektor – verstanden und beschrieben als Werk – verweist auf die Erfahrung menschlicher Handlungsmacht durch Technik, die das Planetarium ermöglichte. Der Planetariumsprojektor zeigte sich als von Menschen gemachte Maschine, die sich ebenfalls durch Menschen steuern und beherrschen ließ. Durch die Reise- und Zeitrafferfunktion des Projektors erschienen Raum und Zeit als potenziell von Menschen und Maschinen bezwingbar. Technik präsentierte sich als ermächtigendes Werkzeug. So rückten auch die ›Erfinder‹ des Projektors in den Fokus der Aufmerksamkeit. Sie wurden als Künstler, ihr Werk als Kunstwerk dargestellt. Entsprechend war die Rezeptionsweise, die dem Publikum durch Berichte und Rezensionen angetragen wurde, eine, die sich an den ästhetischen Genuss von klassischen Kunstformen anlehnte. Die Planetariumsmaschinerie zeigte sich als Ikone des Fortschritts und Symbol für die menschliche Durchdringung von Raum und Zeit mittels Wissenschaft und Technik. Das Planetariumspublikum erfuhr Technik als gefügiges Werkzeug, als Kunstwerk und sich selbst als ermächtigt.

Der Projektor als Welt(maschine)

Mit »Wesen« und »Werk« sind zwei zunächst widersprüchliche Aspekte der Technikerfahrung im Planetarium angesprochen. Während erstere Umschreibung Technik als fremdes Gegenüber mit obskurer Handlungsmacht entwarf, fokussierte letztere vor allem die menschliche Kontrolle über Technik und mittels Technik über die Welt. Eine dritte Darstellungsweise beschrieb das Planetarium als Weltmaschine, als Apparat, der die Welt nicht abbildete, sondern sie erst hervorbrachte. In dieser Welt fanden auch die scheinbaren Unvereinbarkeiten der verschiedenen Technikerfahrungen zusammen. Das Planetarium wurde zur Metapher für eine berechenbare Welt, die maschinengleich funktioniere und wissenschaftlich vollkommen zu durchdringen sei:

145 O. A.: »Weißt du wieviel Sternlein stehen …?« In: Neuigkeits-Welt-Blatt, 10.1.1930. Österreichische Nationalbibliothek: ANNO.

> Und plötzlich beginnt das alles sich zu drehen und du hast das Gefühl: die Welt ist das Werk eines Ingenieurs und die Gestirne rotieren nur, um irgend etwas zu erzeugen, die Milchstraße ist eine gigantische Turbine, die Harmonie der Sphären ein wahnsinniger Betrieb und das Universum eine deutsche Erfindung, um jede Konkurrenz zu schlagen.[146]

Der*die Autor*in der Wiener *Arbeiter-Zeitung*, von dem*der diese Zeilen stammen, beschrieb seine*ihre Erfahrungen im ptolemäischen und kopernikanischen Planetarium des Deutschen Museums, die sich nicht nur aufs Planetarium beschränkten, sondern daran anknüpfend einen Eindruck von der Verfasstheit der Welt beinhalteten: Sie zeigte sich dort als Maschine. Viele Planetariumsberichterstatter*innen begegneten bei ihrem Besuch einer maschinengleichen Welt, die sie von einem »geheimnisvolle[n] Getriebe der Himmelsmechanik«[147] angetrieben sahen. Das mechanistische Weltbild, das in den Planetariumsvorträgen durchdrang und aus der Planetariumserfahrung hervorging, lässt sich als Aktualisierung des früh-neuzeitlichen Maschinenparadigmas fassen. Im 17. Jahrhundert bildete sich die Idee heraus, »Gott sei ein Mechaniker und die Welt eine von ihm entworfene und gebaute Maschine«.[148] Die zunehmende Mechanisierung und Stärkung der Naturwissenschaften, die mit mechanistischen Beschreibungsweisen arbeiteten (prominent hier vor allem René Descartes), machten das plausibel. Raum und Zeit wurden als linear und kontinuierlich strukturiert und erfasst, sodass sie mathematisch und geometrisch beschreibbar waren – und fügten sich damit einer Maschinenlogik.[149] Die Welt begriff man als Apparat, dessen viele Einzelteile zusammenwirkten und dessen Mechaniken und Zusammenhänge prinzipiell zu durchschauen waren. Vorbild dafür standen mechanische Konstruktionen wie Uhrwerke und andere energieerhaltende und -übertragende Systeme. Die Weltmaschine, die das Planetarium entwarf, stellte eine dem Stand der Technik des 20. Jahrhunderts angepasste Version dieser Sicht dar: Gott wurde zum Ingenieur und die Welt zur elektrifizierten und steuerbaren Maschine, die turbinengleich Energie erzeugte (und sie nicht nur übertrug). Die Welt erschien nicht länger als Uhrwerk, sondern als elektrifizierte Ingenieursleistung, deren Funktionen per

146 O. A.: Zehn Schritte …! In: Arbeiter-Zeitung, 29. 12. 1929. Österreichische Nationalbibliothek: ANNO.

147 O. A.: Der Himmel auf Erden. In: Illustrierte Kronen-Zeitung, 2. 2. 1927. Österreichische Nationalbibliothek: ANNO.

148 Remmele, Bernd: Die Entstehung des Maschinenparadigmas. Wiesbaden 2003, S. 11.

149 Vgl. ebd., S. 12.

Knopfdruck zu steuern waren. Mathematik und Astronomie, Mechanik und Elektrik zeigten sich nicht als bloße menschliche Beschreibungs- und Abbildungsversuche, sondern als tatsächliche Organisationsprinzipien der Welt. Das Planetarium wurde zum Kosmos en miniature, zu einer perfekten Kopie der so gedachten Weltmaschine:

> Sonne, Mond und die Planeten sind in dem seitlichen großen Zylinderrohr in sieben Etagen untergebracht […]. Dieser Planetenzylinder und der igelförmige Fixsternkörper stehen in einer mechanisch-rotierenden Verbindung, die das mathematisch-astronomische Verhältnis der Weltkörper wissenschaftlich exakt wiedergibt. Es ist völlig ausgeschlossen, dem Laien das Wunder begreiflich zu machen, das darin besteht, auf optisch-mechanischem Wege, durch ein System von Linsen, durch Motorenantrieb, rotierende Scheiben, Gewindeübertragung usw. das mathematisch-organische Getriebe der Sternenwelt wissenschaftlich einwandfrei auf einer geweißten Kuppel erstehen zu lassen …[150]

Die Erzählung erweckt den Eindruck, als wohnten die Himmelskörper tatsächlich in den Zylindern des Projektors und bewegten sich auch außerhalb des Planetariums gemäß einem maschinell diktierten Rhythmus. Dieser Rhythmus, das »mathematisch-organische Getriebe der Sternenwelt« sei der Wissenschaft – zumindest potenziell – voll zugänglich, so die zugrunde liegende Vorstellung. Die Welt als Maschine sei gleichzeitig eine gänzlich wiss- und verstehbare Welt – auch wenn sie »Laien« dennoch ein Rätsel bleibe und nach wie vor als Wunder erscheine. Das Wunderbare des Planetariums lag in seiner potenziellen Verstehbarkeit bei gleichzeitigem Eingeständnis der Grenzen des eigenen Verstandes und der eigenen Handlungsmacht. Hier kommt das transgressive Potenzial, das Geppert und Kössler essenziell mit dem Wundern verbinden (siehe *Wunder[n] im Wandel*) voll zum Tragen: Die Menschen erfuhren die Planetariumstechnik als grenzüberschreitendes Moment, als gleichzeitige Ermächtigung und Entmächtigung, Ermöglichung und dennoch Unmöglichkeit. Die Planetariumstechnik trat als »Transgressio[n] existierender Wissens- und Denkgrenzen, die alternative Ordnungsentwürfe aufscheinen [lässt]«[151] in Erscheinung – sie führte mögliche Erweiterungen des Wiss-, Denk- und Machbaren vor Augen, ohne sie gänzlich zu verwirklichen.

150 Hans Natonak: Im Sternen-Theater. In: Prager Tagblatt, 22. 8. 1924. Österreichische Nationalbibliothek: ANNO.

151 Geppert/Kössler 2011, S. 9.

Die Unsicherheiten und Offenheit, die damit einhergingen, konnten von den Besucher*innen imaginativ ausgefüllt werden und luden zum gedanklichen Spiel mit der Zukunft ein, in der andere Ordnungen Gültigkeit hatten: »Über das Planetarium hinaus, über die Stimme des Führers hinweg, schweifen die Gedanken in eine Zukunft, die vielleicht über dem Aether liegt.«[152] Im Artikel mit der Überschrift »Wem gehört der Mond?«,[153] der die abschweifenden Gedanken des Planetariumspublikums erzählt, werden Ideen und Fragen geschildert, die ein Planetariumsbesuch auszulösen vermochte. Neben der Frage nach den nationalen Besitzansprüchen auf den Mond entstand darin die Zukunftsvision vom Flug zu anderen Himmelskörpern, der sich als weitere Errungenschaft eines unaufhaltsamen und heilsbringenden Fortschritts gerierte. Fantastische Spekulationen, vermengt mit den Möglichkeiten, die aktuelle technische Entwicklungen eröffneten (wie etwa das Geschütz »dicke Bertha« mit seiner großen Schubkraft),[154] ließen aus der Technikerfahrung des Planetariums eine Idee der Zukunft erstehen:

> Nie noch waren die Erfinder so rege, wie in den letzten Jahrzehnten, nie noch ragte die Basis höher, auf der eine Entdeckung der andern ermöglichte, zum Leben zu erwachen, und wolkenkratzerhaft türmt sich der geistige Turm von Babel, der endlich doch, das höhnische Wort Faustens der Lüge strafend, wirklich bis zu den Sternen reichen wird. Die Welt wird enger mit jedem Tag, der menschliche Schöpferverstand aber dehnt seinen Horizont über den Horizont hinaus, wie ein Gleichnis flog aus dem menschlichen Geist der drahtlose Funke um den Erdball über diesen hinweg, und schon versucht der Körper, Flügel zu bekommen, ihm über die Meere zu folgen und endlich auch über die Wolken, hinauf über den Aetherraum zu den Nachbarn des Alls, zu Mond und Mars.[155]

Der Traum von interplanetaren Reisen der Menschen erschien durch die Planetariumserfindung realistischer und erreichbarer denn je. Obwohl der Erste Weltkrieg das Vertrauen in den Fortschritt und die Technikbegeisterung ge-

152 O. A.: Wem gehört der Mond? In: Kleine Volks-Zeitung, 16. 6. 1927. Österreichische Nationalbibliothek: ANNO.

153 Ebd.

154 Zu frühen Versuchen mit Raketentechnologie und Raumfahrt siehe Siebeneichner 2017.

155 O. A.: Wem gehört der Mond? In: Kleine Volks-Zeitung, 16. 6. 1927. Österreichische Nationalbibliothek: ANNO.

dämpft hatte und gesellschaftlich zunehmend auch Skepsis gegenüber Technisierung aufkam, verband sich das Planetarium mit den an Technik gebundenen Träumen und Hoffnungen, die der Krieg teilweise zerstört hatte. Gerade das Deutsche Museum, das neben seinen zwei Planetarien viele weitere technische Artefakte ausstellte, inspirierte seine Besucher*innen dazu, sich eine technisierte Zukunft positiv auszumalen:

> Und dann arbeitet die Phantasie. Und wir sehen alle die gewaltigen Fortschritte, die Wissenschaft und Technik genommen haben, und wir glauben nicht an einen Stillstand. Und was wir hier im engen Raum erleben, das wird in der Phantasie zur Wirklichkeit. Warum sollen zum Beispiel die Fernrohre nicht so vervollkommnet werden können, uns die Planeten und den Mond und die Sterne auf etwa zehn Meter nahezubringen? – Theoretisch ist der Flug im Torpedo zum Mond ohne Zweifel gelöst. Wird es der Wissenschaft und der Technik gelingen, ihn auch praktisch zu lösen? Kann z. B. eine drahtlose Botschaft die Erdatmosphäre überwinden und bis zum Monde gelangen? […] Es werden hier oben angesichts der Planetarien des Deutschen Museums zu München, inmitten der gewaltigen Weltsysteme noch ganz andere Phantasien geboren werden.[156]

Die Technikerfahrung des Planetariums stellt sich in diesem Text als Geburtshelferin neuer Ideen dar, die – halb Wissenschaft, halb Fiktion – in eine zukünftige Welt verweisen, in der Wissenschaft und Technik die in der Gegenwart noch geltenden Grenzen des Machbaren gesprengt haben würden. Die imaginierte Welt enthielt beides: ermächtigte Menschen und mächtige Technik; Technik als Wesen und als Werk. Mit seiner zu Gedankenspielen einladenden, auf konkreten Praktiken und technischen Artefakten beruhenden Erzähl- und Darstellungsweise fungierte das Planetarium als »sociotechnological imaginary«.[157] Die Technik- und Wissenschaftsforscher*innen Sheila Jasanoff und Sang-Hyun Kim beschreiben sociotechnological imaginaries als kollektive, institutionalisierte und öffentlich aufgeführte Zukunftsvisionen, die auf gemeinsamen, sozial verfassten Vorstellungen und Idealen beruhen und sich sowohl aus Wissenschaft und Technik speisen als auch zu deren Entwick-

156 O. A.: In der Wunderwelt der Sterne. In: Bayern und Reich 3 (1925), H. 18/19. Verwaltungsarchiv Deutsches Museum: Dru 0986a.

157 Siehe dazu Jasanoff, Sheila: Future Imperfect: Science, Technology and the Imaginations of Modernity. In: dies./Kim, Sang-Hyun (Hg.): Dreamscapes of Modernity. Sociotechnical Imaginaries and the Fabrication of Power. Chicago 2014, S. 1–33.

lung beitragen.[158] Sociotechnological imaginaries zeigen sich als Koproduktion von Wissenschaft, Technik und Menschen in Gesellschaft und enthalten dabei stets auch normative Komponenten – es geht nicht nur darum, was möglich sein könnte, sondern auch, was als wünschenswert und gut erscheint. Jasanoff und Kim betonen mit ihrem Konzept vor allem die Rolle, die Imaginationen als soziale Praktiken für das Zusammenleben spielen können, und verweisen auf den performativen Charakter der sociotechnological imaginaries: Sie werden an und durch Praktiken sowie Artefakte konkret. Das Planetarium als sociotechnological imaginary ermöglichte eine konkrete Auseinandersetzung mit der Zukunft der (Raumfahrt-)Technik, erlaubte, ihre potenziellen Wirkungen zu verbildlichen und probeweise Umgangsformen damit zu finden. Die Technikerfahrung des Planetariums verwies weit über dessen Mauern hinaus, denn sie beinhaltete Imaginationen, die sich auf den Alltag der Menschen bezogen und sich auf die von ihnen gestaltbare Zukunft auswirkten. Umgekehrt flossen die Alltagserfahrungen der Besucher*innen in die Imaginationen mit ein, die im Planetarium entstanden. So übertrug der*die Verfasser*in eines Artikels in der *Arbeiter-Zeitung* seine*ihre Erfahrungen mit dem städtischen Verkehr auf einen möglichen, künftigen Luftverkehr, der selbstverständlich genauso geordnet und regiert werden würde, wie der Verkehr, der ihm*ihr bekannt war:

> Kein Wunder, dass ich, als ich in solcher Stimmung in den ›ausg'sternt'n‹ Himmel des Planetariums blickte, von dem stürmischen Gedanken erfasst wurde: Zum Kuckuck, jetzt kann es aber schier nimmer lang dauern, und wir kutschieren da oben herum, nicht als einsame, angestaunte Luftreisende, sondern in dichten Schwärmen, so dass zur Verhütung von Karambolagen der energische Ordnungsschrei der Luftpolizei: Links ausweichen, rechts vorbeifliegen! von allen Luftikussen peinlich genau beachtet werden muss! Aether heil![159]

158 Vgl. ebd., S. 4: »Imaginaries, moreover, encode not only visions of what is attainable through science and technology but also how life ought, or ought not, to be lived; in this respect they express a society's shared understandings of good and evil. Taking these complexities into account, we redefine sociotechnical imaginaries in this book as collectively held, institutionally stabilized, and publicly performed visions of desirable futures, animated by shared understandings of forms of social life and social order attainable through, and supportive of, advances in science and technology.«

159 H. P.: Aether Heil! In: Arbeiter-Zeitung, 29. 5. 1927. Österreichische Nationalbibliothek: ANNO.

Solche Gedankenspiele dienten primär der Unterhaltung, waren im Kern aber erste imaginative Auseinandersetzungen mit dem, was möglich werden könnte; sie entwarfen Haltungen und Umgangsweisen gegenüber zukünftiger wie gegenwärtiger Technik. Als Ursache für die Fantastereien benannten Autor*innen die besondere ›Stimmung‹ des Planetariums.

Im Planetarium erschien die Welt den Menschen als maschinenhaft. Die Projektionen, Erzählungen und Erfahrungen im Planetarium legten es nahe, sich auch die Welt außerhalb als Maschine vorzustellen, derer sich die Wissenschaft vollumfänglich zu bemächtigen wusste, die nach mechanischen Prinzipien funktionierte und sich daher technisch steuern ließ. Gleichzeitig nahmen die Besucher*innen das Planetarium selbst als eine futuristische Maschine wahr. Die Planetariumsmaschine projizierte die Welt nicht nur, sondern brachte auch Imaginationen von zukünftigen Welten hervor – das Planetarium enthielt die Welten der Zukunft, die noch im Werden waren und in ihrem Werden von den Besucher*innen gedanklich geformt werden konnten. Ausgangspunkt für diese imaginative Arbeit war die Technikerfahrung des Planetariums: Technik war im Planetarium zum einen als fremde, eigensinnige Handlungsmacht erfahrbar, die aus fremden Welten – jenseits der Realität, jenseits der Erde oder jenseits der Gegenwart – zu stammen schien und diese den Menschen zugänglich machte. Zum anderen zeigte sich Technik als Ermächtigungsinstrument, mit dem sich Räume und Funktionen erobern und die menschliche Handlungsmacht ausweiten ließen. Beide Erfahrungskomponenten flossen in die Gedankenspiele ein, die das Planetarium eröffnete: Es enthielt mögliche Welten, in denen Technik als Wesen und Werk auftrat. Das Planetarium lud zu Imaginationen und Visionen der Zukunft ein, die im Zusammenspiel aus Alltagserfahrung und Technikerfahrung erstanden und im Alltag der Menschen fortwirkten. Insofern produzierte das Planetarium tatsächlich neue – vorerst imaginäre – Welten, die aber materiell wie ideell an die Welt der Gegenwart anknüpften und in der Technikerfahrung des Planetariums bereits verwirklicht waren.

3.3 Vergnügliche Verkörperung: Der Lichtzeiger

Die Beschaffenheit der Beziehungen von Menschen und Maschine im Planetarium verdeutlicht insbesondere ein Gadget, das aus heutiger Sicht gar nicht besonders ins Auge sticht. Für die Zeitgenoss*innen der 1920er-Jahre stellte das angesprochene Gerät allerdings einen Grund zur Berichterstattung und eine Quelle des Staunens dar:

> Der Vortragende spricht von den wichtigsten Sternbildern und den bekanntesten Hauptsternen. Er weist auf jedes Objekt genau hin, aber nicht etwa mit einem Stock oder irgend einem anderen materiellen Gebilde, sondern auf eine Art, die nur in diesem Wunderhaus nicht überrascht. Über den Himmel fliegt ein Lichtpfeil, der mittels einer Taschenlampe als Projektionsbild erzeugt und durch deren Bewegung gelenkt wird.[160]

Was Artur Fürst, Ingenieur, Verfasser zahlreicher populärer Werke zur zeitgenössischen Technik und Urheber des Zitats aus der *Vossischen Zeitung*, mit einer Taschenlampe verglich, war der Lichtzeiger, mit dem die Firma Zeiss die Planetarien ausstattete. Mit seiner Hilfe konnten Vortragende mit der Projektion interagieren und die Blicke des Publikums leiten. Sie hielten eine optisch an eine Taschenlampe erinnernde, starke Lampe in der Hand, die sich per Knopfdruck ein- und ausschalten ließ und einen Pfeil an die Kuppel projizierte. Der Pfeil folgte den Handbewegungen des*der Bedienenden und ermöglichte ein direktes Zeigen und Verweisen auf einzelne Elemente der Projektion – in der Regel auf diejenigen, über die gerade gesprochen wurde. Für Vortragende stellte der Lichtzeiger eine wichtige didaktische Ergänzung dar, mit deren Hilfe Missverständnissen vorgebeugt und die Eindrücklichkeit der Erklärungen gesteigert werden konnte. Die Zuschauenden erlebten den Pfeil als Element der Show, als »Finger des lieben Gottes«,[161] als »feurige[n] Pfeil«[162] und als »etwas für den modernen technischen Menschen«.[163] Anhand des Lichtzeigers lassen sich die Beziehungen von Menschen und Maschinen im Planetarium zum Abschluss dieses Kapitels noch einmal verdeutlichen und ausgehend davon die Technikerfahrungen, die das Planetarium ermöglichte, resümieren.

Die Idee, den Zeigestock durch einen starken Lichtstrahl zu ersetzen, und das entsprechende technische Artefakt waren zur Zeit der Eröffnung der ersten Planetarien neu und den meisten Menschen unbekannt. Viele technische Apparate und Projektionseinrichtungen, die den Sternenprojektor ergänzten, kamen erst später zur Maschinerie des Planetariums hinzu – wie etwa Einrichtungen zur Projektion von Kometen. Der Lichtzeiger war schon bei den ersten Vorführun-

160 Artur Fürst: Der Himmel auf Erden. In: Vossisch Zeitung, 2.9.1924. Staatsarchiv Hamburg: 361-2 V 725i.

161 e. f.: Zehn Schritte. In: Arbeiter Zeitung, 29.12.1929. Österreichische Nationalbibliothek: ANNO.

162 H.: Sternschau im Stadtpark. In: Hamburger Anzeiger, 12.4.1930. Staatsarchiv Hamburg: 361-2 V 725a Band 2a.

163 Ebd.

gen im Jahr 1924 mit von der Partie, was obiges Zitat aus einem im September 1924 erschienenen Zeitungsartikel belegt. Auf einer Fotografie aus dem Jahr 1925 ist links unten, am Planetariumsprojektor des Deutschen Museums angedockt, ein kleiner, schwarzer, verkabelter Zylinder zu sehen – wahrscheinlich die erste Version des im Planetarium verwendeten Lichtzeigers (siehe Abbildung 14). Als eigenständiges Gerät war der Lichtzeiger bei Zeiss vermutlich erst seit 1928 zu erstehen, in diesem Jahr tauchte er unter dem Namen »Projektionspfeil« zum ersten Mal dezidiert im Produktkatalog der Firma auf. Er gehörte aber schon zuvor fix zum Lieferumfang der Planetarien und Epidiaskope, die Zeiss herstellte und verkaufte (Epidiaskope sind Projektoren, die sowohl Dias als auch Spiegelungen fester Gegenstände auf eine Wand projizierten und auch in Planetarien zum Einsatz kamen). Neben den Berichten aus den Planetarien gibt es im Zeiss-Archiv Bilder aus den Jahren 1926 und 1927, die den Lichtpfeil in Verwendung bei Lichtbildvorträgen mit dem Epidiaskop zeigen. Ob der Lichtzeiger eigens fürs Planetarium entwickelt wurde oder ob seine Entstehung doch eher im Zusammenhang mit anderen Projektionsmaschinen stand, ließ sich trotz umfassender Recherchen im Zeiss-Archiv auf Grundlage der für diese Arbeit zur Verfügung stehenden Quellen nicht endgültig klären. Er wurde wohl zur gleichen Zeit wie das Planetarium entwickelt und blieb – wie Zeiss-Broschüren zeigen – zunächst erklärungsbedürftig, war also noch nicht im alltäglichen Gebrauch angekommen.

Viele Zuschauer*innen dürften den Lichtzeiger erst bei ihrem Besuch im Planetarium kennengelernt haben. In einer Druckschrift zum Planetarium aus dem Jahr 1931 beschrieb und erläuterte Walter Villiger das Gerät und seine Funktion:

> Der Vortragende muss auch hier am dunklen Nachthimmel auf die einzelnen Vorkommnisse aufmerksam machen, er muss auf die einzelnen Gestirne hinweisen können, er muss, wie in anderen Lichtbildvorführungen, mit einem Stabe auf die Objekte hinzeigen können. Aber im Planetarium ist dunkle Nacht, der Himmel ist tiefschwarz und die Bildfläche ist so weit entfernt, dass der einfache Zeigestab nicht zu gebrauchen ist. Der Vorführer bekommt zu dem Zwecke einen optischen Stab, einen Lichtzeiger. Dieser Bildwerfer wirft auf die dunkle Himmelsfläche einen leuchtenden Pfeil. Der Vorführer ist damit in der Lage, auf jedes beliebige Gestirn hinzuweisen und die Aufmerksamkeit der Besucher wird in noch weit höherem Maße als bei gewöhnlichen Projektionsvorträgen auf jeden einzelnen Gegenstand konzentriert.[164]

164 Walter Villiger: Das Zeiss-Planetarium. Jena 1931, S. 40 f. Zeiss-Archiv: Drucksachen, ohne Signatur.

Abbildung 14: Planetariumsprojektor Model I mit Lichtzeiger im Deutschen Museum. München 1925. Quelle: Deutsches Museum, München.

Villiger bewarb den Lichtzeiger als Instrument zur Überwindung räumlicher Distanz und zur Steuerung und Lenkung der Aufmerksamkeit der Zuschauenden. Raum, Zeit und Aufmerksamkeit wurden durch ihn zum Gegenstand technischer Beherrschung. Der Lichtpfeil ermöglichte eine direkte Verbindung von Lehrvortrag und Projektion, erlaubte präzise Zeigegesten und eindeutige Benennung. Er fungierte als Brücke zwischen Menschenkörper und Projektion: Als Verlängerung der zeigenden Hand der Vortragenden übertrug der Lichtzeiger deren körperliche Gesten technisch, machte sie sichtbar und gestattete eine körperliche Interaktion der Vortragenden mit der technisch produzierten Sternenwelt. Interessanterweise übertrug sich der Impuls der technisierten Körperlichkeit der Zeigegeste auch auf das Publikum, während das pädagogische Kalkül nur bedingt aufging:

> Die Urania-Vortragsworte, die mit gelassener Beharrlichkeit weiter tönen, fallen irgend wohin in den Raum, scheinen irgend woher, aus einer gleichgültigen fremden Ferne zu kommen und stören nicht einmal. Ein Lichtpfeil, der die jeweils gezeigten Sternbilder bezeichnet, scheint deiner eigenen Hand anzugehören, die in irgendeiner (manchmal traumhaft ersehnten) geheimnisvollen Verbindung mit der Unendlichkeit eines kosmischen Lichtstrahls steht. Der Lichtstrahl in deiner Hand wandert von Horizont zu Horizont, bald den riesenhaften Jäger Orion antippend, bald den roten Hundsstern, das schwach flimmernde Reiterlein am Wagen, den leuchtenden Sirius, die sanfte Venus, den fernsten Neptun, die nebelhaft zarten Plejaden, – neckisches Spiel eines Uebermutes, der sich phantastisch im Kosmos austobt.[165]

Obwohl sie keine Kontrolle über die Bewegung des Lichtzeigers hatte, erschien er der Person, die obenstehende Zeilen in der *Wiener Morgenzeitung* veröffentlichte, als Fortsatz der eigenen Hand, mittels dem sich eine direkte Verbindung und Interaktion mit dem projizierten Firmament herstellen ließ. Der Lehrvortrag verhallte als Hintergrundrauschen, während die Zuschauenden sich den optischen Reizen hingaben und den projizierten Raum sinnlich erkundeten. Technik wurde im Planetarium als Erweiterungsmöglichkeit des Körpers und der Sinne erfahren – dabei spielte der pädagogische Gedanke hinter dem Lichtzeiger, das Gesagte mit dem Gesehenen zu verknüpfen, keine wichtige Rolle mehr. Wichtiger war das Gefühl, körperlich mit der Projektion in Kontakt treten zu können, das als »neckisches Spiel«[166] amüsierte und unterhielt. Das Beispiel des Lichtzeigers zeigt: Die Technikerfahrung des Planetariums war verkörpert und in dieser Verkörperung lag Vergnügen.

Kaspar Maase stellt fest, dass dem Körper eine »tragende Rolle […] als Medium ästhetischer Erfahrung in der populären Kultur«[167] zukommt. Er fun-

165 S. S.: Ein Besuch im Planetarium. In: Wiener Morgenzeitung, 10.5.1927. Österreichische Nationalbibliothek: ANNO.

166 Ebd.

167 Maase, Kaspar: Bewegte Körper – populäre Kultur – ästhetische Erfahrungen. Kulturwissenschaftliche Überlegungen. In: Funke-Wieneke, Jürgen/Klein, Gabriele (Hg.):

giere als Wahrnehmungsorgan, -produzent und Quelle von Bedeutung.[168] Die Körperlichkeit ästhetischer Erfahrung äußert sich im Fühlen, Wahrnehmen, Bewegen und Interagieren – nicht nur intendierte Bewegungen, auch Gänsehaut, Schwindel, Schauder oder das Gefühl der Erhabenheit zählen dazu. Ein körperloser ästhetischer Genuss ist vor diesem Hintergrund kaum vorstellbar. Im Anschluss an Maase beschreibt Christoph Bareither die ästhetischen Komponenten körperlicher Erfahrung beim Computerspielen und beobachtet, wie sich ästhetische Erfahrung in Verbindung von Körpern und technischen Artefakten geriert.[169] Er stellt fest: »Es wäre falsch, die zum Vergnügen genutzten technischen Artefakte [...] als vom Körper strikt getrennte Einheiten zu verstehen. Vielmehr ergänzen und verändern sie seine Funktionen als Wahrnehmungsorgan, Wahrnehmungsproduzent und Quelle von Bedeutung.«[170] Was Bareither für den Joystick und die Computermaus in Anschlag bringt, gilt auch für den Lichtzeiger im Planetarium: Sowohl sein aktiver Gebrauch als auch seine scheinbar passive Beobachtung erlaubten es den Besucher*innen und Vortragenden, sich körperlich mit der Projektion und der dahinterstehenden Maschinerie in Verbindung zu setzen. Diese Verbindung bereitete ästhetischen Genuss und steigerte die Immersionserfahrung, auf die das Planetarium abzielte. Um die Verquickung von Körper und Technik noch besser beschreiben zu können, bezieht sich Bareither auf den Technikphilosophen Don Ihde, der aus einer phänomenologisch-inspirierten Warte das körperliche und verkörperte Weltwahrnehmen durch Technik untersucht. Mit Ihde lässt sich festhalten: Technische Artefakte ermöglichen und begrenzen Beziehungen zur Welt und schreiben sich in den Körper ein, formen »embodiment relations«.[171] Folglich formierte sich in der Technikerfahrung des Planetariums nicht nur eine Beziehung zur Technik, sondern sie beinhaltete auch eine technisch vermittelte Beziehung zur Welt. Die Technikerfahrung des Planetariums hatte zwei aktive Seiten: Sie ergab sich aus dem Zusammenspiel von Menschen *und* Maschinerie. Auch das vermag der Lichtzeiger zu verdeutlichen: Auf der Produktfotografie ist nicht nur der Apparat selbst zu sehen, sondern auch die Hand des Menschen, durch die er erst komplett und funktionsfähig wurde (Abbildung 15). Die Welt

Bewegungsraum und Stadtkultur. Sozial- und kulturwissenschaftliche Perspektiven. Bielefeld 2008, S. 31–49, S. 36.

168 Vgl. ebd., S. 43.

169 Bareither 2016, S. 108 f.

170 Ebd, S. 109.

171 Siehe dazu Ihde, Don: Technology and the Lifeworld. From Garden to Earth. Bloomington/Indianapolis 1990, S. 72 ff.

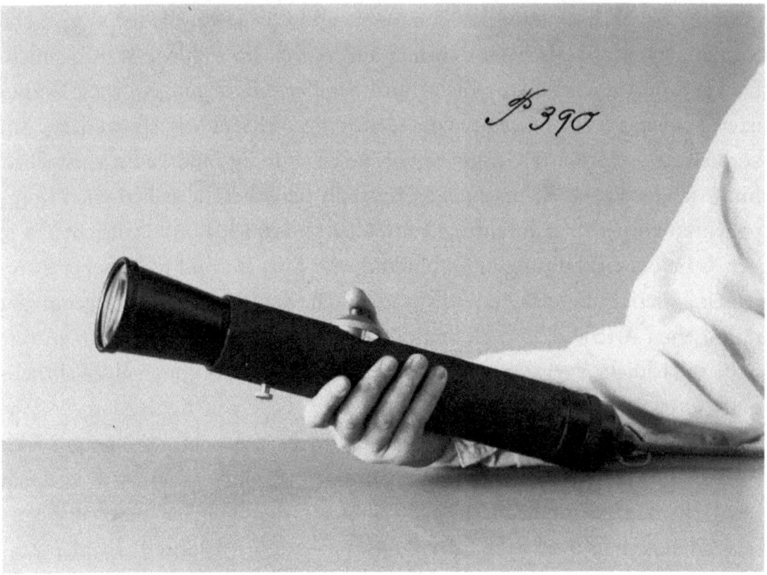

Abbildung 15: Produktfotografie des Zeiss-Lichtzeigers. Jena 15.10.1928. Quelle: Zeiss-Archiv.

des Planetariums erstand aus einer Kollaboration von Menschen und Maschinen, griff auf den Leib und die Gedanken der Besucher*innen aus (die nicht als getrennte und einander gegenüberstehende Entitäten verstanden werden) und erlaubte es ihnen, über die Zukunft dieser Kollaboration nachzudenken.

Obwohl dies alles in pädagogischer Absicht geschah, war es vor allem das körperliche und narrativ ausgestaltete Vergnügen an der Technikerfahrung, das den Reiz des Planetariums ausmachte. Franz Fieseler, Planetariumsverkäufer im Auftrag der Firma Zeiss, hatte klare Vorstellungen davon, wie diese Erfahrung zu kuratieren sei, um Wirkung zu erzielen, und teilte seine Ratschläge in Briefen mit seinen Auftragsgebern: »Vor ungeschicktem und zu häufigem Gebrauch des Lichtzeigers sollten die Vortragenden im Zeiss-Planetarium sich hüten, nicht fortwährend damit herumfuchteln, was immer als Störung empfunden wird«,[172] mahnte Fieseler. Der Lichtzeiger stellte in seinen Augen einen störenden pädagogischen Eingriff in den projizierten Nachthimmel dar. Das spielerische und interaktive Potenzial der Projektion blieb ihm verborgen. Ähnlich empfand ein*e

172 Franz Fieseler: »Betrachtung über die Vorträge im Zeiss-Planetarium«, Ende 1920er. Zeiss-Archiv: BACZ 3025.

Autor*in des *Prager Tagblatts*. Der klamaukig-ironische (und latent sexistische) Artikel mit dem Titel »Auf die Sterne schießen« wollte die pädagogischen Absichten des Planetariums anhand des Lichtzeigers als lächerlich entlarven:

> Das große Zeiß-Planetarium, das man jetzt in der Wiener Ausstellung besichtigen kann, habe ich noch nicht besucht, aber ich muss es besuchen, und wäre es aus einem einzigen Grund: Wegen des Lichtgewehrs, mit dem dort, wie ich höre, auf die Sterne geschossen wird. [...] In den wirklichen Sternennächten ist es so, dass die Sterne Lichtpfeile auf uns herunterschießen. Das [sic] wir nicht zurückschießen können, hat mich längst gestört. Im Zeiß-Planetarium nun hat man einen Apparat, den sogenannten Lichtzeiger, der zurückschießen kann. [...] Das ist es, was wenigstens mir immer gefehlt hat! Man steht, sagen wir, in einer tropischen Nacht auf dem obersten Bootsdeck eines Dampfers, über einem glitzert der Kosmos, drei australische Misses stehen um den Schiffsdoktor herum und er zeigt ihnen das Kreuz des Südens, oder den Orion oder was, aber sie halten ja doch das Alpha des Kentauren für den Orion, sie sagen immerzu: ›Ach!‹, aber haben sie denn eine Idee? Das Licht-Schießgewehr fehlt dem charmanten Schiffsarzt, mit dem er den Großen Bären schießen könnte: Halali, getroffen, das ist er, der Lichtpfeil sitzt! Das mit dem Planetarium ist ja ganz schön, aber hoffentlich konstruiert uns die Firma Zeiß noch einen größeren Lichtzeiger, zur Verwendung im Universum, eine planetarische Dicke Bertha, mit einem Wort, das, was allein zum hinreißenden Zauber der Sternennächte noch fehlt: das pädagogische Staberl, das einem bildungsbeflissenen Publikum jeweils den Orion zeigen kann und das Geschütz, das den Großen Bären, den Steinbock oder den Kentauren jederzeit zur Strecke bringt.[173]

Als Symbol der menschlichen Hybris deutete der*die Autor*in des *Prager Tagblatts* den Lichtzeiger und mokierte sich über die damit verbundenen Eroberungsfantasien, den extraterrestrischen ›Jagdtrieb‹. So spottete er*sie dem Technikoptimismus und Fortschrittsglauben, den viele im Planetarium erlebten und darin verwirklicht sahen. Auch auf die erzieherische Manier des Technikeinsatzes und die Verbindung des Blicks in den Sternenhimmel mit einer vermeintlichen Lernpflicht zielte die Kritik des Artikels ab – und vielleicht versteckt sich hier auch ein Seitenhieb auf die in der Presse ansonsten weitgehend ungebremst grassierende Planetariumsbegeisterung.

173 A. H.: Auf die Sterne schießen. In: Prager Tagblatt, 11.5.1927. Österreichische Nationalbibliothek: ANNO.

Abbildung 16: Planetariumsprojektor Modell II mit Lichtzeiger. Jena 1926.
Quelle: Zeiss-Archiv.

• • •

Die Presse leistete in jedem Fall einen großen Beitrag zur Konstruktion der Technikerfahrung im Planetarium. Durch die veröffentlichten Berichte und die darin kursierenden Narrative schlug sie den Planetariumsbesucher*innen bestimmte Rezeptionsweisen vor und gab ihnen ein Vokabular an die Hand, mit dem sich das Erfahrene beschreiben ließ. Gerade der Wundertopos fungierte als narrative Rahmung, die das Erleben bestimmter Gefühle – Staunen, Begeisterung, Angst, Zuneigung, Überwältigung und Stolz – und Erfahrungen ermöglichte, ihr Management leitete sowie Deutungen des Erlebten vorschlug. Auch die Kurationsarbeit der Vortragenden, der Planetariumsbetreibenden und der Firma Zeiss beeinflusste die Erfahrungen. Sie arbeiteten daran, die Planetariumsmaschinerie möglichst wirkungsvoll zum Einsatz zu bringen, und entwickelten ein entsprechendes Arbeitswissen, das zwischen den Institutionen zirkulierte und in den Vorträgen zur Anwendung kam. Die Vorträge, Zeitungsartikel, Briefe und Bilder, die im Kontext der Planetariumseröffnungen entstanden, tragen noch heute die Spuren dieser Arbeit und erlauben es, das Planetarium aus Sicht einer historischen, kulturwissenschaftlichen Technikforschung als Leitfossil einer Archäologie der Technikerfahrung in den 1920er-Jahren zu befragen. Die Technikerfahrungen, die das Planetarium ermöglichte, treten besonders in den Beziehungen zwischen Menschen und Maschinen hervor, die sich im Planetarium entfalteten. Der Planetariumsprojektor als Showstar war eine Hauptattraktion – Ziel eines Planetariumsbesuchs war nicht nur die Himmelsbetrachtung, sondern zum gleichen Grad die Begegnung mit der Planetariumsmaschinerie, die eine vergnügliche und genussvolle Technikerfahrung in Aussicht stellte. Verschiedene Lesarten des Projektors, die von den schreibenden Planetariumsbesucher*innen ausbuchstabiert wurden, verweisen auf die Dimensionen der Technikerfahrung, die dort zu machen war: Der Projektor erschien als Wesen, als anderes Gegenüber und Repräsentant einer fremden Handlungsmacht, die unbekannten Welten zugeordnet wurde. Zuschauende erfuhren Technik als eigenständig, eigensinnig und obskur, als Brücke zu anderen Welten und als Quelle von Angst, aber auch von vergnüglichem Grusel und als Gegenstand der Zuneigung. Dementgegen steht die Deutung des Projektors als Werk, als von Menschen gemacht und der Menschen untertan, die ebenfalls die Technikerfahrung des Planetariums beeinflusste. Besucher*innen erfuhren Technik als Mittel der Ermächtigung und Eroberung. Sie erschloss bislang unentdeckte Welten und erlaubte es, Kontrolle über sie auszuüben. Dabei spielte auch die (Natur-)Wissenschaft, die als Basis der technischen Artefakte präsentiert wurde, eine wichtige Rolle. In diesem Zusammenhang erlebte das Publikum Gefühle wie Begeisterung und Stolz, aber auch ästhetischen

Genuss – vor allem dann, wenn sich das Planetarium als Kunstwerk darbot. Schließlich erfuhren die Besucher*innen im Planetarium die Welt im technischen Modus – und damit als derselben Maschinenlogik unterworfen wie der Planetariumsprojektor. Ausgehend davon erschien sie ihnen steuerbar, aber auch rätselhaft und lud zu fantasievollen Beschäftigungen mit den künftigen Möglichkeiten einer technisierten Welt ein. Vor diesem Hintergrund zeigt sich das Planetarium als sociotechnological imaginary – als Ort, an dem Menschen, Wissenschaft und Technik Imaginationen von der Zukunft entwerfen und damit ersten Schritten in diese Richtung den Weg bereiten. Diese Offenheit bei gleichzeitiger konkreter, materieller und körperlicher Erfahrbarkeit beinhaltete ein transgressives Potenzial, das den Eindruck, man habe es im Planetarium mit einem »Wunder der Technik« zu tun, maßgeblich hervorrief. Die Technikerfahrungen, die das Planetarium ermöglichte, wirkten auch außerhalb der Institution: Die Art und Weise, auf die Technik und Welt ins Verhältnis gesetzt wurden, nahmen die Besucher*innen mit in ihre Fantasie und in ihren Alltag. Dabei spielten nicht nur die Erzählungen, die im und um das Planetarium zu hören waren, eine Rolle, auch die Art und Weise, wie Technik den Körpern der Besucher*innen nahekam, war für die Technikerfahrung des Planetariums prägend. Der Lichtzeiger, der genutzt wurde, um die Besucher*innenblicke zu leiten, stellte eine Brücke zwischen Projektion und Zuschauer*innenkörper dar, wurde als Erweiterung des eigenen Körpers empfunden und als Interaktionsmöglichkeit mit der technisch erzeugten Welt erfahrbar. Im Planetarium gingen Menschen und Maschinen eine Verbindung ein, aus der eine teils fiktiv ausgestaltete Welt hervorging, in der Technik zentral gesetzt war, aber vor allem in ihrer Bezüglichkeit zum Menschen – das wird am Lichtzeiger deutlich. Das Planetarium stellt einen Mensch-Maschine-Nexus dar, in dem sich Erfahrungen formierten, die den Menschen Technik als ambivalent und facettenreich nahebrachten. Vor allem aber erfüllte Technik nicht rein funktionale Zwecke, sondern war Mittel und Gegenstand ästhetischen Genusses.

4. Naturerfahrung – das Planetarium als NaturKultur

> Bei unserem ersten Besuche wollen wir uns gerne dem tiefen Allgemeineindruck hingeben, dessen sich der kühlste Materialist nicht erwehren kann: wenn zum erstenmal [sic] der Sternenhimmel aufleuchtet in einer Pracht, wie wir sie in der Großstadt kaum ahnen können, wenn das Firmament zu kreisen beginnt, wenn Sonne, Mond und Planeten vor unseren Augen vorbeieilen oder gar wenn die Sterne allmählich verblassen, die Helligkeit unmerklich wächst und schließlich in zartem blauen Schimmer der Tageshimmel deutlich wird! Da wollen wir nicht an Technik denken und uns still der Natur verbunden fühlen.[174]

Natur, nicht Technik, wollte der Wiener Astronom und Universitätssternwartenassistent Walter Bernheimer[175] im Planetarium in erster Linie erfahren haben. Zumindest den ersten Planetariumsbesuch empfahl er den Leser*innen der *Neuen Freien Presse* für kontemplative Naturbetrachtung zu reservieren und das Lernen hintenanzustellen: »[d]as nächste Mal dann aber auf ins Planetarium zum Grübeln und Verstehen«.[176] Dabei bezog sich Bernheimer auf den Kontext der Großstadt, vor deren Hintergrund sich die Erfahrung des projizierten Sternenhimmels ganz besonders abhob und auszeichnete. Von Bedeutung waren für ihn vor allem der »tiefe Allgemeineindruck« und ein Verbundenheitsgefühl mit der Natur, die das Planetarium hervorrief – eine Stimmung, die er voll auskosten wollte. Mit dem Verständnis des Planetariums als Ort der Naturerfahrung war Bernheimer nicht allein. »Naturgetreu« – mit diesem Attribut beschrieben zahlreiche Besucher*innen den Eindruck, den der Sternenhimmel im Planetarium hinterließ, sowie die Gefühle, die dabei entstanden: »Der nachgeahmte Sternenhimmel wirkt so restlos naturgetreu, dass die Illusion schon nach wenigen Sekunden eine vollkommene ist. Man vermag sich kaum vorzustellen, dass man nicht den richtigen Himmel über sich hat«,[177] schwärmte der Autor eines Berichts des *Berliner Tagblatts*. »Man hat erwartet, ein Bild des Himmels

174 Walter Bernheimer: Reise durch das Weltall in wenigen Minuten. In: Neue Freie Presse, 8.5.1927. Österreichische Nationalbibliothek: ANNO.

175 Siehe dazu Graff, K.: Anzeige des Todes von Walter E. Bernheimer. In: Astronomische Nachrichten 264 (1938), S. 343.

176 Ebd.

177 Prof. Hennig: Das Planetarium von Jena. In: Wiener Morgenzeitung, 19.8.1924. Nachdruck eines Artikels des Berliner Tagblatts. Österreichische Nationalbibliothek: ANNO.

zu sehen, aber das ist doch jetzt der unendliche, herrliche Himmel selbst, wie wir ihn kennen und doch auch wieder in solcher Reinheit und Klarheit noch nie gesehen haben«,[178] so schildert die *Arbeiter-Zeitung* den naturalistischen Eindruck der Projektion. Im Planetarium begegnete den Besucher*innen nicht nur eine Maschine, sondern auch eine maschinell erzeugte Natur, zu der sie sich in Bezug setzten und deren Erfahrung sie in ihrer »Echtheit« fesselte. Diese spezielle, technisch gefertigte Naturerfahrung machte einen weiteren Reiz des Planetariums aus und war noch ein weiterer Grund dafür, es zu besuchen.

Im Verlauf des 19. Jahrhunderts hatte sich in den Städten und ganz besonders im Bürgertum ein romantisch-idealisierendes, eher rückwärtsgewandtes Naturverständnis ausgebildet, das bis in die 1920er-Jahre hinein wirksam blieb und sich aufs Planetarium auswirkte: Natur wurde nicht nur als »Objekt der instrumentellen Vernunft«[179] aufgefasst, sondern zum »Objekt des Bewahrens«.[180] Bürger*innen erkannten in der Natur eine bedrohte, vornehmlich ästhetische Ressource, die es zu schützen galt, da sie für die »Volksseele« von Bedeutung sei und den Kern einer Nation ausmache.[181] Unter diesen Prämissen formierte sich die Heimat- und Naturschutzbewegung, der an der Erhaltung und am Schutz von »Naturdenkmalen«, aber auch von als ursprünglich markierten Lebensweisen gelegen war – all das umfasste das Heimatverständnis der Mitglieder.[182] Dabei verwob die Bewegung Ideen des Naturschutzes mit nationalistischen und völkischen Ideologien, die später teilweise in das Programm der Nationalsozialist*innen einflossen. Mit den »Naturfreunden« (gegründet 1895 in Wien) bildete sich auch im Arbeiter*innenmilieu eine Vereinigung heraus, der die Idee des Naturschutzes und vor allem des gekonnten Naturgenusses zugrunde lag und die sich inhaltlich nicht deutlich von den bürgerlichen Heimatschützer*innen unterschied.[183] Arbeiter*innen nutzten ihre wachsende Freizeit, um beim Wandern oder Radfahren Natur zu erleben und erschlossen sie sich als Quelle von Erholung. Naturvereine boten dabei nicht selten Anlass, sich auch wissenschaftlich mit der Natur zu befassen: etwa auf Wanderungen Ge-

178 n. r.: Das eingefangene Weltall. In: Arbeiter-Zeitung, 8.5.1927. Österreichische Nationalbibliothek: ANNO.

179 Schmoll, Friedemann: Erinnerung an die Natur. Die Geschichte des Naturschutzes im deutschen Kaiserreich. Frankfurt a. M. 2004, S. 12.

180 Ebd.

181 Vgl. Patel, Kiran Klaus: Neuerfindung des Westens – Aufbruch nach Osten. Naturschutz und Landschaftsgestaltung in den Vereinigten Staaten von Amerika und in Deutschland, 1900–1945. In: Archiv für Sozialgeschichte 43 (2003), S. 191–224, S. 207 f.

182 Vgl. ebd., S. 208.

183 Vgl. ebd., S. 209.

steinsproben zu sammeln, lokalen Wetterphänomenen auf den Grund zu gehen oder bei der Vermessung des Sternenhimmels mitzuwirken.[184] Die Verbindung von Wissenschaft, Naturgenuss und Freizeit beziehungsweise Erholung übertrug sich aufs Planetarium, das als urbaner Ort den Städter*innen Natur nahebringen sollte. Das Planetarium stellt sich in den Beschreibungen als Vermittlungsinstanz dar, die nicht nur Wissen über Astronomie und Technik, sondern darüber hinaus auch Wissen über Natur und vor allem eine Einstellung, ein Gefühl ihr gegenüber vermitteln sollte und konnte. Häufig getragen von Verwaltungen, die sich dezidiert einem sozialdemokratischen Ziel verschrieben hatten, ist es nicht verwunderlich, dass sich im Planetarium Technik- mit Naturbegeisterung verband, waren doch beide Bereiche im Fokus der zugrundeliegenden, sozialdemokratischen Volksbildungsbestrebungen und für die vermutete Lebenswelt vieler Anhänger*innen dieser politischen Gesinnung von Belang. Nicht nur für diese Zielgruppe, auch für das bürgerliche Publikum war das in Aussicht gestellte Naturerlebnis attraktiv. Neben einem »Wunder der Technik« versprach das Planetarium dem Publikum auch »Wunder der Natur« zu präsentieren, die vermittels der Planetariumstechnik zugänglich wurden und erst durch sie ihre volle Wirkung entfalten konnten: »In der Tat, man musste uns erst einen künstlichen Sternenhimmel schaffen, damit wir dieses Wunder fassen: die ewigen Sterne über uns. Der natürliche Sternenhimmel, den man, wenn es klar ist, jeden Abend sehen kann, ist ja kein Kunststück …«[185] Die Kunstfertigkeit des Projektors verwies auf die Kunstfertigkeit des Sternenhimmels – beide versprachen ästhetische Genüsse. Der Wundertopos, der in den Erzählungen über die Planetariumstechnik zur Anwendung kam, griff auch auf die Natur aus, die sich als Grundlage und Ergebnis dieser Technik zeigte. Wunderbar erschien den Besucher*innen neben dem Projektor auch der projizierte Sternenhimmel, den sie als »natürlichen« Sternenhimmel empfanden:

> Die Illusion ist so großartig, dass man vergisst, im geschlossenen Raum zu sein. Die projizierten Sternpunkte sind derart präzise an ihre wirkliche Leuchtkraft angepasst, ihre gegenseitige Verteilung so peinlich der Natur entsprechend durchgeführt, dass jedermann schwören könnte, unter dem freien Himmelszelt zu sein.[186]

184 Vgl. Daum 1998, S. 89 ff.

185 Hans Natonek: Im Sternen-Theater. In: Prager Tagblatt, 22.8.1924. Österreichische Nationalbibliothek: ANNO.

186 Oswald Thomas: Was ist ein Planetarium? In: Arbeiter-Zeitung, 8.4.1927. Österreichische Nationalbibliothek: ANNO.

Natur nahm im Planetarium die Form des projizierten Nachthimmels an, der durch seine Wirkung und wissenschaftlich hergestellte Genauigkeit als Kopie galt, die das Original in vielem sogar noch übertraf, der auf jeden Fall aber ähnliche Gefühle auszulösen vermochte. Mehr noch – das Planetarium versprach sogar, Naturgefühle beizubringen: »Es ist [...] ein Hilfsmittel, um dem modernen Stadtmenschen, der das Naturempfinden vielfach verlernt hat, das Verständnis und die Freude an der großen Natur, dem Sternenzelt, wieder näherzubringen.«[187] Wundern und Staunen erschienen als dem künstlichen wie natürlichen Himmel angemessene Emotionen, die im Planetarium ermöglicht und durch die die sich darum rankenden Erzählungen heraufbeschworen wurden. Auch das Naturerlebnis, das sich mit dem Planetarium verband, war Ergebnis und Stoff des Wundertopos, der sich im Sprechen und Schreiben über das Planetarium entfaltete.

In diesem Kapitel stehen die Naturerfahrungen, die Besucher*innen im Planetarium machten, im Mittelpunkt. Zunächst muss geklärt werden, was mit ›Natur‹ überhaupt angesprochen und gemeint ist: Am Beispiel des Planetariums werden kulturwissenschaftliche Herangehensweisen und Konzepte für die Erforschung der Beziehungen von Menschen und Natur dargelegt. Es wird gezeigt, dass Natur keine Gegebenheit, sondern das Ergebnis von Zuschreibungs- und Trennungspraktiken ist und das Planetarium sich *als Durch(-)einander von Natur und Kultur* entpuppt. Basierend darauf wird dann das Planetarium als urbane Institution fokussiert; die *Großstadt* stellte den *Kontext* für die Naturerfahrungen des Planetariums dar, zeigt sich aber auch als *Kontrast*, vor dem sich diese Naturerfahrungen erst richtig abheben konnten. Schließlich geht es um das Planetarium als Ort einer technisch reproduzierten Natur sowie die *gefühlte Natur und die ›natürlichen‹ Gefühle*, die es hervorbrachte.

4.1 Das Planetarium als Durch(-)einander von Natur und Kultur

»Der Himmel der Heimat« – so hieß ein beliebtes Vortragsformat, das in allen hier untersuchten Planetarien als erstes im Programm stand (Abbildung 17). Die unter diesem Titel firmierenden Vorträge hatten das Ziel, das Planetariumspublikum mit ebenjenem »Himmel der Heimat« vertraut zu machen, ihm die Orientierung und Benennung der Sternbilder am Nachthimmel über dem jeweiligen Aufstellungsort zu erleichtern. Zugrunde lag die zunächst paradox

187 Erich Doleza l.: Der künstliche Sternenhimmel. In: Reichspost, 7.5.1927. Österreichische Nationalbibliothek: ANNO.

Abbildung 17: Werbeplakat für den Planetariumsvortrag »Der Himmel der Heimat«. Hamburg 1930. Quelle: Staatsarchiv Hamburg.

anmutende Idee, dass der ferne Sternenhimmel auch Teil der eigenen, heimeligen Nahwelt sei und damit zu dem zählte, was als Heimat benannt, anerzogen und vermarktet wurde.[188] Den Vorträgen ging die Feststellung voraus, dass der Kenntnisstand über den heimischen Nachthimmel in der Gesellschaft eher gering sei – dem sollte das Planetarium Abhilfe schaffen. Damit gliederte es sich

188 Einen Überblick zu Forschungsansätzen über Heimat bietet Jäger, Jens: Heimat, Version 1.0. In: Docupedia-Zeitgeschichte, 9. 11. 2017. URL: https://docupedia.de/zg/Jaeger_heimat_v1_de_2017 (Zugriff: 15. 3. 2021).

in die Bemühungen der Heimatschutzbewegung ein, der es ebenfalls an der Pflege des Wissens über die als Heimat benannte, mit Bedeutung aufgeladene Umwelt ging, und adressierte dezidiert ein »natur- und heimatbegeistertes«[189] Publikum. So finden sich in den Quellen beispielsweise Belege für Ausflüge verschiedener Gruppen der Naturfreunde ins Planetarium, die dort nach erholsamen Naturerlebnissen suchten.[190] Im Hamburger Skript zum »Himmel der Heimat« wurde gegen Ende das Ziel der Aufführung resümiert und mit einer Anekdote verdeutlicht:

> Nur einen kleinen Abschnitt haben wir heute erlebt von dem, was uns der künstliche Himmel bieten kann. Wir haben uns flüchtig am gestirnten Himmel der Heimat orientiert und im raschen Wechsel der Jahreszeiten einen kurzen Einblick genommen in die Bewegungen der Wandelsterne. Wir hoffen, dass Sie alle die Überzeugung gewonnen haben, dass uns das Planetarium in kurzer Zeit durch eigenes Schauen eine bessere Vorstellung vermitteln wird von dem, was um uns im Weltall ist. Ein einfacher Arbeiter erklärte nach dem Besuch des Planetariums in Jena ›Wir Menschen sind doch einfältige Geschöpfe. Wir streiten und hadern immer, und wenn man da drinnen im Planetarium gewesen ist, dann fühlt man so recht, wie unsinnig all unser Streiten ist.‹ Wenn wir alle solche Empfindungen wie der einfache Arbeiter mit nach Hause nehmen, dann hat der künstliche Himmel seinen Zweck erfüllt.[191]

Dem in normativer Absicht formulierten Skript zufolge sollten die Besucher*innen zweierlei aus der Vorstellung mitnehmen: Wissen über das Weltall, das in der »Heimat« beginne, und eine läuternde Empfindung angesichts des Nachthimmels, die an die Moral der Menschen appellierte – ein Gefühl. Dem Wiener Planetarium schrieb man ähnliche Funktionen zu; es enthalte »das Rüstzeug, um die Geheimnisse des Sternenhimmels zu erlauschen und tief in das Wesen des unbeirrbaren Kreislaufes der Natur einzudringen«,[192] heißt es in einer Zeitungsankündigung.

189 Brief von Hermann Ritter, Schriftleiter der Zeitschrift »Das Wandern« an die Firma Zeiss, 5.3.1927. Zeiss-Archiv: BACZ 5827.

190 Von einem solchen Besuch erzählt eine von Zeiss gesammelte Anekdote. Zeiss-Archiv: BACZ 27439.

191 Mutmaßlich Körner: Skript zum Vortrag »Der Himmel der Heimat«, vermutlich 1930. Staatsarchiv Hamburg: 361–2 V 725c.

192 O. A.: Das Wiener Planetarium wird eröffnet. In: Tagblatt, 10.1.1930. Österreichische Nationalbibliothek: ANNO.

Das Naturverständnis, das in diesen Quellen aufscheint und der Vermittlungsarbeit im Planetarium zugrunde lag, bezog sich nicht nur auf die Gedankenwelt der Natur- und Heimatschutzbewegung, sondern hatte sich im Laufe des 19. Jahrhunderts auch im Zuge der Popularisierung der Naturwissenschaften herausgebildet. Andreas Daum stellt fest, dass dafür vor allem die Idee der Ganzheitlichkeit von Bedeutung war:

> Im Zentrum der populärwissenschaftlichen Gedankenwelt stand eine ganzheitliche Auffassung von Natur. Die Suche nach der Einheit wurde zur Antwort auf die Spezialisierung der Fachwissenschaft und die Partikularisierung der akademischen Erkenntnis. Zugleich entsprach dieses Einheitsstreben dem gesellschaftlichen Bedürfnis, eine zunehmend unüberschaubare Lebenswelt fassbar zu machen.[193]

Das Planetarium, das ja vom Zuschauenden über den Horizont des Aufstellungsortes bis hin zu den fernsten Sternen die ganze Welt zu enthalten schien, eignete sich besonders gut, einen ganzheitlichen, umfassenden Charakter von Natur zu erzählen, sie beispielsweise – wie in der oben zitierten Zeitungsankündigung – als geschlossenen Kreislauf zu beschreiben und sie in den »Kompensationsraum«[194] der »Heimat« einzugliedern, sie als Teil des Bekannten fassbar zu machen. Die holistische und greifbare Darstellung des Nachthimmels verband sich mit einem ästhetischen Empfinden, das durch die Heimat- und Naturschutzbewegung, aber auch durch die Wissensvermittlung bereits eingeübt und popularisiert worden war. Zugrunde lag eine Vorstellung von der Natur und der Wissenschaft, die beide als geschlossenes und durchgeplantes System entwarf:

> Die populärwissenschaftliche Praxis bewirkte zwischen 1848 und 1914 zugleich eine erstaunliche Konvergenz der kommunikativen Mittel, Präsentationsweisen und der Wahrnehmung von Natur. Über alle Deutungsantagonien hinweg kristallisierten sich gemeinsame Bilder von Wissenschaft und von der Natur heraus. Die Beharrungskraft naturphilosophischen Denkens, die Faszination für die Ganzheitsidee, wie sie der Entwurf der Natur als Kosmos durch Alexander von Humboldt verkörperte, und ausgeprägte Neigun-

193 Daum 1998, S. 465.

194 Bausinger, Hermann: Heimat und Identität. In: ders./Köstlin, Konrad (Hg.): Heimat und Identität. Probleme regionaler Kultur. Kiel 1980, S. 9–24, S. 20.

gen zur Moralisierung und Ästhetisierung können als Eigentraditionen des populärwissenschaftlichen Bildungsbereichs hervorgehoben werden.[195]

Die Vermengung von naturbezogener Wissensvermittlung und Moralisierung qua Erzählung, Ästhetik und Emotion setzte sich in den 1920er-Jahren der Weimarer Republik fort. Nicht nur konzeptionelle und personelle Kontinuitäten, wie sie etwa das Deutsche Museum aufwies, auch das Planetarium selbst als Institution machen das sichtbar. Vorträge wie »Der Himmel der Heimat« strickten eine Erzählung und schufen einen als Natur gelesenen Wahrnehmungsraum, die gleichzeitig Wissen vermittelten, das vermittelte Wissen als Teil der Nahwelt verorteten und greifbar machten. Zudem versetzten sie das Publikum in eine angenehme, vergnügliche und als moralisch wertvoll geltende Gefühlslage. Gerade dieses Durcheinander verschiedener Deutungsangebote, in das die Naturerfahrung des Planetariums hineinspielte und aus dem sie hervorging, zieht das kulturwissenschaftliche Forschungsinteresse auf sich.

Wenn Kulturwissenschaftler*innen über Natur forschen, dann fragen sie zunächst danach, was Menschen wann und warum als Natur begegnet(e). Sie setzen Natur nicht als Gegebenheit voraus, sondern erkennen in ihr das Ergebnis von Praktiken der Beschreibung, Trennung, Wahrnehmung. Am Planetarium interessiert daher auch besonders die Frage, welche Natur es dort zu erleben gab, wie sie zur Natur gemacht wurde, warum sie den Zeitgenoss*innen als Natur erschien und was ihr entgegengesetzt wurde, wovon sie sich abgrenzte. Darüber hinaus ist für Kulturwissenschaftler*innen von Interesse, wie Menschen mit Natur umgehen, welche Gefühle, Deutungen und Handlungen Natur ermöglichen und von ihr ermöglicht werden:

> Nicht, wie die Natur ist, sondern wie sie in historischen und gegenwärtigen Lebenswelten gesehen, verstanden, gedeutet wird, wie sie in Objektivationen und Subjektivationen abgebildet und ausgedrückt wird, kennzeichnet den Horizont unseres Fragens. […] Natur gibt es für uns nur aus zweiter Hand, als zweite Natur, hindurchgegangen und sichtbar gemacht durch die Brille des Kulturellen.[196]

195 Daum 1998, S. 29.

196 Köstlin, Konrad: Kultur als Natur – des Menschen. In: Brednich, Rolf Wilhelm/ Schneider, Annette/Werner, Ute (Hg.): Natur – Kultur. Volkskundliche Perspektiven auf Mensch und Umwelt. Sammelband zum 32. Kongress der Deutschen Gesellschaft für Volkskunde in Halle vom 27.9. bis 1.10.1999. Münster 2001, S. 1–10, S. 3.

Im Eröffnungsvortrag des 32. Kongresses der Deutschen Gesellschaft für Volkskunde im Jahr 1999, der die Beziehungen von Natur und Kultur erörtern wollte, umschreibt Konrad Köstlin das Verhältnis der Kulturwissenschaft zur Natur. Köstlin zufolge habe sich die Volkskunde als Vorläuferdisziplin der Kulturwissenschaft »im Umfeld der Spannung von Natur und Kultur ausgebildet«.[197] Ähnlich wie das im vorherigen Kapitel geschilderte, ablehnende Verhältnis zur Technik war auch ein bestimmtes, ambivalentes Verhältnis zur Natur konstitutiv für das Fach. Zum einen habe es sich mit seinem Gegenstand – der Kultur – in Abgrenzung zur Natur definiert,[198] zum anderen sei es sein Ziel gewesen, gerade eine vermeintliche Natürlichkeit gewisser Lebensweisen zu begründen und zu erforschen.[199] Stefan Beck stellt im Verweis auf Bruno Latour fest,[200] dass es genau diese Ambivalenz ist, die die Kulturwissenschaft als eine den Ideen einer Moderne entspringende Wissenschaft par excellence kennzeichne, die gleichzeitig »nie so richtig modern sein konnte oder wollte«.[201] In Köstlins Beschreibung des ambivalenten Verhältnisses der Kulturwissenschaft zur Natur klingt zudem schon das an, was heute unter dem Schlagwort NaturKultur – oder pluralisiert NaturenKulturen – inner- und außerhalb des Faches diskutiert wird: Natur und Kultur sind miteinander verwachsen, sie stehen einander nicht gegenüber oder befinden sich dies- und jenseits einer Grenze, sondern sind nur im doppelten Sinne durch(-)einander existent und verständlich: Sie bedingen einander und vermischen sich. Auch wenn Köstlin letztlich in der Dichotomisierung verbleibt und Kultur als Gegenstück oder zumindest als von Natur unterscheidbar entwirft, verweist seine Idee von einer »zweiten Natur« der Kulturwissenschaft auf die ontologische Untrennbarkeit der beiden. Der Begriff NaturenKulturen, der jüngst von Friederike Gesing, Katrin Amelang, Michael Filtner und Michi Knecht[202] ausbuchstabiert wurde, und die damit

197 Ebd., S. 2.

198 Siehe dazu auch Beck, Stefan: Natur | Kultur. Überlegungen zu einer relationalen Anthropologie. In: Zeitschrift für Volkskunde 104 (2008), H. 2, S. 161–199, S. 168.

199 Vgl. Köstlin 1999, S. 1 f.

200 Für Latour gibt es mehrere, widersprüchliche Bündel an Praktiken, die Moderne produzieren. Dazu zählen unter anderem reinigende Praktiken, die Natur und Kultur sauber voneinander abtrennen und als Gegensätze etablieren. Gleichzeitig gibt es aber eine Vielzahl an Praktiken, aus denen Mischwesen hervorgehen. Diese Praktiken der Reinigung und Übersetzung waren auch Teil der kulturwissenschaftlichen Arbeit, konnten aber von der Kulturwissenschaft und ihren Vorgängerinnen nie wirklich getrennt voneinander betrachtet werden – genau diese getrennte Betrachtung mache aber laut Latour das Modern-Sein aus. Siehe dazu Latour 2002.

201 Beck 2008, S. 169.

202 Gesing, Friederike/Amelang, Katrin/Filtner, Michael/Knecht, Michi: NaturenKultu-

verknüpften Forschungsperspektiven sind mit dem Versuch verbunden, den absoluten Sozialkonstruktivismus älterer Entwürfe um einen die menschliche Konstruktionsleistung materiell und leiblich verankernden und ihre Totalität relativierenden Blick zu ergänzen. Es geht nach wie vor darum, Natur und Kultur als kontingente Kategorien zu begreifen, die »das Ergebnis soziomaterieller Praktiken menschlicher und nicht-menschlicher Akteure sind«[203] und als solche durchaus handlungsleitend, wirklich und wahrhaftig werden. Allerdings verteilt sich die Arbeit an diesen Kategorien auf menschliche und nicht-menschliche Akteur*innen, die miteinander vernetzt sind und an Handlungen paritätisch teilhaben – Kulturen und Naturen entstehen als Koproduktion verschiedenster Wesen; als mächtige Produzent*innen fungieren neben Menschen beispielsweise auch Tiere, Werkzeuge, Pflanzen und Elemente.[204] Es gibt nicht die eine Natur oder die eine Kultur – je nachdem, wer an der Koproduktion der Kategorien beteiligt ist und von welchem Punkt aus man sie betrachtet, zeigen sie sich unterschiedlich. Beeinflusst von Science and Technology Studies, New Materialism und der Akteur-Netzwerk-Theorie entwickelten sich verschiedene Begriffe, um diese Vielgestalt und das Durch(-)einander der Produktion und Produktivität von Naturen und Kulturen zu beschreiben: Donna Haraway schreibt von naturecultures,[205] Bruno Latour von Naturen/Kulturen[206] – um nur zwei prominente Stichwortgeber*innen zu benennen. Die (sozial-)wissenschaftliche Auseinandersetzung mit NaturenKulturen, die sich eine Abkehr vom dualistischen und anthropozentrischen Denken zur Aufgabe macht, benennt sich beispielsweise als more-than-human- oder Multispezies-Ethnologie/Soziologie/Geografie[207] – Stefan Beck spricht für die Kulturwissenschaft gar von einer relationalen Anthropologie.[208] Becks Forschungsinteressen verweisen außerdem auf personelle und inhaltliche Überschneidungen der kulturwissenschaftlichen NaturenKulturen-Forschung mit der Technikforschung im Fach: Beiden geht es um Fragen nicht-menschlicher Handlungsmacht, die Rolle von Wissenschaft, Umgangsformen mit der Zukunft und um das Aushandeln von

ren-Forschung. Eine Einleitung. In: dies. (Hg.): NaturenKulturen. Denkräume und Werkzeuge für neue politische Ökologien. Bielefeld 2019, S. 7–50.

203 Ebd., S. 30.

204 Vgl. ebd., S. 21.

205 Haraway, Donna: Ein Manifest für Cyborgs. In: Hammer, Carmen/Stiess, Immanuel (Hg.): Die Neuerfindung der Natur. Primaten, Cyborgs und Frauen. Frankfurt a. M. 1995, S. 33–72.

206 Siehe dazu Latour 2002.

207 Vgl. Gesing/Amelang/Filtner/Knecht 2019, S. 10 ff.

208 Siehe Beck 2008, S. 178.

Ordnungskategorien. Auch auf der Gegenstandsebene gibt es Verbindungen: Technische Entwicklungen entstehen und entstanden häufig in Bezug oder in Abgrenzung zur Natur, soll(t)en sie verbessern, bezwingen, schützen, während die Natur die Technik prägt(e), bedingt(e) und beliefert(e) – auch hier geht es durch(-)einander.

Während NaturenKulturen-Forschung sich bislang auf die Gegenwart und jüngste Vergangenheit bezieht – historische Fragestellungen haben dort noch nicht breit Fuß gefasst –, befasst sich die Umweltgeschichte seit den 1970ern mit der »Geschichte der Wechselbeziehung zwischen Menschen und Natur«[209] und nimmt dabei vor allem die Zeit seit der Industrialisierung ins Visier. Kulturhistorische Arbeiten – beispielsweise von Friedemann Schmoll[210] oder Orvar Löfgren[211] – lassen sich eher diesem Forschungsgebiet zuordnen. Schmoll und Löfgren beschreiben, wie sich im Verlauf des 19. Jahrhunderts ein ambivalentes Naturverständnis herausbildete, das sie als ›modern‹ erkennen. Dieses Naturverständnis formierte sich hauptsächlich im Bürgertum und brachte neue Praktiken, Wahrnehmungs- und Wissensweisen mit sich: Zum einen wurde Natur zum Gegenstand der Wissenschaft und sollte mit deren Hilfe geformt und beherrscht werden, zum anderen entwickelte sich »eine romantisch-sentimentale Naturmystik, eine utopische Natur, ein Reservat für das Gefühl, ein Traum von Harmonie, Frieden und Ganzheit.«[212] Beide Naturentwürfe stehen aber nicht unbedingt im Gegensatz zueinander, sondern sind zwei Seiten einer Medaille: »Insofern ist die Gleichzeitigkeit von Naturbeherrschung und Naturschutz kein Widerspruch, sondern Ausdruck der die Moderne kennzeichnenden Ambivalenz ihrer Naturbeziehungen zwischen Anbetung und Ausbeutung.«[213] Auch diese historischen Arbeiten verweisen also auf ein Durch(-)einander verschiedener Naturauffassungen und Umgangsweisen, obwohl sie dabei die Dichotomisierungen (noch) nicht so konsequent auflösen, wie es die neueren Ansätze einer relationalen Anthropologie oder NaturenKulturen-Forschung einfordern – was auch daran liegt, dass sie diesen zeitlich vorausgegangen sind. Dennoch bietet

209 Arndt, Melanie: Umweltgeschichte, Version 3.0. In: Docupedia-Zeitgeschichte, 10.11.2015. URL: http://docupedia.de/zg/Arndt_umweltgeschichte_v3_de_2015 (Zugriff: 12.3.2021).

210 Schmoll 2004.

211 Löfgren, Orvar: Natur, Tiere und Moral. Zur Entwicklung der bürgerlichen Naturauffassung. In: Jeggle, Utz/Korff, Gottfried/Scharfe, Martin/Warneken, Bernd Jürgen (Hg.): Volkskultur in der Moderne. Probleme und Perspektiven empirischer Kulturforschung. Reinbek bei Hamburg 1986, S. 122–144.

212 Ebd., S. 143.

213 Schmoll 2004, S. 20.

sich das Instrumentarium der NaturenKulturen-Forschung auch zum Bearbeiten historischer Felder an: Der Fokus auf Hybride, auf Praktiken, die sie hervorbringen, und auf Praktiken, die Ordnungen etablieren, aus denen sie erst hervorgehen können, auf das Durch(-)einander also, hilft dabei, die historischen Naturerfahrungen im Planetarium zu analysieren.

Die Zeitgenoss*innen der ersten Planetarien entwickelten eigene Umgangsweisen mit dem Durch(-)einander des Planetariums, das ihnen durchaus bewusst war. In den Vortragsskripten zum »Himmel der Heimat« fanden Versuche statt, das Planetarium in diesem Durch(-)einander zu verorten und zu beschreiben, welche Natur dort anzutreffen sei und in welchem Verhältnis sie zu den Besucher*innen stünde:

> Es ist ja überhaupt die Krankheit unsrer Gegenwart, dass die Natur heute so vielen Menschen fremd geworden ist; und wenn dagegen der Ruf ertönt: Zurück zur Natur!, so ist damit nicht gemeint: zurück zur Unkultur, zur Barbarei, sondern wir sollen Verstand und Gemüt wieder öffnen für die unendliche Schönheit der Natur. Und da ist es vor allem der Sternenhimmel mit seiner überwältigenden Pracht und Größe, der den Menschen aus seiner naturfernen Welt des Papiers und der Druckerschwärze, aus der abstrakten, unwirklichen Begriffswelt, in die er sich immer mehr hineinverbohrt hat, befreien und ihn wieder zum Bewusstsein seiner eigentlichen Stellung im Weltganzen und seiner Bestimmung bringen kann. Diese wichtige Vertrautheit mit dem Sternenhimmel den heutigen Menschen wieder leichter zu erschließen, dient unser Planetarium.[214]

Dannenberg präsentierte dem Jenaer Publikum den Sternenhimmel des Planetariums als Ort einer Erfahrung, vermittels der sich Nähe zur als entrückt geschilderten Natur herstellen ließe. Diese Nähe hatte nichts mit Wildheit zu tun, sondern zeigt sich in seinem Vortrag als kultiviert und erkenntnisträchtig – auch wenn sie sich als allzu intellektuell geltenden Praktiken (im Skript repräsentiert von »Papier und Druckerschwärze«) verweigerte, sich eher auf der Gefühlsebene abspielte. Dannenberg beschwor dabei eine Erhabenheitsästhetik, die sich Ende des 18. Jahrhunderts etabliert hatte und besonders mit überwältigenden Naturschauspielen – häufig mit dem Hochgebirge, Schluchten, gewaltigen Gewässern oder eben dem Nachthimmel – verbunden war.[215] Die Erfahrung der Erhaben-

214 Friedrich Dannenberg: Der Himmel der Heimat. Vortragsskript, Jena Herbst 1926. Staatsarchiv Hamburg: 361–2 V 725c.

215 Siehe dazu bspw. Fischer, Ludwig: Das Erhabene und die ›feinen Unterschiede‹.

heit erfüllte im Planetarium mehrere Funktionen, die später noch genauer erläutert werden (siehe dazu Kapitel 6.3). In den Fokus rücken hier vor allem die erzählte Ursprünglichkeit und vermeintliche Natürlichkeit der Gefühle im Planetarium, die Dannenbergs Ausführungen nahelegten. Nicht nur der Sternenhimmel des Planetariums, auch die Gefühle, die damit in Verbindung standen, wurden als ›natürlich‹ wahrgenommen und sorgten erst dafür, dass der projizierte Himmel als Natur gelten konnte – sie wurden zwar als Gegenstück zu anderen wissenschaftlichen Vermittlungsformen (Druckerschwärze und Papier) entworfen, versprachen aber dennoch Erkenntnis. Hier zeigt sich, was Löfgren als bezeichnend für ein bürgerliches Naturverständnis um 1900 beschreibt: »Das Bürgertum betrachtete sein Gefühl für die Natur als *natürliche* Gefühle.«[216] Diesen ›natürlichen‹ Gefühlen sprach man bestimmte Qualitäten zu: Sie traten in Dannenbergs Vortrag als inhärent gut hervor und versprachen, die Menschen mit ihrer Umwelt zu vereinen, enthielten die moralische, läuternde Erkenntnis der eigenen Stellung im großen Ganzen, die auch dem »Arbeiter« in der weiter oben zitierten Anekdote aus dem Hamburger Planetariumsvortrag zuteilwurde und zu der Wissenschaft beizusteuern vermochte. Die Vortragsskripte verfolgten normative Absichten – sie zeigen heute, was Menschen im Planetarium fühlen sollten, was die Planetariums-Macher*innen gerne vermitteln und welche Wirkung der Aufführungen sie verstärken und erzeugen wollten (also nicht zwangsläufig, was einzelne Besucher*innen tatsächlich wahrnahmen). Es handelt sich dabei um mächtige Texte, die fein mit den restlichen Elementen der Aufführungen abgestimmt waren. Gemeinsam wirkten sie am Erlebbar-Machen beispielsweise der Erhabenheitserfahrung mit. In einem weiteren Vortragsskript aus Hamburg (das allerdings nie in dieser Form zum Einsatz kam, was zahlreiche Korrekturen und Streichungen im Manuskript verdeutlichen) wurde zum Ende der Vorstellung genau diese Erfahrung der Ganzheitlichkeit und die damit verbundene moralische Botschaft noch einmal beschrieben und als Quintessenz des Planetariumsbesuchs, gewissermaßen als Take-Home-Message, aufbereitet:

> Aber kein Weg kann bequem genug sein für uns naturgelöste Großstadtmenschen, um uns das einst eingeborene und jetzt wieder verlorengegangenen

Zur Dialektik in den sozio-kulturellen Funktionen von ästhetischen Deutungen der Landschaft. In: Brednich, Rolf Wilhelm/Schneider, Annette/Werner, Ute (Hg.): Natur – Kultur. Volkskundliche Perspektiven auf Mensch und Umwelt. Sammelband zum 32. Kongress der Deutschen Gesellschaft für Volkskunde in Halle vom 27.9. bis 1.10.1999. Münster 2001, S. 347–356

216 Löfgren 1986, S. 131.

›kosmische Heimatsgefühl‹ wiederzubringen – diese letzte Bescheidenheit aus der Selbsterkenntnis unseres Seins als winzigem Bazillus auf einem ganz kleinen Staubkörnchen mitten zwischen wenig größeren Staubkörnern und anderen Welten, daran gemessenen Riesenwelten, – alles wild durcheinanderwirbelnd im All – und dennoch geregelt in den unbeirrbaren Bahnen wunderbar großer Gesetze![217]

Das »kosmische Heimatgefühl«, das im Vortragsskript heraufbeschworen wurde, beinhaltete sowohl die Erkenntnis der eigenen, unbedeutenden Stellung in einer Natur, die als geschlossene, geregelte – und damit potenziell erfassbare – Ganzheit auftrat, als auch die Feststellung ihres Durcheinander-Seins. Die Naturerfahrung, die das Planetarium ermöglichte, wurde als Wiedererlangen eines verloren geglaubten Gefühls geschildert, durch das sich die Besucher*innen mit dem Naturganzen harmonisieren würden, von dem sie sich entzweit hätten. Dabei trat das Planetarium als natürlich und kultürlich zugleich auf, vermittelte Wissen, das durchaus als den Naturgefühlen abträglich bezichtigt wurde, und beinhaltete doch und gerade dadurch ästhetische und erbauende Erfahrungen und Empfindungen. Die Gleichzeitigkeiten und Ambivalenzen, denen sich die NaturenKulturen-Forschung zu Beginn der 2020er-Jahre zuwendet, sind Kern der Naturerfahrung, die das Planetarium ermöglichte: Das Planetarium zeigt sich als NaturKultur avant la lettre – als Durch(-)einander.

Natur stellt sich im Planetarium als wiss- und fühlbare Entität dar, die Gegenstand der Wissenschaft und Gegenstand der kontemplativen Betrachtung sein konnte – oftmals simultan. Natur präsentierte sich als ein großes Ganzes, dem die Menschen untergeordnet waren, das sie aber durchaus verstehen und erfühlen konnten. Im Planetarium wurden Natur und Kultur einerseits geordnet, separiert und definiert, andererseits entstanden dort Erfahrungen, die man beiden Sphären zurechnete und die diese Ordnungen überkamen. Ausschlaggebend dafür war die Gefühlslage, die als natürlich und naturbringend geschildert und dadurch in diesem Modus erzeugt wurde (siehe dazu Kapitel 4.3). Aus ihr ging die Natürlichkeit des Planetariums hervor, sie kanalisierte das Durch(-)einander des Planetariums und machte es handhabbar. Diese Gefühlslage, bei der auch das Gefühl der Erhabenheit mitmischte, lässt sich wiederum dem Wundern zuordnen. Gerade die Gleichzeitigkeit von Ordnen und Durcheinanderbringen kennzeichnet nicht nur das Planetarium, sondern auch das Wundern:

217 Artur Beer: Die Sonne. Vortragsskript, Hamburg vermutlich 1930 oder 1931. Staatsarchiv Hamburg: 361–2 V 725c.

»Vom Hochmittelalter bis zur Aufklärung hatten Wunder die Ordnung der Natur definiert, indem sie ihre Grenzen markierten; die Verwunderung war die eigentümlich kognitive Leidenschaft, die die Grenzüberschreitung feststellte.«[218] Die Naturerfahrung des Planetariums ermöglichte ein produktives Durch(-)einander von Natur und Kultur mittels eines Durch(-)einanders mannigfaltiger Erfahrungen und Erkenntnisse, die im Folgenden in den Fokus rücken.

4.2 Urbane Natur: Die Großstadt als Kontext und Kontrast

Das Planetarium war eine Institution der Großstadt; die Stadt schaffte das Bedürfnis und die Bedingungen dafür. Es entstand als Kompensationsversuch des als mangelhaft empfundenen Stadtlebens und unterlag gleichzeitig gänzlich seinen Regeln. Deshalb lässt es sich erst im Bezug zur Großstadt – in deren Kontext und als Kontrast zu ihr – verstehen. Das gilt auch für die dortigen Naturerfahrungen. Um sie den Zeitungsleser*innen nachvollziehbar zu machen, brauchte es für viele Berichterstatter*innen die städtische Kulisse, vor deren Hintergrund der Planetariumsbesuch erst Sinn ergab. Viele der in den Zeitungen abgedruckten Planetariumsberichte betten die Institution in den urbanen Zusammenhang ein, um sie dann in Abgrenzung davon eindrücklich schildern zu können:

> Wenn die Menschen in die großen Städte ziehen, gewinnen sie viel. Aber viel auch verlieren sie und es ist die Frage, ob der Verlust nicht größer ist als der Gewinn. Bedenkt: in den Straßen der Großstadt lischt der Sternenhimmel. Und dann gehen wir Großstädter hin und lassen uns Feuerwerk vormachen. Feuerwerk mit bunten Leuchtkugeln, Sternregen, zischenden Raketen, Geknatter und Rauchgestank. Wer den Sternenhimmel kennt, hält das nicht für einen Ersatz. Jetzt aber haben wir so etwas wie einen Ersatz. Der Himmel verzeihe uns die ungeheure Anmaßung … Es ist nur ein Ersatz der Illusion, aber der ist es wirklich und wahrhaftig: ein erstaunlicher, ein überwältigender Ersatz – mit Sonne und Mond, Planeten und allen Fixsternen, die unser unbewaffnetes Auge erkennt.[219]

Der*die Autor*in des *Hamburger Anzeigers* entwickelte eine Beschreibung des Planetariums aus der Feststellung urbaner Verlusterfahrungen heraus, denen

218 Daston/Park 2002, S. 428.
219 H.: Sternschau im Stadtpark: In: Hamburger Anzeiger, 12. 4. 1930. Staatsarchiv Hamburg: 361-2 V 725a Band 2a.

die Institution Abhilfe schaffen konnte. Diese Erzählweise ist Ausdruck der »Großstadtfeindschaft des deutschen Bildungsbürgertums«,[220] aber sie beinhaltet mehr als das, nämlich eine abwägende Auseinandersetzung mit der Großstadt als Lebensraum und eine ambivalente Interpretation der Naturerfahrung unter urbanen Bedingungen. Die Natur des Planetariums zeigte sich als Gegenwelt zum Stadtalltag, aber sie war auch Ergebnis urbaner Praktiken, zu denen der Planetariumsbesuch ohne Zweifel zählte. Das ambivalente Verhältnis des Planetariums zur Stadt gibt Auskunft über sein vieldeutiges Verhältnis zur Natur, die nicht selten als Gegenpol des Urbanen fungierte. Um mehr über die Erfahrung von Natur im Planetarium herauszufinden, lohnt es sich, einen Blick auf dessen Verortung in der Großstadt zu werfen: Die *Stadt verstanden als »Unnatur«* bot zunächst eine Kontrastfolie, vor der sich die Naturerfahrung des Planetariums abheben konnte, gleichzeitig fungierte die *Stadt als Umwelt* des Planetariums, und das Planetarium machte die damals populäre Idee von einer je eigenen Umwelt, in die jedes Lebewesen eingebunden sei, für die Planetariumsbesucher*innen nachvollziehbar, schließlich entwickelte sich ausgehend von diesen beiden unterschiedlichen Naturideen das Planetarium als *Stadtnatur*, als urbaner Ort der Naturerfahrung und von Naturgefühlen.

Stadt als Unnatur

»Als man wieder in das Tageslicht hinaustrat, empfand man die Straße, das Licht, das Getriebe der Wagen und Menschen beinahe als Unnatur.«[221] – Nach dem Planetariumsbesuch begegnete dem*der Autor*in des *Kleinen Blattes* die Stadt als besonders unnatürlich. So sehr unterschied sich die Erfahrung des Planetariums von den Erfahrungen, die die urbane Umwelt bereithielt, dass sie nicht den gleichen Sphären zugehören konnten. Wenn die eine Natur war, musste die andere als Unnatur gelten und vice versa. Ähnlich erging es auch dem*der Verfasser*in der im vorherigen Absatz zitierten Passage. Im Vergleich mit anderen als urban markierten Erfahrungen schnitt das Planetarium in seinen*ihren Augen besonders gut und ›natürlich‹ ab: Während das als städtisch gekennzeichnete Feuerwerk ihm*ihr gemessen mit dem Sternenhimmel missfiel, erschien das Planetarium als würdiger »Ersatz« dafür. Solche Bewertungs- und Normierungsaussagen finden sich in zahlreichen Artikeln zum Planetarium; immer ging es darum, das Planetarium als urbane Institution von

220 Schmoll 2004, S. 22.

221 Peregrin: Der künstliche Sternenhimmel. In: Das Kleine Blatt, 7.5.1927. Österreichische Nationalbibliothek: ANNO.

anderen städtischen Einrichtungen abzugrenzen. Zum Maßstab der Bewertung wurden dabei seine ›Natürlichkeit‹ und ›Echtheit‹. Mitverhandelt wurde stets auch der moralische und erzieherische Wert des Planetariums, das sich von anderen städtischen Orten wie dem Lichtspiel oder Varieté abzuheben versuchte. Seine Wissenschaftlichkeit und Natürlichkeit wurden als Argumente angeführt und sollten für die Überlegenheit des Planetariums über als profan markierte Vergnügen bürgen – allen voran das Kino. Hier machten sich bildungsbürgerliche Wertvorstellungen und Bevormundungsbestrebungen bemerkbar, die zur Diffamierung der populären Künste führten (ihnen rechnete man auch das Kino zu) und ihnen eine »Mitschuld an fast allen sozialen Problemen zuwiesen«.[222] Das Planetarium, das sich als volksbildnerische Institution in unterhaltender Absicht verstand, musste sich in diesem Feld positionieren und sich im vehement geführten »Schundkampf«[223] gezielt abgrenzen. Die intensiven Abgrenzungsbestrebungen weisen darauf hin, dass der Status des Planetariums als Volksbildungsstätte und als Hort der Natur einer steten Aushandlung unterlag und es sich andauernd als diesen Kategorien zugehörend hervorbringen musste. Sie zeigen darüber hinaus, dass Natur nicht nur der Stadt, sondern auch bestimmten Formen der Freizeitgestaltung entgegengesetzt wurde, die man vor allem im Urbanen verortete – Natur war mehr als ein Ort oder ein Objekt, sie ging mit einer spezifischen, moralisch erhabenen Art des Weltwahrnehmens und -genießens einher. Kino, Rummel, Jazz und Tanz wurden als ›unnatürlich‹ denunziert, abgewertet und mit dem Naturgenuss kontrastiert. Dabei kokettierte das Planetarium durchaus mit dem Image einer städtischen Vergnügungsstätte – deutlich wird dies beispielsweise anhand seines ambivalenten Verhältnisses zum Kino. Ähnlich wie die Großstadt erfüllte das Kino eine Doppelrolle fürs Planetarium: Aufgrund seiner Bekanntheit wurde es vergleichend herbeizitiert, um das Planetarium zu erklären und für einen vergnüglichen Besuch zu werben – die Kuppel wurde als »Kinohimmel«,[224] der Projektor als »Kinematograph«,[225] die Projektion als »unterhaltender Film«[226]

222 Maase, Kaspar: Grenzenloses Vergnügen. Der Aufstieg der Massenkultur 1850–1970. Frankfurt a. M. 2007, S. 160 ff.

223 Siehe dazu ebd., S. 163 ff.

224 O. A.: Das Planetarium. In: Das interessante Blatt, 2. 6. 1927. Österreichische Nationalbibliothek: ANNO.

225 Walter Villiger: Das Zeiss-Planetarium. Die Sternenschau: Ein Wunder der Technik. Leipzig 1930, S. 5. Zeiss-Archiv: BACZ 48000.

226 Peregrin: Der künstliche Sternenhimmel. In: Das Kleine Blatt, 7. 5. 1927. Österreichische Nationalbibliothek: ANNO.

beschrieben. Gleichzeitig fungierte das Kino als Gegenpol, von dem sich das Planetarium als in wesentlichen Punkten different gab:

> Es ist also nicht sozusagen ein besseres Kino, was man zu sehen bekommt (obwohl die Sache ›kinetisch‹, d. h. beweglich vor sich geht und auch die Zeitlupe das Tempo regulieren kann). Allenfalls lässt sich die Sternschau mit den denkbar besten Kultur- und Lehrfilmen vergleichen.[227]

Obwohl das Kino eine mindestens genauso naturalistische Darstellung erlaubte wie das Planetarium, erschien es den Zeitgenoss*innen doch weniger ›natürlich‹ und damit für die Erziehung weniger ›wertvoll‹: »Langsam wie es Nacht geworden, wird es wieder Tag, langsam und allmählich, – denn die Natur ist rücksichtsvoller als das Kino«[228] – derart beschrieben erschien die ›Dämmerung‹ im Planetarium, verglichen mit dem als abrupt geschilderten Ende eines Kinofilms, als »Natur«. Woher kamen diese Einteilungen und Zuordnungen? Was machte die Natur des Planetariums ›natürlich‹?

Neben der bürgerlichen Kritik an den Massenkünsten machte sich in den Vergleichen mit dem Kino auch eine »fundamentale und antimodernistische Großstadtkritik«[229] bemerkbar, die sich parallel zur Urbanisierung im 19. Jahrhundert entwickelt hatte und »die Nervenzerrüttung und Degeneration des ›modernen‹ Großstädters, seine Rastlosigkeit und Entfremdung«[230] anprangerte. In der Sprechweise dieser Kritik wurden die großstädtischen Lebensweisen, die Zeit- und Raumordnungen, die das Stadtleben strukturierten, als unnatürlich und gesundheitsschädlich markiert. Als Gegenpol taugten vermeintlich entschleunigte Lebensweisen, die man als der ›Natur des Menschen‹ gemäß imaginierte und auf dem Land verortete. Das Planetarium mit seiner immersiven Wirkung, seiner Zeitrafferfunktion und seinen überwältigenden Shows bot ausreichend Anlass, sich als Gegenstand der Großstadtkritik zu prädestinieren. Dennoch wandte sich die Kritik bis auf wenige Ausnahmen nicht gegen das Planetarium, sondern stellte sich in seinen Dienst, stilisierte die Institution als Möglichkeit, der Großstadt zu entfliehen: Das Planetarium galt

227 Jens Jansen: Unsere Sternschau. In: Hamburger Nachrichten, 12.4.1930. Staatsarchiv Hamburg: 361-2 V 725i.

228 a. st.: Der Himmel auf Erden. In: Illustrierte Kronen-Zeitung, 8.5.1927. Österreichische Nationalbibliothek: ANNO.

229 Zimmermann, Clemens: Die Zeit der Metropolen. Urbanisierung und Großstadtentwicklung. Frankfurt a. M. 1996, S. 10.

230 Ebd.

den Zeitgenoss*innen als Stätte der Naturerfahrung. Entscheidend dafür war der Modus, in dem der projizierte Sternenhimmel goutiert werden wollte: »Die Menschen sollen wieder Andacht lernen vor der Allnatur; sollen abgelenkt werden von all' dem Kitsch, der sich der Großstadt ihnen anbietet.«[231] Folgt man diesem Zeitungszitat, war es ein zentrales Ziel des Planetariums, dem »Kitsch« der Großstadt eine Erfahrung entgegenzusetzen, die eine bestimmte Haltung vermittelte, die von der Natur rührte und der man Natürlichkeit zugestand. Diese Idee wird auch in einem Schreiben vom Hamburger Landschulrat Karl Umlauf an Senator Emil Krause deutlich, in dem er die Notwendigkeit der Anschaffung eines Planetariums darlegte:

> Dem Bewohner der Großstadt ist die Natur fremd geworden, und zumal zur Beobachtung des Sternenhimmels hat er sehr selten Gelegenheit. Der beständige Dunst und Staub in der Luft, der Nebel und Wolkenbildung begünstigt, die künstliche Beleuchtung der Straßen, die Einengung des Horizonts durch die Häusermassen lassen den Sternenhimmel für den Großstädter ins Wesenlose verschwinden; er existiert für ihn so selten, dass sein Interesse an ihm kaum geweckt wird. Wenn er ihn unter günstigen Verhältnissen einmal zu Gesicht bekommt, etwa bei einem Landaufenthalt oder einer Seefahrt, steht er ihm dann verständnislos gegenüber. Und doch gilt das Wort Kants heute noch ebenso wie vor 150 Jahren! Durch das Planetarium wird dem Menschen eine Quelle edler geistiger Anregung, vornehmsten ästhetischen Genusses und reiner sittlicher Erhebung erschlossen, die geeignet ist, ihn über das Getriebe des Tages hinauszuheben, ihm eine Weihestunde zu verschaffen und seiner Sehnsucht nach dem Großen und Ewigen Nahrung zu geben. Hier hat der Staat einmal wirklich die Möglichkeit, dem Kino, den Schaustellungen niederen Ranges und sonstigen derben Reizen der Großstadt eine Konkurrenz zu bieten, die Empfänglichen willkommen sein wird und auch stumpfe Gemüter zu wecken imstande ist. Ich betrachte die Errichtung eines Planetariums geradezu als Kulturakt.[232]

Umlauf erkannte im Planetarium die Möglichkeit, Naturerfahrung in die Stadt zu bringen, die sich ihm als der Natur entfremdet, als ›derbe‹ Unnatur darstellte. Im Gegensatz zu anderen, in seinen Augen minderwertigen Orten

231 Jens Jansen: Unsere Sternschau. In: Hamburger Nachrichten, 12.4.1930. Staatsarchiv Hamburg: 361–2 V 725i.

232 Brief an den Schulsenator Emil Krause der Stadt Hamburg von Landesschulrat Prof. Dr. Karl Umlauf, 2.2.1925. Staatsarchiv Hamburg: 361-2 V 725 Band 1a MA.

des städtischen Vergnügens, ermögliche die Natur des Planetariums moralisch einwandfreien Genuss, der zugleich säkular-religiöse Bedürfnisse stille (mehr dazu in Kapitel 6) und dem Mensch-Sein als solches zuträglich sei. Die Natur des Planetariums zeigt sich in erster Linie als eine ein ästhetisches und gefühlsmäßiges Bedürfnis stillende Erfahrung moralischer Güte. Natur wurde dabei als etwas Reines, Gutes, das außerhalb der menschlichen Reichweite liege und sich ihres als schädlich wahrgenommenen Einflusses entziehen müsse, entworfen und vermittelt. Besonders deutlich tritt das im Diskurs über die »Lichtverschmutzung« hervor, die immer wieder – wie in Umlaufs Schreiben – symbolisch für die Naturferne der Großstadt angeführt wurde. Auch Zeiss-Ingenieur Walter Villiger galt unter anderem die beleuchtete Nacht der Stadt als Grund für die Notwendigkeit des Planetariums:

> Warum brauchen wir das Zeiss-Planetarium? Der größte Teil der Menschen lebt zurzeit in großen Gemeinschaften, in Städten, eng beieinander. Diese Lebensweise bringt es mit sich, dass nur noch ganz wenige von uns den Himmel kennen lernen. Wenn es abends dunkel wird, brennen wir Lichter an, denn wir scheuen die Dunkelheit. Durch das Licht sind wir geblendet und nicht mehr fähig, die schwächsten Lichter am Himmel zu beobachten. Die meisten Bewohner großer und auch schon mittlerer Städte haben durch ihre Lebensweise nicht mehr Zeit, in den Abendstunden gelegentlich hinauszugehen, um den Himmel fern von störenden Lichtquellen zu betrachten.[233]

Die nächtliche Beleuchtung der Großstadt trat in derartigen Erzählungen als eine die Natur ›verschmutzende‹ Eigenschaft der Stadt in Erscheinung, von der sich die Natur des Planetariums als ›bereinigt‹ zeigte. Der Kampf gegen die »Lichtverschmutzung« fügte sich in die Agenda der Naturschutzbewegung, wenn er auch vorerst ein eher unterbelichtetes Anliegen blieb.[234] Für das Planetarium nahm die Idee der verloren gegangenen Nacht hingegen eine große Rolle ein. Damit ist darauf verwiesen, dass die Natur im Planetarium zum einen als durch die städtische Lebensweise verloren, zum anderen aber als durch Technik und Wissenschaft von menschlichen Einflüssen bereinigt erfahrbar wurde. Dieser gereinigten Natur sprach man ihrerseits eine reinigende Wirkung zu, die den als mangelhaft, erziehungsbedürftig und eher unmoralisch

233 Walter Villiger: Das Zeiss-Planetarium. Die Sternenschau: Ein Wunder der Technik. Leipzig 1930. Zeiss-Archiv: Dru 48000.

234 Zur Lichtverschmutzung siehe Nordgren, Tyler: At Night's End. In: Gunzburg, Darrelyn (Hg.): The Imagined Sky. Cultural Perspectives. Sheffield/Bristol 2016, S. 191–214.

dargestellten Großstädter*innen eine erhabene und läuternde Erfahrung in die Stadt brachte: »Knapp neben dem Alltagsgetriebe der Großstadt, einen Schritt nur abseits vom lärmenden Wege, wird man Tag und Nacht, Sommer und Winter Zwiesprache halten können mit Sternen und Ewigkeit.«[235] Die Stadt als ›Unnatur‹ verlieh diesen Ewigkeits-Erfahrungen erst ihren Wert. Wer sich in seinem Alltag der Natur entfremdet vorkam – ein Mythos des urbanen Daseins, der gerade durch Institutionen wie das Planetarium gepflegt und genährt wurde – erlebte im Planetarium Natur und sich selbst in dieser Naturerfahrung obendrein als ›Stadtmenschen‹. Die Natur des Planetariums wurde also deshalb als ›natürlich‹ wahrgenommen, weil sie auch ein Produkt dichotomisierender Erzählweisen war, die die Sphären der urbanen Beeinflussung als ›Unnatur‹ und davon bereinigte Sphären wie das Planetarium als ›Natur‹ als gegensätzlich hervorbrachten – die Stadt schuf sich ihr Gegenbild mit urbanen Mitteln.

Stadt als Umwelt

So sehr sich das Planetarium von der Stadt abzugrenzen versuchte, so wenig war es ohne sie denkbar. Nicht nur machte die Stadt das Planetarium erst notwendig, sie machte es durch ihre Infrastruktur und Logik auch erst möglich. Die relativ hohen Anschaffungskosten von 300 000 Reichsmark konnten sich nur größere und finanziell gut ausgestattete Städte leisten (und selbst die nicht immer); um diese Anschaffung zu rechtfertigen, musste ein anhaltendes Besuchsaufkommen gewährleistet werden, das vor allem in größeren Städten sicher geglaubt war. Städtische Medien – wie Tageszeitungen und Zeitschriften oder das Radio[236] – berichteten über das Planetarium und verbreiteten Deutungs- und Wahrnehmungsschablonen, die den Besuch schon vorab im Urbanen kontextualisierten und wirkmächtig rahmten. Städtische Verkehrsmittel brachten die Menschen zum Planetarium und der Zeitrhythmus des Stadtlebens schuf Platz und Anlass für Planetariumsbesuche. Die Stadt war nicht nur außerhalb des Planetariums, sie fand auch innerhalb des Aufführungsraums eine Repräsentation: Die Kuppeln der Planetarien wurden gesäumt von der Silhouette des jeweiligen Aufstellungsortes (siehe Abbildung 18). Die Projektion des Nachthimmels klebte fest am Horizont der jeweiligen Stadt, wurde so zum heimatlichen Himmel gemacht und in den Stadtraum eingebunden. Das Planetarium produzierte neben einer gereinigten Natur also auch eine urbane Natur, die

235 ee: Das neue Planetarium. In: Kleine Volks-Zeitung, 13.12.1929. Österreichische Nationalbibliothek: ANNO.

236 Siehe dazu Zimmermann 1996, S. 174.

Abbildung 18: Der Berliner diplomatische Korps im Planetarium – im Hintergrund ist die Silhouette der nächtlichen Landschaft um Jena zu sehen. Jena 20.4.1928. Quelle: Zeiss-Archiv

sich als Durch(-)einander der Sphären herausstellte, die die ›gereinigte Natur‹ so fein säuberlich zu separieren strebte. Hier zeigt sich Natur als vielgestaltig, ambigue und die Stadt als »Plural von Naturen und Naturattitüden«,[237] obwohl die ›Naturattitüde‹ des Planetariums – wenig plural und wie bereits beschrieben – Natur vornehmlich als Objekt von Wissenschaft, als Hort der Ästhetik und damit als Entzündungspunkt für ›große‹ Gefühle (der Bewunderung und Läuterung) zugänglich machte. Insofern ist das Planetarium auch den öffentlichen botanischen Gärten und Stadtparks verwandt, die ebenfalls zum Naturgenuss und Wissenserwerb für Städter*innen als dezidiert städtische Natur angelegt und kuratiert wurden.[238]

Nicht nur Naturgefühle, auch »Naturwissen«[239] sei durch die Stadt abhandengekommen. Diesen Verlust könne das Planetarium kompensieren, schrieb Albert Fehr in der österreichischen *Arbeiter-Zeitung*:

237 Hard, Gerhard/Kruckemeyer, Frauke: Die vielen Stadtnaturen – Über Naturschutz in der Stadt. In: Koenigs, Tom (Hg.): Stadt-Parks. Urbane Natur in Frankfurt am Main. Frankfurt a. M. 1993, S. 60–69, S. 64.

238 Siehe dazu Koenigs, Tom (Hg.): Stadt-Parks. Urbane Natur in Frankfurt am Main. Frankfurt a. M. 1993.

239 Albert Fehr: Eine Stunde im Zeiss-Planetarium. In: Arbeiter-Zeitung, 16.5.1927. Österreichische Nationalbibliothek: ANNO.

> Wir haben in diesem Planetarium ein unübertreffliches Lehrmittel für den Anschauungsunterricht in Himmelskunde, einem Wissenszweig, dessen Kenntnis unbedingt wie andres Naturwissen (Zoologie, Geologie, Botanik) als zur allgemeinen Volksbildung gehörend angestrebt werden muss. Jeder Kulturstaat muss mindestens ein solches Planetarium zum geistigen Fortschritt seiner Bürger aufstellen. Meines Erachtens ist es für jede Großstadt, wo infolge der intensiven Nachtbeleuchtung viele, vielleicht die meisten, nie den gestirnten Himmel zu sehen bekommen, dringendes Erfordernis, ein solches Wunderwerk zu besitzen.[240]

Ähnlich wie Aquarien, Zoos oder Dioramen in Naturkundemuseen erlaubte es das Planetarium, die Natur des Nachthimmels als Ganzes zu erfahren und in ihrer Bezüglichkeit zu den Menschen und zum Stadtleben zu erzählen. Die Institutionen, die sich in den Dienst der Volksbildung stellten, fütterten die populär gewordene Idee der »Umwelt« mit holistischen Darstellungsweisen, die einzelne Pflanzen, Gesteine oder Lebewesen nicht isolierten, sondern eingebunden in ihre vermeintliche Lebenswelt präsentierten. Der Biologe Jakob von Uexküll hatte den Begriff »Umwelt« und eine damit zusammenhängende Vorstellung von der Biologie zu Beginn des 20. Jahrhunderts ausformuliert und bekannt gemacht. Uexküll »verstand unter ›Umwelt‹ eine individuelle, statische Welt, die ein Tier umgab, die es durch sehr (art-)spezifische Reize wahrnahm und mit der allein das Lebewesen kommunizierte«.[241] Für Uexküll war klar, dass jedes Lebewesen in direktem Bezug zu seiner Umgebung stand, diese unmittelbar beeinflusste, von ihr beeinflusst wurde und sich dadurch je Lebewesen eine individuelle Umwelt erschloss. Uexküll leitete seit 1924 das Hamburger Aquarium und hatte sich dafür ausgesprochen, das Planetarium in dessen unmittelbarer Nähe zu errichten.[242] Beide Institutionen setzten seine Vorstellung vom Leben in Bezügen um – Aquariumsbecken erschienen ihren Beschauer*innen als Umwelten en miniature für die Bewohnenden, das Planetarium versetzte seine Besucher*innen in eine optimierte nächtliche Stadtlandschaft hinein und produzierte ihnen ihre vermeintlich ›natürliche‹ nächtliche Umwelt. Die Natur, die es im Planetarium zu erfahren gab, wurde den Besucher*innen zur Umwelt – auch insofern, als dass der Sternenhimmel in seiner Bedeutsamkeit

240 Ebd.

241 Mildenberger, Florian/Herrmann, Bernd: Zur ersten Orientierung. In: dies. (Hg.): Jakob Johann von Uexküll: Umwelt und Innenwelt der Tiere. Berlin/Heidelberg 2014, S. 1–12, S. 4.

242 Siehe dazu von Herrmann 2018, S. 32 ff.

für und Bezüglichkeit auf ihr Leben skizziert und erzählt wurde. Uexkülls Umweltdenken war zum einen einer wissenschaftlichen Vorstellung von der grundlegenden Funktionsweise ›allen Lebens‹ verbunden, zum anderen erlaubte es ähnlich wie die Ausführungen von Ernst Haeckel auch weltanschauliche, philosophische oder religiöse Vorstellungen mit zu integrieren. In Uexkülls Fall bedeutete dies eine »vitalistische Grundüberzeugung«,[243] die mit einer Absage an Darwins Evolutionismus einherging und der Idee verfallen war, eine planartige ›Naturkraft‹ liege allem Leben zugrunde, die mehr sei, als bloße Evolutionsmechanik.[244] Ähnlich funktionierten die Erzählungen der Planetariumsvorstellungen, die die Bewegungen am Nachthimmel erklärten und wissenschaftlich argumentierten, aber immer Platz ließen für die Idee einer transzendentalen Macht, die ebenfalls mitwirke und nicht gegen, sondern durch das Wissen über den Weltraum in Erscheinung trete.

Der als ›natürlich‹ empfundene, projizierte Nachthimmel zeigte sich im Planetarium unter anderem als Umwelt, als relevanter Teil der Lebenswelt von Menschen – auch dann, wenn sie in Städten lebten. Das Planetarium machte den Nachthimmel zum Teil einer urbanen Natur und präsentierte die Stadt und den Himmel über ihr als Ensemble. Die Stadt war nicht nur außerhalb des Planetariums, sie fand sich auch darin. Besucher*innen machten im Planetarium Erfahrungen, die ihnen urban und natürlich zugleich vorkamen. Das Planetarium war ein Ort, an dem Geschichten über die Zusammenhänge des Großen und Kleinen, von Natur und Mensch, Stadt und Sternenhimmel erzählt wurden. Es integrierte Natur und Stadt und ermöglichte den Besucher*innen eine scharfe Kontur von Natur zu entwerfen, sie gefühlsmäßig zu verorten und sie schließlich in den Stadtalltag zu überführen. Auffällig dabei ist, dass Wissen und technische Darstellung als legitime Mittel zum Erlangen der als natürlich wahrgenommenen Gefühle galten, die den Kern der Stadtnatur ausmachten.

Stadtnatur

Im Planetarium fanden zwei Strömungen zusammen, die der Kulturwissenschaftler Friedemann Schmoll sich erst in den 1970er Jahren vereinen sieht: die Idee von der Natur als unberührter Sphäre und die Idee von der Natur als Umwelt des Menschen. Schmoll beschreibt diese beiden Strömungen anhand der je zugehörenden Schutzbestrebungen. Während sich »Naturschutz« vor allem

243 Mildenberger/Herrmann 2014, S. 6.
244 Vgl. ebd.

auf den Erhalt einer scheinbar unberührten Natur jenseits der menschlichen Lebensbereiche bezog, fand »Umweltschutz« in Städten statt und zielte auf eine veränderte und schonendere Nutzung von Natur durch Industrie und Menschen ab.[245] Umweltschutz bediente sich dazu technischer und wissenschaftlicher Mittel, während Naturschützer*innen vor allem ästhetisch argumentierten.[246] Das Planetarium verstand sich weder als Einrichtung des Umwelt- noch des Naturschutzes, verband aber die Vorstellungswelten und Handlungsräume, die den beiden zugrunde lagen: Es zeigte sich als von Einflüssen gereinigte Natur und präsentierte wiederum den Sternenhimmel als Teil der Umwelt der Stadtbewohner*innen. Es argumentierte ästhetisch und berief sich dabei auf Technik und Wissenschaft. Verschiedene Vorstellungen und Funktionen von Natur bestanden im Planetarium nebeneinander: Natur war entrückt und befand sich gleichzeitig im menschlichen Einflussbereich. Sie war zugleich Gegenstand von Wissenschaft und Ästhetik, unberührt und doch technisch reproduziert. Sie war ›echt‹ und dennoch steuerbar – vor allem aber war sie Stadtnatur, untrennbar mit dem Urbanen verbunden.

Neben den verschiedenen Vorstellungen von Natur, denen sich die vorangegangenen beiden Teilkapitel widmeten, beinhaltete das Planetarium auch verschiedene Ideen von der Stadt, die sich aus den unterschiedlichen Planetariumsnaturen ableiteten und vice versa. Was die Historikerin Katherine Boyce-Jacino am Beispiel des Berliner Planetariums beschreibt, lässt sich bis zu einem gewissen Grad auf die Institution im Allgemeinen übertragen: »Im Zentrum des neu entstehenden Diskurses der ästhetischen Moderne stehend, tritt das Planetarium als Ort widersprüchlicher, sich überschneidender Visionen der Stadt hervor, als Ort, an dem der Wunsch nach schillernder Unterhaltung mit einem ängstlichen, antimodernen Fluchtbedürfnis zusammentraf.«[247] Die Stadt fungierte, das wurde schon gezeigt, in einer Doppelrolle als Kontext und Kontrast des Planetariums, erschien mal als Naturvernichterin, mal als Ermöglicherin der Planetariumsnatur. Das Planetarium war allerdings mehr als ein Ort zum Stillen des Bedürfnisses nach Flucht und Unterhaltung. Darüber hinaus wurde es auch als Möglichkeitsraum wahrgenommen, sich mit technischen Mitteln Naturerfahrungen zu verschaffen, die dem Original in nichts nachstanden, es in manchem sogar übertrafen und damit die Stadt zur ›besseren‹ Natur adelten:

245 Vgl. Schmoll 2004, S. 23 f.
246 Vgl. ebd., S. 24.
247 Boyce-Jacino 2017, S. 329.

> Das Zeisssche Planetarium ist tatsächlich ein eigenartiges Wunderwerk: man bedenke nur, eine täuschend naturgetreue Sternenwelt über sich zu haben, die alle Bewegungsvorgänge am Himmel mit unheimlicher Präzision wiedergibt, dann aber noch Kunststücke spielen kann, welche die Natur niemals zuwege bringt und schließlich einen unschätzbaren Vorteil vor der Wirklichkeit voraushat, von Zeit und Wetter unabhängig zu sein. Es kann regnen und stürmen oder helllichter Tag sein, ein Griff am Schaltbrett genügt, um die ganze Pracht des nächtlichen Sternenhimmels erstrahlen zu lassen, mit seinen vielen Fixsternen, den Wandelsternen, dem Monde und dem silbernen Bande der Milchstraße.[248]

Die Unabhängigkeit von Witterung, Tageszeit und Örtlichkeit machte die Planetariumsnatur zur ›überlegenen‹ Natur. Von einem Bedürfnis »to escape from the city and return to the natural countryside, free from artificial light and surrounded only by a lofty firmament of real stars«,[249] wie es Boyce-Jacino beschreibt, ist dabei keine Spur. Vielmehr machte sich in den zeitgenössischen Schilderungen das Bedürfnis nach einer bequemen, zugänglichen und steuerbaren Natur bemerkbar, die man zwar romantisierte, aber nicht mit einer vermeintlichen ›Urnatur‹ gleichsetzte. Die Besucher*innen waren nicht auf der Flucht aus der Stadt, sondern suchten urbane Naturerlebnisse, die sie in ihrer Selbstwahrnehmung als moderne Städter*innen bestärkten und ihnen unter den Bedingungen der Stadt das gaben, was sie bislang vor allem mit außerstädtischer Natur verbanden. Ein bisschen Eskapismus war also doch mit im Spiel, allerdings führte die Fluchtsehnsucht nicht aufs Land oder in eine nostalgisch verklärte Vergangenheit, sondern in eine deutlich als technisch reproduziert erkennbare Natur, die sich an das urbane Leben anschmiegte und daran orientierte – Stadtnatur. Mit Augenzwinkern und ironischem Unterton berichtet beispielsweise *Das Kleine Blatt* vom Wiener Planetarium als komfortable Alternative zum unbequemen Rendezvous im Freien:

> Unaufhaltsam vollzieht sich der Fortschritt der Technik! Als unsere Eltern noch jung waren und einander im ziemlich langsamen Tempo der neunziger Jahre fanden, mussten sie noch spätabends Arm in Arm unter dem ewigen Sternenhimmel dahinschreiten, um in der Einsamkeit der dunklen Nacht einander süße Worte über Liebe, Mitgift und Möbelpreise in die Ohren zu

248 Erich Doleza I.: Der künstliche Sternenhimmel. In: Reichspost, 7.5.1927. Österreichische Nationalbibliothek: ANNO.

249 Boyce-Jacino 2017, S. 331.

> flüstern. Dabei holten sie sich oft nasse Füße und bekamen einen Schnupfen. Unsere Generation hat es bequemer. Sie geht ins Planetarium [...]. Hier ist es nicht die Unendlichkeit des Raumes, sondern eine dreizehn Meter hohe Endlichkeit, die sich auftut, angenehm geheizt, und alles zwischen dem Maronibrater und der Trambahnhaltestelle. Bequemer kann man es nicht haben: rationalisierter Kosmos.[250]

Natur war im Planetarium mit der Tram zu erreichen und in den Stadtalltag eingebunden. Sie zeigte sich als steuerbar und gereinigt von all den Einflüssen, die den Zugang zu ihr erschwerten, sie war fassbar und passte in einen menschengemachten Raum, sie war geheizt und ›rational‹. Dennoch vermochte sie es, genau das Empfinden zu erzeugen, das die Planetariumsbesucher*innen als Naturerlebnis suchten, und es in den Stadtraum zu bringen:

> Wir Menschen, und besonders wir Städter, sind durch unsere ganze Lebensweise der Natur entfremdet. Wir haben für Naturbetrachtung schon keine Zeit und nun gar für den Himmel! Da glauben wir, es fehle uns überhaupt die Möglichkeit, uns zurechtzufinden. Es gibt nur ganz, ganz wenige unter uns, die die klare Nacht dazu benutzen, in der freien Natur und auch nur mit bloßem Auge den gestirnten Himmel zu betrachten. Sie finden in der wirklichen Natur das Entzücken, das uns andere in diesem künstlichen Himmel, in dem Zeiss-Planetarium, so plötzlich erfasst. Wir sehen da so ganz plötzlich den gestirnten Himmel vor uns, in einer Pracht und Sternenfülle, wie er sich nur in ganz seltenen Fällen auch dem Kundigen zeigt. Wir sehen das Himmelsgewölbe mit allen mit bloßem und auch dem besten Auge überhaupt sichtbaren Sternen, wie es sich nur in reinster Luft und im Hochgebirge unseren Blicken darbietet. Aber auch der Himmelskundige ist nicht frei von diesem Entzücken. Auch er empfindet beim ersten Aufleuchten des Himmels auf Erden das große Erlebnis einer vollständig klaren Nacht.[251]

Walter Villiger schildert im zitierten Artikel für die *München-Augsburger Abendzeitung* das Planetarium als Ort, der den Blick in den Himmel und die damit verbundenen Erfahrungen demokratisiert. Was sich sonst nur einigen wenigen eröffnete, die mit Wissen und Zeit ausgestattet waren, präsentierte das Pla-

250 W. S.: Weltall auf dem Praterstern. In: Das Kleine Blatt, 9.1.1930. Österreichische Nationalbibliothek: ANNO.

251 Walter Villiger: Himmel auf Erden. In: München-Augsburger Abendzeitung, Mai 1925. Verwaltungsarchiv Deutsches Museum: Dru 0986a.

netarium all seinen Besucher*innen: eine klare, erkenntnisreiche und »entzückende« Erfahrung des Sternenhimmels, die auch denjenigen, die mit dem ›Original‹ gut bekannt waren, zu authentischen Gefühlen verhalf. Dabei aus der Stadt in einen Wahrnehmungsraum zu wechseln, der die Sinne anders ansprach, war ein willkommener Nebeneffekt. Gleichzeitig erkannten die Planetariumsbesucher*innen in der Projektion das Ergebnis der als ›modern‹ geltenden Wissenschaft und Technik. Sie reihten es ein in eine Fülle an technischen Entwicklungen, die sie als menschliche Einflussnahme auf die Natur erkannten:

> Wir haben uns von der Natur unabhängig gemacht: In Berlin hält man Eishockeyspiele im Juli ab, Wien ist wenigstens so weit, dass es sich um das Tauwetter im Winter nicht schert, irgendwo (natürlich in Amerika) werden im Sommer Skikurse, durchaus nicht ›trocken‹, sondern auf künstlichem Schnee abgehalten und wir können nun, wenn es uns passt, bei helllichtem Tage, um Mittag, wenn es noch so bewölkt wäre, das Schauspiel des reinen tropischen Nachthimmels erleben …[252]

Natur war im Planetarium steuerbar geworden, hatte dabei aber nichts von ihrer Erfahrungsqualität eingebüßt, die sie als Natur verbürgte. Sie war nun nicht mehr von menschlichen Einflüssen und Lebensweisen zu trennen und passte sich ihnen an. Insofern zeigt sich das Planetarium auch als Ort, an dem das Anthropozän erfahrbar wurde. Mit dem Stichwort Anthropozän verbinden Wissenschaftler*innen mannigfaltiger Disziplinen seit Beginn der 2000er-Jahre die Feststellung, dass sich Menschen in das Geschehen auf der Erde (auch in das geologische, biologische, meterologische etc.) eingeschrieben haben.[253] Der Begriff Anthropozän beschreibt das Erdzeitalter der Menschen – damit einher gehen auch veränderte Beziehungen von Menschen zu dem, was ihnen als Natur gilt. Im Planetarium fand Arbeit an diesen Beziehungen statt. Dort zeigte sich Naturerfahrung als urbane Erfahrung und es taten sich die Möglichkeiten von Stadtnatur auf, die sich als Durch(-)einander von städtischen Lebensweisen und materiellen, diskursiven sowie imaginativen Praxisbündeln, die mit den darin verankerten Natursehnsüchten umgingen, offenbarte. Im Planetarium ging es nicht um die Flucht aus der Stadt, sondern um das Erleben von Naturen, die sich in den Stadtraum einpassten und für ihre Bewohner*innen zugänglich

252 C.: Rendezvous im Weltall. In: Die Bühne Nr. 124, 1927. Österreichische Nationalbibliothek: ANNO.

253 Siehe dazu Gesing/Amelang/Filtner/Knecht 2019, S. 8 f.

und handhabbar waren. Stadtnatur war demokratische, bequeme, erreichbare, steuerbare, rationale und doch in erster Linie *gefühlte Natur*.

4.3 Gefühlte Natur – natürliche Gefühle

Wir haben gesehen, wie im Planetarium in Bezug zur Stadt verschiedene Naturen gleichzeitig erfahrbar wurden – von menschlichem Einfluss gereinigte Natur sowie auf die Lebenswelt der Städter*innen bezogene Natur – und wie aus dem Zusammenspiel dieser Erfahrungen Stadtnatur erwuchs, die sich als komfortables und modernes Durch(-)einander gab. Zentral dafür war ein bestimmtes Naturgefühl, das im Planetarium aufkam und den Besucher*innen gleichzeitig als natürliches Gefühl galt. Diese Gefühlslage erscheint als Spielart der sentimentalen, bürgerlichen Naturzuwendung des 19. Jahrhunderts, wie sie Orvar Löfgren beschreibt: Die Gefühle, die Natur auslöste, betrachteten Bürger*innen als natürlich.[254] Im Planetarium kehrte sich das von Löfgren beschriebene bürgerliche Verhältnis von Natur und Gefühl um: Dort verwiesen die Gefühle, die unter der Kuppel aufkamen und die Besucher*innen als ›natürlich‹ registrierten, auf die Naturhaftigkeit der Darstellung, die sie auslöste – weil die Planetariumsgefühle als natürlich galten, musste es der projizierte Sternenhimmel auch sein. Gefühle waren also maßgeblicher Garant für die empfundene Natürlichkeit des Planetariums und stellten damit den Kern der Natur des Planetariums dar. Nichtdestotrotz stand auch die Künstlichkeit des projizierten Sternenhimmels den Zeitgenoss*innen nie zur Diskussion. Dass der Nachthimmel maschinellen Ursprungs war, wurde weder verborgen noch vergessen. Die Klassifizierung der Planetariumsgefühle als ›natürlich‹ und der Planetariumsprojektion als ›künstlich‹ stammt dabei von den Zeitgenoss*innen und durchzieht die Quellen, ohne in irgendeiner Form als widersprüchlich oder problematisch angesprochen zu werden. Was hatte es mit den ›natürlichen‹ Naturgefühlen auf sich? Woher kamen sie und wie passten sie unters ›künstliche‹ Firmament? Inwiefern war auch hier Wundern die Schlüsselemotion? – Diese Fragen werden zum Abschluss dieses Kapitels resümierend besprochen.

Kulturwissenschaftliche Forschung über Gefühle begreift selbige nicht als etwas, das wir haben, sondern als etwas, das wir tun – als Praktiken.[255] Diese Praktiken sind gesellschaftlich geformt und finden im sozialen und materiellen

254 Vgl. Löfgren 1986, S. 131.
255 Siehe dazu Scheer 2012.

Raum statt, sie gehen aus ihm hervor und formen ihn aus (siehe dazu Kapitel 2.1). Sie sind so gesehen weder besonders natürlich (im Sinne von durch die Biologie determiniert oder vorgesellschaftlich) noch besonders künstlich (im Sinne von nicht-authentisch oder vorgetäuscht) – sie werden schlicht getan. Dieses Tun hat gesellschaftliche, körperliche und diskursive Seiten und wird debattiert: Gefühle werden besprochen, bewertet und hinterfragt, nicht nur von Wissenschaftler*innen, sondern auch im Alltag. Dabei steht oft auch ihre ›Natürlichkeit‹ zur Diskussion – denn besonders dann, wenn Gefühle als ›echt‹ wahrgenommen werden, gelten sie als gut, ja sogar als moralisch. Diese Verknüpfung von Authentizität und Moral zeigt sich beispielsweise in Rebecca Habermas' Arbeit zu religiösen Gefühlen im Bürgertum des 19. Jahrhunderts. In ihrer Untersuchung zur bürgerlich-protestantischen Gefühlswelt stößt sie immer wieder auf Deutungen, die religiöse Gefühle derartig auslegen: »In ihrer vermeintlichen oder realen Aufrichtigkeit beanspruchten diese Gefühle auch, von sittlich und moralisch einwandfreier Qualität zu sein.«[256] Die Verknüpfung von echten Gefühlen und moralischer Güte beschreibt Monique Scheer in ihrer Arbeit zur Begeisterung, der in ihrem Feld nur dann ohne Misstrauen begegnet wird, wenn man sie als authentisch und angemessen (nicht aber als gekünstelt oder übertrieben) wahrnimmt.[257] ›Echte‹ Gefühle galten und gelten als moralische, gute Gefühle – und wo ließen sich ›echtere‹ Gefühle finden, als in einer Natur, die als ursprünglich und unberührt, rein und wahr imaginiert wird? Der Natur schrieb (und schreibt) man ähnliche moralische Werte und Wirkungen zu wie den ›natürlichen‹ Gefühlen. Der Ursprung dieser Naturverehrung findet sich wiederum im Bürgertum, das »die Natur als prachtvolle Aussicht, wahre Schönheit und Echtheit«[258] definierte – und das häufig in explizitem oder implizitem Bezug auf Immanuel Kant und eine von ihm mitgeprägte klassische Ästhetik. Das Verhältnis, in das Natur, Moral und auch Kunst beziehungsweise Künstlichkeit (auch im Sinne von Technik) durch diese Naturvorstellung rückten, beschreibt der Phänomenologe und Naturphilosoph Gernot Böhme als Durch(-)einander:

256 Habermas, Rebekka: Rituale des Gefühls. Die Frömmigkeit des protestantischen Bürgertums. In: Hettling, Manfred/Hoffmann, Stefan-Ludwig (Hg.): Der bürgerliche Wertehimmel. Innenansichten des 19. Jahrhunderts. Göttingen 2000, S. 169–191, S. 174 f.

257 Scheer, Monique: Enthusiasm. Emotional Practices of Conviction in Modern Germany. Oxford 2020.

258 Löfgren 1986, S. 127.

> Die klassische Ästhetik lehrt uns also, dass Natur und Technik, obwohl sie Gegenbegriffe sind und sich in ihren Merkmalen eigentlich ausschließen, andererseits doch aufeinander verweisen und gerade in wichtigen Fällen durcheinander gedacht werden. Die Natur zieht gerade dort unsere Bewunderung auf sich, wo sie Kunst zu sein scheint, und die Kunst ist erst eigentlich sie selbst, wenn sie alle Technik hinter sich gelassen hat und wie Natur aussieht.[259]

Wenn Natur und Kunst nicht mehr eindeutig voneinander zu trennen sind, entfalten sie ihre volle ästhetische Wirkung: Gerade das Durch(-)einander der zuvor getrennten Sphären, das Verschwimmen von Grenzziehungen erscheint Böhme als Moment, der Wundern und ästhetischen Genuss auslöst. Mit seinem Verweis auf Wundern als Emotion, die den Umgang mit »Regimen der Grenze«[260] begleitet, orientiert er sich an einer der beliebtesten Deutungen von Wunder(n), mit der auch diese Arbeit umgeht.[261] Bewunderungswürdig an Natur und Kunst beziehungsweise Technik ist in seinen Augen die »Ordnung, zu der sie sich organisiert, ihre Zweckmäßigkeit ohne Zweck«.[262] Bewunderung entsteht also mit Böhme gedacht paradoxerweise aus dem Erkennen einer Ordnung im Durch(-)einander.[263] Das Erkennen und Befassen damit wirke moralisch, denn es beinhalte die »Achtung vor der gegebenen Ordnung«[264] und vor der Welt, wie sie ›richtig‹ sei. Wundern, als angemessene Reaktion auf Natur (aber auch als angemessen Reaktion auf beispielsweise religiös ausgedeutete Erscheinungen) zeigt sich als moralische Erfahrung. Zugrunde liegt die Idee, dass es so etwas wie eine Urordnung, einen ›richtigen‹, geordneten Zustand der Welt gebe, dass dieser per se gut sei und eben in der Natur zu finden.

Derartige Naturvorstellungen prägten das Sprechen und Schreiben über das Planetarium. Die im Verlauf dieses Kapitels zitierten Quellenbeispiele machten es bereits deutlich – die Planetariumsgefühle entfalteten in den Augen der Zeitgenoss*innen eine läuternde Wirkung, die sie als der Moral zuträglich wahrnahmen und auf eine ›Urordnung‹ der Natur zurückführten. Im Feuille-

259 Böhme, Gernot: Natürlich Natur. Über Natur im Zeitalter ihrer technischen Reproduzierbarkeit. Frankfurt a. M. 1992, S. 117.

260 Adamowsky, Natascha: Das Wunder in der Moderne. Eine andere Kulturgeschichte des Fliegens. Paderborn 2010, S. 27.

261 Ebd., S. 26 f.

262 Böhme 1992, S. 118.

263 Ebd., S. 157.

264 Ebd.

ton der *Salzburger Wacht* ist über die emotionale und moralische Wirkung des Planetariums zu lesen:

> Eine Stunde im Planetarium gehört zu den wirklich genussreichen, man begreift das Wunder der Sternenwelt und fühlt sich zu ehrfürchtigem Staunen vor der Gewalt des Weltalls hingerissen. Solche Erhebung tut uns modernen Menschen im Getriebe des Alltags not. Das ist wie ein Seelenbad, und wir denken unwillkürlich an die Worte Kants: ›Im Reiche der Natur sind die Welten und Sternensysteme nichts als Sonnenstaub, wenn sie mit der Schöpfung in ihrer Gesamtheit verglichen werden.‹[265]

Wundern zeigt sich hier erneut als gemeinsamer Nenner, auf den die Gefühlslage des Planetariums sprachlich gebracht wurde. Das erhebende Gefühl, dass die Planetariumsnatur auslöste, machte der*die Verfasser*in des Artikels als »Staunen« aus und markierte es als Notwendigkeit, um im »Getriebe des Alltags« zurechtzukommen. Fühlen und Begreifen erschienen dem*der Autor*in als ineinanderfließende Komponenten der Planetariumserfahrung. Die Erkenntnis des Funktionierens eines vermeintlichen Weltganzens und die damit verbundene Selbstverortung wurden begleitet von intensiven Emotionen: Die Gefühle, die mit im Spiel waren, beschrieb die verfassende Person als gewaltig und stark (»hingerissen«), dennoch angenehm (»genussreich«) und in ihrer Wirkung auf Einsicht zielend. Einen derartigen »Gefühlsausbruch angesichts der Landschaft« macht Löfgren als »wichtige Zutat zur bürgerlichen Naturkunde«[266] aus, der auch außerhalb des Planetariums erprobt und eingeübt wurde. Im Gegensatz zu anderen Bereichen des Alltagslebens war es für Naturerlebnisse legitim, von intensiven Gefühlen begleitet zu werden. Welcher Art die Emotionen waren, war dafür zunächst zweitrangig. Dass Natur es vermochte, die Menschen, die sich selbst mit den Attributen ›modern‹ und ›rational‹ bedachten und damit auch nüchtern, abgeklärt und nicht zuletzt ›unemotional‹ meinten, überhaupt fühlen zu machen, war die Qualität, auf die es dabei ankam und durch die sich das Planetarium als Natur auszeichnete. Das Planetarium, verstanden als gewissermaßen ›modernisierte‹ Natur, erlaubte es, ein solches ›modernes‹ Selbstbild beizubehalten und intensives Fühlen darin zu integrieren sowie zu legitimieren. Dass der Gefühlsausbruch, den die Planetariumsmacher*innen gezielt heraufbeschworen, als Wundern benannt wurde, brachte zum einen seine Intensität

265 O. A.: Sternphantasie. In: Salzburger Wacht, 9.1.1930. Österreichische Nationalbibliothek: ANNO.

266 Löfgren 1986, S. 131.

sowie Moralität zum Ausdruck und bedachte zum anderen die Vielschichtigkeit und Ambivalenz der Empfindungen, die dabei mitspielten. Bezogen auf Natur handelte es sich bei den Gefühlen um Genuss, Erhebung, Freude, aber auch Respekt und Überwältigung. Das Fühlen der Natur ging einher mit dem Begreifen ihrer Funktionsweisen, dem Erlernen einer wissenschaftlichen Lesart des Gesehenen und deren unmittelbarer Rückbindung an das Gefühlte. Die Planetariumsnatur zeigt sich als Quelle und Objekt von Erkenntnis *und* Emotion – und als Durch(-)einander der beiden.

Zeiss-Ingenieur Walter Villiger sammelte fleißig Anekdoten über das Planetarium, in denen sich auch die dortige Gefühlslage abbildete – zu Werbezwecken versteht sich. Villiger schilderte unter anderem folgende Begebenheit:

> Eine illustre Kongress-Gesellschaft besucht das Zeiss-Planetarium. Der große Raum ist bis auf den letzten Platz besetzt mit erwartungsvollen, wissbegierigen Menschen. Feierliche Stille tritt ein, nachdem ein erlösendes ›Aah‹, jener Ausdruck der Bewunderung, von Hunderten von andächtig gestimmten Menschen den Raum erfüllt, als der Sternenhimmel in voller Pracht plötzlich zu ihren Häuptern erstrahlte. Da ……, im Nordosten kündet Morgendämmerung den kommenden Tag an. Sonnenaufgang! ….Kikeriki! ruft's laut aus den Reihen der Schauenden. Alle waren erfreut über die so täuschend nachgeahmte Tierstimme. Sie begriffen aber auch diesen spontanen Morgenruf, der ausgelöst wurde durch die so täuschende Nachbildung des Naturgeschehens.[267]

Villiger skizzierte die Planetariumsgefühle verkaufstüchtig als »feierlich«, »andächtig« und brachte sie ebenfalls auf die Formel des Wunderns. Auch er verknüpfte die Emotionen mit der empfundenen Natürlichkeit des Planetariums, die den Schauenden in Fleisch und Blut überging und dafür sorgte, dass diese den Eindruck der ›echten‹ Morgendämmerung mit einem Hahnenschrei vervollkommneten. Das nachgeahmte Kikeriki legte Villiger als impulshafte Reaktion auf die Natürlichkeit des Planetariums aus: Die Natur des Planetariums war so ›echt‹, sie ging den Zuschauenden unter die Haut und nahm ihre Sinne sowie ihre Stimme gewissermaßen in Beschlag. Sie wurden selbst zum Teil des Naturschauspiels und trugen mit ihrem Körper dazu bei, es als solches zu gestalten. Villigers Anekdote spitzt das zu – Hahnenschreie waren im Planeta-

267 Walter Villiger: Erlebnisberichten von den ersten Planetariumsvorführungen, vermutlich 1924. Zeiss-Archiv: BACZ 27930.

rium eher die Ausnahme –, dennoch verweist seine Erzählung darauf, dass die Natur des Planetariums nicht außerhalb der Besucher*innenkörper stattfand, sondern das Ergebnis von Praktiken war, die sich sowohl narrativ-diskursiv als auch performativ-körperlich vollzogen. Die vom Planetarium initiierten Eindrücke und Gefühlslagen griffen auf den Körper aus, der so gestimmt weitere Sinneseindrücke ergänzte: »Die Täuschung ist vollkommen; man glaubt den nächt'gen Luftzug zu spüren und lauscht, ob nicht eine Singdrossel ihr Abendgebet anstimmen oder ein Rohrsänger seine kleine Neckerei loslassen wird.«[268] Die Natur des Planetariums machte dem Publikum den Nachthimmel nicht nur sicht- und erklärbar, sondern darüber hinaus auch hör- und spürbar. Noch einmal mit Böhme gedacht, könnte man dieses Ausgreifen der Planetariumsprojektion als Aura oder Atmosphäre beschreiben. Das Planetariumserlebnis wäre dann eine »Geste der Natürlichkeit«.[269] Um zu verstehen, was damit gemeint ist, muss etwas weiter ausgeholt werden. Böhme versteht sich als Naturphilosoph und verfolgt als solcher zunächst ein anderes Erkenntnisinteresse als diese Arbeit. Er sucht nach Antworten auf die Frage »Was ist Natur?«[270] und tendiert dazu, Natur zu essentialisieren, sie als verloren gegangene, jenseits des Menschen bestehende, urtümliche Tatsache festzuhalten. Vor dem Hintergrund der Feststellung, dass eine solche urtümliche Natur längst nicht mehr existiere, entwirft Böhme dennoch ein Naturverständnis, das letztlich die Idee des Anthropozäns vorwegnimmt und sich als anschlussfähig für die oben skizzierte, kulturwissenschaftliche Annäherung an Natur erweist: Er erklärt, dass Natur auf der von Menschen bewohnten Erde immer schon »sozial« und »anthropogen«[271] sei und sich als gesellschaftliches Produkt zeige: »Natur ist überhaupt nicht mehr das Gegebene. Natur ist das im Prinzip durch Herstellung Mögliche.«[272] Durch diese Durchmischung sei Natur zum Problem geworden und bestünde letztlich als erschütterter Topos fort.[273] Dennoch oder gerade deshalb gebe es ein großes Bedürfnis nach Natur als (moralischen) Wert, das sich vor allem ästhetisch artikuliere und mit technischen, künstlerischen Mitteln gestillt werde.[274] Das ästhetische Bedürfnis nach Natur sei ein sozial gewecktes und genährtes Bedürfnis nach sinnlicher Naturerfahrung, das sich

268 Jens Jansen: Unsere Sternschau. In: Hamburger Nachrichten, 12.4.1930. Staatsarchiv Hamburg: 361-2 V 725i.
269 Böhme 1992, S. 152.
270 Ebd., S. 35.
271 Ebd., S. 16.
272 Ebd., S. 115.
273 Ebd., S. 22.
274 Ebd., S. 125ff.

über alle Wahrnehmungsbereiche erstrecke. Um dieses Bedürfnis zu stillen, genüge es nicht, etwas nur zu betrachten, vielmehr müsse man es umfassend wahrnehmen, in seine Atmosphäre eintauchen: »Die Atmosphäre ist dasjenige, in das der Wahrnehmende leiblich eintritt und das seine Befindlichkeit von Seiten der Dinge modifiziert.«[275] Als Atmosphären beschreibt Böhme Stimmungen, die an Objekte oder Situationen geknüpft sein können und sich körperlich bemerkbar machen. Damit hergestellte Natur als Natur gelten kann, muss sie glaubhaft eine »Geste der Natürlichkeit« vollziehen – sie muss eine entsprechende Atmosphäre hervorbringen, die sie als Natur wahrnehmbar macht. Dafür ist es unumgänglich, dass sie auf den Körper der Wahrnehmenden wirkt, dass sie dort Natürlichkeit herstellt und erfahrbar macht – auch emotional. Wenn Planetariumsbesucher*innen davon berichten, dass sich das Planetariumserlebnis körperlich manifestierte, dass sie Nachtluft und Dämmerunsgeräusche wahrnahmen, sich fühlten »wie in einer wunderschönen Sommernacht«[276] oder wie »auf dem Meer und im Hochgebirge«[277] und zum Ergänzen der Naturdarstellung durch Geräusche inspiriert waren, dann kann das als Anzeichen für eine geglückte »Geste der Natürlichkeit« gedeutet werden. Mit Böhme gedacht, zeigt sich das Planetarium als Atmosphärenapparat, als Ort, der Natur in ihrer Natürlichkeit vermittelte und wahrnehmbar machte – und dadurch hervorbrachte.

Im Gegensatz zu Böhme ist es aus kulturwissenschaftlicher Perspektive zielführend, Atmosphären nicht als per se gegebene Eigenschaften von Dingen zu erfassen, sondern als Ergebnisse von Praktiken der Wahrnehmung, aber auch Inszenierung und Erzählung – was am Beispiel des Planetariums deutlich wird. Gefühle finden bei Böhme keine explizite Erwähnung, aber als (Körper-)Praktiken sind sie elementarer und konstitutiver Teil dieser Atmosphären, Teil ihrer körperlichen Manifestation. Das Planetarium lässt sich als Ort fassen, an dem Natur als Atmosphäre mithilfe technischer Mittel hergestellt und inszeniert wurde. An dieser Produktion und Inszenierung wirkten die Zuschauenden in ihrer körperlichen Anwesenheit mit: Durch ihre Gefühle wurde die Natürlichkeit des projizierten Sternenhimmels validiert und erst durch ihre Verkörperung konnte sich Natur entfalten. Die Idee einer unberührten, reinen, geordneten und moralisch einwandfreien Natur trieb die Gefühle und Erzählungen des

275 Ebd., S. 138.
276 O. A.: Das eingefangene Weltall. In: Arbeiter-Zeitung, 8. 5. 1927. Österreichische Nationalbibliothek: ANNO.
277 Hennig: Das Planetarium von Jena. In: Wiener Morgenzeitung, 19. 8. 1924. Österreichische Nationalbibliothek: ANNO.

Planetariums an, auch wenn sich die so produzierte Planetariumsnatur in der Praxis ausschließlich als Durch(-)einander zeigte. Der Wundertopos, der nicht nur den Projektor, sondern auch den projizierten Sternenhimmel umwehte, war ein Mittel, den Planetariumsraum mit Atmosphäre anzufüllen, den Besuchenden ein Angebot für die Kanalisation ihrer Emotionen und Erfahrungen zu machen und wirkmächtige, sprachlich-narrative Ausdrucksformen für die empfundene Atmosphäre bereitzustellen.

Böhme spricht angesichts der Tatsache, dass es möglich ist, Naturerfahrung technisch herzustellen, in Anlehnung an Walter Benjamin von der »technischen Reproduzierbarkeit von Natur«[278] und verbindet damit eine düstere Diagnose: »Es ist der Zerfall der Aura der Natur und damit von Natur als kultureller Leitvorstellung, den wir durch den Fortschritt technischer Reproduktion von Natur erleben.«[279] Durch technische Nachahmung und Herstellung von Natur verschwinde das klassische Naturverständnis, das ausschlaggebend für das menschliche Selbstverständnis sei und die Menschen moralisch stabilisiere. »Die Fähigkeit, Naturprozesse technisch reproduzieren zu können, lässt jede achtungsvolle Distanz zusammenbrechen und lässt noch durch ihre betont forsche Geste ahnen, dass hier Grenzen überschritten wurden.«[280] Die Grenzüberschreitungen, die mit technisch reproduzierter Natur zusammenhängen, empfindet er als bedrohlich und als Angriffe auf die Natur, die bei Böhme dann doch unberührt und fraglos existieren kann und soll. Böhmes düsterer Diagnose lässt sich mithilfe der empirischen Befunde über das Planetarium, die in diesem Kapitel ausbuchstabiert wurden, und vor dem Hintergrund neuerer Konzeptualisierungen von NaturenKulturen oder – wie hier vorgenommen – von Natur und Kultur, Natur und Kunst sowie Natur und Technik als Durch(-)einander, eine andere, weniger (ab)wertende Perspektive zur Seite stellen: Technische Reproduzierbarkeit bedeutet nicht das Ende von Natur, sondern vielmehr einen ihrer Anfangspunkte; damit beschrieben ist ein Set an Werkzeugen und Praktiken, Natur als Aura und Atmosphäre hervorzubringen und zu erfahren. Im Planetarium als Ort der technischen Reproduzierbarkeit von Natur entstand unter urbanen Bedingungen eine Atmosphäre, die es den Besucher*innen erlaubte, mit den städtischen Alltagserfahrungen zu brechen und die sich zugleich als Stadterfahrung par excellence entpuppte. Natur zeigte sich im Planetarium als Koproduktion von Menschen und Maschinen, Technik und Erzählung, Emotion und Erkenntnis. Sie offenbarte sich als Durch(-)

278 Böhme 1992, S. 109.
279 Ebd., S. 118.
280 Ebd., S. 119.

einander, in dem Menschen (ästhetische) Erfahrungen fanden, die für sie eine Vielzahl an Zwecken erfüllten: Diese Erfahrungen brachten sie einer als rein und moralisch imaginierten Natur nahe, ermöglichten ›moderne‹ Arten und Weisen des Fühlens, verschafften als wissenschaftlich markierte Erkenntnisse und versetzten sie in eine Stimmung, die ihnen als besonders wertvoll erschien. Natur war im Planetarium vor allem eine Gefühlslage, eine sinnliche Erfahrung, die Menschen nicht nur genießen, sondern sich zum Genuss gestalten, sich aneignen konnten.

Zwischenfazit: Planetarium als lieux de l'avenir

Das Planetarium war ein Wunderort: Es erschien seinen Besucher*innen als »Wunder der Technik« und als »Wunder der Natur« zugleich. Die Erfahrungen, die sie unterm projizierten Sternenhimmel machten, benannten sie als Staunen. Was machte das Planetarium zum Ort der Wunder und des Wunderns? Ausschlaggebend dafür war der Wundertopos, mit dem Presse und Planetariumsbetreiber*innen die Planetariumserfahrungen zu fassen versuchten. Die zu Beginn des 20. Jahrhunderts bekannte und etablierte Erzählformel, die häufig im Zusammenhang mit technischen Innovationen oder naturwissenschaftlichen Entdeckungen Verwendung fand, erlaubte es den Berichtenden, Aufmerksamkeit und Neugier für das Planetarium zu wecken und es einer bestimmten Rezeptionsweise anzuempfehlen. Den Rezipierenden ermöglichte der Wundertopos an bereits gemachte Erfahrungen anzuknüpfen sowie die mannigfaltigen Eindrücke und Emotionen, die das Planetarium bereithielt, zu benennen, zu kanalisieren und zu managen. Der Wundertopos steckte den Rahmen fürs Fühlen und Erleben im Planetarium ab, das sich in der emotionalen Haltung des Wunderns ausdrückte. Wundern beziehungsweise Staunen als weit verbreitete und beliebte emotionale, körperliche sowie intellektuelle Modi der Wissensvermittlung waren das Ergebnis narrativer Strategien, zu denen der Wundertopos zählte, aber auch von inszenatorischen Praktiken und erlernten Wahrnehmungsweisen, an die durch den Topos sowie die Inszenierung geschickt angeknüpft wurde. Die Rezipient*innen des Wundertopos waren aber nicht nur passive Empfänger*innen des Erzählten. Sie verliehen dem Wundertopos mit ihren Körpern Ausdruck und nahmen ihn zum Ausgangspunkt, sich die Welt der Zukunft vorzustellen und sie zu vergegenwärtigen. Sie gestalteten den Wundertopos selbst aus und mit – nicht zuletzt auch deshalb, weil Rezipient*innen nie ausschließlich Rezipient*innen waren, sondern zugleich Berichterstatter*innen (professionelle, wie Journalist*innen, aber auch unprofessionelle, die ihren Familien oder ihren Bekannten vom Planetarium erzählten). Sie alle subsumierten das Erlebte für sich und kommunizierten ihre Erfahrungen, die sie in Gesellschaft und im Modus des Wunderns gemacht hatten, rahmten sie auf verschiedene Weisen. Zumindest teilweise kam dabei der Wundertopos gelegen, der sich so fortspann und weiterentwickelte. Der Wundertopos berührte viele Dimensionen – im Planetarium rahmte er zunächst Technik- und Naturerfahrungen. Technik und Natur präsentierten sich dort als Gegenstände des ästhetischen

Genusses und Vergnügens, aber auch als Gegenstände von Wissenschaft, die sich als durch das menschliche Schaffen beeinflussbar erwiesen. Insofern stellte das Planetarium einen Raum dar, in dem Technik und Natur in ihrer Bezüglichkeit zu Menschen zur Debatte standen: Es fand dort Arbeit an den Konzepten von Natur und Technik statt, sie wurden in ihrer Bedeutsamkeit für die (häufig urbanen) Alltage der Besucher*innen ausgelotet, bestimmt und empfunden.

Technik begegnete dem Planetariumspublikum in Form des Projektors. Der Planetariumsprojektor, der den Mittelpunkt des Vorführungsraumes für sich beanspruchte und als sichtbarer Akteur die Planetariumsshows mitgestaltete, wurde zum Aushandlungsgegenstand der Beziehungen von Menschen und Technik. Anhand des Projektors erschien den Besucher*innen Technik einerseits als Ermächtigungsmittel, mit dessen Hilfe sich Raum und Zeit durchdringen und steuern ließen. Andererseits trat sie ihnen als eigenständige Handlungsmacht entgegen, über die Geschulte wohl Kontrolle ausüben konnten, die sich dieser Kontrolle aber auch zu entziehen und zu widersetzen vermochte. Aus dieser ambivalenten Lage entwickelten sich im Planetarium Formen des (imaginativen) Umgangs mit Technik, die sich vor allem in die Zukunft erstreckten und sie als hybriden Ort entwarfen, an dem Menschen und Maschinen zusammen Welten eroberten und erbauten. Die Gefühle, die dabei mit im Spiel waren, umfassten sowohl Technikangst als auch uneingeschränkte Technikbegeisterung. Diese Gefühle und Vorstellungen griffen auf die Leiber der Planetariumsgäste aus und machten Technik und den Umgang damit zur Körpersache. Das Planetarium stellte einen der Orte dar, an dem ein Habitus im Umgang mit innovativen Technologien geformt und eingeübt wurde, für den Wundern zentral gesetzt war und der als Wundern benennbar wurde. Dieser Umgang bezog sich nicht nur auf die Gegenwart, sondern auch auf eine noch unbestimmte Zukunft, die sich im Planetariumsprojektor materialisierte und durch ihn auch körperlich naherückte.

Der Nachthimmel, den die Planetariumsmaschine auf die Kuppel projizierte, galt den Planetariumsgästen als Natur. Der Grund dafür waren die Gefühle und die Stimmung, die das Planetarium auslöste. Sie erschienen den Besucher*innen so natürlich und authentisch, dass nur die Natur selbst als Quelle dafür infrage kam. Das Betrachten der Projektion des Sternenhimmels ließ sich als Naturerfahrung verbuchen und war in erster Linie Gefühlssache. Die Naturvorstellung, die dem zugrunde lag, stammte aus dem Bürgertum des 19. Jahrhunderts. Es entwarf Natur als von menschlichen Einflüssen gereinigte Sphäre, die zum ästhetischen Genuss und zur moralischen Erbauung einlud und die Menschen emotional affizierte. Natur galt als Ort der Freizeit und Erholung, über den man wissenschaftliches Wissen erlangen konnte, dem man sich aber auch emotional öffnete. Das Wissen über den als Natur bezeichneten Sternenhimmel und die damit zusammenhängenden Gefühle sollte das Planetarium in die Stadt holen und sie ihren Bewohner*innen nahebringen, die sich in den Augen der Zeitgenoss*innen von der Natur entfremdet hatten. Das Planetarium entstand im urbanen Kontext und unter urbanen Bedingungen, verfolgte gleichzeitig das Ziel, eine Kontrasterfahrung zum Stadtalltag bereitzuhalten. Die Planetariumsnatur war gereinigte Natur, Stadtnatur und technisch reproduzierte Natur zugleich. Sie stellte sich im Planetarium als Ergebnis von Praktiken des Erzählens, Fühlens, Reinigens, Wahrnehmens und Wissens dar und entpuppte sich schließlich als produktives Durch(-)einander verschiedener Sphären und Entitäten. Dieses Durch(-)einander umfasste auch verschiedene Temporalitäten: Das Planetarium repräsentierte eine vergangene Natur, brachte aber genauso Zukunftspanoramen hervor und war als urbane Natur an die als zukunftsträchtig imaginierte Stadt gebunden. Die Institution barg einen futuristisch anmutenden Modus des technisch optimierten Naturerlebens.

Im Planetarium fand unter Zuhilfenahme des Wundertopos eine Selbstverständigung über die Beziehung der Menschen zu Natur und Technik statt, die gleichzeitig eine Selbstverständigung und Aushandlung dessen bedeutete, was es für sie hieß, modern zu sein. Darüber hinaus fungierte das Planetarium als Experimentierraum, in dem diese Beziehungen zu Technik und Natur neu ausgestaltet, diskutiert und in die Zukunft fortgesponnen werden konnten. Auch was die Kategorien Technik und Natur meinten und beinhalteten, stand zur Debatte. Ihre Grenzen wurden bearbeitet und ausgeweitet, gegenseitige Bezüglichkeiten ausgehandelt und Fragen der Macht und Ohnmacht spielerisch abgewogen. Wundern über Planetariumsnatur und Planetariumstechnik war eine transgressive Erfahrung, die sich im Spiel mit den Grenzen von Wissen und Unwissen, dem Möglichen und Unmöglichen, Natur und Kultur, menschlicher und maschineller Handlungsmacht, Vergangenheit, Gegenwart und Zukunft formte und das Planetarium als lieux de l'avenir gestaltete. Die Historiker Alexander C.T. Geppert und Tilmann Siebeneichner beschreiben lieux de l'avenir als »eindeutig zu bestimmende Orte, an denen sich gesellschaftliche Erwartungen kristallisieren, Zukünfte erprobt und Spuren in das Noch-Nicht gelegt werden«.[281] Sie entwickeln ihr Konzept in Anlehnung an Pierre Noras »lieux de mémoire«,[282] obwohl sich die lieux de l'avenir auch entscheidend davon ab-

281 Geppert/Siebeneichner 2017, S. 300.

282 Nora, Pierre: Between Memory and History: Les Lieux de Mémoire. In: Representations 26 (1989), S. 7–24.

heben: Sie sind im Gegensatz zu Erinnerungsorten ausschließlich physisch konkret und nicht (auch) metaphorisch; sie sind »Experimentierfelder« der Zukunft und anstatt Tradition fokussieren sie Antizipation. Während Nora Erinnerung und Geschichte als zwei entgegengesetzte Modi der Beschäftigung mit Vergangenheit voneinander trennt und die lieux de mémoire als Möglichkeit einer körperlich-sinnlichen, persönlich-bedeutsamen Begegnung mit bestimmten Vergangenheiten skizziert, sind für Geppert und Siebeneichner lieux de l'avenir zunächst schlicht materielle Orte der Zukunftserprobung. In einem von ihnen herausgegebenen Themenheft der Technikgeschichte zur Berliner Astrokultur in den 1920er-Jahren untersuchen die Autor*innen das Wissenschaftstheater Urania, den Raketenflugplatz Tegel und das Planetarium als solche Zukunftsorte und zeigen, wie Zukunftsvorstellungen mit technischen und wissenschaftlichen Entwicklungen zusammenwirkten und sich in Räumen und Objekten materialisierten. Denkt man das vorgeschlagene Konzept der lieux de l'avenir mit Blick auf Nora weiter, so lässt sich ausgehend vom Planetarium und analog zum »will to remember«, den Nora als eines der wenigen allgemeinen Merkmale von lieux de mémoire benennt, für lieux de l'avenir ein »will to wonder« diagnostizieren – ein Wille, sich wundernderweise die Zukunft auszumalen und darüber nachzusinnen, wie sie wohl aussehen könnte. Insofern ist die Zukunft der lieux de l'avenir auch nicht in Stein gemeißelt, sondern bleibt vage, prozessual, aber dennoch sinnlich, körperlich, materiell und räumlich greifbar. Lieux de l'avenir sind Orte des Zukunft-Machens, an denen die Zukunft als Ergebnis von (Aus-)Handlungen zutage tritt und an denen diese (Aus-)Handlungen initiiert werden (können). Dabei bilden Zukunft und Wissen beziehungsweise Bildung seit dem 18. Jahrhundert einen engen Nexus, zeigt die Kulturwissenschaftlerin Silvy Chakkalakal:[283] Lernen ist die Zukunftspraxis schlechthin und im Sinne einer vermeintlichen Moderne errichtete Bildungsinstitutionen gaben und geben sich daher häufig auch als Zukunftsorte zu erkennen – zumal, wenn sie wie das Planetarium als zukunftsträchtig imaginierte Technik in den Fokus rücken. Wundern tritt hier auch als epistemische Emotion zutage – als Gefühl, dass das Lernen begleitet, gar initiiert und zum Erkenntnisgewinn führen kann.

Das Berliner Planetarium, das 1927 eröffnete, erscheint den Autor*innen des oben erwähnten Themenheftes als ein derartiger Zukunftsort, der gleichzeitig auch Erinnerungen an vermeintlich vergangene Sternenhimmelspanoramen

283 Siehe dazu Chakkalakal, Silvy: »The World That Could Be.« Gender, Bildung, Zukunft und das Projekt einer Anticipatory Anthropology. In: Zeitschrift für Volkskunde 114 (2018), H. 1, S. 3–28.

wachrief.[284] Genau diese ambivalente Stellung, diese Brückenfunktion des Planetariums, das nicht nur den Abgrund zwischen Vergangenheit und Zukunft überspannte, sondern – wie gezeigt – auch anderes, scheinbar Unvereinbares unter seiner Kuppel vereinte, prädestinierte das Planetarium als Ort von Transgressionserfahrungen, die sich als Wunder(n) beschreiben und wundernd erleben ließen. Dass dies nicht nur für das Berliner Planetarium galt, sondern ein allgemeines Merkmal der Institution war, haben die vergangenen Ausführungen zu zeigen versucht: Das Planetarium beschrieb ein Durch(-)einander von Natur, Kultur, Menschen und Maschinen und schaffte zugleich Ordnung; es überschritt Kategorien und machte sie doch als bestehende Entitäten fühl- und erfahrbar. Es war ein konkreter Ort, der sich im Alltag der Menschen manifestierte und der gleichzeitig imaginative Räume eröffnete, in denen Zukunft ausgehandelt wurde.

284 Siehe dazu Boyce-Jacino 2017.

Teil III
Techniken des Wunderns

Einleitung: Techniken des Wunderns

Das Planetarium fungierte als zweifache Wunderstätte: Hier traf ein »Wunder der Technik« (der Projektor) auf das »Naturwunder« des Weltalls in Form des (projizierten) Sternenhimmels. Beide wurden im Planetarium zum Gegenstand der Bewunderung, beide wurden wissenschaftlich gerahmt, erklärt, verzaubert. Gemeinsam standen sie für die Reichweite der menschlichen Handlungsmacht und für ihre Grenzen, kommunizierten Überwältigung und Demut zugleich und machten Wundern. Aus kulturwissenschaftlicher Sicht ist es uninteressant zu bewerten, ob es sich beim Planetarium tatsächlich um ein Wunder handelte oder nicht, relevant ist, dass es den Planetariumsgästen als Wunder erschien, sie es als solches wahrnahmen und beschrieben. Ausgehend von dieser Beobachtung stellt sich die Frage, was das Planetarium in den Augen der Zeitgenoss*innen zum Wunder werden ließ und wie das Wundervolle des Planetariums zustande kam. Dass Benennen und Erzählen unter Zuhilfenahme des Wundertopos ausschlaggebend dafür waren, wurde im vorigen Teil der Arbeit deutlich. Dass der Wundertopos nicht nur rein sprachlich-diskursiv wirkte, sondern ganz praktisch auf die Körper der Planetariumsgäste ausgriff, zeichnete sich ebenfalls bereits ab. Diese körperlich-sinnliche Seite der Wunder, die Gefühle, Sinneseindrücke, Wahrnehmungsreize, die das Planetarium bereithielt, waren elementarer Teil des Erfolgs der Institution und für viele der eigentliche Grund ihres Besuchs. Sie kamen, um sich zu wundern, und erkannten im Planetarium einen Ort, an dem (Körper-)Techniken des Wunderns erlernt, eingeübt und mit Genuss erlebt werden konnten. Furore machte das Planetarium also nicht nur wegen der Inhalte, die es vermittelte, sondern vor allem dank der Emotionen und Erfahrungen, die es bei seinem Publikum auszulösen vermochte. Das *Museum Journal* berichtete vom Planetarium des Deutschen Museums: »The astonishment and pleasure excited in the observer can hardly be expressed; no wonder the apparatus has created a *furore*, so much so that ten of them have been ordered for other cities in Germany and abroad.«[1] Hier ist – wie an vielen anderen Stellen – von Vergnügen und Verwunderung zu lesen, die im Planetarium erfahren werden konnten und auf denen sein (Verkaufs-)Erfolg fußte, auch wenn sich der Verfasser schwer damit tat, die Erfahrungen in Worte zu

1 H. W. Dickinson: Opening of the Deutsches Museum, Munich. In: The Museum Journal 25 (1925), H. 4. Verwaltungsarchiv Deutsches Museum: Dru 0986a.

fassen.[2] Die Schwierigkeit, das im Planetarium Erlebte schriftlich zu fixieren, wurde zwar oft zum Ausdruck gebracht, stellte aber für die Feuilletonist*innen, Astronom*innen, Volksbildner*innen kein Hindernis dar, es trotzdem zu tun – davon zeugt der Quellenkorpus dieser Arbeit. Er enthält eine Fülle an Informationen über die tätige Seite des Planetariumsbesuchs, die die Zeitgenoss*innen als Wundern benannten. Die körperlich-sinnlichen Reize des Planetariums waren mehr als bloße willkommene Nebeneffekte der Lehrvorträge; es war vielmehr ein erklärtes Ziel der Planetarien, neben Wissen auch ein besonderes Gefühl zu vermitteln. Gerade die angestrebte Verbindung von Wissen und Fühlen erschien den Rezensent*innen sowie den Planetariumsmacher*innen als pädagogisch wertvoll und erstrebenswert. In einem vielfach mit Bleistift annotierten Vortragsskript mit dem Titel »Die Sonne«, das der Astronom Arthur Beer für das Hamburger Planetarium verfasste, beschrieb Beer den Planetariumsbesuch als einen Weg, sich auch auf emotionaler Ebene mit dem Weltall bekanntzumachen: »Heute stehen wir, rein wissenschaftlich gesehen, mit den Wundern des Weltalls auf Du und Du; (mit dem Verstand also zunächst, hoffentlich aber auch recht bald und recht innerlich mit unseren Herzen).«[3] Die pädagogische Absicht, im Planetarium neben astronomischem Wissen auch eine emotionale Haltung gegenüber diesem Wissen anzuerziehen, prägte die Planung und Durchführung der Shows, ihre Bewerbung und auch die Berichterstattung darüber. Den Planetariumsmacher*innen ging es darum, bestimmte Emotionen hervorzurufen und sie didaktisch zu nutzen; die Besucher*innen wollten ihrerseits mehr präsentiert bekommen als wissenschaftliche Fakten und sich von der Planetariumstechnik in eine Gefühlslage versetzen lassen, die sie als Wundern beschrieben und die es ihnen ermöglichte »das All zu empfinden«.[4] Im Planetarium sollte Arbeit an einer persönlichen Beziehung der Besucher*innen mit dem Sternenhimmel stattfinden, sie sollten sich Wissen darüber aneignen, vor allem aber sollten und wollten sie Gefühle dafür entwickeln. Als Grundlage für diese emotionale Beziehung mit dem Weltall fungierte im Planetarium die Haltung des Wunderns. Wie sich dort in wundernder Weise Beziehungen zum Sternenhimmel und dem Wissen darüber gestalteten und wie die Institution zu einem Ort der Techniken des Wunderns wurde, steht im folgenden Teil der Arbeit zu erkunden. Zunächst rückt die körperliche Seite der

2 Zur ›Sprachlosigkeit‹ von Emotionen siehe auch Eitler/Scheer 2009, S. 295.

3 Arthur Beer: »Die Sonne«, Skript für einen Planetariumsvortrag im Hamburger Planetarium, vermutlich 1930. Staatsarchiv Hamburg: 361-2 V 725c.

4 M—r.: Der ewige Tag. In: Arbeiter-Zeitung, 1.11.1927. Österreichische Staatsbibliothek: ANNO.

Planetariumserfahrungen in den Fokus: Wie funktionierte es, im Planetarium ›das All zu empfinden‹ und wie wirkte sich das auf die Sinne und Körper der Planetariumsgäste aus? Aus welchen Komponenten setzte sich die Erfahrung zusammen, die sie als Wundern benannten? Ausgehend von einer Analyse der Körpererfahrungen des Planetariums stellt sich dann die Frage, welche Zwecke die so sorgfältig kuratierten körperlich-emotionalen Planetariumserfahrungen in den Augen der Besucher*innen erfüllten. Emotional auf ›Du und Du‹ mit dem Weltall zu stehen, hatte für sie transzendentale Züge, die im zweiten Teil der Analyse des Planetariums als Ort der Techniken des Wunderns untersucht werden. Zunächst und als Basis aller weiteren Erkundungen muss geklärt werden, was damit gemeint ist, wenn das Planetarium als Ort der Techniken des Wunderns beschrieben wird.

Praktiken und Techniken

Mit Techniken des Wunderns ist zunächst – in Anlehnung an den von Marcel Mauss geprägten Begriff der Körpertechniken – die tätige, physische Seite der Planetariumserfahrungen angesprochen. Der französische Anthropologe konzipiert den Körper als durch und durch von Kultur durchdrungen und geformt. Er widersprach damit schon in der ersten Hälfte des 20. Jahrhunderts der Vorstellung von einem vorkulturellen, rein-biologischen Körper – einem universellen, ›natürlichen‹ Körper als vermeintlich von Kultur und Gesellschaft unberührte Konstante – die sich in einigen Bereichen bis heute gehalten hat. Mauss hingegen zeigt, dass Körper, ihre Haltung, Bewegung und Materialität, von Geburt an (und vermutlich sogar schon davor) kulturell gestaltet und das Ergebnis gesellschaftlicher Aushandlungen sind.[5] Er legt damit die Grundlage für eine kulturwissenschaftliche Untersuchung von Körpern, die ihre Gültigkeit behalten hat. Mauss beobachtet, dass Menschen zunächst lernen müssen, sich ihres Körpers zu bedienen und dass das Erlernte sich in die Physis einschreibt. Für ihn ist der Körper »das erste und natürlichste technische Objekt und gleichzeitig technische Mittel des Menschen«.[6] Der Idee vom Körper als »das erste und natürlichste Instrument des Menschen«[7] ist ein cartesianischer Körper-Geist-Dualismus implizit, den inzwischen die meisten kulturwissenschaftlichen Arbeiten zu überwinden suchen – so auch diese. Mauss geht es aber

5 Siehe dazu Mauss, Marcel: Soziologie und Anthropologie. Band II. Berlin/Wien 1978, S. 199–220.
6 Ebd.
7 Ebd., S. 206

weniger um das Verhältnis von Körper und Geist, er interessiert sich für die Art und Weise, wie Menschen sich ihres Körpers und seiner Materialität bedienen und damit für das, was er als Körpertechniken bezeichnet.[8] Mauss meint damit überlieferte, eingeübte und erlernte Bedienungsweisen des Körpers, die häufig zu Gewohnheiten werden, aber sich als solche im steten Wandel befinden. Er benennt etwa die Körpertechniken des Schwimmens oder Tanzens, meint aber auch ganz Banales: Atmen, Gehen, Trinken, Schlafen – all dies können Körper nicht einfach so, sondern müssen es zunächst lernen, üben und (sich) gegebenenfalls adaptieren. Mauss wählt den Begriff der Körper*technik*, weil der Technikbegriff zum einen auf die von ihm angenommene Objekthaftigkeit des Körpers deutet (der als Werkzeug fungiert), aber vor allem, weil sich Techniken in Mauss' Augen als soziale Projekte darstellen, die in Gesellschaft vermittelt und beigebracht werden:

> Ich bezeichne mit Technik eine traditionelle, wirksame Handlung (und Sie sehen, dass sich dies nicht von der magischen, religiösen, symbolischen Handlung unterscheidet). Es ist notwendig, dass sie traditionell und wirksam ist. Es gibt keine Technik ohne Überlieferung, wenn es keine Tradition gibt.[9]

Technik ist zweckgerichtetes, überliefertes und geformtes Handeln, das von vielen über die Zeiten hinweg bearbeitet, weitergegeben und erlernt wird. Gerade ihre Veränderbarkeit und Erlernbarkeit sind Mauss besonders wichtig,[10] denn sie erlauben es, Körper als formbar zu begreifen und sie im Werden zu beobachten und zu beschreiben. Körpertechniken können sich ausschließlich auf den Körper beziehen oder weitere technische Mittel integrieren, beispielsweise Schuhe beim Gehen oder einen Strohhalm beim Trinken. Mit seiner Definition von Körpertechniken als Handlungen bereitete Mauss den Boden für eine praxistheoretische Lesart des Körpers und richtete den Fokus darauf, wie das Tun den Körper formt, aber auch, wie der Körper das Tun ermöglicht und begrenzt.

In Kapitel 2 habe ich bereits dargelegt, was eine praxistheoretische Lesart für die historischen Quellen über das Planetarium bedeutet, und ausgelotet, in welchem Verhältnis Praxis und Diskurs stehen. Ich habe mithilfe von Schatzki und Reckwitz darauf verwiesen, dass in dieser Lesart Praktiken die Einheiten dar-

8 Siehe ebd., S. 199: »Ich verstehe darunter die Weisen, in der sich die Menschen in der einen wie der anderen Gesellschaft traditionsgemäß ihres Körpers bedienen.«

9 Ebd., S. 205.

10 Vgl. ebd., S. 200.

stellen, in die alle sozialen Phänomene sich aufgliedern lassen, dass Praxis sich diskursiv niederschlägt und dass Diskurse selbst auch als Praktiken (der Repräsentation) verstanden werden können. Außerdem ist klar geworden, dass ich Erfahrungen und Emotionen Monique Scheer folgend als Praktiken in den Blick nehme. Warum heißt es jetzt aber Techniken des Wunderns und nicht Praktiken des Wunderns? – Dafür gibt es vor allem zwei Gründe. Zum einen geht es mir darum, den Körper zu fokussieren und wie Marcel Mauss die Prozesse des Erlernens und Gewöhnens zu betonen; zum anderen ist es reizvoll, Technikerfahrung als Körpertechnik zu begreifen und so den weiten Technikbegriff der Kulturwissenschaft herauszufordern. Auf beide Gründe möchte ich nun etwas ausführlicher eingehen. Monique Scheer und Pascal Eitler schlagen vor, Emotionsgeschichte (auch) als Körpergeschichte zu verstehen und entsprechend »Körpertechnik als Einübung von Gefühlszuständen«[11] zu untersuchen. Sie sprechen von der »Verflechtung von Körpertechniken und Gefühlspraktiken«[12] und setzen damit Körpertechniken und Praktiken ins Verhältnis zueinander: Körpertechniken beschreiben eine bestimmte Art von Praktiken und können wiederum als eine bestimmte Komponente von Praxis in den Blick genommen werden, die darüber hinaus noch andere Facetten umfasst. Klar voneinander zu trennen sind diese Komponenten der Praxis allerdings nicht, je nach Betrachtungswinkel lassen sie sich unterschiedlich zuordnen und benennen. Scheer und Eitler fokussieren Gefühlspraktiken und betonen, dass »[n]icht nur die Sprache der Gefühle [...] gesellschaftlich unterschiedlich produziert und reproduziert [wird] – auch deren Körper«.[13] Diese körperliche (Re-)Produktion erfordert Übung und ist ein steter Prozess des Erlernens. Deutlich machen Eitler und Scheer das anhand von religiösen Konversionserlebnissen, die oft als Erweckung geschildert und performiert werden. Dabei kommt den Körpertechniken eine zentrale Rolle zu, denn »nur die Bedeutung des Bekehrungsvokabulars zu erlernen reicht dementsprechend [für das als authentisch geltende Erweckungserlebnis] nicht aus; man muss auch erlernen, wie sich das ›religiöse Erwachen‹ im Körper ›anfühlt‹«.[14] Aufs Planetarium übertragen heißt das: Für das Planetariumserlebnis reichte es nicht aus, sich lediglich des Wundertopos zu bedienen zu wissen. Es ging auch darum, die Körpertechniken des Wunderns zu erlernen und den Körper entsprechend einzustimmen. Deshalb stehen hier die Techniken (als auf den Körper zielende Praktiken) des Wunderns und damit

11 Eitler/Scheer 2009, S. 302.
12 Ebd., S. 304.
13 Ebd., S. 283.
14 Ebd., S. 298.

das zweckgerichtete, körperliche Üben und Erleben im Zentrum des Interesses, die aber gleichzeitig als elementare Komponenten die Praxis des Planetariumsbesuchs entscheidend mitbestimmten. Mit den Techniken des Wunderns ist zudem, wie bei Mauss bereits eingeführt, auf die Werkzeughaftigkeit des Körpereinsatzes verwiesen. Ein weiter Technikbegriff umfasst vielfältige Technisierungen des Handelns,[15] nicht nur diejenigen, die sich als Maschinen ausformen, sondern auch diejenigen, die sich körperlich manifestieren. Wie bereits erläutert, interessiert sich die Kulturwissenschaft dafür, was wann warum als Technik gilt (also dafür, wie ein eher ›enger‹, alltäglicher Technikbegriff zustande kommt) und wie sich Beziehungen zu diesen als Technik bezeichneten Entitäten entfalten. Von Interesse ist außerdem, in welcher Verbindung diese als Technik benannten Entitäten zu alltäglichen Lebenswelten stehen und wie sie ins Handeln eingebunden werden, Praxis formen und von ihr geformt werden. Es ist also nicht eine einzelne, klar abgrenzbare und zu isolierende Technik, die in den Blick genommen wird, vielmehr sind »die relevanten Einheiten [...] nicht Körper und Technik voneinander getrennt, sondern handwerkende, autofahrende und fernkommunizierende techno-korporale Aktionsinstanzen in ihrer Verschränkung«.[16] Mit dem Fokus auf die Techniken des Wunderns möchte ich das Planetarium als eine solche techno-korporale Aktionsinstanz fassen. Die Techniken des Wunderns des Planetariums manifestieren sich als Körpertechniken, sind darüber hinaus aber auch Erzähl-, Wahrnehmungs-, Wissens- und maschinelle Techniken, die eng miteinander verwoben sind. Stehen hier also die Techniken des Wunderns zu untersuchen, ist damit eine spezielle Seite der Planetariumspraxis angesprochen – diejenige nämlich, die eine bestimmte Haltung gegenüber dem Universum als *téchne*, als (verkörperte) Fertigkeit hervorbringt und die Gelegenheit zu ihrer Einübung eröffnet.

Körper des Wunderns

Mit den Techniken des Wunderns ist auf die Verkörperung der Wundererfahrung im Planetarium verwiesen, die als ›andere Seite‹ den Wundertopos komplettierte. Wundern fungiert als Emotion und Erfahrung, die die Rezeption von als Wunder benannten Objekten oder Situationen begleitet, teilweise diese Wunder

15 Vgl. Rammert, Werner/Schubert, Cornelius: Körper und Technik. Zur doppelten Verkörperung des Sozialen. In: TUTS – Working Papers. Berlin 2015, S. 6. URL: https://nbn-resolving.org/urn:nbn:de:0168-ssoar-453281 (Zugriff: 11. 6. 2021).

16 Ebd.

erst als Wunder beglaubigt. Wundern oder Staunen[17] ist eine Gefühlslage, die schon lange empfunden, benannt, erforscht und besprochen wird (das zeigte sich bereits im Abschnitt zu *Wunder[n] im Wandel*). Was es bedeutet, sich zu wundern, und wie sich das körperlich niederschlägt, unterliegt keinem naturgegebenen Reiz-Reaktion-Schema, sondern ist Ergebnis körperlich-kulturellen Tuns – um es noch einmal mit Scheer und Eitler auf den Punkt zu bringen: »Gefühle werden[…] nicht nur kulturell signifiziert, […] sondern im engeren Sinne des Wortes materiell reproduziert. Sie müssen nicht nur körperlich dargestellt, sie müssen auch und zu allererst körperlich eingeübt bzw. hergestellt werden.«[18] Das bedeutet unter anderem, dass sich die Arten und Weisen, wie sich Wundern am Körper manifestiert, wandeln (können). Der Körper des Wunderns tritt zu verschiedenen historischen Zeitpunkten verschieden in Erscheinung. Vergangene Darstellungen von sich wundernden Körpern (in Bild und Schrift) prägen die körperliche Performanz des Staunens in der jeweiligen Gegenwart, beeinflussen die Wundertechniken und dienen als Ausgangspunkt neuer Wunderformen. Diese Darstellungen geben außerdem Auskunft darüber, wie sich Wundern zu verschiedenen Zeitpunkten körperlich ausdrückte. Wundern galt nicht nur als epistemische, sondern auch als religiöse Emotion und rückte schon in der Antike in den Fokus von Gelehrten.[19] Spätestens seit dem Hochmittelalter war Wundern eine »wohldefinierte, gleichzeitig aber auch ungewöhnlich reiche und komplexe Gefühlsempfindung, mit Assoziationen, die sich im Laufe der Zeit in unterschiedlichen Begriffen herauskristallisierten«,[20] wie Daston und Park einleitend in ihre Untersuchung des Wunderns konstatieren. Die Historikerin Caroline Walker-Bynum untersucht Wundern im Mittelalter und hält ebenfalls fest, »that the wonder-reaction ranges from terror and disgust to solemn astonishment and playful delight«.[21] Sich zu wundern hatte viele Facetten und war mit einigen anderen Emotionen verknüpft, die unterschiedlicher nicht sein könnten. Ähnliches beobachtet Walker-Bynum auch für die Auslöser des Wunderns:

17 Wie bereits erwähnt, verstehe ich in dieser Arbeit Wundern und Staunen synonym im Sinne von *admiratio*.

18 Eitler/Scheer 2009, S. 290.

19 So finden sich in der antiken Rhetorik, insbesondere bei Aristoteles, Abhandlungen zum Staunen als von Sprache und Erzählweise erzeugtem Effekt. Siehe dazu Gess, Nicola/Schnyder, Mireille: Staunen als Grenzphänomen. Eine Einführung. In: dies./Marchal, Hugues/Bartuschat, Johannes (Hg.): Staunen als Grenzphänomen. Paderborn 2017, S. 7–15, S. 8 f.

20 Daston/Park 2002, S. 18.

21 Walker-Bynum 1997, S. 15.

> [W]onder is induced by the beautiful, the horrible, and the skillfully made, by the bizarre and rare, by that which challenges or suddenly illuminates our expectation, by the range of difference, even the order and regularity, found in the world. But marveling and astonishment as reactions seem to be triggered most frequently and violently by what Bernard of Clairvaux called admirabiles mixturae: events or phenomena in which ontological and moral boundaries are crossed, confused or erased.[22]

Die von Walker-Bynum beschriebene Begegnung mit und Überschreitung von Grenzen vereint die verschiedenen Arten des Wunderns über die Zeiten hinweg, und die Idee, dass Wunder Grenzbereiche markieren, ist auch in der wissenschaftlichen Literatur allgegenwärtig.[23] Die Feststellung, dass Transgression das ist, was diese schier unübersichtlich große Menge an Objekten und Situationen, die Wundern auslösen, verbindet, gibt außerdem einen ersten Anhaltspunkt für die Erforschung des sich wundernden Körpers. Wie machte sich Wundern als Grenzerfahrung am Körper bemerkbar? Wie wirkte es an den Körpergrenzen und welche Darstellungsweisen sich wundernder Körper haben sich über die Zeiten gehalten?

Die Literaturwissenschaftlerinnen Nicola Gess und Mireille Schnyder konstatieren die Ambivalenz von Offenheit und Unsicherheit, die das Wundern als Schwellenemotion auszeichnet und verorten sie – zumindest sprachbildlich – am Körper:

> Staunen ist ein Grenzphänomen und ein Phänomen der Grenzziehung. […] In dieser Funktion eines Moments der verunsichernden Re-Flexion auf die Begrenztheit des eigenen Bereichs (Wissen/Welt) und gleichzeitige Öffnung des Blicks auf ein Neues, Anderes, Fremdes, das sich in diesem Blick erst(mals) figuriert, ist dem Staunen eine intrikate Ambivalenz inne.[24]

Gess und Schnyder benennen den Blick als Ausgangs- und Zielpunkt des Wunderns. Die durch die im Staunen liegende Grenzerfahrung hervorgerufene Offenheit zeichne sich – ihrer Schilderung nach – in der Art und Weise des Blickens ab. Mit dieser Verortung des Wunderns im Bereich des Visuellen und seiner Verkörperung, den Augen, sind sie nicht allein: Zahlreiche Darstellungen

22 Ebd., S. 21.

23 Bspw. Daston/Park 2002, S. 13 ff.; Geppert/Kössler 2011, S. 38; Adamowsky 2010, S. 27; Gess/Schnyder 2017.

24 Ebd., S. 7.

staunender Gesichter widmen sich dem wundernden Blick und verbildlichen die durchs Wundern evozierte Offenheit als weit aufgerissene Augen. Diese Darstellungsweise des Wunderns zieht sich quer durch die Jahrhunderte und galt auch in der Zeit der ersten Planetariumseröffnungen als Zeichen eines sich wundernden Körpers.[25] Den offenen Mund beschreibt der Theaterwissenschaftler Lorenz Aggermann als eine weitere körperliche Manifestation des Staunens. Der offene Mund sei als »visuelles Korrelat«[26] zwar nicht die einzige körperliche Performanz von Staunen (vervollständigt wird sie beispielsweise durch aufgerissene Augen), aber eine ikonografisch über die Jahrtausende hinweg konstante und vielfach reproduzierte, so Aggermann. Auch sei der offene Mund nicht ausschließlich Signifikant für das Wundern, sondern könne ferner beispielsweise Schrecken zum körperlichen Ausdruck bringen, verweise damit auf die zahlreichen emotionalen Ausprägungen, die das Wundern als ambivalente emotionale Haltung vereint.[27] Geöffnete Münder und geöffnete Augen als ikonisch gewordene Darstellungen von sich wundernden Körpern wirken sich auf die Wunderpraxis aus, setzen Standards und werden als angemessene Ausdrücke von Staunen eingeübt. Das Öffnen von Augen und Mündern hat sich als Teil der Körpertechnik des Wunderns etabliert, die sich damit auch als Wahrnehmungstechnik zu erkennen gibt: Der sich wundernde Körper ist ein auf (visuelle) Wahrnehmung eingestellter Körper, dessen Grenzen sich ebenfalls weiten. Der offene Mund verweist überdies auf die Grenzen der Sprache, des Sagbaren, die Wunder berühren und die damit körperlich zum Ausdruck gebracht werden können.[28]

Wundern als Schwellenerfahrung, als emotionale Haltung, die Grenzüberschreitungen begleitet und durch sie hervorgerufen wird, bewegt sich überdies selbst an der Schwelle verschiedener Gefühle. Diese emotionalen Zwischentöne, von denen das Wundern begleitet wird, schlagen sich körperlich nieder – und zwar in Form von Schaudern, das sowohl mit Furcht als auch mit Vergnügen in Verbindung gebracht wird und häufig als Ausdruck und Effekt des

25 Bei ihrer Analyse der Immersionserfahrung des Planetariums stellt die Medienwissenschaftlerin Alison Griffiths fest, dass die Effekte des Staunens, die dadurch hervorgerufen wurden, in Abbildungen und Fotografien durch weit aufgerissene Augen zur Ansicht gebracht werden. Siehe dazu Griffiths 2013, S. 148 ff.

26 Vgl. Aggermann, Lorenz: Erst das Loch bestimmt den Status eines Körpers im Raum. Der offene Mund als Reflexion und als Geste. In: Gess, Nicola/Schnyder, Mireille/Marchal, Hugues/Bartuschat, Johannes (Hg.): Staunen als Grenzphänomen. Paderborn 2017, S. 141–156, S. 141 f.

27 Ebd., S. 150.

28 Vgl. ebd., S. 152 f.

Wunderns auftaucht.[29] Schaudern stellt eine weitere Verkörperungsform des Staunens dar, die den Körper gleichsam erschüttert und ihn zum Medium der Grenzerfahrung macht. Als »shivers down your spine«[30] fasst die Medienwissenschaftlerin Alison Griffiths spezielle »embodied modes of spectating«,[31] die durch Immersion und Interaktionsangebote an verschiedenen, visuell spektakulären Orten zu machen seien – unter ihnen auch das Planetarium. Griffiths leiht sich den Ausdruck vom Betrachter eines Schlachtenpanoramas, der seine Empfindungen beim Schauen im Jahr 1799 als ebenjene Schauder, die ihm den Rücken hinunterliefen, beschrieb. Griffiths Untersuchung fokussiert Wundern nicht dezidiert, sondern befasst sich mit Orten des Zuschauens, welche die Sinne und Körper der Zuschauer*innen gänzlich in Beschlag nehmen, sie überwältigen wollen und so neben Immersion und Interaktion, die Griffiths besonders interessieren, auch Staunen hervorbringen.[32] Das Planetarium beschreibt Griffiths als einen der Orte, an dem die Verbindung von Immersion und Wundern sehr deutlich hervortritt – was sich dort auch in Form des Erschauderns der Zuschauer*innenkörper äußert.[33] Griffiths' Studie verdeutlicht nicht nur, dass Schaudern den Körper des Wunderns zeichnet, sondern verweist darüber hinaus darauf, dass der sich wundernde Körper auch ein immersiv eingebundener Körper sein kann, der ganz im Wahrnehmen aufgeht. Griffiths betont außerdem, dass Erschaudern in Verbindung mit Immersion und Staunen eng mit religiösen Emotionen und Erfahrungen verwand ist. Die Techniken des Sehens, die Schaudern auslösen, werden beispielsweise durch die Architektur von mittelalterlichen Kathedralen affiziert und dort eingeübt – Orte, die Griffiths gleichzeitig als »pre- and overdetermined by wonder and awe«[34] beschreibt und damit das Wundern auch als religiöse Emotion kenntlich macht. Jene besondere Art des Wahrnehmens und Blickens, die zum Erschaudern führen kann, in Kathedralen sowie im Planetarium zum Einsatz kommt und religiöse Züge trägt, beschreibt sie als »revered gaze«,[35] als ehrfürchtigen Blick, der die religiöse Erfahrung der Schauenden steigert.[36] Erneut zeigt sich Wundern als materiell gestützte (beispielsweise durch Architektur) Körper- und Wahrnehmungstech-

29 Vgl. Adamowsky 2010, S. 19.
30 Griffiths 2013, S. 3.
31 Ebd.
32 Vgl. ebd., S. 9.
33 Siehe ebd., S. 134 ff.
34 Ebd., S. 16.
35 Ebd., S. 15.
36 Ebd.

nik, die den Körper gezielt in Stellung bringt und so bestimmten perzeptiven Eindrücken (vor allem visuellen) und Emotionen den Weg ebnet.

Der Körper des Wunderns ist Ergebnis von Prozessen des Erzählens, Wahrnehmens, Bewegens, Fühlens und Übens, die sich im Laufe der Zeit verändern und aufeinander beziehen. Als Kern des verkörperten Wunderns im 20. Jahrhundert lassen sich dennoch einige Merkmale ausmachen, die zwar nicht immer alle staunenden Körper kennzeichnen, aber häufig mit dem Wundern in Verbindung gebracht werden. Das transgressive Moment, das Wundern in seinen unterschiedlichen Formen eint, findet körperlich-performativen Ausdruck an den Grenzen des staunenden Körpers, die brüchig werden: Das Öffnen von Augen und Mündern lässt sich als Teil der Körpertechnik des Wunderns ausmachen und fungiert gleichzeitig als Ausrichtung der Wahrnehmung, die sich so zunächst aufs Visuelle fokussiert und vor allem den Kopf und das Gesicht vereinnahmt. Mit dem Schaudern, das im Rückgrat verortet wird, zeigt sich ein weiteres körperliches Merkmal des Wunderns, das auf dessen emotionale Vielschichtigkeit deutet und ihm körperlichen Ausdruck verleiht. Schaudern verbindet Furcht und Vergnügen und bezieht sich auf den ganzen Körper, der vom Kopf abwärts in Wallung gerät. Schaudern kann auch das Ergebnis einer bestimmten Art des Schauens sein und steht mit den geöffneten Sinnesorganen in Verbindung; Griffiths beschreibt den ehrfurchtsvollen Blick als eine Sehtechnik, die Schauder über den Rücken jagen kann und in eine religiöse Erfahrung mündet. Damit ist auf eine religiöse oder zumindest transzendentale Dimension der Techniken des Wunderns verwiesen – die verkörperte Wundererfahrung kann zur Transzendenzerfahrung werden.

Wundern als Transzendenzerfahrung

Die Verbindung von Wunder(n) und Religion liegt auf der Hand: Lange Zeit galten Wunder in christlichen Deutungen als Zeichen und Beweis für die Existenz Gottes. Klassifiziert als *mirabilia* (Naturwunder) oder *miracula* (Transzendenzwunder) stützten und verbildlichten sie religiöse Lehren und machten sie empfindbar.[37] Die Idee, dass mit der Aufklärung *mirabilia* (Naturwunder) als Gegenstände wissenschaftlicher Erkenntnis und damit als vermeintlich rationale Wunder ihre Verbindung mit der Religion aufgelöst und die angeblich religiös-irrationalen *miracula* (Transzendenzwunder) verdrängt hätten, entpuppt sich als aufklärerischer Mythos und Selbstbeschreibung. Sie ging einher mit

37 Zur Klassifizierung der verschiedenen Wunderarten siehe Kössler/Geppert 2011, S. 16.

der anti-katholischen Abwertung der Wunder als ›Aberglaube‹ (an der auch die frühe Volkskunde ihren Anteil hatte)[38] und dem Umdeuten des Staunens zur epistemischen Emotion, die schließlich von der Neugier abgelöst wurde.[39] Lorraine Daston beobachtet ausgehend vom späten 17. Jahrhundert ebenjene Abwertung des Staunens, die daher rühre, dass Staunen als dezidiert unwissende und auf das Transzendentale zielende Emotion nicht mehr in die nunmehr als rational imaginierte und damit einer vermeintlich irrationalen Religiosität entgegengesetzten Wissenschaft passen wollte:

> Neugier war jetzt respektabel, sogar lobenswert, aber losgelöst vom Staunen. […] Die vornehme Neugier arbeitete hart und hielt sich von verführerischen Neuigkeiten fern; das gemeine Staunen dagegen schwelgte in den Freuden des Ungewöhnlichen und weigerte sich beharrlich, dem Unwissen abzuhelfen, dem es entsprang.[40]

Auch wenn es sich für Wissenschaftler*innen nicht mehr schickte, ihrer Arbeit staunend nachzugehen, hatte das Staunen im 19. Jahrhundert einen festen Platz in der Wissensvermittlung und -popularisierung gefunden (siehe dazu *Wunder[n] im Wandel*) – gerade deshalb, weil Wundern mit Vergnügen verbunden war, in dem man schließlich einen legitimen Weg zur Erkenntnis sah, wenn es denn angemessen und ›kultiviert‹ vonstattenging. Die Entgegensetzung von Neugier, als vermeintlich rationalem Gefühl, und Wundern, als irrational, wie sie Daston als Ergebnis der Aufklärung beschreibt, war zur Zeit der ersten Planetarien nicht mehr gültig. Max Weber geht sogar so weit, das Wunder – wenige Jahre vor der Eröffnung der ersten Planetarien – als rationale Form der Transzendenz zu markieren und es mit dem von ihm als verloren gegangen bezeichneten »Zauber« zu kontrastieren:

> Das ›Wunder‹ wird seinem Sinn nach stets als Akt einer irgendwie rationalen Weltlenkung, einer göttlichen Gnadenspendung, angesehen werden und pflegt daher innerlich motivierter zu sein als ›Zauber‹, der seinem Sinn nach dadurch entsteht, dass die ganze Welt von magischen Potenzen irrationaler Wirkungsart erfüllt ist und dass diese in qualifizierten, aber nach ihrer eigenen freien Willkür handelnden Wesen, Menschen oder Übermenschen, durch as-

38 Siehe Habermas 1988, S. 39.
39 Daston, Lorraine: Wunder, Beweise und Tatsachen. Zur Geschichte der Rationalität. Frankfurt a. M. 2001, S. 77 ff.
40 Ebd., S. 93.

ketische oder kontemplative Leistungen aufgespeichert sind. Das Rosenwunder der heiligen Elisabeth erscheint uns sinnvoll. Die Universalität des Zaubers dagegen durchbricht jeden Sinnzusammenhang der Geschehnisse.[41]

Staunen zeigt sich für Weber als moderne Emotion schlechthin, denn für ihn sind die Wunder, die sie auslösen, ›sinnvoll‹, das heißt potenziell erklärbar (ob durch die Macht Gottes oder durch die Wissenschaft fällt hierbei zunächst nicht ins Gewicht). In Webers Wunderdefinition dominiert die Dichotomisierung von Rationalität und Irrationalität, die der Idee von der Moderne innewohnt und sie erst hervorbringt. Sie geht einher mit weiteren Dichotomisierungen, beispielsweise der Gegenüberstellung von ›religiös‹ und ›säkular‹. In den Erzählstrukturen, die eine sich als modern verstehende Selbstbeschreibung anbieten, erscheint das Wundern über Gegenstände der Wissenschaft als ›modernes‹ Surrogat der verworfenen und als überkommen markierten, religiösen Transzendenzerfahrungen. Das Planetarium wird vor diesem Hintergrund zum Hort ›moderner‹, ›säkularer‹ oder ›rationaler‹ Transzendenz. Diese Vorstellung, die sich teilweise in den Schilderungen der Zeitgenoss*innen widerspiegelt, greift zu kurz. Wundern als komplexe emotionale Haltung changiert zwischen den ohnehin nicht zu trennenden Polen, kann als religiös oder als säkular, als rational und irrational gedeutet werden und macht sich an den Grenzziehungen zu schaffen, die diesen Kategorisierungen zugrunde liegen. So attestieren Kössler und Geppert auch dem 20. Jahrhundert eine »wahre Sehnsucht nach Wundern und anderen Phänomenen innerweltlicher Transzendenzerfahrung«,[42] bemerken, dass sie in »zugleich religiöse und säkulare Denk- und Wissenssysteme«[43] eingepasst sind, und betonen, dass Staunen als alle Wunder verbindende Emotion »auf das Erhabene und Numinose zurückverweist«,[44] auch wenn es sich an vermeintlich religionsfernen Gegenständen der (Natur-)Wissenschaft entzündet. Wundern zeigt sich als zugleich religiöse und säkulare Emotion, wobei religiös und säkular nicht als einander entgegengesetzt gedacht werden, sondern als zwei Ausprägungen oder Stile der Suche nach Transzendenz (sei sie religiös oder nicht), die aufeinander angewiesen sind.[45] Hierbei wird auch

41 Weber, Max: Die Wirtschaftsethik der Weltreligionen. In: ders.: Gesammelte Aufsätze zur Religionssoziologie, Bd. 2. Tübingen 1988, S. 703, zit. nach Geppert/Kössler 2011, S. 59.

42 Geppert/Kössler 2011, S. 11

43 Ebd., S. 15.

44 Ebd.

45 Die Untrennbarkeit der Kategorien ist inzwischen zum Konsens geworden, vgl. Balkenhol, Markus/van den Hempel, Ernst/Stengs, Irene: Introduction: Emotional Entan-

deutlich, »that the secular is not per se ›un-emotional‹ even when it is presented as adhering to the ideals of objectivity and rationality«,[46] wie Monique Scheer, Birgitte Schepelern Johansen und Nadia Fadil feststellen. Ausgehend von dieser Feststellung verweisen sie auf die Verkörperung von (säkularen) Emotionen, die Körper zeichnen und formen. Die Kategorisierung der emotionalen Haltung des Wunderns im Planetarium als entweder religiös oder säkular ist weder zu bewerkstelligen, noch ist sie zielführend. Auf die in der Einleitung aufgeworfene Frage, was es bedeutete, ›das All zu empfinden‹, und welche Beziehung von Menschen und Sternenhimmel damit beschrieben ist, bietet weder die eine noch die andere Kategorie eine befriedigende Antwort. Am Planetarium kann deutlich werden, wie die emotionale Haltung des Wunderns als säkulare sowie als religiöse Erfahrung ausgestaltet wurde, wie Transzendenz als Ergebnis eingeübter und ausstaffierter Techniken des Wunderns entstand und als bedeutungsoffen in den Dienst verschiedener Weltbilder genommen wurde. Die Kulturanthropolog*innen Markus Balkenhol, Ernst van den Hemel und Irene Stengs beobachten ebenfalls, dass Religion, Säkularität, Macht, Politik und Emotionen miteinander verschränkt und verwickelt sind und schlagen vor, ebenjene Verwicklung als »secular sacred« in den Blick zu nehmen.[47] Als säkular-sakral verstehen sie »a person, object, image, representation or place in which secular and sacred ideas, feelings, emotions, motivations, experiences, perceptions, intertwine, conflate and conflict«.[48] Das Planetarium als Ort der Techniken des Wunderns zeigt sich als eine solche, säkular-sakrale Stätte aber auch als dezidiert religiöser Ort, was noch zu sehen sein wird – Staunen wirkt als emotionale Haltung, die beidem taugt.

In den folgenden zwei Kapiteln steht das Planetarium als Ort des Einübens und Erlernens der (Körper-)Techniken des Wunderns im Mittelpunkt der Analyse. Es geht also ums Wundern als eine Wahrnehmungs-, Fühl- und Wissensweise, die im und vom Planetarium gezielt erzeugt, dort eingeübt und ausgestal-

glements of Sacrality and Secularity – Engaging the Paradox. In: dies. (Hg.): The Secular Sacred. Emotions of Belonging and the Perils of Nation and Religion. Cham 2020, S. 1–18, S. 2. Zur Ko-Konstitution der Kategorien siehe Scheer, Monique/Schepelern Johansen, Birgitte/Fadil, Nadia: Secular Embodiments: Mapping an Emergent Field. In: dies. (Hg.): Secular Bodies, Affects and Emotions. European Configurations. New York/London 2019, S. 1–14, S. 3.

46 Scheer, Monique/ Schepelern Johansen, Birgitte/Fadil, Nadia: Secular Embodiments: Mapping an Emergent Field. In: dies. (Hg.): Secular Bodies, Affects and Emotions. European Configurations. New York/London 2019, S. 1–14, S. 2.

47 Siehe Balkenhol/van den Hempel/Stengs 2020, S. 4.

48 Ebd., S. 5.

tet wurde. Zunächst steht zu untersuchen, wie die Körper der Besucher*innen durch das räumlich-materielle Setting des Planetariums in Stellung gebracht wurden, von welchen körperlichen Erfahrungen sie berichteten und wie sie diese bestimmten Emotionen zuordneten. Außerdem ist zu fragen, wie im Planetarium an das bereits bestehende Repertoire der Körpertechniken des Wunderns angeknüpft (geöffnete Augen und Münder, Schaudern), wie es erweitert und adaptiert wurde. Techniken des Wunderns verstehe ich darüber hinaus als *téchne,* als verkörperte Fertigkeit, sich mit dem Sternenhimmel und dem Wissen darüber in eine bestimmte, sinnhaft ausgedeutete Beziehung zu setzen, deren wichtiger, aber nicht alleiniger Bestandteil Körpertechniken sind. Anschließend an den Blick auf die *Körpererfahrungen*, die das Planetarium ermöglichte, rückt mit den *Transzendenzerfahrungen*, die das Planetarium bereithielt, eine weitere Facette der Beziehungsarbeit des Planetariums ins Zentrum des Interesses: ›Das All zu empfinden‹ barg nicht nur ein epistemisches, sondern auch ein transzendentales Potenzial, das verschieden ausgedeutet und eingespannt werden konnte.

5. Körpererfahrung – Wahrnehmen, Fühlen und Wissen im Planetarium

> Dem Besucher wird nun zunächst der Apparat erläutert. Während dieses kurzen Vortrages ist der Raum schon verdunkelt, damit das Auge in Stimmung kommt. Dann wird der Apparat in Gang gesetzt – und ein allgemeines ›Ah‹ summt durch den Raum. Es ist, als sei inzwischen die Decke weggezogen, und du säßest auf einem Berge und schautest in die klarste Sternenwelt. Dieser erste Anblick ist ü b e r w ä l t i g e n d, b e s e l i g e n d [Hervorhebung im Original]! Die Täuschung ist einfach vollkommen; du glaubst gar den leisen Luftzug zu spüren, als säßest du auf einem Berge.
>
> Der Erklärer wird gut tun, jetzt zunächst einige Minuten den Mund zu halten, damit sich der Beschauer erst in die Stille, geheimnisvolle Pracht einfühlen kann. Es ist wirklich war [sic]: der Mensch wird a n d ä c h t i g; er verwächst mit der Unendlichkeit. Und wenn dann dieser Sternenhimmel in Bewegung gesetzt wird, dass die Gestirne in ihrer gottgewollten Bahn leise anfangen zu wandeln und sich zu verschieben – das Herz möchte dir stille stehen![49]

Diese Schilderung eines Planetariumsbesuchs ist voll von Sinneseindrücken und Emotionen, beschreibt die Wirkungen der Schau auf den Körper und die Gefühlswelt des*der Schreibenden. Erschienen im Juni 1925 in Hamburg, nur wenige Wochen nach Eröffnung des Planetariums im Deutschen Museum und nur wenige Tage nach dem Beschluss der hamburgischen Bürgerschaft, ein Planetarium für die Stadt anzuschaffen, sollte der Zeitungsbericht die Kaufentscheidung erklären und rechtfertigen. Unter dem Eindruck eines Besuchs im Jenaer Planetarium gab sich der*die Autor*in alle Mühe, den Leser*innen möglichst anschaulich von der Vorstellung dort zu berichten. Bevor es um die vermittelten Inhalte ging, widmet sich die*der Verfasser*in erst einmal den sinnlichen und affektiven Erfahrungen, die ihm*ihr das Planetarium verschaffte. Geräusche und Gefühle, Visuelles und Immersives stehen im Mittelpunkt – und die Feststellung, dass es einer ruhigen Minute bedurfte, sich ›einzufühlen‹

49 Th. H.: Unser Planetarium. In: Hamburger Nachrichten, 21. 6. 1925. Staatsarchiv Hamburg: 135-1 IV 5061.

und die Eindrücke zu verarbeiten. Neben dem Auge, das ›in Stimmung‹ kam, der Haut, auf der beinahe ein Luftzug zu spüren gewesen sei und dem Mund, der unwillkürlich ein Geräusch freiließ, wirkte sich das Planetarium auch aufs ›Herz‹ der*des Berichtenden aus, wo er*sie die Planetariumsgefühle verortete. Der Körper war voll und ganz in die Planetariumsschau eingespannt und ihre Wirkung zeigte sich dort. Wissensvermittlung wurde zur Körpersache.

Wissen ist kein körperloser Vorgang, auch wenn die im akademischen Denken lange tonangebende cartesianische Trennung von Körper und Geist dem Wissen als Geistesleistung seinen Körper abgesprochen hatte. Gerade die Orte der Wissenschaftspopularisierung und Wissensvermittlung, die sich im 19. Jahrhundert ausformten, trugen der Körperlichkeit des Wissens Rechnung – ihr erzieherischer Impetus zielte auch auf die Körper des Publikums. So entwickelte sich etwa in den Kunstmuseen ein bestimmter Museumsgang: eine Art »leise zu sprechen, langsam zu gehen und Kunstwerke in kontemplativer Konzentration zu betrachten«,[50] die körperliche Zugehörigkeit schaffte, die Rezeption von Kunst prägte und bis heute fortwirkt.[51] Volkssternwarten machten den Blick in den Himmel gezielt zum körperlichen Ereignis;[52] theatrale Vorträge unter Einsatz von Laterna magica oder später Diaprojektionen setzten auf Anschaulichkeit und Schaulust;[53] Weltausstellungen gestalteten sich als multisensuelle Spektakel.[54] Diese Formen der Wissensvermittlung erforderten eine bestimmte Art der Sinnesnutzung, vornehmlich des Hörens und Sehens, die die Orte der Wissensvermittlung und allgemein Erziehungsinstanzen ebenfalls anerzogen.[55] Mit dem »body turn«, der rückblickend auf den Anfang der 1990er-Jahre datiert wird,[56] rückte der Körper vermehrt in den Fokus des Interesses der Sozial- und Kulturwissenschaften – und spätestens damit auch die Idee der Verkörperung von Wissen. Wenn von verkörpertem Wissen die Rede ist, ist zumeist Körperwissen (manchmal auch implizites Wissen genannt) gemeint – Wissen, wie man

50 Thiemeyer 2018, S. 54.

51 Vgl. ebd.

52 Siehe dazu Mirwald 2014.

53 Siehe dazu Vanhoutte/Wynants 2017.

54 Siehe dazu Färber, Alexa: Weltausstellungen als Wissensmodus. Ethnographie einer Repräsentationsarbeit. Berlin 2006; Müller-Scheessel, Nils: To See Is to Know. Materielle Kultur als Garant von Authentizität auf Weltausstellungen des 19. Jahrhunderts. In: Samida, Stefanie (Hg.): Inszenierte Wissenschaft. Zur Popularisierung von Wissen im 19. Jahrhundert. Bielefeld 2011, S. 157–176.

55 Vgl. Jütte 2000, S. 172 ff.

56 1995 erschien die erste Ausgabe der Zeitschrift »Body & Society«, die als Ausdruck und Organ eines *body turns* gelesen werden kann.

etwas mit dem Körper tut (also zum Beispiel wie man durch ein Teleskop schaut und am anderen Ende etwas sieht). Körperwissen zeichnet sich unter anderem dadurch aus, dass es nicht gänzlich diskursiv zu vermitteln ist – man kann nicht vollständig erklärt bekommen, wie der Blick durchs Teleskop funktioniert, sondern muss selbst das Auge an ein Okular legen, um dieses Wissen zu erwerben. Körperwissen wird häufig Repräsentationswissen (symbolisches Wissen) entgegengesetzt; damit ist das Wissen über etwas gemeint (also beispielsweise das Wissen darüber, dass das, was man da durch das Teleskop sieht, der Polarstern ist).[57] Diese Entgegensetzung ist eine der vielen, die dem postmodernen Denken weichen musste, denn auch symbolisches Wissen ist nicht körperlos.[58] Der Kulturwissenschaftler Martin Scharfe befasst sich mit Wissen als vermeintlicher Kopfsache und stellt die Frage: »Wie kommt es in den Kopf hinein?«[59] Seine Antwort darauf: Durch die Sinnesorgane, die die in Sinnesreize zerfallende Welt in den Kopf hinein transportieren. Scharfes Überlegungen reproduzieren zwar die rigorose Trennung von Innen und Außen, Körper und Geist, die es zu überwinden gilt, aber sie helfen in ihrer Konkretheit zu verstehen, dass Wissen und Körper zusammenhängen:

> Das Wissen also, das wir von der Welt haben können, lässt sich ebenfalls aufspalten: die Ohren vermitteln uns andere Erfahrungen von Welt (Bachrauschen, Presslufthammer, Stimme des Vaters am Telefon, Bachsche Fuge auf der Orgel gespielt, Autos an der Ampel anfahrend, Knurren unseres Magens, Knarren des Stuhls, auf dem ich sitze) als unsere Zunge, unsere Nase sagt uns anderes als unsere Augen.[60]

57 Der Philosoph Gilbert Ryle macht die Unterscheidung von *knowing that* und *knowing how* prominent; er will verdeutlichen, dass beide Wissensformen miteinander verbandelt sind. Ryle, Gilbert [1949]: The Concept of Mind. London 1952. Siehe dazu auch Fuchs, Thomas: Verkörpertes Wissen – verkörpertes Gedächtnis. In: Etzelmüller, Gregor/ders./Tewes, Christian (Hg.): Verkörperung – Eine neue interdisziplinäre Anthropologie. Berlin/Boston 2017, S. 57–78.

58 Mit der Kognitionswissenschaft hat sich eine eigene Disziplin herausgebildet, die der Frage nach der Verbindung von Körper und Wissen nachspürt. Das Verkörperungs-Paradigma ist aber auch tonangebend in den Sozial- und Kulturwissenschaften und hilft dabei, eine »starre theoretische und forschungspraktische Gegenüberstellung von natürlichen und künstlichen Prozessen zu überwinden«. Etzelmüller, Gregor/Fuchs, Thomas/Tewes, Christian: Einleitung: Verkörperung als Paradigma einer neuen Anthropologie. In: dies. (Hg.): Verkörperung – Eine neue interdisziplinäre Anthropologie. Berlin/Boston 2017, S. 1–30, S. 14.

59 Scharfe, Martin: Augen-Wissen. Einige Überlegungen zur volkskundlich-kulturwissenschaftlichen Bildinterpretation. In: Kritische Berichte 28 (2000), H. 1, S. 62–68, S. 62.

60 Ebd.

Auch vermeintlich körperloses, symbolisches Wissen muss sich den Weg ›in‹ den Körper bahnen und tut das über die Sinnesorgane. Für Scharfe bedeutet das, dass es »auch ein Wissen der Sinnesorgane [gibt] – Ohrenwissen, Zungenwissen, Nasenwissen, ein Wissen der Haut, der Gliedmaßen und Glieder, des ganzen Körpers; und nicht zuletzt gibt es ein Wissen der Augen.«[61] Jeglichem Repräsentationswissen geht in Scharfes Logik ein sinnliches Wissen voraus, denn erst durch die Sinne hat es seinen Weg ›in‹ den Wissensspeicher des Körpers gefunden. Scharfes Ansatz macht deutlich, dass Wissen, so abstrakt es auch sein mag, stets körperlich vermittelt ist, nicht nur gewusst, sondern auch gelesen, gehört, erspürt oder sogar gefühlt wird. Wissenserwerb ist eine verkörperte Praxis und Wissensvermittlung per se ein körperlich-sinnliches Unterfangen.

Auch das Planetarium rekrutierte, wie der eingangs zitierte Bericht verdeutlicht, die Sinne der Besucher*innen, um astronomisches Wissen zu vermitteln. Obwohl dieses Wissen zunächst als rein-symbolisches Wissen konzipiert war (und selbst dies ist vor dem Hintergrund der bereits angesprochenen moralischen Intentionen des Planetariums fraglich), so zeigte es sich in den Schaus doch als hochgradig körperlich. Die Intention, neben dem Wissen auch eine emotionale Haltung anerziehen zu wollen, unterstreicht dies. Welche Körpererfahrungen ermöglichte das Planetarium, wie kamen sie zustande und in welchem Zusammenhang standen sie mit Wundern und Wissen? – Diesen Fragen widmet sich das folgende Kapitel. Die Wirkung, die inszenierte Räume, Bilder und Inhalte auf den Körper haben, wird häufig mit den Konzepten *Atmosphäre* oder Stimmung zu fassen versucht. Was es damit auf sich hat, wie diese Konzepte für die kulturwissenschaftliche Analyse der Körpererfahrung des Planetariums fruchtbar gemacht werden können, zeigt der erste Teil dieses Kapitels und unterzieht dabei die von den Planetariumsvorführungen erzeugte Immersion einer genaueren Untersuchung. Im zweiten Teil stehen dann die einzelnen Körpertechniken, die im Planetarium Anwendung fanden und sich dort zu einer Technik des Wunderns fügten, im Fokus: *Sehen, Hören, Sitzen, Schwindel.* Schließlich widmet sich der dritte und letzte Teil der *Wissbegier* und dem *Wissen als Körpertechnik und Gefühlspraktik*. Die Wissenschaftshistorikerin Lorraine Daston stellt fest, dass sich »Fühl- und Wissensformen miteinander verschlingen«[62] können und dass die Trennlinie, die wir ziehen zwischen dem, »was wir wissen (oder glauben), und der Art, wie wir zu diesem Wissen gelangen«,[63] sich nicht aufrechterhalten lässt. Vor diesem Hintergrund geht es

61 Ebd., S. 62.
62 Daston 2001, S. 19.
63 Ebd., S. 17.

am Ende dieses Kapitels darum, wie die Körpererfahrung des Planetariums als Wissenserfahrung wirkte und als emotionale Haltung des Wunderns und der Wissbegier fungierte.

5.1 Das Planetarium als Atmosphärenapparat

Franz Fieseler, Handlungsreisender und Verkäufer im Auftrag der Firma Zeiss, teilte seine Gedanken zur Inszenierung der Planetariumsvorführungen mit Zeiss, wo sie im Firmenarchiv verblieben sind. Seine Überlegungen drehten sich darum, wie eine Vorführung möglichst so gelingen konnte, dass sie viele Besucher*innen anlockte und zum wiederholten Besuch einlud. Das entsprach den wirtschaftlichen Interessen der jeweiligen Betreibenden und auch der Firma Zeiss, die Lizenzabgaben pro verkauftem Eintritt kassierte. Fieselers Überlegungen bezogen sich unter anderem auf die Stimmung, die das Planetarium seiner Meinung nach heraufbeschwören sollte, um wundern hervorzurufen. Er notierte, wie eine solche Stimmung inszeniert werden könne:

> Zunächst sollte vor einer Vorführung durch geeignete Musik – keine Kirchenmusik – für die richtige Stimmung gesorgt werden, ebenso wie am Schluss einer Vorführung durch Musik der Eindruck des Erlebten nachhaltig verstärkt werden kann. [....] Um diesen Ausruf [des ›Ahs‹] der Bewunderung hervorzurufen, brauchten die Zuschauer auf das Schauspiel nur gehörig vorbereitet zu werden, etwa in der Weise, dass ihnen gesagt wird, sie möchten für einige Sekunden die Augen schließen und sich in einer sternenklaren Nacht auf einen bekannten Gipfel irgendwo im Hochgebirge versetzt denken, dann ....[64]

Um Stimmung zu erzeugen, wollte Fieseler den Körper und die Sinne des Publikums ansprechen: Mit Hilfe von Musik, Seh- und Imaginationsanleitungen hoffte er, Bewunderung auszulösen. In Fieselers Anleitung zeigt sich Stimmung nicht als inhärente Eigenschaft von Räumen, Situationen oder Objekten, sondern als Resultat von inszenatorischer Arbeit. Sie war das Ergebnis von Praktiken der Inszenierung und ist als solches für Kulturwissenschaftler*innen fass- und untersuchbar. Außerdem war Stimmung kein bloßes Nebenprodukt,

64 Franz Fieseler: »Betrachtung eines Laien über die Vorträge im Zeiss-Planetarium«. Undatiert, vermutlich Ende der 1920er Jahre. Zeiss-Archiv: BACZ 3025.

sondern konnte auch erklärtes Ziel von Planetariumsvorführungen sein. Die *Hamburger Nachrichten* berichten beispielsweise davon, dass »die Vorführungen für Leute, die durch keine Vorkenntnisse beschwert sind (also für die große Öffentlichkeit und die Mittelklassen der Schulen) [...] vornehmlich auf ›Stimmung‹ berechnet sein [werden]«.[65] Hier wurde Stimmung freilich als Gegenpol zu vermeintlich wissenschaftlicheren Formaten gesetzt, galt als das, was das Planetarium astronomisch ungebildeten Gästen vermitteln konnte, ohne sie mit zu vielen Informationen und Erklärungen abzuschrecken. Wie war es um das Verhältnis von Stimmung und Wissen im Planetarium bestellt? Was ist mit Stimmung angesprochen und wie hängt sie mit den Körpererfahrungen im Planetarium zusammen?

Das, was in den Quellen als »Stimmung« benannt und beschrieben wird, lässt sich unter Zuhilfenahme der wissenschaftlichen Überlegungen und Arbeiten zur Atmosphäre untersuchen und beschreiben. Ausgangspunkt dafür stellen zumeist phänomenologische Ansätze dar, darunter vor allem diejenigen von Gernot Böhme. In Kapitel 4 hat sich das Planetarium bereits als Atmosphärenapparat zu erkennen gegeben – als materialisierter, technisierter Ort, an dem Naturerfahrungen als Ergebnis von Erzähl-, Gefühls-, Wahrnehmungs- und Körperpraktiken verfügbar waren. Zugrunde lagen Böhmes Überlegungen zur Naturästhetik und Atmosphäre, die hier nun noch um einige andere sozialwissenschaftliche Perspektiven ergänzt werden. Böhme definiert Atmosphären als Phänomene der Wahrnehmung als »die gemeinsame Wirklichkeit des Wahrnehmenden und des Wahrgenommenen«.[66] Atmosphären sind weder rein subjektiv noch ausschließlich objektiv zu fassen, weder materiell noch immateriell, sondern zeichnen sich durch einen Zwischenstatus aus:

> Die Atmosphären sind so konzipiert weder als etwas Objektives, nämlich Eigenschaften, die die Dinge haben, und doch sind sie etwas Dinghaftes, zum Ding Gehöriges, insofern nämlich die Dinge durch ihre Eigenschaften – als Ekstasen gedacht – die Sphären ihrer Anwesenheit artikulieren. Noch sind die Atmosphären etwas Subjektives, etwa Bestimmungen eines Seelenzustandes. Und doch sind sie subjekthaft, gehören zu Subjekten, insofern sie in leiblicher Anwesenheit durch Menschen gespürt werden und dieses Spüren zugleich ein leibliches Sich-Befinden der Subjekte im Raum ist.[67]

65 Jens Jansen: Unsere Sternschau. In: Hamburger Nachrichten, 12.4.1930. Staatsarchiv Hamburg: 361-2 V 725i.

66 Böhme, Gernot: Atmosphäre. Essays zur neuen Ästhetik. Frankfurt a. M. 1995, S. 34.

67 Ebd., S. 33 f.

Wahrnehmen ist für Böhme inhärent leiblich[68] – es braucht dafür die Sinne und einen in die Situation involvierten Körper, an dem der Brückenschlag von Subjekt und Objekt sich vollzieht. Böhme betont außerdem, dass Atmosphäre das Ergebnis von ästhetischer Arbeit sei, also keine universelle Eigenschaft von Objekten, Räumen, Situationen, sondern ein Produkt gezielten Tuns.[69] Die Konzipierung von Atmosphäre als Ergebnis von untersuchbaren Praktiken, die sozial gefasst, geformt, vollführt und verändert werden, macht sie zu einem potenziellen Untersuchungsgegenstand von Kultur- und Sozialwissenschaften. Die Soziologin Martina Löw findet in der von Böhme geschilderten »Machbarkeit von Atmosphären«[70] einen Anknüpfungspunkt und bindet den Atmosphären-Begriff in ihre Raumsoziologie mit ein. Ihr praxeologisches Theoriegerüst konzipiert Räume nicht als Behälter, sondern als durch Handeln konstituiert:

> Räume werden im Handeln geschaffen, indem Objekte und Menschen synthetisiert und relational angeordnet werden. Dabei findet der Handlungsvollzug in vorarrangierten Räumen statt und geschieht im alltäglichen Handeln im Rückgriff auf institutionalisierte (An)Ordnungen und räumliche Strukturen.[71]

Räume entstehen durch Handeln, und Räume strukturieren Handeln. Die Praxis, die Räume hervorbringt, erzeugt auch etwas, das Löw im Rückgriff auf die Phänomenologie zunächst als »Gestimmtheit« bezeichnet und durch den Atmosphärenbegriff in ihre Überlegungen zu integrieren sucht: »Räume entwickeln demnach eine eigene Potentialität, die Gefühle beeinflussen kann. Diese Potentialität der Räume werde ich im folgenden ›Atmosphäre‹ nennen.«[72] Wenn Räume das Ergebnis von Handeln sind, dann sind es auch die Atmosphären, die sie erzeugen. Für Löw sind soziale Güter, Orte und Menschen die Konstituenden von Räumen – sie handeln sie gewissermaßen aus. Die an diese Räume gebundenen Atmosphären sind »die in der Wahrnehmung realisierten Außenwirkung sozialer Güter und Menschen in ihrer räumlichen Anordnung«,[73] also das, was die Menschen und sozialen Güter auf eine bestimmte Art und Weise wahrnehmbar macht, sie sinnhaft miteinander in Bezug setzt und den (leiblichen und

68 Ebd., S. 47 f.
69 Siehe ebd., S. 25.
70 Löw, Martina: Raumsoziologie. Frankfurt a. M. 2001, S. 207.
71 Ebd., S. 204.
72 Ebd.
73 Ebd., S. 205.

emotionalen) Modus der Wahrnehmung einfärbt. Löw ist es wichtig, dass dabei nicht in Vergessenheit gerät, dass auch Wahrnehmung erlernt und »über den Habitus strukturiert«[74] ist, also nicht unabhängig von Geschlecht, Alter, sozialer Zugehörigkeit und so weiter, sondern maßgeblich davon mitbestimmt wird. Wie Atmosphären wahrgenommen werden, ist nicht universell, sondern hängt unter anderem davon ab, wie Menschen lernen, sich ihrer Wahrnehmung zu bedienen und sie zu deuten. Löws Ausführungen verweisen zudem darauf, dass Atmosphären, Stimmungen und Emotionen eng miteinander verknüpft sind – das, was sie zusammenhält, ist der Körper, der sie wahrnimmt und produziert.

Die Feststellung, dass Atmosphäre »durch das Handeln von Menschen [entsteht] und […] über sinnliche Wahrnehmungen erfahren, gedeutet und kommuniziert [wird]«[75] sowie dass sie »als wahrgenommene Eigenschaften von Raum und Situation das Ergebnis sozialer und kulturhistorischer Prozesse ist«,[76] prädestiniert sie als Gegenstand kulturwissenschaftlicher Forschung und ermöglicht es, den »sinnlichen und emotionalen Gehalt von Alltagskultur«[77] zu erkunden. Vor diesem Hintergrund nimmt sich Silke Göttsch-Elten Atmosphären aus dezidiert kulturwissenschaftlicher Perspektive vor und nutzt sie, um verschiedene Arten und Weisen des Wahrnehmens und die damit verbundenen Sinneseindrücke, Emotionen, Empfindungen und Imaginationen als Ergebnisse sozialer Praxis in den Fokus der Untersuchung zu rücken:

> Nicht die Tatsache, dass wir riechen, sehen, fühlen, sondern wie wir lernen, unsere Sinne zu organisieren, Empfindungen zu deuten und welches Vokabular wir zur Verfügung haben, dieses alles zu formulieren, sie also in Beziehung setzen zu können zu einer Bewertung der Umwelt, das entscheidet über unsere Wahrnehmung sinnlicher Eindrücke, die in hohem Maße von sozialer Zugehörigkeit und historischer Verortung geprägt sind.[78]

Die kulturwissenschaftliche Frage nach der Atmosphäre verweist also auf die Gemengelage aus Sinneseindrücken, Imaginationen, Objekten, Erzählungen, Emotionen, Materiellem, in der sich Wahrnehmung als Weltdeutung herausbildet, Wahrgenommenes gedeutet und sinnhaft in den Horizont der Lebens-

74 Ebd., S. 210.
75 Götsch-Elten, Silke: Atmosphären. Urbane und ländliche Räume als Sinneslandschaften. In: Alltag – Kultur – Wissenschaft 5 (2018), S. 9–29, S. 12.
76 Ebd., S. 13.
77 Ebd., S. 11.
78 Ebd., S. 18 f.

welt eingepasst wird. Dabei ist nicht ganz klar, was Stimmung von Atmosphäre unterscheidet – außer vielleicht der Betrachtungspunkt: Während Atmosphäre eher als Eigenschaft von Räumen oder Orten in Erscheinung tritt, beschreibt Stimmung meist die Auswirkungen dieser auf Körper und Gefühle der dort Anwesenden. Atmosphäre und Stimmung zeigen sich als zwei Seiten einer Medaille. In einer Ausgabe der Zeitschrift *Kuckuck – Notizen zur Alltagskultur* sind verschiedene Überlegungen zur kulturwissenschaftlichen Nutzbarkeit von Atmosphäre als Forschungsgegenstand und als analytischer Begriff versammelt. In den dort zusammengetragenen Artikeln zeigt sich der Mehrwert, den der Blick auf Atmosphären für kulturwissenschaftliche Untersuchungen bedeuten kann. Gerade die Doppelfunktion von Atmosphäre als »Modus der Wahrnehmung«,[79] aber auch als »Modus der Darstellung«[80] machen sie zu Forschungsgegenständen, anhand derer die Verbindung von Erleben und Inszenieren in all ihren Facetten zutage tritt. Atmosphären erfüllen eine Brückenfunktion, an der auch die Verbindung von Subjekt und Objekt, Materiellem und Immateriellem, subjektivem Empfinden und als objektiv imaginiertem Wissen deutlich wird und die Uneindeutigkeit solcher kategorialen Unterteilungen als Potenzial hervortritt:

> Raum, Zeit und Soziales fallen in der wahrgenommenen Atmosphäre in einem Hier und Jetzt zusammen, das gleichfalls Materialität und Immaterialität der Welt, sinnliches Sehen, Hören, Riechen, Fühlen, Schmecken und subjektives Empfinden, Körperhaben und leibliches Spüren, Gefühle und Wissen, Innen und Außen, Ich und Du mit einschließen kann. Zwischen Körpergrenzen und grenzenlosem Sein erhalten Atmosphären ihre Brückenfunktion.[81]

Dabei rückt der Körper – oder, phänomenologisch gesprochen, der Leib – als Schauplatz des Brückenschlags besonders in den Fokus. Er ist nicht nur das Instrument, mittels dem Atmosphäre erspürt wird, er ist gleichzeitig ihr Medium und Produzent.

Atmosphäre als praktisch erzeugter und sozial verfasster Modus der Wahrnehmung, als Ergebnis von ästhetischer Arbeit, als Darstellungs- und Wahrnehmungsweise, als sinnlich-emotionales Potenzial von sozialen Räumen, be-

79 Ionescu, Ana: Konzeptualisierungen von Atmosphären. Gernot Böhme und Jean-Paul Thiebaud in der Perspektive der Europäischen Ethnologie. In: Kuckuck – Notizen zur Alltagkultur 26 (2011) H. 2, S. 4–8, S. 7.

80 Ebd.

81 Braun, Sarah: »Ich fühle, also bin ich.« Zum Mehrwert von Atmosphären-Forschung. In: Kuckuck – Notizen zur Alltagkultur 26 (2011) H. 2, S. 14–17, S. 17.

schränkt sich nicht auf bestimmte Bereiche oder Kontexte, sondern ist prinzipiell allen sozialen Situationen eigen. Auch Lernen, Wissen, Denken finden in bestimmten Wahrnehmungsmodi und damit Atmosphären statt, sind von ihnen geprägt und prägen sie mit.

Die Literaturwissenschaftlerin Rita Felski befasst sich mit der Atmosphäre des Wissens – allerdings in einem ganz anderen Kontext. Felski beobachtet, dass sich in den letzten Jahrzehnten eine Stimmung des Wissens und der Wissenschaft herausgebildet hat, die sie als »critical mood«[82] beschreibt und hinterfragt. Felski geht es darum, andere Stimmungen und Modi von Wissenschaft zu etablieren als die ihrer Meinung nach vorherrschende kritische. Ihre Argumentation fällt an dieser Stelle nicht weiter ins Gewicht, interessant für diese Arbeit ist es aber, dass sie in Anlehnung an Heideggers Überlegungen zur Stimmung und Gestimmtheit wissenschaftliches Denken und Wissen als von Stimmung geprägt konzipiert. Besonders bemerkenswert ist die Rolle, die sie dabei der Stimmung beimisst: »The notion of mood bridges the gap between thought and feeling. Mood accompanies and modulates thought; it affects how we find ourselves in relation to a particular object.«[83] In Felskis Augen bindet Stimmung Wissen in die Welt ein, setzt es zu ihr in Bezug und macht es fühlbar – »mood [...] is [...] the way in which the world becomes intelligible«.[84] Entsprechend ist die (akademische) Wissensvermittlung nicht nur mit der Lehre von Wissensbeständen befasst, sondern sie will sie auch in einem affektiv-sinnlichen Modus vermittelt wissen: »Education is not just about acquiring knowledge and skills but about being initiated into a certain sensibility.«[85] Was Felski für die Bildung angehender Literatur- und Kulturwissenschaftler*innen feststellt, nämlich dass zu ihrer Ausbildung auch das Erlernen einer kritischen Stimmung von Wissen gehört, zeigt, dass Wissen auf eine bestimmte Art und Weise geschieht, die genauso Gegenstand seiner Vermittlung ist, wie es die Inhalte sind. Die Frage nach den Wissensweisen, die das Planetarium ermöglichte, führt zur Stimmung und Atmosphäre, die es produzierte: Mit welcher Stimmung und Atmosphäre war das im Planetarium zu vermittelnde Wissen versehen? Aus welchen Praktiken ging die Atmosphäre hervor und in welchem Verhältnis stand sie zu den Techniken des Wunderns?

Zeiss-Ingenieur Walter Villiger versuchte, die Stimmung des Planetariums in einem Sonderdruck der Zeitschrift *Das Thüringer Fähnlein: Monatshefte für die*

82 Felski, Rita: The Limits of Critique. Chicago/London 2015, S. 20.

83 Ebd., S. 21.

84 Ebd., S. 25.

85 Ebd., S. 22.

mitteldeutsche Heimat zu vermitteln. In seiner Erzählung ließ er die Person, die den Projektor bediente und die Projektion steuerte, als Experte für die Planetariumsstimmung zu Wort kommen:

> Neugierige Besucher fragen wohl den Vorführer auch nach seinen Eindrücken und Empfindungen, die er hat, wenn er immer und immer wieder dasselbe Sternenschauspiel miterleben muss, wenn er immer und immer wieder als Regisseur dieselben Himmelsvorgänge in Gang setzen muss. Sie meinen, das müsse doch schrecklich sein, dieselbe Sache so hunderte und hunderte von Stunden immer wieder ablaufen zu lassen; immer ein und dasselbe machen? Langeweile müsste den Vorführer überkommen bei dem ewigen Einerlei. Die Erfahrung lehrt anders. Immer ist es für den Mann am Schaltbrett ein neues Erlebnis, wenn er den geheimnisvollen Apparat bedient. Er wird immer wieder mitgerissen von dem Schauen nach dem Himmel. Er lebt immer wieder gemeinsam mit dem Besucher auf eine kurze Stunde der Wirklichkeit entrückt, vergisst den Alltag in dem Geschehnis von außerhalb der Erde. Immer wieder wird er gepackt und befangen von den tiefen Eindrücken, die jedem denkenden Menschen der Blick nach oben, zu den Sternen, macht.
>
> Und wenn dann die aufmerksamen Besucher, die Kinder der Natur, die Jugend vom Dorfe mit ihrem Lehrer drinnen in großer Zahl im künstlichen Himmel schauen und lauschen, dann greift's dem Regisseur ans Herz. Wenn's in dem stockdunklen Raum trotz der vielen ungeduldigen jungen Seelen eine volle Stunde mäuschenstill bleibt; wenn die Kleinen alle, alle gespannt hinausblicken zu den Sternen, und wenn sie still bewundern, was es da alles zu sehen gibt, dann macht der Mann am Schaltbrett gern mit und übt auch Nachsicht, wenn sich die Kleinen freuen, so die Kinder der Sonne tanzen, wenn Jahre dann in Sekunden vorüberziehen.[86]

Villiger verfasste diese Passage als tüchtiger Geschäftsmann mit großer Wahrscheinlichkeit in werbender Absicht und nicht als Tatsachenbericht. Der Text gibt vor allem Auskunft darüber, wie Villiger die Stimmung im Planetarium rezipiert haben wollte, nicht unbedingt darüber, wie sie tatsächlich wahrgenommen wurde. Wie bereits mehrfach festgestellt, hatten solche normativen

86 Walter Villiger: Nachdenkliches aus dem Zeiss-Planetarium zu Jena. In: Das Thüringer Fähnlein: Monatshefte für Mitteldeutsche Heimat, H. 4, April 1933. Zeiss-Archiv: Dru 76333.

Texte allerdings Wirkungen auf diejenigen, die sie lasen, und beeinflussten ihre Wahrnehmung des Planetariums – Anekdoten wie diese zählen zu den Praktiken, aus denen die Atmosphäre des Planetariums hervorging, waren ästhetische Arbeit am Imaginären und prägten die Wahrnehmungsweisen des Publikums. Der Text setzte einige Standards für die ideale Wirkung einer Planetariumsvorführung: Sie sollte die Menschen den Alltag vergessen lassen und sie ganz für das Schauen in den Sternenhimmel einnehmen, sie emotional mitreißen und vom weltlichen Geschehen ablenken. Gefühle, die dabei im Mittelpunkt standen, waren Erbauung und Bewunderung. Körperlich ging es zunächst vor allem ums Schauen, Sehen und Zuhören. Die Erzählung vom Vorführer, der trotz steter Wiederholung nicht abstumpfte, sondern nach wie vor in die Stimmung des Planetariums eintauchte, sollte außerdem die Wirkmacht des Planetariums verdeutlichen. Sie verweist darüber hinaus darauf, dass die Stimmung nicht nur von der Projektion ausging (die bei jeder Aufführung dieselbe blieb), sondern auch vom wechselnden Publikum, das immer wieder neu wahrnahm und in Stimmung kam. Entsprechend waren es die Reaktionen der anderen Anwesenden, in Villigers Anekdote die lauschenden Schüler*innen (und nicht ausschließlich die Wirkmacht des Projektors), die auf den Vorführer einwirkten und zur Atmosphäre beitrugen – er war gepackt von »den tiefen Eindrücken«,[87] die dem Publikum zuteilwurden. Die Atmosphäre des Planetariums erstand als kollektives Wahrnehmungserlebnis, in das die Wahrnehmung der anderen als Wahrnehmende miteingeschlossen war; Planetariumsatmosphäre war das Ergebnis von gemeinschaftlichen Praktiken des miteinander Zuhörens oder Zusehens.[88] Villigers Anekdote beschreibt überdies eine Veränderung der Atmosphäre im Verlauf der Vorführung: Darin erscheint das Planetariumspublikum zunächst als andächtig rezipierend, als in stiller Bewunderung verharrend, aber wenn die Beschleunigungsfunktion des Apparates zum Einsatz kommt, entlädt sich die Stimmung in einem beinahe ekstatischen Taumel, für den der Vorführer Verständnis hat, vor allem auch deshalb, weil es sich beim Publikum in der Erzählung um Schüler*innen handelt. An dieser Schilderung zeigt sich zweierlei: Zum einen wird deutlich, dass der Projektor als Akteur an der Planetariumsatmosphäre mitarbeitete und sie mitsteuerte. Der Rhythmus seiner Projektion wurde zum Taktgeber der Stimmung unter der Kuppel. Zum anderen verweist der erzählte Stimmungswandel auf die Aktivierung des Körpers, die sich im Verlauf der Schau vollzog. Zunächst völlig im Wahrnehmen verfan-

87 Ebd.
88 Ähnliches stellt Alison Griffiths für das gemeinsame Erleben von Immersion fest. Vgl. Griffiths 2013, S. 8.

gen, drückte sich die sinnliche Ansprache des Publikums schließlich in einer Aktivierung des Körpers aus, der sich bemerkbar machte – sei es durch einen Ausruf, ein Lachen oder die von Villiger beschriebenen ›Freude‹ der Kinder.

Die Stimmung, die Villiger schilderte, zieht sich durch die (Zeitungs-)Berichte über das Planetarium – seine Werbemaßnahmen schienen Wirkung zu zeigen, befanden sich in gegenseitiger Einflussnahme mit den anderen Planetariumsberichten oder waren den Wahrnehmungsweisen anderer schreibenden Planetariumsbesucher*innen zumindest recht ähnlich. Die Planetariumsatmosphäre wurde von ihnen mit den Emotionen Entrückung, Erbauung und immer wieder Staunen oder Wundern in Verbindung gebracht und durchaus in Bezug zum Wissen gesetzt.[89] Dabei strukturierten sich die Beschreibungen auf den ersten Blick gemäß einer Gegenüberstellung von Wissen auf der einen und Fühlen oder Stimmung auf der anderen Seite. So etwa im *Hamburger Fremdenblatt*, das Wissenschaftlichkeit mit dem ›Durchschauern‹, welches das Planetarium auslöste, kontrastierte: »Wer jemals einer Vorführung in einem Planetarium beigewohnt hat, wird weniger von der Wissenschaftlichkeit angesprochen, als von der Unendlichkeit der Schöpfung und ihren ewig unbegreiflichen Mysterien durchschauert worden sein.«[90] Dennoch, oder gerade deshalb, traute man dem Planetarium zu, »der großen Bevölkerung die Wunder des gestirnten Himmels [zu] offenbaren«[91] – das ›Durchschauern‹ als Symptom der Planetariumsstimmung wurde auf den zweiten Blick als Modus des Wissens erkannt. Ein Modus, der mit den üblichen Wissensweisen brach und ihnen widersprach – oder zumindest so dargestellt wurde, um dem Bildungsangebot des Planetariums mehr Aufmerksamkeit zu verschaffen. Die *Kleine Volks-Zeitung* beschrieb das Planetarium entsprechend als einen Ort des Wissens im Modus des Märchens und des Wunderns:

> Die moderne Wissenschaft hat anders, als sie es sonst tut, diese Märchen [des Wissens über den Sternenhimmel] nicht zerstört, sie hat größere, buntere zu erzählen gewusst, die Wahrheit sein wollen und doch unbegreiflich scheinen. In der Lichtsprache sind sie geschrieben, als Rechenexempel fangen sie an, als Wunder hören sie auf.[92]

89 Das ergab die systematische Auswertung der zur Beschreibung des Planetariums verwendeten Emotionsausdrücke.
90 O. A.: Zur Errichtung des Planetariums. In: Hamburger Fremdenblatt, 21. 8. 1928. Staatsarchiv Hamburg: 135-1 I–IV 5061.
91 Ebd.
92 O. A.: Verzauberte Welten. In: Kleine Volks-Zeitung, 4. 11. 1927. Österreichische Nationalbibliothek: ANNO.

Das Zitat stellt ein weiteres Beispiel für die Verwendung des Wundertopos dar, verdeutlicht, wie er auch als Stimmungsmacher, als narrative Technik der Atmosphärenerzeugung zum Einsatz kam, und zeigt, dass sich der Topos nicht nur auf den Projektor, sondern auch auf die Wahrnehmungsweisen des Planetariums bezog – Wahrnehmungsweisen, die als Wissensweisen hervortraten: Das Planetarium ist im Zitat durch seine spezielle Wissensweise als ›Sonderfall‹ der »modernen Wissenschaft«[93] beschrieben.

Zentral für die Stimmung des Planetariums war das Gelingen der Illusion, sich tatsächlich unter dem Sternenhimmel zu befinden. Erst mit der Verdunkelung des Vorführungsraums und dem Einschalten der Projektion kam diese Illusion zustande und damit veränderte sich auch die Atmosphäre im Raum:

> Tiefes Dunkel umgibt uns. Da geht plötzlich ein lautes Oh durch den Raum. Die Wände sind verschwunden, auf einmal sind wir ins Freie versetzt, über uns leuchtet der Sternenhimmel wie in einer wunderschönen Sommernacht. Man vergisst ganz, wo man ist, und wenngleich jeder erwartet hat, dass man den Sternenhimmel zu Gesicht bekommen wird, so ist man doch ganz überrascht, ganz überwältigt von dem Anblick, der sich jetzt bietet.[94]

Mit dem Einschalten der Sternenprojektion, die die völlige Dunkelheit unterbrach, entstand der Eindruck eines Ortswechsels. Die Planetariumsgäste kamen sich vor wie »in einer klaren Sommernacht auf freiem Felde«[95] und vergaßen »im geschlossenen Raum zu sein«;[96] es herrschte das »Gefühl, als schwebten wir selbst im weiten Weltenraume«[97] und »jedermann [konnte] schwören […], unter dem freien Himmel zu sein«.[98] Den Eindruck, einen anderen Raum zu betreten und doch am selben Ort zu verweilen, den das Planetarium vermittelte, »the sense of being present in a scene, the cognitive dissonance that comes from feeling like you're elsewhere while knowing that you haven't moved and

93 Ebd.

94 n.r.: Das eingefangene Weltall. In: Arbeiter-Zeitung, 8.5.1927. Österreichische Nationalbibliothek: ANNO.

95 S. S.: Ein Besuch im Planetarium. In: Wiener Morgenzeitung, 10.5.1927. Österreichische Nationalbibliothek: ANNO.

96 Oswald Thomas: Was ist ein Planetarium? In: Arbeiter-Zeitung, 8.4.1927. Österreichische Nationalbibliothek: ANNO.

97 -rr-: Eine neue Leipziger Bildungsstätte. In: Linzer Tagblatt, 22.6.1926. Österreichische Nationalbibliothek: ANNO.

98 Oswald Thomas: Was ist ein Planetarium? In: Arbeiter-Zeitung, 8.4.1927. Österreichische Nationalbibliothek: ANNO.

forgetting for a moment about the mediating effects of technology«,[99] benennt die Medienwissenschaftlerin Alison Griffiths als ein ausschlaggebendes Merkmal von Immersion. Sie nutzt den Begriff Immersion, »to explain the sensation of entering a space that immediately identifies itself as somehow separate from the world and that eschews conventional modes of spectatorship in favor of allowing the spectator to move freely around the viewing space (although this is not a requirement)«.[100] Griffiths untersucht das Planetarium als einen Ort der Immersionserfahrung und erkennt in ihm »the very epitome of immersive entertainments«.[101] Immersion stellt für Griffiths eine aktivierende Erfahrung dar, die vom Schauen ausgeht und dazu einlädt, sich körperlich oder imaginativ in das Gesehene zu integrieren. Die Quellen, die dieser Arbeit zugrunde liegen, zeugen ebenfalls von einer intensiv erlebten Immersion, die das Planetarium ermöglichte. Sie war, wie die Stimmung, intendiertes Ziel der Schau und ging aus der Anwendung eines Praxiswissens über ihre Erzeugung hervor: Von der Platzierung der Stühle im richtigen Abstand von Projektionsfläche und Projektor über die angemessene Zeit der Dunkelheit, die dem Einschalten des Projektors voranging, bis hin zur erzählerischen Rahmung – es kam eine Vielzahl von Techniken zur Anwendung, um Immersion zu ermöglichen. Diese Techniken und Praktiken überschneiden sich mit denjenigen der Stimmungserzeugung. Auch ihre Zielpunkte gleichen sich: Immersion, Atmosphäre und Stimmung waren im Planetarium die Ergebnisse von Praktiken der Wahrnehmung und Inszenierung, die darauf zielten, astronomisches Wissen mit einer körperlichen, sinnlichen und emotionalen Seite zu versehen. Sie entfalteten dabei ein aktivierendes Potenzial, denn die ästhetische Arbeit daran wurde vom Publikum mitgetragen.

Wenn das Planetarium als Atmosphärenapparat beschrieben wird, ist damit gemeint, dass dort bestimmte Arten des Wahrnehmens ausgebildet, eingeübt und ausgedrückt wurden; es fand – mit Böhme gesprochen – ästhetische Arbeit statt, die sich insbesondere am Körper der Planetariumsgäste bemerkbar machte. Aus kulturwissenschaftlicher Sicht ist Atmosphäre ein praktisch erzeugter und sozial verhandelter Modus von Wahrnehmung, der eine Deutung des Wahrgenommenen vor dem Horizont der eigenen Lebenswelt beinhaltet. Räume und Situationen der Wissensvermittlung verströmen Atmosphäre, die den Modus des zu vermittelnden Wissens beeinflusst. Wissensmodi sind genauso Gegenstand von Wissensvermittlung wie die zugrunde liegenden Wissensbe-

99 Griffiths 2013, S. 4.
100 Ebd., S. 2.
101 Ebd., S. 116.

stände. Im Planetarium sollte das astronomische Wissen in einer Atmosphäre des Wunderns erlernt werden. Dabei handelte es sich um eine körperlich-immersive Wissensweise, die Gefühle wie Erbauung, Entzücken, Ehrfurcht, Andacht und Begeisterung beinhaltete und das astronomische Wissen als bedeutsam erfahrbar machte. Diese Atmosphäre ging aus einem Zusammenspiel von Darstellungs- und Wahrnehmungspraktiken hervor: Praktiken des Erzählens und Imaginierens, zu denen auch der Einsatz des Wundertopos zählte, Praktiken der Inszenierung wie der Einsatz von Musik, Körperpraktiken wie Sehen, Sitzen, Schauen und Hören, die Gefühle aktivieren können. Stimmung und Atmosphäre sind deshalb interessante Konzepte und Begriffe, weil sie auf ein Dazwischen zielen, auf eine Wechselwirkung zwischen Körpern, Räumen, Dingen, Erzählungen, Gefühlen und Imaginationen, und die unterschiedlichen Dimensionen des praktischen Umgangs damit umfassen – sie beinhalten verschiedenste Facetten der Praxis, aus der Wahrnehmung hervorgeht, und bezeichnen ihr Zusammenwirken. Ein Zusammenwirken, das im Planetarium auf die Formel des Wunderns gebracht wurde und an dem gezielte, (ästhetische) Arbeit stattfand: Techniken des Wunderns machten das Planetarium zum Atmosphärenapparat, und in der Atmosphäre des Planetariums konnten die Techniken des Wunderns erst gedeihen. Die Beschreibung des Planetariums als Atmosphärenapparat erlaubt es, die Verschränkung von Wissen und Fühlen zu betrachten und den wissenden Körper eingehend zu untersuchen.

5.2 Körpertechniken des Wunderns im Planetarium

Atmosphären stehen in Wechselwirkung mit Körpern – sie werden körperlich erfahren und sind das Ergebnis von körperlichem Tun. Die materielle und narrative Strukturierung des Planetariumsraums legte dem Publikum bestimmte Verhaltensweisen und Haltungen nahe, die die Körper der Zuschauer*innen in die passende Stimmung versetzten und für das Wundern in Stellung brachten. Insofern war das Planetarium auch ein Ort der Disziplinierung und Erziehung von Körpern, an dem Körperpraktiken eingeübt und als Techniken des Wunderns erlernt wurden. In diesem Teil stehen die konkreten Tätigkeiten der Körper der Planetariumsbesucher*innen im Fokus: Was *taten* sie unter der Kuppel? Welcher Teile des Körpers bedienten sie sich wie und zu welchem Zweck? Welche Sinnesorgane kamen zum Einsatz? Wie machte sich die Planetariumsvorführung am Körper bemerkbar? Der Körper rückt dabei in Anlehnung an den Soziologen Robert Gugutzer in seiner Doppelrolle als Produkt und Produzent der Planetariumserfahrung in den Blick.[102] Er wird weder als ausschließlich vorkulturelle Tatsache noch als reine Konstruktionsleistung begriffen, sondern als sich in Praktiken ausformend und im Vollzug zusammensetzend.[103] Die körperliche Seite der Planetariumserfahrung findet sich in den Quellen in Form von Beschreibungen und Bildern, aber auch in Form von Überlegungen zur Ausstattung des Vorstellungsraumes und schließlich in der geäußerten Sorge über mögliche gesundheitliche Folgen von Planetariumsbesuchen. *Sehen*, *Hören*, *Sitzen* und *Schwindel* stellen vier Bündel körperlicher Praktiken dar, die in diesem Teilkapitel in den Blick genommen werden.

Sehen: Didaktik der Anschaulichkeit

Das Planetarium war zuallererst ein Ort der visuellen Wissensvermittlung. Sehen galt dort als Königsweg zur Erkenntnis. Die *Illustrierte Kronen-Zeitung* feierte das Planetarium als Institution, die »sehen lässt« und das Sehenlassen als demokratisierende Bildungsmaßnahme: »Astronomie, schwerste und schönste Wissenschaft. Sie wird hier zum Volksgut, Menschentechnik ist es, die uns jetzt die Himmelswunder nicht mehr mühsam aus Büchern lernen, sondern sehen lässt.«[104] Ähnlich argumentierte die *Arbeiter-Zeitung*, die im Sinne ihrer sozialdemokratischen Agenda ihr Augenmerk ganz besonders auf Zugänglichkeit von Wissen und Volksbildung legte:

> Die Rezension der Planeten – hier s i e h t [Hervorhebungen im Original] man sie mit eigenen Augen, man versteht sie sofort, weil man sie s i e h t. Und ebenso versteht man so vieles andres, was man in der Schule g e l e r n t hat, oft ohne dass man sich eine richtige V o r s t e l l u n g machen konnte. […] Eine Stunde in beiden Zimmern und eine ganze Schulklasse hat einen tieferen und dauernderen Einblick in das Weltensystem, als zehn Schulstunden selbst mit den besten Modellen zustande bringen könnten.[105]

102 Gugutzer beschreibt Körper als Produkt und Produzent von Gesellschaft. Siehe dazu Gugutzer, Robert: Soziologie des Körpers. 5., vollständig überarbeitete Auflage. Bielefeld 2015.

103 Zur praxistheoretischen Konzeption von »Vollzugskörpern« siehe Alkemeyer, Thomas/Michaeler, Matthias: Die Ausformung mitspielfähiger ›Vollzugskörper‹. Praxistheoretisch-empirische Überlegungen am Beispiel des Volleyballspiels. In: Sport und Gesellschaft – Sport and Society 10 (2013), H. 3, S. 213–239.

104 O. A.: Das neueröffnete Planetarium. In: Illustrierte Kronen-Zeitung, 5. 12. 1931. Österreichische Nationalbibliothek: ANNO.

105 Michael Schacherl: Reise um die Sonne in zwölf Minuten. In: Arbeiter-Zeitung, 24. 1. 1926. Österreichische Nationalbibliothek: ANNO.

Das Planetarium erscheint in den Berichten als Ort, der dem mühsamen Lernen in der Schule eine Anschaulichkeit voraushatte, die es vermochte, das Wissen zu vermitteln, an dem die Schule scheiterte, weil ihr die nötige Visualität fehlte. Die Hoffnungen, die in eine solche Didaktik der Anschaulichkeit gesetzt wurden, waren nicht neu: Die Kulturwissenschaftlerin Silvy Chakkalakal beschreibt, wie bereits im 18. Jahrhundert der »Ruf nach lebendiger Anschaulichkeit«[106] laut wurde und sich als Antwort darauf ein Repertoire an visuellen, auf die Sinne zielenden Instrumenten der Wissensvermittlung formte. Chakkalakal untersucht exemplarisch ein bebildertes Sachbuch für Kinder und fragt danach, wie die Anschaulichkeits-Idee sich in die noch junge Disziplin der Anthropologie einschrieb. Dabei verfolgt sie nach, wie sich der Erfahrungsbegriff als Leitbegriff der Disziplin herausbildete, von verschiedenen Wissenschaften ausgestaltet wurde und sich im allgemeinen Sprachgebrauch festigte. Sie beschreibt, wie sich unter diesen Vorzeichen im 18. Jahrhundert neue Bildungskonzepte (vor allem für Wissen über die Natur) ausformten, für die (sinnliche) Erfahrung eine zentrale Rolle einnahm: »Erfahrung bedeutete neben der sinnlichen Grundlegung [...] auch eine neue Art des Wissenserwerbs. [...] Erfahrung war nicht etwas, das der Mensch einfach nur besaß, sondern sie bezeichnete nun den Vorgang und die Methode des Erkenntnisgewinns.«[107] Die Idee des Lernens durch Erfahrung zielte auf sinnliche Eindrücke, die als sich in den Körper einbrennend imaginiert wurden. Dabei waren nicht alle Sinne gleichwertig, sondern es herrschte eine klare Hierarchie: An oberster Stelle stand der Sehsinn – er war so dominant, dass sich die Zeitgenoss*innen auch andere Sinneseindrücke analog zum Sehsinn als Bilder vorstellten.[108] Entsprechend spielten sich Bildungsbestrebungen im Bereich des Visuellen ab und übertrugen Erfahrungen in Bilder: »Lebendige Anschaulichkeit sollte die Erfahrung *als* Bild *im* Bild sichtbar machen, damit sie einen bleibenden Eindruck hinterlassen kann.«[109] Als Ideal und Zielpunkt der Didaktik der Anschaulichkeit fungierte das Kind, das als besonders empfänglich für Sinneseindrücke und visuelle Reize galt, das aber auch erst lernen musste, sich seiner Sinne zu bemächtigen. Dabei sollten visuelle Bildungsmedien helfen, die nicht nur Inhalte, sondern auch Arten und Weisen des Sehens beibrachten. Was sich hier bereits abzeichnete, wurde in den Medien und Institutionen der Wissenschaftspopularisierung des 19. Jahrhunderts wirkmächtig und im Planetarium fortgeführt. Parallel entwickelte sich eine neue Vorstellung vom Sehen, die

106 Chakkalakal 2014, S. 33.
107 Ebd., S. 38.
108 Vgl. ebd., S. 46 f.
109 Ebd., S. 62.

ebenfalls Ausdruck in Institutionen und Apparaten fand: Der Kunsthistoriker Jonathan Crary beobachtet, wie sich zu Beginn des 19. Jahrhunderts eine neue Form von und ein neues Wissen über Sehen herausbildeten, die konstitutiv für das waren, was als Moderne bezeichnet wird und vice versa: »Die Moderne führte zu einer Neubewertung und Deterritorialisierung des Sehens.«[110] Sehen versprach nicht länger einen objektiven Zugang zur Realität, sondern wurde in der Subjektivität der Betrachtenden verortet.[111] Es entstanden neue Entwürfe und Strukturierungen der Betrachtenden und damit zusammenhängend neue Techniken des Sehens, die konstitutiv für den*die Betrachter*in waren.[112] Crary untersucht Abbildungen, Methoden der Abbildung, Instrumente der Sichtbarmachung und andere optische Hilfsmittel, anhand derer sich der Wandel des Sehens materialisiert und anschaulich wird. Er konzipiert Sehen als »Funktionieren eines kollektiven Gefüges (assemblage) verschiedener Teile auf einer gemeinsamen und einheitlichen gesellschaftlichen Ebene«.[113] Optische Geräte gelten ihm »als Schauplätze des Wissens und der Macht, die unmittelbar auf den Körper des Individuums wirken«.[114] Vor diesem Hintergrund rücken der Planetariumsprojektor, die Kuppel und der Raum darunter als optisches Arrangement in den Fokus, das als ein solcher Schauplatz von Wissen und Macht fungierte und auf die Körper der Planetariumsbesucher*innen zugriff, insofern es sie dirigierte und bestimmte Haltungen indizierte. Der Lichtzeiger, als unmittelbares Instrument der Blicklenkung, verlieh der vortragenden Person Macht über die Blickrichtung der Besucher*innen, der abgedunkelte Raum beraubte sie zunächst ihres Sehsinns, den ihnen der Projektor dann unter seinen Bedingungen ›zurückgab‹. Projizierte Hilfslinien, wie der Himmelsäquator oder Striche, die einzelne Lichtpunkte zu Sternbildern verbanden, und in die Projektion integrierte Beschriftungen (beispielsweise die Namen der Sternbilder) gaben vor, als was das Sichtbare zu sehen war, und ordneten die visuellen Reize gemäß dem zu vermittelnden Wissen.

Zwei Bilder aus dem Zeiss-Archiv zeigen Mitarbeiter*innen der New Yorker Zeiss-Filiale bei einem Besuch des neueröffneten Hayden-Planetariums. Auf der ersten Fotografie (Abbildung 19) ist zu sehen, wie Menschen ihre Köpfe in den Nacken legen, um den Erläuterungen des Zeiss-Monteurs Paul Lange folgend (ganz links im Bild) den Projektor zu beäugen. Lange fixiert mit seinem Blick den Kugelkörper des Projektors, mutmaßlich deshalb, weil er gerade

110 Crary 1996, S. 151 f.
111 Vgl. ebd., S. 152.
112 Vgl. ebd., S. 25.
113 Ebd., S. 17.
114 Ebd., S. 19.

Abbildung 19: Sondervorführung für Zeiss-Mitarbeiter*innen im Hayden-Planetarium. Planetariums-Monteur Paul Lange erklärt den Projektor. New York Oktober 1935. Quelle: Zeiss-Archiv.

darüber spricht. Die anderen Anwesenden folgen seinem Vorbild und schauen in dieselbe Richtung. Die zweite Fotografie (Abbildung 20) wurde während eines Vortrags des Planetariumsleiters Dr. Clyde Fischer aufgenommen und zeigt die Zeiss-Belegschaft beim Blick in den projizierten Sternenhimmel oder beim Blick in die Kamera, mit der das Foto gemacht wurde. Fischer selbst schaut konzentriert nach oben, wohin genau ist nicht zu erkennen, und die Zuhörer*innen, die sich nicht vom Fotoapparat haben ablenken lassen, folgen der von ihm vorgegebenen Blickrichtung. Fischer hält den Lichtzeiger in der rechten Hand (auf dem Foto ist er als blinkendes Stück Metall zwischen den Köpfen zweier Zuhörer*innen zu sehen, dessen Ausrichtung mit der Blickrichtung des Planetariumsleiters übereinstimmt). Der Lichtzeiger verlieh Fischer gemeinsam mit seiner Sprecherrolle Macht über die Blicke seiner Zuhörer*innen, die aber nicht grenzenlos war: Wer lieber in die Fotokamera blicken wollte, tat das und wurde Teil eines anderen Arrangements, das ein anderes Sehen und Blicken vorsah. Beide Fotografien verdeutlichen, dass das Sehen sich innerhalb der Assemblage aus Besucher*innen, Vortragenden, Raum und Apparaten des Planetariums vollzog und sowohl die Körper der Sprechenden als auch die Körper der Zuhörenden ausrichtete. Sehen fand in Gesellschaft statt, war das Ergebnis

Abbildung 20: Planetariumsleiter Dr. Clyde Fischer hält einen Vortrag für Zeiss-Mitarbeiter*innen im Hayden Planetarium. New York Oktober 1935. Quelle: Zeiss-Archiv.

intendierten Tuns, eingeübter Techniken (wie die des Fotografiert-Werdens) und körperlicher wie diskursiver Praktiken.

Die Philosophin Eva Schürmann gesteht dem Sehen einen Zwischenstatus zu: Es könne »weder allein Repräsentation einer physisch vorhandenen Welt sein noch Konstruktion individueller Hinsichten und muss dennoch Anteile von beidem enthalten«.[115] Jenseits von gänzlich realistischen oder konstruktivistischen Konzeptualisierungen entwirft Schürmann Sehen als Praxis – »und zwar eine performative Praxis epistemischer, ethischer und ästhetischer Welterschließung«.[116] Schürmann zieht Parallelen zwischen Sehen und Sprechen, die in ihren Augen beide mehr sind als bloße Beschreibungsinstrumente einer bereits vorhandenen Wirklichkeit. Ihr Vergleich stützt sich auf die Vorarbeiten der Sprechakttheorie und hilft dabei zu verdeutlichen, dass Sehen genauso wie Sprechen konstitutive Momente beinhaltet, Welt nicht nur beschreibt, sondern wirkungsvoll deutet und hervorbringt. Sehen entpuppt sich als Weise der

115 Schürmann, Eva: Sehen als Praxis. Ethisch-ästhetische Studien zum Verhältnis von Sicht und Einsicht. Frankfurt a. M. 2008, S. 10.

116 Ebd., S. 14.

deutenden Welterschließung:[117] »Was als Wirklichkeit wirksam wird, hängt nicht allein von der Sprache, sondern auch von der Wahrnehmung ab. Sein, das verstanden werden kann, ist auch Bild.«[118] Sehen, Denken, Deuten und Wissen sind folglich eng miteinander verflochten: »Die Nähe des Sehsinns zum Mentalen, nämlich zu Prozessen des Verstehens, Denkens und Auslegens, bedingt einen dichten und praktisch untrennbaren Konnex von Sehen und Sichtweisen bzw. von Sicht und Einsicht.«[119] Fürs Planetarium bedeutet dies, dass Sehen als Praxis dort nicht nur als Medium eines Wissens über die Welt fungierte, sondern dieses Wissen erst hervorbrachte, plausibilisierte und in den Horizont der Lebenswelt der Besucher*innen einpasste. Die historische, didaktische Hoffnung, die in die Anschaulichkeit des Planetariums gesetzt wurde, erhält durch Schürmanns Ausführungen eine kontemporäre, philosophische Rückendeckung. Allerdings ist es nicht Ziel dieser Arbeit, Gelingen oder Scheitern der Bildungsziele des Planetariums zu beurteilen. Schürmanns Ausführungen verweisen in diesem Kontext vielmehr darauf, dass die Bilder, die das Planetarium vermittelte, und die Erzählungen, mit denen es sie versah, gemeinsam Einsichten und Sichtweisen bargen, die konstitutiv für das Weltbild der Besuchenden waren. Wenn sich die Welt des Planetariums als Wunder des Wissens und als Wunder der Technik zeigte, so wirkte sich dies auf ihre Welt aus, die nicht auf die Mauern des Planetariums beschränkt war. Sehen war insofern Bestandteil der Techniken des Wunderns, als dass es das Planetarium und die Himmelskörper erst als Wunder sichtbar machte.

Hören: Zur Klanglandschaft des Planetariums

»Da – ein halberstickter Ausruf des fassungslosen Staunens, ein Seufzer des Entzückens –«,[120] das intensive Sehen im Planetarium blieb nicht folgenlos, sondern hatte hörbare Effekte. Das Gesehene wirkte sich auf die Körper der Besucher*innen aus und löste sich unter anderem in Form von Ausrufen der Bewunderung. Diese Ausrufe folgten auf das Einschalten der Himmelsprojektion und gehörten zur Klanglandschaft der Planetariumsvorstellungen, die in

117 Vgl. ebd., S. 20: »Wenn visuelles Wahrnehmen als ein organisiertes Prinzip unserer Selbst- und Weltbezüge verstanden werden muss, dann stellt es eine eigene Form der Welterschließung dar.«

118 Ebd., S. 20.

119 Ebd., S. 21.

120 Peregrin: Das Wunder des Planetariums. In: Das Kleine Blatt, 7. 5. 1927. Österreichische Nationalbibliothek: ANNO.

den Quellen immer wieder thematisiert wird. Wie Sehen hat auch Hören eine Geschichte, und die Beschäftigung mit vergangenen Klanglandschaften erschließt – in den Worten des Historikers Jürgen Müller – »eine wichtige Dimension vergangener Erfahrung, die erhebliche politische, soziale, kulturelle und ökonomische Auswirkungen hatte«.[121] Freilich gelingt das häufig nur über Umwege, nämlich die Rekonstruktion der Klanglandschaften aus den zumeist geräuschlosen Quellen, die aber dennoch darauf verweisen, welche Rolle Geräusche für die geschilderten Begebenheiten gespielt haben. So finden sich in den Beschreibungen der Planetariumsbesuche zahlreiche Schilderungen der akustischen Dimension der Institution, allen voran der Verweis auf die Ausrufe, die auf das Einschalten des Projektors folgten. Die Lautäußerungen des Planetariumspublikums erschienen den Zeitgenoss*innen als reflexartige, körperliche Reaktion auf die empfundene Unvermitteltheit und Natürlichkeit des projizierten Nachthimmels:

> Die jäh auftretende Erscheinung wirkt so gewaltig, als wehe ein Orkan über die Versammlung. Niemand ist imstande, einen Ausruf des Entzükkens zurückzuhalten. Die Täuschung, dass man sich nicht mehr in einem begrenzten Raum befindet, sondern in unendliche Himmelstiefen schaut, ist vollkommen.[122]

Schilderungen wie diese stilisierten den Ausruf als quasi-natürlichen, unaufhaltsamen, authentischen Körperreflex, als Affekt, der unweigerlich auf den Anblick des Sternenhimmels folgen musste. Argumentativ wurden die Ausrufe der Besucher*innen deshalb häufig eingespannt, wenn es darum ging, die Naturhaftigkeit des Planetariums zu belegen oder die Wirksamkeit der Vorführungen zu bewerten. Oberstudienrat Theodor Körner, der das Hamburger Planetarium leitete, baute den Ausruf sogar prädiktiv in ein Skript zu seinem Planetariumsvortrag mit ein:

> Jedesmal, wenn der Sternhimmel im künstlichen Himmel aufleuchtet, hören wir in dem dunklen Kuppelraum jenen Ausdruck der Bewunderung, und das scheint der beste Beweis dafür zu sein, wie wenige von uns den Himmel in solcher Pracht und Klarheit gesehen haben, wie wir ihn hier drinnen, der

121 Müller, Jürgen: »The Sound of Silence«. Von der Unhörbarkeit der Vergangenheit zur Geschichte des Hörens. In: Historische Zeitschrift 292 (2011), S. 1–29, S. 24.

122 Artur Fürst: Der Himmel auf Erden. In: Vossische Zeitung, 2.9.1924. Staatsarchiv Hamburg: 361-2 V 725i.

Natur abgelauscht, vor uns erblicken. Es beweist uns aber auch, wie trefflich es gelungen ist, mit Hilfe der vielen kleinen Bildwerfer den gestirnten Himmel nachzubilden.[123]

Dieser Sprechweise bedienten sich neben Körner viele weitere, unter ihnen der Zeiss-Mitarbeiter und spätere Direktor des Dresdener Planetariums Kurt Kißhauer. 1924 interpretierte er die Publikumsausrufe bei einer der ersten Planetariumsvorführungen wie folgt: »Der Eindruck ist in seiner Natürlichkeit so packend, dass die wenigsten einen Ausruf des Entzückens unterdrücken können.«[124] Auch wenn sie den Zeitgenoss*innen als noch so unweigerlich und unbeherrschbar vorgekommen sein mögen, waren diese Lautäußerungen nicht minder kulturell vorgeformt und das Ergebnis praktischer Einübung. Dass die Rezeption der Berichte über das Planetarium Erwartungen weckte und Verhaltensweisen nahelegte, wurde schon mehrfach betont. Darüber hinaus zählten das Öffnen des Mundes und die damit verbundene Lautäußerung zu den bereits bekannten und vielfach anerzogenen Techniken des Wunderns, wie sie einleitend zu diesem Teil der Arbeit beschrieben worden sind. Für Kulturwissenschaftler*innen tritt Klang oft als zweite Ebene der erzählenden Stimme in den Fokus der Aufmerksamkeit, der als inszenatorisches Mittel dem Erzählten zu mehr Ausdruck verhelfen, es auf vielfältige Weise kontextualisieren und ästhetisch ausgestalten soll.[125] Sprechen und die klangliche Gestaltung der Sprache gilt ihnen als performativer Akt. Aber nicht nur Sprechen ist performativ. Auch das bloße Äußern von Klängen und Geräuschen kann als hörbare, lautliche Performanz – beispielsweise des Staunens – Wirklichkeit tönen und Gefühlen den Weg bahnen. Als »laute Gefühlsmobilisierung«[126] zählten Ausrufe zu den Körpertechniken des Wunderns, an die das Planetarium bewusst appellierte und die, indem sie das Wundern (der anderen) hörbar machten, zu einer Atmosphäre beitrugen, die den Anwesenden als umso wundervoller erschien.

Neben den Ausrufen bestand die Klanglandschaft des Planetariums noch aus vielen weiteren Elementen, unter ihnen auch der Projektor, der sich ebenfalls

123 Vermutlich Körner: Skript zum Vortrag »Der Himmel der Heimat«, vermutlich 1930. Staatsarchiv Hamburg: 361-2 V 725c.

124 Kurt Kißhauer: Ein neuartiges Planetarium. In: Linzer Tages-Post, 14.9.1924. Österreichische Nationalbibliothek: ANNO.

125 Siehe dazu bspw. Bürkert, Karin/Nast, Mirjam: Kultur ist hörbar. Überlegungen zu einer auditiven historischen Ethnografie. In: Ludwig-Uhland-Institut (Hg.): Kultur ist … Tübingen 2022, S. 119–145.

126 Ebd., S. 138.

Gehör verschaffte: »Das letzte Knacken eines Kontaktes wird vernehmbar, im selben Augenblick ist das Wunder geschehen. Der Beschauer fühlt sich ins Freie versetzt, sieht einen herrlichen, klaren Sternenhimmel über sich. Ein Surren – es dreht sich.«[127] Als Knacken und Surren trat die Planetariumstechnik in der Klanglandschaft des Planetariums in Erscheinung. Die Geräusche, die von den Motoren und elektronischen Schaltungen des Projektors ausgingen, nahmen die Besucher*innen nicht als störend wahr, sondern als klangliche Untermalung der Projektion, beispielsweise beschrieben als »leises Singen von dem seltsamen Insekt in der Mitte des Raumes«.[128] Aber nicht allen kamen die Geräusche der Planetariumsmaschinerie überhaupt zu Gehör. In manchen Berichten ist weder vom Knacken noch vom Surren, sondern von einer Stille zu lesen, in die hinein die Planetariumsprojektion geworfen wurde: »Kein Geräusch des arbeitenden Apparates stört die Stille des scheinbaren Blicks in das Getriebe der Ewigkeit«,[129] so beschrieb der Ingenieur und Wissenschaftsjournalist Artur Fürst seine akustische Planetariumserfahrung, zu der Publikumsausrufe zählten, nicht aber die Geräusche des Projektors. Es ist davon auszugehen, dass die Geräusche, die der Projektor verursachte, in jeder Vorführung mehr oder minder ähnlich waren – was variierte, war die Aufmerksamkeit, die ihnen entgegengebracht wurde. Manche nahmen sie ganz deutlich wahr und machten sie zum Teil der Vorführung, andere blendeten sie aus – ihnen wurden sie zur ›Stille‹, zu einem neutralen, vernachlässigbaren Hintergrundrauschen, das nicht mehr länger hörenswert war und verstummte. Theodor W. Adorno fasst eine solche »akustische Rückbildung« als »Regression des Hörens« auf und benennt diese als Manko der Lebensweisen des 20. Jahrhunderts.[130] Das Phänomen der Gewöhnung an Geräuschkulissen lässt sich auch weniger kulturpessimistisch und normativ als Justierung des Hörens beschreiben, die sich unter anderem durch die technischen Begleitgeräusche des Alltags vollzog. Um sich in den Klanglandschaften technisierter Alltage zurechtzufinden, musste stetig evaluiert werden, welche Geräusche hörenswert waren und deshalb Aufmerksamkeit erforderten und welche Geräusche gewissermaßen als Nebeneffekte ungehört bleiben konnten.[131] Was Stille ist und was nicht, hängt vom historischen Kon-

127 O. A.: Der Wiener sieht den Himmel offen. In: Illustrierte Kronen-Zeitung, 9.1.1930. Österreichische Nationalbilbiothek: ANNO.

128 O. A.: Unter dem Firmament. In: Hamburger Echo, 16.4.1930. Staatsarchiv Hamburg: 135-1 I-IV 5061.

129 Artur Fürst: Der Himmel auf Erden. In: Vossische Zeitung, 2.9.1924. Staatsarchiv Hamburg: 361-2 V 725i

130 Siehe dazu Jütte 2000, S. 312 f.

131 Zur veränderten Geräuschkulisse in den Großstädten des 20. Jahrhunderts siehe Pa-

text ab – hier zeigt sich, wie auch das Planetarium als Ort ungleichzeitiger Gleichzeitigkeit verschiedene Wahrnehmungsweisen erlaubte und je nach Hörgewohnheit Technik klingen ließ oder als stille Akteurin zur Geltung brachte.

In jedem Fall war die Geräuschkulisse des Planetariums kein zufälliges Nebenprodukt der Schau, sondern ebenfalls bearbeitet und inszeniert. Anfänglich bereitete die Bauweise der Kuppel akustische Probleme: Die Betonkuppel des Planetariums spiegelte ein sich überlagerndes Echo der Sprecher*innenstimme in den Vorführungsraum zurück. Der Schall prallte an den gekrümmten Wänden ab und erzeugte einen störenden Widerhall. Das Problem wurde behoben, indem die Kuppel mit Stoff bespannt und der zwischen Kuppel und Bespannung entstandene Hohlraum mit in verschiedenen Winkeln angeordneten, sogenannten »Schallblechen«[132] ausgestattet wurde. Die neue Konstruktion ›brach‹ die Schallwellen und warf sie nicht wie die glatte Kuppelfläche in den Raum zurück. Diese Ingenieursarbeit an der Akustik des Raumes blieb nicht unbeachtet, sondern wurde als Innovation gewürdigt, für die das Planetarium den Anstoß gegeben hatte, und trug zum zukunftsträchtigen Image der Institution bei:

> So kommt es, dass in dem neuen Bauwerk die Schallwirkung gut ist. So gut, dass der Raum auch für andre Darbietungen, zum Beispiel musikalische Vorführungen, geeignet ist. Wir sehen, das Planetarium hat also die Anregung zur Lösung einer schalltechnischen Aufgabe gegeben, die man beim Bau großer Vorführungsräume wird ausnützen können.[133]

Die bauliche Gestaltung des Schalls im Planetarium war sogar Teil mancher Planetariumsvorführungen, die das Beispiel nutzten, um dem Lehrvortrag noch Wissen über Akustik beizumischen und dem Publikum ein Verständnis dafür zu vermitteln.[134] Die volle Aufmerksamkeit der Zuhörer*innen für den Lehrvortrag hing aber nicht allein von der Akustik ab. Franz Fieseler machte

yer, Peter: Vom Geräusch zum Lärm. Zur Geschichte des Hörens im 19. und frühen 20. Jahrhundert. In: Tröndle, Martin (Hg.): Das Konzert. Beiträge zum Forschungsfeld der Concert Studies. Bielefeld 2018, S. 233–254.

132 R. B.: Ein Himmelstheater für alle Erdbewohner. In: Arbeiter-Zeitung, 9.1.1927. Österreichische Nationalbibliothek: ANNO.

133 Ebd.

134 Im Skript zum Planetariumsvortrag »Der Himmel der Heimat« für das Planetarium Jena widmet sich Verfasser Dr. Friedrich Dannenberg ausführlich der Kuppelkonstruktion und ihrem Beitrag zur Akustik. Dannenberg: »Der Himmel der Heimat«, Vortragsskript für das Planetarium Jena, 1926. Staatsarchiv Hamburg: 361-2 V 725c.

bei seinen zahlreichen Planetariumsbesuchen die Beobachtung, dass das tatsächliche Zuhören und gedankliche Nachverfolgen des Vortrags für viele Besucher*innen nicht im Vordergrund standen:

> Bei den Vorführungen im Zeiss-Planetarium wird fernen zu wenig bedacht, dass der erwachsene Besucher in der Regel gar nicht belehrt sein will, dass er nur kommt, um zu schauen; er will nur sehen, staunen, und darin sollte er nicht gestört werden. [...] Schon aus physiologischen Gründen ist es dem Beschauer unmöglich, im Zeiss-Planetarium einem zusammenhängenden Vortrag eine Stunde lang zu folgen. Wenn das Auge vollständig gefangen, der Gesichtssinn voll beansprucht ist, dann kann nicht gleichzeitig auch das Ohr noch andauernd beansprucht werden. Der Gehörsinn muss dann versagen. Wer in der Betrachtung des überwältigend schönen, künstlichen Sternenhimmels versunken ist, der hat deshalb oft nur den einen Wunsch, dass der Vortragsredner schweigen und ihn in seiner Betrachtung nicht stören möchte. Wenn während des Vortrages, von Zeit zu Zeit, besonders dann, wenn plötzlich der Sternenhimmel erstrahlt, eine Besinnungspause gemacht würde, dann wäre das schon eine erhebliche Verbesserung der Vortragsweise.[135]

Fieseler stellte in seinen Darlegungen den Stellenwert des Lehrvortrags im Planetarium ganz grundsätzlich infrage und sah das Gehör als in der Hierarchie der Sinne im Planetarium unterlegen an. Das Sehen und (Ein-)Fühlen erschienen ihm so dominant, dass die Körper der Zuschauer*innen nicht auch noch Aufmerksamkeit für das Zuhören aufbringen konnten. »Aber nur halben Ohres lauscht die Menge. Sie will sehen!«[136] – Andere Planetariumsgäste berichteten ebenfalls von der Dominanz des Sehens und der damit zusammenhängenden Verwandlung des Lehrvortrags zum Hintergrundrauschen, der als atmosphärisches Geräusch in der Klanglandschaft des Planetariums nicht besonders hervorstach: »Die Urania-Vortragsworte, die mit gelassener Beharrlichkeit weiter tönen, fallen irgend wohin in den Raum, scheinen irgend woher, aus einer gleichgültigen fremden Ferne zu kommen und stören nicht einmal.«[137] Der

135 Franz Fieseler: »Betrachtung über die Vorträge im Zeiss-Planetarium«, Ende 1920er. Zeiss-Archiv: BACZ 3025.

136 Jörgl Beßler-Gerö: Besuch im Projektions-Planetarium. In: Linzer Volksblatt, 30.8.1924. Österreichische Nationalbibliothek: ANNO.

137 S. S.: Besuch im Planetarium. In: Wiener Morgenzeitung, 10.5.1927. Österreichische Nationalbibliothek: ANNO.

Lehrvortrag kam dem Planetariumspublikum zwar zu Gehör, allerdings häufig als Geräusch und weniger als gesprochener Inhalt. Das aktive Zuhören musste zurückgestellt werden, um sich vollständig dem durchs Betrachten ausgelösten Staunen und der damit einhergehenden Besinnung widmen zu können. Das bedeutete nicht, dass das Planetarium ein geräuschloser Ort war, sondern ein Ort, an dem Geräusche als Begleitung und Untermalung in Erscheinung traten, sich (neue) Hörgewohnheiten ausformten und das Wissen über den Sternenhimmel zum Sound wurde.

Sitzen: Affordanzen des Planetariums

Im Februar 1928 schrieb die Firma Kino Schuch an das Deutsche Museum mit einer unbequemen Beobachtung und einem besonderen Angebot: »Es dürfte Ihnen nicht ganz unbekannt sein, dass die Besucher der Planetarien begeistert sind von dem Gebotenen, aber sich sehr unbehaglich fühlen, weil sie auf einem unbequemen, nicht zweckentsprechenden Stuhl sitzen.«[138] Für das angesprochene Problem lieferte Schuch gleich die Lösung: »›Planetarius‹ ist ein auf Kugellagern laufender Drehstuhl mit weitausladender Rückenlehne und Armstützen.«[139] Im Deutschen Museum – so lautete die Antwort der Museumsleitung auf das Angebot – betrachteten die meisten Besucher*innen die Projektion im Stehen. Interesse an Zeichnungen und Fotografien des Sitzmöbels meldete die Museumsleitung trotzdem an. Die Beobachtung der unbequemen Stühle, mit der Schuch die Museumsleitung zum Kauf von Planetarius bewegen wollte, stammte vermutlich gar nicht aus dem Deutschen Museum selbst, denn dort war der Kuppelraum ohne Bestuhlung geplant und eröffnet worden. Stühle und die mit ihnen verbundene Einladung zum Verweilen passten nicht ins Museumskonzept – angesichts der vielen anderen Attraktionen, die das Haus beherbergte, blieb ehrgeizigen Besucher*innen nur ein kurzer Moment unter dem künstlichen Firmament. Im Gegensatz zu den meisten anderen war das Planetarium im Deutschen Museum als Durchgangsstation konzipiert, in dem die Besucher*innen nicht länger als eine Viertelstunde verweilen sollten. Außerdem war der Raum mit neun Metern Durchmesser verhältnismäßig klein – für Stühle war weder Platz noch Bedarf. Nach Erhalt der Skizzen und Abbildungen von Planetarius versandte die Museumsleitung eine Absage an Schuch, nicht ohne auf die Möglichkeit der Schenkung zu ver-

138 Brief der Firma Kino Schuch an »die Direktion des Planetariums der Stadt München«, 8.2.1928. Verwaltungsarchiv Deutsches Museum: VA 1118-3.

139 Ebd.

weisen: »Leider stehen uns zum Ankauf eines solchen Stuhles keine Mittel zur Verfügung, doch stellen wir ihnen anheim, uns einen solchen als Stiftung zur Aufstellung in unserem Planetarium zu überlassen.«[140] Der Briefwechsel verdeutlicht: Das Sitzen war fürs Planetarium so wichtig, dass die Firma Schuch darin ein Geschäft erkannte. Sie hatte mit dem Münchener Planetarium als damals einzigem Planetarium ohne Sitzgelegenheiten allerdings die falsche potenzielle Kundschaft adressiert. Das Problem unbequemer oder unpassender Sitzgelegenheiten kam nicht nur im Münchener Planetarium zur Sprache. In Wien evaluierte die Presse nach einigen Monaten Planetariumsbetrieb und nach dem Versiegen der anfänglichen Besucher*innenströme die Ursachen fürs mangelnde Interesse. Die Wiener Planetariumsverantwortlichen blickten unter anderem nach Berlin, wo ähnliche Probleme herrschten. Dort wurden Verbesserungsvorschläge gesammelt, »unter denen sich auch der befindet, neue, nach rückwärts bewegliche Stühle anzuschaffen, die den Besuchern eine liegende Stellung und damit ein bequemes Beobachten des heimatlichen Sternenhimmels gestatten«[141] sollten. Die Firma Schuch war zwar in München erfolglos geblieben, hatte aber ein Problem erkannt, das die Planetariumsbetreiber*innen tatsächlich beschäftigte. Die Körper der Planetariumsbesucher*innen sahen und hörten, vor allem aber saßen sie. Ihre Sitzposition diente zur Entlastung und sollte dafür sorgen, dass Sehen und Hören so bequem und störungsfrei wie möglich vonstattengehen konnten, ja im Idealfall sollte die Sitzposition die Wahrnehmungstechniken des Planetariums begünstigen, dazu einladen, nach oben zu sehen und das Panorama in seiner Gänze zu betrachten.

Das Potenzial von Räumen, Objekten und Situationen, zu bestimmten Körperhaltungen und Verhaltensweisen aufzufordern, kann als Affordanz bezeichnet und analysiert werden.[142] Konzepte, die mit dem Affordanz-Begriff hantieren, versuchen die Beziehungen von Menschen und Umwelt zu beschreiben und legen dabei ein besonderes Augenmerk darauf, dass Räume, Objekte und Situationen zu bestimmten Handlungen auffordern, sie ermöglichen und andere Handlungsweisen einschränken können.[143] Diese Ermöglichungen und Einschränkungen sind weder zwingend noch konstant, sondern hängen davon

140 Brief von Franz Fuchs an die Firma Kino Schuch, 18.6.1928. Verwaltungsarchiv Deutsches Museum: VA 1118-3.

141 O.A.: Das vergessene Wiener Planetarium. In: Neuigkeits-Welt-Blatt, 11.2.1928. Österreichische Nationalbibliothek: ANNO.

142 Zu kulturwissenschaftlichen Zugängen zur Affordanz siehe Bareither 2020.

143 Vgl. ebd., S. 34ff.

ab, wie Menschen gelernt haben, Situationen aufzugreifen, zu verstehen und welches Repertoire an Praktiken ihnen zur Verfügung steht: »Was eine materielle Umwelt oder eben auch ein technisches Objekt oder ein digitales Medium *affordiert*, ist abhängig davon, wie es in praktischen alltäglichen Routinen gewusst wird.«[144] Stühle sind beliebte Beispiele, wenn Affordanztheoretiker*innen ihr Konzept erklären wollen.[145] Die Planetariumsbetreiber*innen waren sich den Affordanzen von Stühlen bewusst und versuchten, sie für ihre Zwecke nutzbar zu machen. So wurden zur Neueröffnung des Wiener Planetariums am Praterstern im Januar 1930 speziell gestaltete Sitzgelegenheiten installiert, die der Multifunktionalität des Raumes als Kino und Planetarium Rechnung trugen: »Die Sitze werden mit umklappbaren Lehnen eingerichtet, so dass sich die Besucher nach den Vorstellungen der Sternbilder nur umzudrehen brauchen, um die Filmvorführungen zu sehen.«[146] Die Stühle im Wiener Planetarium luden die Gäste dazu ein, ihre Blicke schweifen zu lassen und den ganzen Raum als Teil der Vorführungen zu betrachten, sich darauf einzurichten, ob ein Film oder die Himmelsprojektion gezeigt wurde, und auf beide freie Sicht zu ermöglichen. Ein derartiges Sitzen und Sehen sollte auch die Bestuhlung des Stuttgarter Planetariums begünstigen. Das Planungskomitee des Hamburger Planetariums holte bei der Stuttgarter Planetariumsleitung Erkundungen ein, die bezüglich der Stühle vermeldete:

> Unsere Stühle haben keine Armlehnen. In kritischen Besprechungen ist dies schon manchmal als Mangel bezeichnet worden. Wir halten Stühle ohne Armlehnen jedoch für wesentlich vorteilhafter, da die Zuhörer dann viel besser die Möglichkeit haben, sich frei nach allen Richtungen umwenden zu können, was bei Planetariumsvorführungen unbedingt notwendig ist.[147]

Anhand der sorgfältigen und mannigfaltigen Überlegungen zu den Sitzgelegenheiten wird deutlich, welche Körperhaltungen und Verhaltensweisen Planetariumsbetreibende ihrem Publikum erleichtern und nahelegen wollten: Sie sollten sitzen und nach oben sehen, ihren Kopf und Blick in alle Richtungen schweifen

144 Ebd., S. 42.

145 Zum Beispiel Norman, Donald: The Design of Everyday Things. New York 2013, S. 11, zit. nach Bareither 2020, S. 36: »A chair affords (›is for‹) support and, therefore, affords sitting.«

146 O. A.: Eröffnung des Planetariums am 11. Jänner. In: Die Neue Zeitung, 31.12.1929. Österreichische Nationalbibliothek: ANNO.

147 Brief der Planetariumsleitung Stuttgart an Hans Loop (Architekt des Hamburger Planetariums), Stuttgart, 31.10.1929. Staatsarchiv Hamburg: 361-2 V 725a Band 2b.

lassen und es sich dabei so bequem einrichten, dass sie ihren sitzenden Körper möglichst wenig und erst recht nicht als störend wahrnahmen. Der Effekt von Immersion und der intendierte Eindruck, draußen, an einem Ort jenseits der Stadt zu sein, konnten nur dann gelingen, wenn kein unbequemer Stuhl daran erinnerte, wo sich die Zuschauenden eigentlich befanden und sie daran hinderte, sich frei umzusehen. Stühle waren im Planetarium in die Körpertechnik des Sehens involviert, sollten ihr dienen und zu bestimmten Blickrichtungen (nach oben und rundherum) besonders einladen. Alison Griffiths beobachtet ähnliche Debatten über das Stuhldesign auch unter amerikanischen Planetariumsdirektoren und zieht Parallelen zu Diskussionen in Museen des späten 19. Jahrhunderts. Dort wurden Stühle als Möglichkeit diskutiert, Museumsmüdigkeit vorzubeugen und den Besuch angenehmer zu gestalten.[148] Griffiths deutet den Fokus aufs Stuhldesign als weiteren Hinweis dafür, dass der Planetariumsbesuch dezidiert als körperliches Erlebnis konzipiert und ausgestaltet wurde:

> This focus of chair design and location (in early Museum history) also reminds us of the thoroughly somatic nature of the planetarium experience: eyes and shoulders will be actively engaged throughout the show as the body cranes slightly to witness special effects or star constellations situated behind the head or directly above.[149]

Neben der Auswahl der Sitzgelegenheiten flossen andere Überlegungen zur Gestaltung des Planetariumsraums mit ein, die dafür Sorge tragen sollten, das körperliche Erleben im Planetarium möglichst angenehm zu gestalten. Im Fokus stand dabei die Ermöglichung des Sehens und der Immersionserfahrung, die dann glücken konnte, wenn Besucher*innen sich in ihren Sinnen verlieren und ihren sitzenden Körper ›vergessen‹ konnten. Bei den Planungen zur Neueröffnung des Wiener Planetariums wurde unter anderem auf die Beheizung geachtet, sodass die Besucher*innen nicht durch unerwünschte Körperempfindungen von der Planetariumsschau abgelenkt wurden:

> Gelingt es, die für die Verwirklichung dieses Projektes notwendigen Summen aufzubringen, dann soll durch einen häufigen Wechsel der Vorführungen und Vorträge, durch eine Verbesserung der Einrichtungen des Zuschauerraumes, die jetzt etwas unbequem sind, durch eine Beheizungsanlage für

148 Vgl. Griffiths 2013, S. 129.
149 Ebd., S. 130.

> die kühle Jahreszeit und ähnliche Neuerungen beim großen Publikum das Interesse für das Planetarium neugeweckt und wiederbelebt werden.[150]

Dem Credo der Bequemlichkeit folgend, ging es darum, den Planetariumsraum so zu gestalten, dass er keine unwillkommenen Körperempfindungen (Frieren, Nackenschmerzen oder unbequeme Sitzhaltungen) hervorrief, möglichst zu einer 360°-Sicht einlud, es den Besucher*innen erlaubte, sich in der Projektion zu verlieren und Teile ihres Körpers zu ›vergessen‹.

Schwindel: »Seekrankheit« und optische Täuschung

Die Planetariumsvorführungen hatten auch Effekte, die teilweise unerwünscht waren und Kritik auf sich zogen. Franz Fieseler beobachtete nicht nur die Planetarien selbst, sondern behielt auch ihre Kritiker*innen im Auge. Zu ihnen zählte Friedrich Simon Archenhold, Gründer und Direktor der Treptower Sternwarte, den Fieseler in seinen Briefen kurz »Dr. A.« nannte. Archenhold äußere sich »abfällig« gegenüber dem Planetarium und stelle seinen Status als »Wunder der Technik« infrage, berichtete Fieseler von einem Gespräch mit dem Sternwartendirektor an Zeiss.[151] »Ferner meinte Dr. A., dass man im Zeiss-Planetarium ›seekrank‹ werden könne; bei der Eröffnung hätte eine Dame deshalb auch das Planetarium vorzeitig verlassen müssen, seiner Frau sei auch übel geworden und [sie sei] nur mit Rücksicht auf ihn im Planetarium geblieben.«[152] Archenholds Klage war keine aus der Luft gegriffene Diffamierungsstrategie, tatsächlich kam es bei den Planetariumsgästen immer wieder zu Schwindel und damit zusammenhängender Übelkeit. Die vom Planetarium ausgelöste Übelkeit fand sogar literarische Erwähnung. Im vierten Teil der Kinderbuchreihe »Professors Zwillinge« von der Autorin Else Ury besuchen die Hauptpersonen, die Zwillinge Suse und Herbert, das Planetarium in Jena, das in der Geschichte von ihrem Vater geleitet wird. Das gesamte Buch beschreibt in pädagogischer Absicht das Leben in Jena und das Planetarium als Ort der astronomischen Bildung. Bei der ersten Vorführung, an der Suse und Herbert teilnehmen dürfen, kommt es zu einigen unterhaltsamen Zwischenfällen – die Kinder unterbrechen den Vortrag des Vaters mit ihren Fragen, Herberts Hund jagt dem Lichtzeiger nach

150 O. A.: Was geschieht mit dem Wiener Planetarium. In: Neues Wiener Journal, 4. 3. 1928. Österreichische Nationalbibliothek: ANNO.

151 Franz Fieselers Bericht über das Gespräch mit F. S. Archenhold, Direktor der Berliner Sternwarte, 24. 2. 1929. Zeiss-Archiv: BACZ 5827.

152 Ebd.

und schließlich reagiert Suses Körper in ungebetener, aber für die Leser*innen amüsanter Weise auf die Beschleunigungsfunktion der Projektion:

> Plötzlich kam Bewegung in den Sternenhimmel. Sterne gingen auf, gingen unter, Planeten durchwanderten in wenigen Sekunden ihre Jahresbahn. […] Sonne, Mond und Sterne, alles in Bewegung. Es war, als ob der ganze Himmel sich drehte. Wie in einem Karussell ging es – Suse wurde es ganz flimmrig vor den Augen. Drehte sich der Himmel? Nein, sie selbst drehte sich. Wie in einer Schaukel ging es dabei auf und nieder. Es ward der Suse zumute wie damals, als sie im Schiff von Neapel nach Capri fuhr. Ganz elend wurde ihr. Und plötzlich erklang mitten in den Vortrag des Professors, der gerade die Planeten um die Sonne kreisen ließ, eine weinerliche Stimme: ›Mutti – Muttichen – ich werde seekrank!‹[153]

Suse wird von der bewegten Planetariumsprojektion schlecht, sie muss die Aufführung früher verlassen. Ihre Körperempfindungen weiß sie einzuordnen, denn sie kennt die Übelkeit bereits vom Schifffahren. Else Urys Bücher sollten ihre Leser*innenschaft erziehen; die Reihe über die Zwillinge war in der Absicht geschrieben, Kinder für Orte des Wissens und der Wissenschaft zu interessieren, sie darauf vorzubereiten, was sie dort erwartete und wie sie sich dort zu verhalten hatten. Suses Reaktion auf die beschleunigte Projektion steht in der Geschichte als unterhaltsame Episode, aber bereitete die jungen Leser*innen auch darauf vor, dass sie im Planetarium gegebenenfalls mit ähnlichen Körperreaktionen konfrontiert werden könnten. Die optische Täuschung, die die beschleunigte Planetariumsprojektion auslösen konnte – nämlich die, dass nicht die Projektion, sondern die Besucher*innen selbst sich in Bewegung versetzten – führte allerdings nur in seltenen Fällen zur Übelkeit und wurde meistens als Ursache vergnüglichen Schwindels empfunden. Manche stellten gar »merkwürdige Übereinstimmungen des Eindruckes dieser ›rasenden Sterne‹ mit dem Heimwege unter sternenklarem Himmel nach ausgedehntem Bockbierfest«[154] fest und schilderten gerade den Moment der bewegten Projektion als besonders genussreich: »Und wenn dann das Tempo beschleunigt wird, dass die Planeten den Drehwurm kriegen, und der Mond wie ein vom Fuchs aufgestöberter

153 Else Ury: Professors Zwillinge im Sternenhaus. Berlin 1928. URL: https://www.projekt-gutenberg.org/ury/zwilster/chap008.html (Zugriff: 1.8.2021).

154 Kr.: Wo die Sterne blinken werden. In: Hamburgischer Correspondent, 28.1.1930. Staatsarchiv Hamburg: 135–1 I-IV 5061.

Mümmelmann über den Himmel saust – ei, das macht Spaß!«[155] In den Zeitungsartikeln zum Planetarium finden sich regelrechte Anleitungen zur Erzeugung der optischen Täuschung und des damit verbundenen Schwindels:

> Auch braucht man nur bei der Bewegung des Fixsternhimmels den Apparat gegen die Kuppelwand im Auge zu behalten, um deutlich in die Illusion versetzt zu werden, dass wir uns mit dem Apparat, somit mit unserem Erdplaneten durch dessen eigene Rotation dem aufgehenden, an sich ruhenden Fixsternhimmel entgegenbewegen.[156]

Schwindel trat nicht nur als ungewollter Nebeneffekt des Planetariums auf, sondern wurde auch absichtsvoll herbeigeführt und von den Besucher*innen genossen.

Dass das Planetarium Schwindel hervorrief und durch sein simuliertes Drehen rauschhafte Zustände erreicht werden konnten, rückte es in die Nähe von Fahrgeschäften, die sich auf Rummeln oder Jahrmärkten einer großen Beliebtheit erfreuten. Der Kultursoziologe Sacha-Roger Szabo beschreibt in seiner Arbeit zum Rummel den Schwindel als »Technik des Austritts aus der gewohnten Wirklichkeit«.[157] Schwindel und seine Steigerungsform, der Rausch, entfalten laut Szabo ein transgressives Potenzial, verwischen die Grenzen von Selbst und Umwelt und konzentrieren die Berauschten auf ihre Körperlichkeit. Der Körper als »aktives Erlebnismedium«[158] rückt ins Zentrum der Erfahrung. Die sinnliche Übersteigerung führt zum temporären Kontroll- und Orientierungsverlust, was ein angenehmes Schaudern (thrill) und ein gänzliches Aufgehen im Hier und Jetzt (flow) nach sich zieht.[159] Zugrunde liegen Techniken der Beschleunigung und Wiederholung, die sich gerade unter den Bedingungen der Industrialisierung in variantenreichen Fahrgeschäften materialisieren konnten.[160] Bei der Konstruktion des Planetariums war der Schwindel im Gegensatz zu diesen Fahrgeschäften nicht im Vordergrund gestanden. Dennoch rekurrierte es auf ähnliche Techniken des Kreisens und Beschleunigens, die

155 Jens Janssen: Unsere Sternschau. In: Hamburger Echo, April 1930. Staatsarchiv Hamburg: 135-1 I–IV 5061.

156 Dinger: Ein neues Planetarium. In: Hamburger Nachrichten, 14.8.1925. Staatsarchiv Hamburg: 361–2 V 725i.

157 Szabo, Sacha-Roger: Rausch und Rummel. Attraktionen auf Jahrmärkten und in Vergnügungsparks. Eine soziologische Kulturgeschichte. Bielefeld 2006, S. 126.

158 Ebd., S. 146.

159 Vgl. ebd., S. 203.

160 Vgl. ebd., S. 127 f.

auch Karussells oder Schaukeln auszeichneten. Das Planetarium ermöglichte ein Erleben der nächtlichen Landschaft, das an Erfahrungen auf Jahrmärkten oder in verschiedenen Fahrzeugen (bei Suse beispielsweise im Schiff) erinnerte. Besucher*innen konnten an ihre erlernten Umgangsformen (auf dem Rummel oder in Fahrzeugen) anknüpfen und sich dem Rausch genussvoll hingeben, ihre Wahrnehmung entsprechend ein- oder ausstellen und die nächtliche Landschaft als Bewusstseinsstrom goutieren.

Wie die Gefährte und Vergnügungsattraktionen, die auf Beschleunigung und Reizüberflutung bauten, löste auch das Planetarium Kritik aus. Der von Fieseler zitierte Archenhold hatte auf die gesundheitlichen Risiken hingewiesen, die er im Planetarium zu erkennen glaubte, und in den Zeitungsberichten über das Planetarium findet sich neben all dem überschwänglichen Lob vereinzelt Kritik, die in die gleiche Richtung stößt. Im *Linzer Volksblatt* war über eine der ersten Planetariumsaufführungen zu lesen: »Das Blendwerk lastet auf dem Gehirn und betrommelt die Nerven zum Seekrank werden.«[161] Der Autor beschreibt seine ambivalenten Gefühle gegenüber dem Planetarium, über die er sich erst nach der rauschhaft erlebten Aufführung Gewissheit verschaffen kann:

> Noch ganz benommen von dem Hexenspuk, verlasse ich die Kuppel und trete auf den Dachgang des Zeißwerkes, über mir der bestirnte Himmel, klar und schön in seiner unbeirrten Wirklichkeit. Der Spuk zerrinnt. Ich atme die reine Luft einer schönen Sommernacht. Unter Gottes gewaltigem Dom zerfließt alles Blendwerk, Kritik setzt ein und vermag das Riesenspielzeug zu beschreiben.[162]

Am Ende fällt sein Fazit dennoch positiv aus. Das Unbehagen, das ihm der Planetariumsschwindel verursacht hatte, wird in seinen Augen durch den vom Planetarium erzielten »technischen Fortschritt« überstimmt. Beide Kritiker bedienten sich einer gängigen Gegenwartskritik, die sich in den 1880er-Jahren herausgebildet hatte und in den neuen, als modern benannten Lebensweisen sowie der damit verbundenen neuen Technik eine Ursache für die allseits grassierende »Nervosität« sah.[163] Nervosität nahm verschiedene Formen an, sie tauchte beispielsweise des »railway spine« auf, eine Krankheit, die angeblich durch (zu)

161 Jörg Beßler-Gerö: Besuch im Projektions-Planetarium. In: Linzer Volksblatt, 30. 8. 1924. Österreichische Nationalbibliothek: ANNO.

162 Ebd.

163 Siehe dazu Radkau, Joachim: Das Zeitalter der Nervosität. Deutschland zwischen Bismarck und Hitler. München/Wien 1998.

schnelle Zugfahrten ausgelöst wurde, oder drückte sich in allgemeiner Schwäche aus. In den 1920er-Jahren war die zum Krankheitsbild geronnene Nervosität als ›Neurasthenie‹ eine viel gestellte Diagnose, die vermehrt als psychisches Leiden interpretiert und behandelt wurde.[164] Wenn Kritiker*innen das Planetarium als ›Blendwerk‹ und ›Spuk‹ beschrieben und auf die Übelkeit verwiesen, die so manche im Planetarium heimsuchte (meistens waren es Frauen, denen eine besondere Anfälligkeit nachgesagt wurde und die entsprechend häufiger als Opfer der Übelkeit auftauchen), bezogen sie sich auf die etablierten Diskurse und Narrative zur Nervosität und Neurasthenie, interpretierten das Planetarium als Stätte einer Wahrnehmungsweise, die den Körper überforderte und ihm im extremen Fall schadete. Mit dieser Kritik ging aber auch die Deutung der Institution als zeitgenössischer Ort einher, der den neu herausgebildeten Wahrnehmungsgewohnheiten entsprach, an dem sie sich ausformten und weiterentwickelten. Damit zusammen hingen Techniken des Körpers und der Wahrnehmung, die Rausch und Schwindel ermöglichten und als vergnüglich erfahrbar machten. Im Planetarium zählten dazu ein fokussierender Blick und die Hingabe an die durch ihn hervorgerufene Täuschung, die die Bewegung der Projektion als Bewegung des Publikums erscheinen ließ. Das Erfahrungsrepertoire des Planetariums beinhaltete vergnüglichen Schwindel und Rausch, der die Zuschauer*innen ganz Körper werden ließ und ihre Sinneswahrnehmungen zentrierte, sodass sie sich darin verlieren konnten. Gleichzeitig geriet der Körper in Vergessenheit und die Besuchenden konnten sich der immersiven Projektion hingeben – die Körpererfahrung des Planetariums war ambivalent (wie die in Kapitel 3.2 und 4.2 skizzierten Technik- und Naturerfahrungen). Sie changierte zwischen Körperversessenheit und Körpervergessenheit.

• • •

Das Planetarium begünstigte durch seine narrative, räumliche und materielle Gestaltung bestimmte Körper- und damit verbundene Wahrnehmungstechniken – allen voran das Sehen. Die Körper der Planetariumsbesucher*innen wurden zunächst so in Stellung gebracht, dass der Blick frei den Direktionen der Schau folgen konnte, die durch den Lichtzeiger oder durch narratives Deuten vorgegeben wurden. Sehen als Körpertechnik war nicht nur Rezeptionsmodus, sondern brachte das Wissen über den Nachthimmel als deutende Sichtweise hervor. Die Körpertechnik des Sehens wurde als Zielpunkt einer Didaktik der

164 Vgl. Radkau 1998, S. 442 ff.

Anschaulichkeit vornehmlich aus Gründen des Erkenntnisgewinns besonders stark betont. Auch die Planetariumsemotionen hatten damit zu tun. So wurden die Gefühle zunächst im Auge verortet und schienen von ihm auszugehen – es war das Auge, das durch ein langsames Abdunkeln ›in Stimmung‹ kommen sollte und von dem aus sich Wundern ausbreitete. Dass sowohl Verstehen als auch Fühlen im Planetarium an dasselbe Wahrnehmungsorgan geknüpft waren, verweist darauf, dass die beiden Vorgänge nicht getrennt voneinander geschahen, sondern untrennbar zusammenwirkten. Um ein bequemes Sehen zu ermöglichen, das den Anleitungen der Vortragenden und des Projektors ungestört Folge leisten konnte, sollten die Besucher*innen auf eine Art und Weise sitzen, die es ihnen erlaubte, den Rest ihres Körpers zu vergessen und sich ganz aufs Sehen und Umsehen einzulassen. Entsprechend gestalteten sich die angebotenen Sitzgelegenheiten. Die Fixierung aufs Sehen ging auf Kosten des aktiven Zuhörens des Lehrvortrags, der zum Hintergrundgeräusch geriet. Dennoch spielte die Klanglandschaft des Planetariums eine wichtige Rolle für die Zuschauer*innen. Hörbar wurden die Technik des Projektors sowie die Emotionen der anderen Anwesenden, die sich in einem Seufzen oder Ausrufen performativ manifestierten. Der Körper der Planetariumsgäste war ganz aufs Wahrnehmen eingestellt, entsprechend waren vor allem die Körperteile dominant, die der Wahrnehmung zuträglich waren – namentlich der Kopf mit Augen und Ohren. Der restliche Körper, in Stellung gebracht und gewissermaßen stillgelegt durchs Sitzen, sollte unbemerkt bleiben. Die extreme Fokussierung aufs Sehen konnte mitunter Schwindel hervorrufen, der vielen Gästen als angenehm und vergnüglich erschien. Im zum Rausch gesteigerten Schwindel, in den die bewusstseinsstromartigen Eindrücke des Planetariumsgeschehens mündeten, erlebten die Besucher*innen ihren Körper als entgrenzt und zentriert zugleich, der mit der Schau verschmolz und als Teil ihrer hervortrat. Die Körpertechniken, die im Planetarium zum Einsatz kamen, sind eng verwandt mit den Körpertechniken des Wunderns: das Öffnen des Blickes und des Mundes, das Sitzen, das dabei half, sich der Immersion hinzugeben und schließlich die Techniken, die Schwindel und Rausch evozierten und damit dem Schaudern zuträglich sein konnten.

5.3 Wissbegier – Wissen als Körpertechnik und Gefühlspraktik

> Zweifach ist die Stellung der Menschen zu den Wundern der Technik. Staunen, das zwischen Begeisterung und Gläubigkeit schwankt, kritiklose Hingabe an das Großartige, andererseits aber bei aller Anerkennung die Frage nach dem Wieso, dem Grund, gleichsam der Werkstatt des Wunders.[165]

Die *Kleine-Volkszeitung* beschreibt die Dimensionen, die die Beziehungen von Menschen und der als »Wunder der Technik« gerahmten Planetariumsmaschine entfalteten, als ambivalent: Neben frageloser Bewunderung beinhalte das Wundern einen Willen zum Wissen. Einen Willen, den die Volksbildner*innen und Wissenschaftspopularisierer*innen begrüßten, heraufbeschworen und zu stillen versuchten. Einen Willen, den die Planetarien zur Imagebildung allenthalben narrativ inszenierten, um ihre Existenz zu legitimieren und ihren pädagogischen Wert zu verdeutlichen. So auch Zeiss-Ingenieur Walter Villiger, der eine seiner Anekdotensammlungen zum Planetarium dazu nutzte, ebenjene Wissenssehnsucht zu beschreiben. Die vielen kleinen, von ihm verfassten, amüsanten Geschichten resümierte er wie folgt:

> So könnte noch weiter berichtet werden von allerlei Erlebnissen im Zeiss-Planetarium. Von Ereignissen, die beweisen, welch' Verlangen und welche Sehnsucht die Menschen haben, zu erfahren, wie es außerhalb unserer kleinen Erde draußen im Weltall aussieht, die auch beweisen, wie wenig von uns dort draußen Bescheid wissen.[166]

Die Erzählung einer ungebildeten aber wissenswilligen Masse, die im Planetarium eine vergnügliche Art des Wissens findet, prägt die Quellen und spannt dort häufig den Rahmen für eine eingehendere Beschreibung des Planetariums auf. Immer wieder erscheinen »wissbegierige Menschen«,[167] die das Planetarium

165 R. B.: In der Werkstatt des Wunders. In: Kleine Volks-Zeitung, 26.6.1927. Österreichische Nationalbibliothek: ANNO.

166 Walter Villiger: Erlebnisbericht der ersten Planetariumsvorführungen zur Eröffnung des Wiener Planetariums, Jena 1927. Zeiss-Archiv: BACZ 27930.

167 O. A.: Das Sternenschauspiel. In: Jenaer Volksblatt, (31.)7.1928. Staatsarchiv Hamburg: 361-2 V 725i; R. B.: Ein Himmelstheater für alle Erdbewohner. In: Arbeiter-Zeitung, 9.2.1927. Österreichische Nationalbibliothek: ANNO.

besuchen, Planetariumsgäste werden als »Wissensdurstige«[168] und »Wissenshungrige«[169] betitelt, und es ist beispielsweise von einem »enorme[n] Bildungshunger aller Berliner Volksschichten«[170] die Rede, der im Planetarium gesättigt werden könne. In diesen Ausdrucksweisen erscheint Wissen als körperliches Grundbedürfnis, das mit Essen und Trinken gleichgesetzt werden kann, und als Objekt eines starken Gefühls – der Gier. Was hatte es mit Wissenshunger, Wissensdurst und Wissbegier im Planetarium auf sich? Was war damit gemeint und beschrieben? In welchem Verhältnis standen diese Bedürfnisse zum Wundern? (Wie) Machte sich der Wunsch nach Wissen tatsächlich körperlich oder emotional bemerkbar? – Ausgehend von den geschilderten Wissensbedürfnissen stehen im letzten Teil dieses Kapitels Wissen und Wissensvermittlung als körperliche und emotionale Praxis im Fokus. Mit Blick auf Stimmung und Atmosphäre sowie die Körpertechniken des Planetariums werden die dortigen Körpererfahrungen resümierend befragt und diskutiert, welche Arten und Weisen des Wissens mit ihnen in Verbindung standen.

Zunächst einmal muss festgestellt werden, dass der in der Rede vom Wissensdurst und -hunger nahegelegte Vergleich mit anderen körperlichen Grundbedürfnissen krankt, denn das, was als Wissenshunger oder Wissbegier bezeichnet wird, entpuppt sich als Ergebnis pädagogischer Kalküle und erzieherischer Förderung – als eingeübt und gesellschaftlich geformt (was nicht heißen soll, dass Hunger und Durst sich sozialen Formungen entziehen). Deutlich wird das beispielsweise bei einem Blick in das 1847 erschienene »Encyclopädische Wörterbuch des Erziehungs- und Unterrichtswesens und seiner Geschichte«. In dem Nachschlagewerk findet sich ein Eintrag zu »Neugier und Wißbegier«, in dem sich Wissbegier als langfristige Verstetigung kindlicher Neugier sowie als Ergebnis wirkungsvoller Leitung und Erziehungsarbeit zeigt:

> Allmählich wird die recht geleitete Neugier von selbst in Wißbegier übergehn [sic]. […] Der Knabe, der jetzt nur an belebten Erzählungen Freude findet und die Fortsetzung und den Schluß nicht erwarten kann, wird später vielleicht mit Lust auf dem unermeßlichen Gebiete der Geschichte sich be-

168 O. A.: Die Hamburger Volks-Sternwarte. In: Hamburger Fremdenblatt, 28.12.1929. Staatsarchiv Hamburg: 361–2 V 725i.

169 Peregrin: Das Zeiss-Planetarium. In: Das Kleine Blatt, 7.5.1927. Österreichische Nationalbibliothek: ANNO.

170 N---n.: A propos Planetarium. In: unbekannt (»P.Z. am Mittag«), 17.12.1927. Staatsarchiv Hamburg: 361-2 V 725i.

wegen; der jetzt nur einen Vogel im Käfig mit Andacht Beobachtende kann in 10–15 Jahren ein ausgezeichneter Ornitholog sein.[171]

Wissbegier stand in dieser Denkart am Ende einer erfolgreichen Erziehung und machte aus neugierigen Kindern (oder in diesem Fall treffender: Knaben) gute Wissenschaftler. Im Lexikonartikel erscheint sie als die erwachsene und wohlerzogene Form der Neugier und führt zur Erkenntnis. Hier zeigt sich das Ergebnis der Umdeutungsarbeit, die Staunen und Neugier in der frühen Neuzeit erfuhren und die von Lorraine Daston analysiert wird. Während Staunen im Laufe dieser Umdeutungen sein wissenschaftliches Prestige eingebüßt habe, habe die Neugier eine Aufwertung als kognitive Leidenschaft erfahren: »Die Neugier hingegen, jahrhundertelang als zudringliche Einmischung geschmäht, war zum Gütezeichen des eifrigen Naturforschers geworden.«[172] Das Auseinanderdriften von Staunen und Neugier, das Daston analysiert, mag für als wissenschaftlich anerkannte Emotionen gegolten haben, als Gefühlshaltung der Wissensvermittlung hingegen behielten Wundern und Staunen im 19. und 20. Jahrhundert ihr Recht. Wissensdurst, Wissenshunger und Wissbegier erschienen als ideale Gefühle, die der Wissensvermittlung vorausgehen sollten, und zeigen sich in den Quellen zum Planetarium als in enger Verbindung mit dem Staunen stehend. Staunen und Wundern tauchen dort als Auslöser der Wissbegier auf (und als erste Linderung des Wissenshungers), die mehr beinhalteten als ein Verlangen nach schlichten Informationen:

> Und doch, selbst der blasierteste Mensch muss eingestehen, dass die ganze Welt in ihrem ganzen Umkreis nichts Schöneres bietet als die nächtliche, in blauschwarzer Ferne verdämmernde Himmelskuppel mit den strahlenden goldenen Punkten, deren Flimmern in ewiger Stetigkeit unser Auge bezaubert. Gesellt sich noch dazu jene schwache Ahnung, die uns der Intellekt von den Maßen, der Ordnung und den Gesetzen dieser, aller Kräfte unserer Phantasie übersteigenden Welt übermittelt, so gibt es nur ein Gefühl mehr für uns, ein bewunderndes Erschauern.[173]

171 Kämmel: Neugier und Wißbegier. In: Hergang, Karl Gottlob (Hg.): Encyclopädisches Wörterbuch des Erziehungs- und Unterrichtswesens und seiner Geschichte, Bd. 2. Grimma 1847, S. 318–319. URN: urn:nbn:de:0111-bbf-spo-13938090 (Zugriff: 3.8.2021).

172 Daston 2001, S. 79.

173 O.A.: Das künstliche Firmament. In: Salzburger Chronik für Stadt und Land, 13.6.1927. Österreichische Nationalbibliothek: ANNO.

Das in der *Salzburger Chronik* geschilderte »bewundernde Erschauern«, das die Planetariumsvorführungen auslösten, zeigt sich als Ergebnis eines Zusammenspiels von Ästhetik und Episteme, von Schönheitssinn und Intellekt, die beide vom Planetarium angesprochen wurden. Die gelungene Kombination der beiden führte schließlich zum Erschauern, einer Erfahrung, mit der sowohl ein körperliches Zittern (shivers down your spine) als auch eine intellektuelle Erschütterung einhergingen, die freilich nicht voneinander zu trennen sind. Wissen brachte den Körper der Planetariumsgäste zum Erbeben und zeigte sich als körperlich spürbar, weil es mehr war als Information, sondern als Stimmung und Ästhetik in Erscheinung trat:

> Es ist in dem Zeiss-Planetarium unzweifelhaft das großartigste aller Lehrmittel geschaffen worden. Neben den wissenschaftlichen Offenbarungen erhält man bei jeder Vorführung zugleich Eindrücke von so ergreifender Schönheit, dass man sich im Innersten erschüttert fühlt.[174]

Die Gefühle Wissenshunger, Wissensdurst und Wissensgier verweisen mit ihren engen Bezügen zum Körper auf dieses Mehr des Wissens, welches das Planetarium zu inszenieren und für seine Zwecke in Wert zu setzen wusste: Wissen war im Planetarium Atmosphäre, Gefühls- und Körpersache, das Menschen Vergnügen bereitete und (körperliche) Bedürfnisse stillen konnte.

Die Wissensweisen des Planetariums, die Vergnügen bereiteten und das Publikum emotional, sinnlich und körperlich angingen, stellten den Status der Institution zur Diskussion: War sie nun ein Ort der Bildung oder des Vergnügens? Planetariumsbetreibende suchten nach einer Antwort auf diese Frage, die es ihnen erlaubte, sich von als unmoralisch geltenden Stätten der »seichten Vergnügungen«[175] abzusetzen und doch als Attraktion, die die Massen anlockte, in Erscheinung zu treten. Schließlich war Volksbildung und damit eben auch der (freiwillige) Besuch der Vielen erklärtes Ziel der Institution. Abgrenzungsbestrebungen bezogen sich häufig auf die Gefühlslage des Planetariums, die zwar vergnügte, aber im Gegensatz zu den Genüssen, die andere Vergnügungsstätten verschafften, erbaulich, natürlich und moralisch erhaben sei, gerade weil sie vom Wissen (oder der Natur) herrühre. Die Schwierigkeiten, das Planetarium auf dem Spektrum der urbanen Vergnügungs- und Bildungsangebote ein-

174 Artur Fürst: Der Himmel auf Erden. In: Vossisch Zeitung, 2.9.1924. Staatsarchiv Hamburg: 361-2 V 725i.

175 O.A.: Ankauf eines Planetariums. In: Hamburger Nachrichten, 15.7.1925. Staatsarchiv Hamburg: 361-2 V 725i.

zuordnen, führten beispielsweise zu Unklarheiten darüber, wie und wo die Vorführungen annonciert werden sollten:

> Vor Jahren noch war es eine Sensation. Da bürgerte es sich ein in den Städten, in denen es Planetarien gibt, die Veranstaltungen im Planetarium unter ›Vergnügungsnachrichten‹ zu registrieren. Formell ist es so geblieben, fachlich aber setzt sich hier immer mehr die Erkenntnis durch, dass es sich hier um ein ganz hervorragendes Lehr- und Anschauungsmittel handelt.[176]

Gerade bei der Planung des Hamburger Planetariums, bei der auf die Vorerfahrungen anderer Standorte Rücksicht genommen werden konnte und sollte, stand die Positionierung der Institution als Bildungs- *und* Vergnügungseinrichtung im Fokus. Das *Hamburger Fremdenblatt* veröffentlichte einen Kommentar zur Planetariumsplanung, der darauf abzielte, die Doppelfunktion als der Volksbildung besonders zuträglich zu präsentieren. Basierend darauf spricht sich der Kommentar für die Aufstellung des Planetariums im Vergnügungsviertel St. Pauli aus:

> Bei der Errichtung dieses Planetariums muss man von dem Gesichtspunkt ausgehen, dass es nicht so sehr Lehrinstitut, wie Schaustellung sein soll. Es soll auf durchaus populärer Grundlage der großen Bevölkerung die Wunder des gestirnten Himmels offenbaren. Wer jemals einer Vorführung in einem Planetarium beigewohnt hat, wird weniger von der Wissenschaftlichkeit angesprochen, als von der Unendlichkeit der Schöpfung und ihren ewig unbegreiflichen Mysterien durschauert worden sein. Es ist daher klar, dass die Möglichkeit des Besuches einer solchen Einrichtung für die große Menge so bequem wie möglich sein muss.[177]

Neben der Bequemlichkeit und Erreichbarkeit der Einrichtung, die als wichtige Faktoren des Gelingens angeführt werden, betont der Kommentar das ›Durchschauern‹, das durch die Planetariumsvorführungen erzielt werden könne – ein Durchschauern, das der Text als breitenwirksam deklariert. Das Hamburger Planetarium fand seinen Platz letztendlich nicht im vorgeschlagenen St. Pauli, sondern im Stadtpark, der den Planenden als in vielerlei Hinsicht dem Lernen und Wissen zuträglichere Umgebung erschien – ob sie auch tatsächlich die ver-

176 O. A.: Das neue Planetarium: Es kommt in den Wasserturm im Stadtpark. In: Hamburger Echo, 25.5.1929. Staatsarchiv Hamburg: 361–2 V 725i.

177 l.: Zur Errichtung des Planetariums. In: Hamburger Fremdenblatt, 21.8.1929. Staatsarchiv Hamburg: 361-2 V 725i.

gnüglichere war, zogen Zeitgenoss*innen in Zweifel. In Wien hingegen nötigte die unmittelbare lokale Nähe zum Wurstelprater den Verfechter*innen des Bildungswertes der Planetarien deutliche Abgrenzungen ab: »Ein paar Schritte vom Planetarium lärmen die Buden des Wurstelpraters, Ringelspiele, Grottenbahnen, Autodroms. Eine solche Bude ist das Planetarium nicht, auch wenn es jetzt am Praterstern steht. Es ist ein Tempel des Geistes.«[178] Was sagen diese Standortbestimmungsversuche über die Wissensweisen, die das Planetarium offerierte? – Sie zeigen, dass die Wissensweisen eng mit körperlichem Vergnügen gekoppelt waren und als Durch- oder Erschauern benennbar wurden. Diese Verbindung machte Standortbestimmungen und Abgrenzungen nötig, die nicht immer gelangen. Die hier angeführten Quellen zeigen darüber hinaus, dass das Erschauern eine angenehme, aber ambivalente Körpererfahrung darstellte, die zwar Erkenntnis barg und von Erkenntnis herrührte, aber darüber hinaus noch mehr beinhaltete – nämlich Genuss und sogar Erfahrungen, die einen religiösen Charakter besaßen. Vor diesem Hintergrund wurde das Planetarium den Besuchenden zum ›Tempel‹ und der Sternenhimmel ihnen als ›göttliche Schöpfung‹ erkennbar. Der religiösen Seite des Planetariums widmet sich das sechste und nächste Kapitel der Arbeit. Im Rahmen dieses Kapitels bleibt festzuhalten: Das im Planetarium vermittelte Wissen, das als Ästhetik, Episteme und Atmosphäre auftrat, manifestierte sich in Form des Schauderns an den Körpern der Planetariumsgäste. Die Einrichtung des Planetariums, die eine bestimmte Wahrnehmungsweise privilegierte und als Körpertechnik den Besuchenden nahelegte, war diesem Schaudern zuträglich. Außerdem war das vermittelte Wissen vergnüglich, auch wenn dieses Vergnügen eine andere Qualität haben musste als das anderer Freizeitangebote, um als pädagogisch wertvoll durchzugehen und das Planetarium als Bildungseinrichtung nicht zu unterminieren.

Vergnügen fand durchaus Anerkennung unter Volksbildner*innen und Wissenschaftspopularisierer*innen. Zu ihnen zählte Max Wolf. Der Heidelberger Astronom und Sternwartendirektor wurde von Zeiss in werbender Absicht zitiert, um die Wissenschaftlichkeit und den Wert des Planetariums zu unterstreichen. Wolf hatte ein Schreiben aufgesetzt, das Zeiss an mehrere, öffentlichkeitswirksame Publikationsorgane weiterleitete. Darin lobte Wolf die Vorzüge des Planetariums und erklärte, worin er den pädagogischen Wert der Einrichtung erkannte:

178 O. A.: Die Geheimnisse des Planetariums. In: Das Kleine Blatt, 11. 1. 1930. Österreichische Nationalbibliothek: ANNO.

> Der moderne Mensch kennt den Himmel nur so, wie er ihn gelegentlich abends mit einem bewundernden aber sehr flüchtigen Blick bestaunt. Aber jeder empfindet, wenn er sich um Erweiterung seiner Kenntnisse handelt, es als vorderstes Bedürfnis, die abendliche Erscheinung kennen zu lernen und sie in ihren Einzelheiten zu verfolgen. Das aber ist es, was das Zeiss-Planetarium bringt. Und darum auch der große Erfolg. Allerdings hilft die kunstreiche Ausführung und der dadurch geschaffene Genuss nicht wenig mit. Für mich war es sicher einer der größten Genüsse meines Lebens, als ich zum ersten Male den Zeiss'schen Himmel sich über mir bewegen sah. [...] So ist in dem Zeiss-Planetarium ein Volkslehrmittel erwachsen, wie es kaum analog jemals in der Menschengeschichte auf irgend einem Gebiet aufkam; dabei ein Lehrmittel, das nicht abschreckt, sondern jeden durch den Genuss bestrickt.[179]

In Wolfs Darlegung steht das Wundern am Anfang der Kenntniserweiterung, die das Planetarium im Angebot hatte. Wolf benannte Genuss als besonderen pädagogischen Mehrwert und spannte ihn für seine Bildungsagenda ein. Mit dieser Idee war er nicht allein, wie die Wissenschaftshistorikerin Charlotte Bigg in ihrer Analyse des Planetariums beschreibt: »Sensory simulation, even pleasure and the imagination were considered by many popularisers as appropriate paths to learning«.[180] Neben Genuss und Vergnügen erkannten viele Wissenschaftspopularisierer*innen in den Möglichkeiten, den Körper der Besucher*innen in die Wissensvermittlung miteinzuspannen, ein pädagogisches Potenzial. Bigg zeigt, wie das Planetarium, besonders in Kombination mit anderen Darstellungen des Sonnensystems ›von außen‹, wie sie beispielsweise im Deutschen Museum die Projektion rahmten, die Standpunktgebundenheit von Wissen und Erkenntnis körperlich erlebbar machte.[181] Das Publikum bekam die Gelegenheit, über das Zustandekommen verschiedener astronomischer Weltbilder zu reflektieren und sollte den Perspektivwechsel, der mit der Ablösung des Ptolemäischen Weltbilds durch das Kopernikanische Weltbild einherging, (körperlich) nachvollziehen. Das Planetarium, das den Nachthimmel vom Standpunkt Erde zur Anschauung brachte und dabei ›von außen‹ erklärte, wie diese Anschauung zustande kam, wie sie sich wissenschaftlich sortieren ließ (hier

179 Max Wolf: »Zum Planetarium«, handschriftlicher Text, 28.3.1927, der später von Zeiss zum Druck an verschiedene Publikationsorgane distribuiert wurde. Zeiss-Archiv: BACZ 27341.

180 Bigg 2017, S. 216.

181 Siehe ebd., S. 208 ff.

standen ganz besonders die von der Erde aus als Schleifenbewegungen erscheinenden Bahnen der Planeten im Fokus), machte die körpergebundene Perspektive der Zuschauenden zum Gegenstand der Wissensvermittlung – und tat dies auf vergnügliche Art und Weise.[182] Auf Seiten des Publikums wurde die besondere Anschaulichkeit gewürdigt, der auch die Belehrten einen Mehrwert im Vergleich zur oft als trocken dargestellten Schulbildung zusprachen:

> Neue Ausblicke eröffnen sich. Der Himmel erschließt sich uns auf Erden. Was wir in mühevollem Studium aus trockenen Büchern schöpfen, hier gewinnt es Form und Gestalt. Wir können uns ja doch keine rechte Vorstellung machen von den Bewegungen der Himmelskörper und ihrem Verhältnis zu einander und von den gewaltigen Entfernungen. Im Planetarium steht dies alles handgreiflich vor uns, wird lebendig und lässt uns in wenigen Minuten mehr erkennen und begreifen, als unsere Schulweisheit uns hat je verständlich machen können.[183]

Der Projektor war ein Instrument, das durch seine raumgreifende Projektion der Vorstellung auf die Sprünge half und vor Augen führte, was sich der Sprache entzog. Deshalb erkannten die Besuchenden im Planetarium ein Lehrmittel, das Wissen als ›Form‹ und ›Gestalt‹, als raumgreifend, ›handgreiflich‹ und damit körperlich nahbar hervorbrachte. Die Bezüglichkeit der Shows auf den Standpunkt Erde und damit den Standpunkt der Besuchenden verankerte das Wissen körperlich und verlieh ihm eine räumliche Dimension, die sich die Zuschauenden vermittels ihrer Sinne und ihres Körpers erschließen konnten. Dabei verschmolzen Wahrnehmung, Wissen, Vorstellung und Projektion zu einem verkörperten Wissensganzen. Wissen war Körpertechnik, ermöglicht durch intendiertes Ausrichten und Einstellen des Körpers und an ihn gebunden.

In den Wahrnehmungen und Schilderungen der Zeitgenoss*innen wird außerdem eine enge »Verschlingung« von Fühlen und Wissen deutlich,[184] die sie erkannten, benannten und erzählten: Wissen rief Gefühle hervor und Gefühle führten zum Wissen. Wundern und Staunen galten als Gefühle, die dem Wissen den Weg bereiteten; Erschauern galt als Effekt von Erkenntnis. Beide hingen unmittelbar mit der Wissbegier zusammen und mündeten in die emotionale Haltung, von der das Wissen im Planetarium nicht zu trennen

182 Vgl. ebd., S. 213 ff.

183 O. A.: Der Himmel auf Erden. In: Illustrierte Kronen-Zeitung, 2. 2. 1927. Österreichische Nationalbibliothek: ANNO.

184 Vgl. Daston 2001, S. 19.

war. Mit der Wissbegier, die dem Planetariumspublikum zu Marketingzwecken unterstellt wurde, die sich aber auch in den Erfahrungen der Besucher*innen ausdrückte, war ein geschürtes und verspürtes Bedürfnis nach vergnüglichem und körperlich-sinnlich ansprechendem Wissen angesprochen. Das Bedürfnis nach Wissen war gesellschaftlich erzeugt und wurde beispielsweise mithilfe des Wundertopos befeuert und genährt. Die Gier nach Wissen zielte auf und bewirkte ein Durchschauern, das als körperliches Symptom des Vergnügens am Wissen und der damit verbundenen Gefühle auftrat. Es galt dem Publikum zugleich als Befriedigung und Ausgangspunkt der Wissbegier. Die (Körper-) Techniken des Wunderns, die im Planetarium zum Einsatz kamen, standen in Verbindung mit dem Gefühl der Wissbegier: Sie beinhalteten Möglichkeiten, Wissbegier am Körper zu verspüren, machten den Körper zu ihrem Medium und versetzten ihn gleichzeitig in die Lage, dem Bedürfnis nach Wissen nachzugehen – beispielsweise durch intensives und ungestörtes Blicken. Das Planetarium bot nicht nur eine Plattform, Wissbegier zu erfahren, sondern auch, sie und einen Umgang mit ihr zu erlernen. Mit Monique Scheer und Pascal Eitler lassen sich Wissbegier und die damit verbundenen Körperhaltungen, Körperaktivierungen, aber auch Imaginationen im Planetarium als performativ auffassen – »als ein zentrales Moment des fortwährenden Erlernens und Erprobens von Emotionen«.[185] Wissen im Modus der Wissbegier und des Wunderns zu erlangen, bedeutete, Wissen als Gefühl am Körper zu verspüren und den Gefühlen, die das Wissen mit sich brachte, einen epistemischen Wert zuzugestehen. Dabei waren die Besucher*innen und ihre Körper aktiv am Geschehen im Planetarium beteiligt, formten und prägten das Wissen als Gefühlspraktik und Körpertechnik mit.

• • •

Wissensvermittlung war im Planetarium, und nicht nur dort, ein körperlich-sinnliches Unterfangen. Das Wissen über Astronomie wurde unter anderem als Körpererfahrung zugänglich. Es war mit einer bestimmten Stimmung oder Atmosphäre verbunden, die es als bedeutsam erfahrbar machte und in den Horizont der alltäglichen Lebenswelt der Planetariumsgäste einpasste. Diese Atmosphäre verband das vermittelte Wissen mit einer emotionalen Haltung, die von den Planetariumsgänger*innen als Wundern beschrieben wurde. Sie war Ergebnis ästhetischer Arbeit, zu der sowohl die Planetariumsbetreibenden

185 Eitler/Scheer 2009, S. 311.

als auch ihre Gäste beitrugen. Ästhetische Arbeit fand unter anderem in Form von Körpertechniken des Wunderns statt, die im Planetarium – unterstützt durch die räumliche und materielle Gestaltung, erzählerische Rahmung und referenzierte Vorerfahrungen – geformt und eingeübt wurden. Es ging dabei darum, den Körper zunächst fürs Wahrnehmen in Stellung zu bringen und ganz besonders den Sehsinn zu öffnen. Entsprechend gestaltete sich die Sitzhaltung der Gäste, die es ermöglichen sollte, Blicke frei schweifen zu lassen, sich in der Projektion zu verlieren und den Körper für einen kurzen Moment zu ›vergessen‹. Die Klanglandschaft des Planetariums leistete einen Beitrag zur Körpererfahrung; ganz vom Sehen eingenommen kam dort ein atmosphärisches Hören zum Einsatz, bei dem das Wahrnehmen von Geräuschen im Mittelpunkt stand und nicht das zuhörende, konzentrierte Nachverfolgen des Lehrvortrags. Die dynamischen visuellen und akustischen Wahrnehmungen konnten sich zum Schwindel oder Rausch steigern, der den meisten Planetariumsgästen Genuss verschaffte, manchen allerdings auch Übelkeit verursachte. Als ›Durchschauern‹ bezeichneten die Planetariumszuschauenden die Empfindung, die ein gelungener Wissenserwerb (auch als Ergebnis der angewandten Körpertechniken) bei ihnen auslöste. Damit meinten sie sowohl ein körperliches Erbeben als auch ein intellektuelles Erschüttern, das ihnen Vergnügen bereitete. Neben dem Wundern war es die Gefühlshaltung der Wissbegier, die mit dem Durchschauern in Verbindung stand. Wissbegier und Wundern zeigen sich als zwei epistemische Emotionen, die einander verwandt sind und sich in vielen Teilen überschneiden. Sie wurden im Planetarium auf ähnliche Art und Weise verkörpert, erzählt und erfüllten ähnliche Zwecke: Wissbegier und Wundern ermöglichten es, das (körperlich-sinnliche) Vergnügliche des Planetariums als pädagogisch wertvoll und erstrebenswert zu erfahren und zu präsentieren. Die Körpertechniken, die im Planetarium zum Einsatz kamen, mobilisierten Gefühle und verhalfen zu einer intensiven Wissensweise, die das Publikum teilweise körperlich und intellektuell überwältigte:

> Aber fast könnte man an diesem Wissen irre werden, wenn man im neuen Hamburger Planetarium staunend und ehrfurchtsvoll die Wunderwelt des Himmels geschaut hat, wenn das stumme, schweigende Heer der Sterne im ewigen Gleichmaß seine Bahn gezogen ist unter den ›Sphärenklängen‹ der genialen Jenaer Erfindung.[186]

186 e.: Das Wunder im Wasserturm. In: Hamburgischer Correspondent, 12.4.1930. Staatsarchiv Hamburg: 361-2 V 725a Band 2a.

Wie war es möglich, das All ›zu empfinden‹ und dabei im Angesicht der damit verbundenen Erkenntnis nicht ›irre‹ zu werden? – Die Planetariumsbesucher*innen fanden ihre eigenen Antworten darauf, die das Planetarium in einen religiösen oder transzendenten Kontext einbanden, um die Erfahrungen sinnhaft auszugestalten.

6. Transzendenzerfahrung – das technische Erhabene im Planetarium

> Wir hoffen, dass dies eine Stunde von bleibendem Wert für unsere Besucher gewesen ist. […] Jedenfalls ist es der Wunsch der Erbauer und der Verwaltung des Planetariums, dass unsre Besucher es verlassen, nicht nur mit dem Gefühl dankbarer Bewunderung über diesen gewaltigen Triumph menschlicher Erfindungskraft und Arbeit, sondern, dass in ihnen auch wieder das Wort des großen Philosophen Immanuel Kant lebendig wird: ›Zwei Dinge erfüllen das Gemüt mit immer neuer und zunehmender Bewunderung und Ehrfurcht, je öfter und anhaltender sich das Nachdenken damit beschäftigt: der bestirnte Himmel über mir und das moralische Gesetz in mir.‹ – ; dass also der Besuch des Planetariums die Lust und den Mut erwecken möge, sich nun auch wirklich wieder öfter und anhaltender mit dem bestirnten Himmel über uns zu beschäftigen.[187]

Zum Ende seines Planetariumsvortrags »Himmel der Heimat« formulierte der Jenaer Wissenschaftspopularisierer Friedrich Dannenberg den Wunsch, das Planetarium möge seinen Gästen einen »bleibenden Wert« verschaffen und sie im Sinne Kants durch den Sternenhimmel mit dem inneren »moralischen Gesetz« in Kontakt bringen. Jene erhoffte moralische oder religiöse Dimension der Planetariumsvorführungen, die – wie bei Kant – unmittelbar mit dem Wundern in Verbindung gebracht wurde, scheint in den Quellen immer wieder auf – als generelles Potenzial des Sternenhimmels (egal ob künstlich oder nicht) und als Nebenwirkung des Wissenserwerbs. Dabei spielen die Dimensionierungen, die mit dem Wissen über die Himmelskörper einhergingen, eine Rolle, aber auch und vor allem die Gefühle, die diesem Wissen innewohnten:

> Stets haben die vielen geheimnisvollen Leuchten, die vom dunklen Firmament auf Mutter Erde herniederstrahlen, auf das Gemüt des Menschen eingewirkt. In ruhiger, klarer Nacht öffnet der Himmel seine Wunder und vermittelt das Gefühl der unendlichen Weite der sternenbesetzten Räume, gibt dem Erdbewohner Beruhigung und lässt ihn die Nichtigkeit irdischer

187 Friedrich Dannenberg: »Der Himmel der Heimat«, Skript zum Planetariumsvortrag, Herbst 1926. Staatsarchiv Hamburg: 361-2 V 725c.

Zwiste erkennen. Welche Bedeutung für den Kosmos können die uns als weltumstürzend erscheinenden Ereignisse haben, wenn wir irdische Maße mit denen der Himmelskunde vergleichen, und erkennen, dass uns selbst die Vergleiche kein Bild zu vermitteln imstande sind, weil ihnen die Anschaulichkeit fehlt. Wer sich einmal mit den Gestirnen beschäftigt hat, kehrt immer wieder gern zu ihnen zurück und lässt ihren wohltuend läuternden Einfluss auf sich einwirken. Ganz neue Ausblicke des Denkens ergeben sich dem Sternkundigen, lenken ihn ab von der Trübsal und den Sorgen des täglichen Lebens, heben ihn hinauf in eine andere Sphäre, wo alles nach ehernen Gesetzen sich bewegt, unbeirrt vom Wunsch und Willen des Menschen, in unerbittlicher Notwendigkeit.[188]

Läuterung, Beruhigung, Erbauung, Erhabenheit – diese Gefühle versprach das Planetarium zu erzeugen. Deshalb erschien es den Zeitgenoss*innen als religiöser Ort, mindestens aber als Ort der Transzendenzerfahrung, galt ihnen entsprechend als »Tempel des Himmels«,[189] »Sternentempel«[190] oder »Himmelsdom«,[191] die Vorführungen erinnerten sie an »Andachtsstunden«[192] und den Vorträgen sprachen sie die Wirkung zu, »die Herzen der Großstädter wieder mit Schauern der Ewigkeit anzurühren«.[193] Das Gefühl des Wunderns und Staunens, das als religiöses Gefühl bereits bekannt und erprobt war, trug zur transzendierenden Wirkung der Planetariumsvorführungen bei sowie auch die Erzählungen und Erzählweisen, die das astronomische Wissen mit vermeintlichen Lebensweisheiten verbanden. Diese bezogen sich mal auf Kant, mal auf ›die Schöpfung‹ oder auf Gott, die sich als philosophisch-humanistische oder religiös-christliche Quellen der Weisheit präsentierten und den Vorführungen damit eine der bloßen Wissensvermittlung übergeordnete Bedeutung verliehen. Das Planetarium war ein Ort der Transzendenzerfahrung, die in den Augen der Zeitgenoss*innen einen moralischen Mehrwert bereithielt.

188 Emo Descovich: Himmelskunde. In: Neue Freie Presse, 20.8.1925. Österreichische Nationalbibliothek: ANNO:

189 O. A.: Das eingefangene Weltall. In: Arbeiter-Zeitung, 8.5.1927. Österreichische Nationalbibliothek: ANNO.

190 Ebd.

191 O. A.: Das Sternenschauspiel. In: Jeaner Volksblatt, 31.7.1928. Staatsarchiv Hamburg: 361-2 V 725i.

192 O. A.: Hamburgs Planetarium eröffnet. In: Hamburger Fremdenblatt, 16.4.1930. Staatsarchiv Hamburg: 135-1 I-IV 5061.

193 H.: Sternschau im Stadtpark. In: Hamburger Anzeiger, 12.4.1930. Staatsarchiv Hamburg: 361-2 V 725a.

Auf der anderen Seite stellte das Planetarium mit seinem aufklärerischen Impetus und dem klar als wissenschaftlich markierten Weltbild eine Konkurrenz für die Lehren der christlichen Kirchen dar – zumindest dann, wenn man den Worten folgt, die die österreichische Satirezeitschrift *Die Leuchtrakete* einem katholischen Priester in den Mund legte. Der imaginäre Priester reimt im Dialekt über die Einrichtungen der Wissenschaftspopularisierung, die ihm seine Deutungsmacht streitig zu machen drohen:

Was brauchand mir 's Planetarium?
Dös macht dö Leut' mir alle dumm!
Was brauchand Leut' in Himmel schaun?
Damit sie meiner Lehr' net traun!
I moan: Da Himmel und dö Stern,
Dö dürfan nur der Kirchen g'hör'n!
Was brauchand Leut' Naturfreund sein?
Nach Berg, nach Luft, nach Sonne schrein?
Nach Blume, Wald und Wies' und Stern.
Damit's am End' – Freidenker wer'n?
I führ' mei Leut' ins Freie schon,
Zwoamal im Jahr: Bittprozession!
Weilswahris![194]

In dem humoristischen Gedicht wird der Konflikt von religiöser und wissenschaftlicher Weltanschauung thematisiert, der vor allem im 19. Jahrhundert zwischen Vertreter*innen der Kirchen auf der einen und überzeugten Naturwissenschaftler*innen auf der anderen Seite ausgefochten wurde.[195] Im Gedicht stehen das Planetarium und die Naturfreunde exemplarisch für eine Reihe an Einrichtungen und Freizeitbeschäftigungen, die naturwissenschaftliches Wissen und eine damit verbundene Weltanschauung propagierten, die für den imaginären Autor des Gedichts bedrohlich wurden, da sie die Weltdeutungsmacht der Kirche infrage stellten und alternative Freizeitgestaltungsmöglichkeiten zum Leben in der Gemeinde anboten. Das Gedicht, das die angeblich wissen(-schaft)sfeindliche Haltung der (katholischen) Kirche offenlegen und ad absur-

194 Nazzi: Was brauchand Leut …! In: Die Leuchtrakete, Juli 1927. Österreichische Nationalbibliothek: ANNO.

195 Vgl. Lübbe, Hermann: Religion nach der Aufklärung. In: Tenfelde, Markus (Hg.): Religion in der Gesellschaft. Ende oder Wende? Essen 2008, S. 107–124, S. 108 ff.; Schmidt-Lux 2008, S. 42.

dum führen sollte, kann als Schauplatz der »Weltanschauungskämpfe«[196] gelten, die – dem Philosophen Hermann Lübbe folgend – die Aufklärung nach sich zog. Der Antagonismus von kirchlich-religiöser Weltanschauung auf der einen und wissenschaftlich-aufgeklärter Weltanschauung auf der anderen Seite, der sich auch im zitierten Gedicht abbildet, lässt sich für die 1920er-Jahre nicht in seiner Totalität aufrechterhalten, auch wenn die Nachwehen der »Weltanschauungskämpfe« des 19. Jahrhunderts noch zu spüren waren – das macht nicht zuletzt das zitierte Gedicht deutlich. Kirchliche und wissenschaftliche Weltdeutungen stellten sich nicht mehr zwangsläufig als auf gleicher Ebene operierende, unmittelbare Konkurrierende dar, und es hatten sich neue Formen gefunden, (christliche) Religiosität und ein naturwissenschaftliches Weltbild in Einklang zu bringen.[197] Als Beispiel dafür ist die 1888 in Berlin gegründete Volksbildungsstätte Urania zu nennen, die sich zwar voll und ganz der Wissenschaftspopularisierung verschrieben hatte, dabei aber nicht mit bereits etablierten, christlich-bürgerlichen Weltanschauungen brechen wollte.[198] Daneben bestanden noch diejenigen Formen der Weltanschauung, die sich mit einer klaren Absage an christliche Dogmen verbanden, den Antagonismus Wissenschaft versus Kirche besonders deutlich gezeichnet hatten und im Gedicht als Feindbilder auftauchen (beispielsweise die sozialdemokratischen und kirchenkritischen Naturfreunde). Darunter waren vor allem szientistische Strömungen, zu denen beispielsweise ein von Ernst Haeckel maßgeblich geprägter Entwicklungs-Monismus zählte. Der Kultursoziologe Thomas Schmidt-Lux beschreibt Szientismus als »eine Position […], die Wissenschaft zum obersten Prinzip allen Denkens und Handelns erhob und ihren Geltungsanspruch auf die gesamte Gesellschaft ausdehnte«.[199] Der Haeckel'sche Monismus als Spielart des Szientismus baute auf Sozialdarwinismus und Positivismus, die sich zu einem fortschrittsbezogenen und wissenschaftsgläubigen Weltbild fügten (siehe auch Kapitel 2). Eine wissenschaftliche Weltanschauung im Sinne dieses Monismus war den christlichen Lehren ganz klar entgegensetzt und dezidiert kirchenfeindlich. Monismus baute zwar auf Wissenschaftspopularisierung, aber Wissenschaftspopularisierung war nicht allein von szientistischen Bestrebungen angekurbelt und geprägt. Andreas Daum verweist darauf, dass Wissenschaftspopularisierung durchaus auch im Kontext etablierter Religiosität einen Zweck erfüllte:

196 Lübbe 2008, S. 109.
197 Ebd.
198 Vgl. Schmidt-Lux 2008, S. 51.
199 Ebd., S. 44.

Es spricht aber manches dafür, dass die naturwissenschaftlichen Bildungselemente nicht nur in dem schillernden Milieu der Unkirchlichen zwischen Atheisten, neuen praktisch-säkularen Sinnstiftungen von Ersatzreligionen und einer vagierenden Religiosität, sondern auch im Rahmen traditioneller religiös-kirchlicher Deutungssysteme eine große, ja positive Rolle spielen konnten.[200]

Ein um die Wende vom 19. zum 20. Jahrhundert allgemein vorherrschendes und in der Wissenspopularisierung ausgeformtes, »pathetisches Wissenschaftsverständnis«[201] ließ sich auch für die Verbreitung traditioneller Religiosität in den Dienst nehmen. Die Wissensvermittlung im Planetarium und die Berichterstattung darüber waren geprägt von jenem pathetischen Tonfall, der sich allerdings nicht eindeutig von einer bestimmten weltanschaulichen Position vereinnahmen ließ, sondern bedeutungsoffen verschiedenen »Kontingenzbewältigungspraxen«[202] zuträglich war. Im Zentrum standen immer Wissenschaft und Technik, diese ließen sich aber in unterschiedliche Erzählungen integrieren und die mit ihnen verbundenen Gefühle waren in einige Richtungen anschlussfähig.

Anhand des Planetariums lässt sich das Beziehungsgeflecht von Wissenschaft, Popularisierung, Moral, Transzendenz und Religiosität zu Beginn des 20. Jahrhunderts nachzeichnen. Die Planetariumsbesucher*innen wurden von den Vorführungen belehrt und emotional bewegt. Die Erklärungen, Erzählungen und Gefühle des Planetariums konnten mit verschiedenen Bedeutungen versehen, in den Dienst verschiedener Weltanschauungen genommen werden. Welche das waren und wie sie sich die Planetariumserfahrungen zu eigen machten, das steht in diesem Kapitel zu untersuchen: Was machte das Planetarium in den Augen der Zeitgenoss*innen zu einem »Tempel«? Welcher Art waren die Erfahrungen von Transzendenz, die sie dort machten? Welche Gefühle waren damit verbunden? Welchen Nutzen sprachen sie ihnen zu und in welche Bedeutungsgewebe wurden sie eingebunden? Um diesen Fragen nachzugehen, wird zunächst allgemein die Erfahrung von *Transzendenz im Planetarium* erkundet. Basierend auf der Arbeit des Religionssoziologen Hubert Knoblauch wird geklärt, was mit Transzendenz gemeint ist, und ausgelotet, in welchem Verhältnis

200 Daum 1998, S. 466.
201 Schmidt-Lux 2008, S. 52.
202 Weltanschauungen, die als universelle Erklärungsprinzipien, als Religion oder religionsähnlich fungieren, erkennt Lübbe als Kontingenzbewältigungspraxis (Lübbe 2008, S. 114).

der Begriff zu verwandten Konzepten steht. Im zweiten Teil des Kapitels rückt dann die christlich-religiöse Transzendenz in den Fokus. Anhand der Quellen wird deutlich, wie *Weihnachten im Planetarium* zelebriert wurde, und es wird gezeigt, wie christliche Weltanschauung und Religiosität im Planetarium mit Wissenschaft und Technik zusammengebracht und zusammengedacht wurden. Dabei zeigt sich auch die politische Dimension der Transzendenzerfahrungen. Die transzendente Wirkmacht von Wissenschaft und Technik selbst steht im dritten und letzten Teilkapitel im Mittelpunkt. Die Gefühle, die sich durch sie und an ihnen entzündeten, werden als *technisches Erhabenes* gefasst und beschrieben; es wird erörtert, wie sich das technische Erhabene im Planetarium zusammenfügte und was es mit den Erfahrungen und Wissensweisen des Planetariums zu tun hatte. In diesen drei Teilschritten wird deutlich, wie das Planetarium zum Ort der »Verstandes- und Herzensbildung«[203] werden konnte und wie Wissensvermittlung und Transzendenzerfahrung dort miteinander verknüpft waren.

6.1 Transzendenz im Planetarium

In der Einleitung zu diesem Kapitel ist bereits angeklungen, dass das Planetarium von den Zeitgenoss*innen als Ort religiöser oder religionsähnlicher Erfahrungen wahrgenommen wurde und im Rahmen dieser Arbeit als Stätte der Transzendenzerfahrung unter die Lupe genommen wird. Was mit Transzendenz gemeint ist, soll hier zunächst mithilfe des Religionssoziologen Hubert Knoblauch skizziert und anhand von Beispielen aus dem Planetarium verdeutlicht werden. Knoblauch arbeitet mit einem sehr breiten Verständnis von Transzendenz, erkennt in ihr eine sozial sowie praktisch ausgehandelte Größe und verortet das Konzept im Alltag, was es für eine kulturwissenschaftliche Analyse des Planetariums attraktiv macht. Seine Überlegungen erlauben außerdem, Transzendenz und Religion in ihrer gegenseitigen Bezüglichkeit zu betrachten sowie Unschärfen und fließenden Übergängen gerecht zu werden. Aus diesen Gründen fiel die Wahl für die Analyse der Transzendenzerfahrungen im Planetarium auf das von ihm ausgebreitete Instrumentarium, aus pragmatischen Gründen muss sie – bis auf einige Seitenblicke – darauf beschränkt bleiben.

203 J. J.: Das Planetarium muss kommen! In: Hamburger Nachrichten, 30.8.1928. Staatsarchiv Hamburg: 361-2 V 725i.

Knoblauch entwirft den Begriff der Transzendenz in Anlehnung an und in Bezug auf seinen Lehrer Thomas Luckmann. Es geht ihm darum, eine angemessene Beschreibungsweise für eine »neue Form der Religion«[204] zu finden, die er in der zweiten Hälfte des 20. Jahrhunderts vermehrt beobachtet. Es ist außerdem sein Ansinnen, Veränderungen des Religiösen zu analysieren, ohne dabei die im Verlauf des 19. und 20. Jahrhunderts wirkmächtig und laut gewordene Säkularisierungsthese zu stützen. Ganz im Gegenteil: Knoblauch vertritt die These, dass Religion nicht an Bedeutung verliere, sondern sich grundlegend transformiert habe. Die so entstandene populäre Religion präge Gesellschaft und Alltagsleben maßgeblich und sei nicht oder nur teilweise verschwunden, zerfasert und ins Private verdrängt worden, wie es die These von der Säkularisierung behaupte.[205] Um die neuen Formen angemessen zu fassen, zieht Knoblauch den Begriff der Transzendenz dem der Religion vor. Warum? – Im Gegensatz zum Begriff Religion, der mit Émile Durkheim auf einer strikten Unterscheidung zwischen dem Sakralen und Profanen fuße, erlaube es der Begriff Transzendenz, »fließende Übergänge«[206] in den Blick zu nehmen und derartige binäre Strukturierungen hinter sich zu lassen. Bezüglich der Säkularisierungsthese ermögliche es der Begriff außerdem, die »Verinnerweltlichung«[207] von Religiösem, die häufig als Verschwinden von Religion missdeutet werde, anders zu rahmen und damit die Transformation der Religion zu beschreiben »als Überschreitung der Grenze zwischen Sakralem und Profanem, als Entgrenzung, die nicht zur Vernichtung der Inhalte führt, wohl aber die scharfe binäre Unterscheidung auflöst«.[208] Transzendenz bezieht sich laut Knoblauch auf die »grundlegende Sinnschicht der menschlichen Lebenswelt«,[209] auf ein Mehr an Bedeutung, mit dem das Erlebte ausgestattet wird. Sie will »auf etwas hinaus«[210] und überschreitet den Moment ihres Geschehens. Transzendenz ist nichts Außeralltägliches, sondern fest im Alltag verankert und nötig, um ihn zu bestreiten. Sie fügt dem Geschehenden und Wahrgenommenen »zusätzliche Sinnaspekte«[211] hinzu und ist die Grundlage für bewusstes Handeln. Entsprechend besteht »Alltag [...] darin, mit diesen Transzendenzen auf eine sozial abgestimmte routinisierte Weise

204 Knoblauch, Hubert: Populäre Religion. Auf dem Weg in eine spirituelle Gesellschaft. Frankfurt a. M. 2009, S. 12.
205 Vgl. ebd., S. 16 ff.
206 Ebd., S. 49.
207 Ebd., S. 50.
208 Ebd.
209 Ebd., S. 59.
210 Ebd., S. 12.
211 Ebd., S. 57.

umzugehen«.[212] Transzendenzen und der Umgang mit ihnen sind Ergebnisse sozialer, kommunikativer Aushandlungen.

Von Alfred Schütz und Thomas Luckmann übernimmt Knoblauch außerdem eine Klassifizierung dieser Ergänzungen um Sinnaspekte als kleine, mittlere und große Transzendenzen. Kleinere und mittlere Transzendenzen treten dann auf, wenn eine Situation mit Blick auf Vergangenheit oder Zukunft ausgelegt und gestaltet wird (kleine Transzendenz) – wenn zum Beispiel die Erfahrungen, die eine Situation bereithält, mit vergangenen Erfahrungen verglichen werden, – oder dann, wenn von den eigenen Erfahrungen auf die der anderen geschlossen wird und vice versa (mittlere Transzendenz).[213] Kleine und mittlere Transzendenz verbleiben im Horizont des Alltags. Große Transzendenz hingegen beziehe sich auf »Erfahrungen von Wirklichkeiten, die den Alltag überschreiten, den wir mit anderen teilen und in dem wir mit ihnen kommunizieren«.[214] Der Umgang mit großer Transzendenz bereitet die Grundlage für Religion oder Spiritualität, ist aber nicht zwangsläufig religiös. Als Beispiele für große Transzendenz jenseits der Religion benennt Knoblauch den Rausch oder das Sich-Verlieren, beispielsweise in Musik.[215] In diesem Teil der Arbeit stehen die großen Transzendenzen des Planetariums im Fokus. In den vorangegangenen Kapiteln hat sich das Planetarium bereits als Ort, an dem rauschhafte Zustände und Immersion erfahren werden konnten, gezeigt – erste Hinweise auf die Art der großen Transzendenzen des Planetariums. Rausch und Immersion beschreiben die Erfahrungsqualität von Transzendenz, in der das Überschreiten der Situation körperlich-sinnlich spürbar wird. Religion kann ebenfalls mit solchen Erfahrungen aufwarten, ist aber laut Knoblauch ein spezieller Umgang mit großer Transzendenz. Große Transzendenz wird dann zur Religion, wenn sie in bestimmte Kommunikationszusammenhänge eingebettet ist und darin verhandelt wird. Diese Kommunikationszusammenhänge sind dadurch gekennzeichnet, dass in der Kommunikation ein Abwesendes eine Rolle spielt (und hier bezieht sich Knoblauch doch auf die Durkheim'sche Trennung von Profanem und Sakralem, als das er das Abwesende benennt). Die Kommunikation mit dem Abwesenden, dem Sakralen, wird an Expert*innen delegiert,

212 Ebd., S. 60.

213 Ebd., S. 58 ff.

214 Knoblauch, Hubert: Die kommunikative Konstruktion der Transzendenz und die populäre Religion. In: Winkel, Heidemarie/Sammet, Kornelia (Hg.): Religion soziologisch denken. Reflexionen auf aktuelle Entwicklungen in Theorie und Empirie. Wiesbaden 2017, S. 221–241, S. 224.

215 Vgl. Knoblauch 2009, S. 65.

die sich durch ein Sonderwissen dafür qualifizieren und in feste Organisationen eingebunden sind. Die neuen, populären Religionen zeichnen sich laut Knoblauch dadurch aus, dass diese Struktur ins Fließen gekommen ist, Rollen nicht mehr so deutlich zugeordnet werden und die Kommunikation (mit dem Abwesenden und darüber) losgelöst von fixen Organisationen stattfinden kann.[216] Es braucht keine eindeutigen Trägerinstanzen mehr dafür, vielmehr ist es an den Subjekten selbst gelegen, aktiv Bausteine für ihre Weltanschauung zusammenzufügen.[217] Dafür sind die Erfahrung von großer Transzendenz und ihre kommunikative Vermittlung ausschlaggebend.

Zusammengefasst lässt sich Transzendenz mit Knoblauch als Prozess fassen, in dem die Lebenswelt mit einer Sinnschicht versehen wird, und als Erfahrung dieser Sinnschichtungen. Transzendenz ist dabei maßgeblich durch drei Merkmale gekennzeichnet: Transzendenz überschreitet Binaritäten, sie ist ein soziales Phänomen und schließlich erfordert sie Aktivität, ist ein Prozess und damit besser als Transzendieren beschrieben denn als Transzendenz.[218] Alle drei Eigenschaften prädestinieren Transzendenz für Knoblauch zum Leitbegriff sozialwissenschaftlicher Analysen. Anhand dieser drei Eigenschaften soll im Folgenden die Transzendenz im Planetarium befragt und als große Transzendenz skizziert werden. Dabei geht es um ihre Erfahrungsdimension, aber auch um die Frage, wann und wie sie im Planetarium in Form von (populärer) Religion auftrat und zu welchen Weltanschauungen sich die aufgeworfenen Sinnhorizonte fügten.

Im Planetarium wurden dualistische Binaritäten aufgelöst. Das wurde in Kapitel 3 und 4 bereits deutlich: Dort verschwammen die Grenzen von Menschen und Maschinen, Gegenwart und Zukunft und auch die Entgegensetzung von Natur und Kultur wurde in ihrer Letztgültigkeit aufgehoben. Transzendenz beruhte im Planetarium auf dem Überschreiten altbekannter Ordnungskategorien. Diese Überschreitungen qualifizieren sich mit Knoblauch und Luckmann als große Transzendenzen, da sie den unbefragten Alltagshorizont hinter sich lassen und sogar zu dessen Fragmentierung oder Neuordnung führen können. Insofern es solche großen Transzendenzen erfahrbar machte, bot das Planetarium eine Grundlage dafür, Weltanschauungen aller Art – auch religiöse – zu kommunizieren, die durch die Überschreitung von Kategorien neu aufgetragene Sinnschichten in eine institutionalisierte und/oder geordnete Organisation überführten. Neben den bereits an anderer Stelle ausführlicher besprochenen Überschreitungen binärer Kategorisierungen lässt sich im Planetarium

216 Vgl. ebd., S. 78.
217 Vgl. ebd., S. 78 ff.
218 Vgl. ebd., S. 55 f.

eine Entgrenzung von Profanem und Sakralem beobachten: »Der Kuppelbau schneidet uns nicht vom Himmel ab, sondern leitet uns zu ihm hinauf. Der scheinbare Mangel an Ehrfurcht vor den mechanisch nachgebildeten Geheimnissen der himmlischen Wunder verwandelt sich so in erhöhte Ehrfurcht vor dem Sternenhimmel.«[219] – Anhand dieses Zitats, das einem Artikel aus dem *Hamburger 8 Uhr Abendblatt* entstammt, wird der Brückenschlag von profan und sakral deutlich: Das profane Mechanische (der Projektor) verschaffte durch seine Inszenierung und Erfahrung Ausblicke aufs Sakrale (den Himmel) und erschien schließlich selbst als sakral (als Gegenstand der Ehrfurcht). Vorgefestigte Kategorien kamen im Planetarium ins Fließen und vermengten sich: Der Himmel erschien durch seine mechanische Darstellung als profanes Getriebe, der Projektor als sakrales »Wunder«.[220] Die Zuschauenden sahen sich dadurch in einer ambivalenten Lage, die ein Text über das frisch eröffnete Planetarium in Leipzig zu umkreisen versucht: »Die Stimme des Vortragenden klingt gedämpft und doch deutlich dazwischen; der Schleier hebt sich, der über dem Kosmos lagert; wir dringen in die Geheimnisse der unendlichen Fernen und fühlen uns zugleich gehoben und bescheiden vor der Größe der kosmischen Welt.«[221] Als Gleichzeitigkeit von Erkenntnis und dem Eingeständnis ihrer Grenzen erschien dem*der Verfassenden die Situation des Planetariums. Das Geheimnisvolle, Sakrale wurde erklärt, profaniert und erhielt nicht trotz, sondern durch diese Profanierung eine neue Weihe. Die Durchmischung und Neuordnung von Profanem und Sakralem, die im Planetarium stattfand und auf die es baute, verweisen darauf, dass sich dort große Transzendenz auf eine Art und Weise ereignete, wie Knoblauch sie als Anzeichen für die Formierung neuer, populärere Religion und Spiritualität beschreibt. Zu klären bleibt, in welche kommunikativen Formen die Transzendenzerfahrungen eingebunden waren.

Das zweite Merkmal, durch das Knoblauch Transzendenz gekennzeichnet sieht, ist ihre Sozialität. Transzendenz überschreitet nicht nur die Grenzen dualistischer Binaritäten, sondern auch die des Individuums oder Subjekts, obwohl gerade die subjektive Erfahrung im Zusammenhang mit Transzendenz häufig debattiert werde: »Transzendenz gründet vielmehr in der Begegnung mit Anderen, also im Sozialen.«[222] Mit Luckmann beschreibt Knoblauch Transzendieren

219 D. B.: Hamburgs Planetarium ist vollendet. In: Hamburger 8 Uhr Abendblatt, 12. 4. 1930. Staatsarchiv Hamburg: 135-1 I–IV 5061.

220 Ebd.

221 rr: Eine neue Leipziger Bildungsstätte. In: Linzer Tagblatt, 22. 6. 1926. Österreichische Nationalbibliothek: ANNO.

222 Knoblauch 2009, S. 65.

als »in der Fähigkeit zur Distanz von den eigenen Erfahrungen«[223] begründet und damit in der Fähigkeit des Perspektivwechsels. Genau diese Fähigkeit wurde im Planetarium trainiert[224] und die Idee, den Nachthimmel aus bislang unbekannter Perspektive zu sehen, machte die Vorführungen attraktiv. Gerade der Reisetopos, der viele Shows rahmte und strukturierte, rekurrierte auf die Möglichkeit des Perspektivwechsels qua projizierter Simulation:

> Aber nicht nur von jedem gewünschten Fleck der Erde, sondern auch zu jeder beliebigen Tages-, Jahres-, Jahrtausend-Zeit können wir den Sternenhimmel betrachten. Wir drehen uns zurück – sagen wir mal: auf die Neujahrsnacht 1814; dann wissen wir wie ein Vater Blücher, als er bei Taub über den Rhein den Korsen nachsetzte, den Himmel gesehen hat – falls er Zeit gehabt hat, ihn sich anzusehen. Oder wir nehmen an, dass am 31. Juli 1986 das erste Hotel am Nordpol eingerichtet wird; und stellen hier gemütlich, im geheizten Kuppelsaale, unser Horoskop: so wird an dem Abend die Beleuchtung sein! Es ist nicht zu glauben, was die Firma Zeiss da zusammengezaubert hat![225]

Die Funktion, den Sternenhimmel anderer Zeitpunkte anzuzeigen, erlaubte es den Planetariumsvortragenden, ihre Zuhörer*innen dazu einzuladen, sich – wie im zitierten Beispiel – in historische Persönlichkeiten oder imaginierte Zukünfte hineinzuversetzen. Den Ausschlag für diese Transzendierungen gab der projizierte Himmel, aber anknüpfend daran fanden Gedankenspiele statt, die das Astronomische überschritten. Transzendenz war im Planetarium sozial, weil sie sich auf das Leben anderer bezog, es durch den Blick in ›ihren‹ Himmel erfahrbar werden ließ und die Lebenswelten vergangener und zukünftiger Sterngucker*innen der Imagination zugänglich machte. In Kapitel 5 ist zudem deutlich geworden, dass für die Planetariumserfahrung die Anwesenheit und das Erfahrungmachen der anderen eine wichtige Rolle spielte. Besucher*innen nahmen einander wahr, sie bemerkten das Erfahrungmachen und die Gefühle der anderen Anwesenden, was wiederum ausschlaggebend für ihre eigenen Wahrnehmungen, Gefühle und Erfahrungen war. Knoblauch betont gerade die emotionale Dimension gemeinsamer Transzendenzerfahrungen: »Weil Transzendenz in der Interaktion mit Anderen gründet, ist sie auch immer mit

223 Ebd.
224 Siehe dazu Bigg 2017.
225 Jens Jansen: Unsere Sternschau. In: Hamburger Nachrichten, 12.4.1930. Staatsarchiv Hamburg: 361-2 V 725i.

Emotion verbunden.«[226] Transzendenz sei zwar weit mehr als eine Emotion, aber sie sei von Gefühlen begleitet und geprägt, die das Subjekt überschritten und in Interaktion sowie Kommunikation überführten.[227]

> Fast mit einem Gefühl der Ergebenheit, der Andacht erlebt man diese Vorführung. Und dieses Gefühl der Andacht steigert sich zu demütiger Bescheidenheit, wenn Professor Thomas von der unendlichen Größe unserer Welt erzählt. […] Hier versagen alle Entfernungsbegriffe, und wir erkennen, dass unsere Erdenwelt ein winziges Staubkörnchen im All ist, dessen Verschwinden völlig bedeutungslos wäre.[228]

Der*die Verfasser*in dieses Zeitungsberichts versuchte, die Emotionen, die das Planetarium bereitete, zu schildern. Dafür bediente er*sie sich der ersten Person plural, schrieb von den Gefühlen, die ›wir‹ empfanden, und meint damit das Kollektiv all derer, die das Planetarium besuchten. Die Planetariumsbesucher*innen treten hier – mit Barbara Rosenwein gedacht – als »emotional community« in Erscheinung, als soziale Gemeinschaft, die bestimmte Emotionen bevorzugt oder verwirft, auf bestimmte Gefühle baut, die ihre Mitglieder verbinden und die sich in ihre Weltanschauung integrieren lassen.[229] Im Planetarium waren das Gefühle, die als Wundern, Andacht, Ehrfurcht, Überwältigung, Ergriffenheit, Erbauung und Begeisterung in den Quellen auftauchen und sprachlich an ein ›wir‹ oder ›man‹ gebunden waren, was auf ihren kollektiven und gemeinschaftsstiftenden Charakter verweist. Auch die Perspektivierung der Erde als winzig und unbedeutend, die mit ihnen in Verbindung stand, stiftete Gemeinschaft unter all denjenigen, die sich dieser Winzigkeit und ihrer Erkenntnis zugehörig fühlten. Große Transzendenz wurde im Planetarium in Gemeinschaft erfahren, war mit geteilten Emotionen und Erkenntnissen verknüpft, die wiederum die Planetariumsbesucher*innen und all diejenigen, die von ihnen lasen, miteinander verbanden. Ausschlaggebend dafür war der Perspektivwechsel und die Perspektivierung des eigenen Daseins, zu der die Vorführungen und Vorträge ihr Publikum einluden. Die sich daraus

226 Knoblauch 2009, S. 67.

227 Ebd., S. 67 f.

228 W. S.: Unter ewig klarem Himmel. In: Das Kleine Blatt, 2.11.1927. Österreichische Nationalbibliothek: ANNO.

229 Vgl. Rosenwein, Barbara: Problems and Methods in the History of Emotions. In: Passions in Context. Journal of the History and Philosophy of the Emotions 1 (2010), S. 1–32, S. 11 ff.

ergebenden (neuen) Sichtweisen und Positionierungen standen in Verbindung mit Weltbildern und -anschauungen, die im Planetarium gestützt, bearbeitet und geformt wurden. Sie wurden von Gefühlen begleitet, die aus religiösen Kontexten bekannt und erprobt waren.

Das dritte von Knoblauch angeführte Merkmal von Transzendenz ist ihre Prozesshaftigkeit, ihr Aktivierungspotenzial: Transzendenz ist nicht einfach da, sie ist Transzendieren und damit eine Praxis, die Menschen rekrutiert und ihre Mitarbeit erfordert. Transzendieren beschreibt den Prozess des Überziehens der Welt mit Sinnschichten und das Wahrnehmen, Fühlen und Handeln mit diesen Sinnschichten. Das Planetarium bot dazu reichlich Gelegenheit und Anleitung. In Kapitel 5 wurde bereits herausgearbeitet, dass – obwohl die Körper der Besucher*innen zunächst auf eine passive Sitzposition verwiesen wurden – die Planetariumsvorführungen ihr Publikum zu gedanklichen und körperlich-sinnlichen Interaktionen mit der Projektion einluden. Die Zuschauenden fühlten sich mit ihren Körpern als Teil der Projektion und spannen die Erzählungen und Visionen der Planetariumsvorträge weiter. Die aktive Teilhabe an den Gedankenspielen, die das Planetarium erlaubte, gibt sich als Transzendieren zu erkennen. In ihnen fand ein Überschreiten des bislang Vorstellbaren statt, das den Erfahrungshorizont des Alltags erweiterte und Arbeit an den ihn überziehenden Sinnschichten beinhaltete. Zur Verhandlung standen beispielsweise die Rollen, die Technik und Maschinen im Alltag spielten und spielen konnten, was es bedeutete, Technik zu nutzen und welche Zukunft sie versprach (siehe auch Kapitel 3): »Über das Planetarium hinaus, über die Stimme des Führers hinweg schweifen die Gedanken in eine Zukunft, die vielleicht über dem Aether liegt.«[230] Die Transzendenz des Planetariums bezog sich auf die Zukunft, aber sie beinhaltete auch andere Fragen, wie etwa die nach dem »Weltganzen«, die zu ergründen suchte, »wie die Welt wohl ihr Getriebe zusammenhält« und dabei die Erfahrung »wissenschaftlicher Erhabenheit« versprach.[231] Im Planetarium trat die (astronomische und mechanische) Wissenschaft als Sinnstifterin auf, von der man sich Antworten über das Funktionieren der Welt erhoffte. Sie vermochte es darüber hinaus, den Planetariumsgästen ein Gefühl von Erhabenheit zu verschaffen – die Erfahrung der Erhabenheit wird im letzten Teil dieses Kapitels (6.3) im Mittelpunkt stehen. Neben der Wissenschaft traten noch andere Entitäten als mögliche Instanzen der Sinnstiftung auf. Unter ihnen auch

230 O. A.: Wem gehört der Mond? In: Kleine Volks-Zeitung, 16. 6. 1927. Österreichische Nationalbibliothek: ANNO.

231 rr: Eine neue Leipziger Bildungsstätte. In: Linzer Tagblatt, 22. 6. 1926. Österreichische Nationalbibliothek: ANNO.

diejenigen, denen in traditionellen, religiösen Kontexten eine wichtige Rolle zukommt. Eine Anekdote aus der Sammlung Walter Villigers, die er anlässlich der Eröffnung des Wiener Planetariums veröffentlichte, macht deutlich, dass die Fragen, die das Planetarium aufwarf, auch zu einem (christlichen) Gott führen konnten:

> Vater und Mutter haben ihre Kleine in die Sternenschau mitgenommen. Andächtig sitzt sie in sich versunken zwischen den Eltern. Es wird stockdunkle Nacht, die Sonne geht unter, der Fixsternhimmel leuchtet auf mit seinen Tausenden von Himmelslichtern. Die Kleine wird unruhig, sie schmiegt sich an die Mutter mit der Frage: ›Mutti, wo ist denn der liebe Gott?‹[232]

Die Frage nach dem »lieben Gott« erscheint in der Anekdote jedoch als kindlich-naiv, ja amüsant, da sie aus einer Fehlinterpretation des überwältigenden Planetariumskontexts hervorgeht. Als wahre und ernstzunehmende Sinnstifterin trat im Planetarium vor allem Wissenschaft auf, die dort von Expert*innen vermittelt wurde, welche wiederum das Sonderwissen der Astronomie, das durchaus mit einer sakralen Aura versehen war, dem Publikum zugänglich machten. Insofern reproduzierte das Planetarium die Organisationsformen klassischer Religiosität, wie sie von Knoblauch beschrieben werden – als sakrale Instanz fungierte allerdings kein Gott, sondern der Sternenhimmel und das Wissen darüber. Das kommunikative Setting des Planetariums reproduzierte zwar die Strukturierung klassischer Religion, allerdings waren die Sphären nicht eindeutig getrennt und die Grenzen durchlässig: Jede*r konnte potenziell Wissen über den Sternenhimmel erlangen und damit die Rolle der Mittler*innen des Sakralen einnehmen, selbst damit in Kontakt treten. Die Rahmung von und der Umgang mit großer Transzendenz ähnelte im Planetarium eher den neuen Formen populärer Religion, wie Knoblauch sie skizziert und beobachtet. Dabei übersprang die Transzendenzerfahrung im Planetarium die Grenzen von Wissenschaft und Religion, die dort beide als Instanzen der Sinnstiftung ihren Platz hatten.

Das Planetarium war als Stätte der Transzendenzerfahrung zugleich ein Ort der klassischen Religion und ein Ort der Säkularität beziehungsweise Spiritualität oder populären Religion. Ausschlaggebend dafür waren Emotionen wie das Staunen oder das Gefühl der Erhabenheit, die von den Erfahrenden in

232 Walter Villiger: Erlebnisberichte von den ersten Planetariumsvorführungen, gesammelt zur Eröffnung des Wiener Planetariums. Jena 1927. Zeiss-Archiv: BACZ 27930.

verschiedene Richtungen ausgelegt werden konnten. Die Arbeit der Auslegung und Interpretation blieb dabei den Besucher*innen überlassen, die mit ihren Weltanschauungen hantierten und die Transzendenzerfahrungen des Planetariums in die Horizonte ihrer Alltage einpassten. Dabei waren sie nicht allein, Transzendieren war ein kollektives Unterfangen, das im Bewusstsein der und in Bezug auf die anderen stattfand, in Kommunikation ausgehandelt wurde, Gemeinschaft stiftete und von ihr abhängig war. Wissensvermittlung als Transzendenzerfahrung, wie sie im Planetarium zu erleben war, bedeutete, sich vom vermittelten Wissen über die Vermittlungssituation hinaus berühren und bewegen zu lassen – sowohl emotional als auch körperlich und gedanklich:

> ›Volksbildungshaus‹ heißt das neue Institut. Wer es aufsucht, dem wird dieser Besuch nicht bloß eine Bereicherung seines Wissens sein – er wird um ein Erlebnis reicher sein, das ihn zu innerst packt und ihn nötigt, sich – geschehe es auch nur für kurze Zeit – von den kleinen und kleinlichen Dingen dieser Erde abzuwenden und den Blick in die unendliche Weite der Welt zu richten.[233]

Was damit gemeint war, »zu innerst gepackt« zu werden und den Blick in die »unendliche Weite« zu richten, lässt sich als Transzendenzerfahrung beschreiben, die sich dadurch als Transzendenz auszeichnete, dass sie Gefühle des Wunderns, der Läuterung und Erhebung auslöste, über die Grenzen der bekannten Alltage hinaus verwies und dabei doch einen Platz im (städtischen) Alltag gefunden hatte.

6.2 Weihnachten im Planetarium

Die Transzendenzerfahrungen, die das Planetarium bereithielt, ließen sich in religiöse Erzählungen miteinflechten und für christliche Religiosität in den Dienst nehmen. Das zeigt sich besonders deutlich in der Art und Weise, wie Weihnachten im Planetarium zelebriert und wie das Fest anhand des Planetariums diskutiert wurde. Weihnachten lediglich als Ausdruck christlicher Religiosität zu beschreiben, greift dabei viel zu kurz. Zahlreiche kulturwissenschaftliche Studien haben in den vergangenen Jahrzehnten dargelegt, dass das Weih-

233 O. A.: Der Wiener sieht den Himmel offen. In: Illustrierte Kronen-Zeitung, 9. 1. 1930. Österreichische Nationalbibliothek: ANNO.

nachtsfest ein Fest mit großer Tragweite geworden ist, das seine Strahlkraft auch jenseits des Religiösen verbreitet und im 19. und 20. Jahrhundert zu einem umkämpften Symbol wurde.[234] Der Platz, den Weihnachten im christlichen Kalendarium einnimmt, ist dabei weniger bedeutsam als seine identitätsstiftende Wirkung, die das Fest zum Mittel politischer Sinnstiftung macht. Im Verlauf des 19. Jahrhunderts hatte sich Weihnachten unter der Ägide des aufstrebenden Bürgertums zum Familienfest gewandelt, mit dessen Hilfe bürgerliche Ideale zelebriert und (Geschlechter-)Rollen eingeübt wurden.[235] Nicht nur die Gemeinschaft der Familie sollte das Weihnachtsfest zementieren, wie der amerikanische Kulturhistoriker Joe Perry zeigt, Weihnachten übernahm im deutschen Kaiserreich außerdem den Charakter eines inoffiziellen Nationalfeiertags.[236] Die Idee einer ›deutschen Weihnacht‹ sollte ein Verbundenheitsgefühl erzeugen, das Einigkeit stiftete und für das es sich lohnte, in den Krieg zu ziehen – gerade während des Deutsch-Französischen Krieges 1870/71 und des Ersten Weltkrieges nutzte die Kriegspropaganda das Weihnachtsfest, um die Soldaten daran zu erinnern, wofür sie kämpften (die traute Familie und damit eben auch die vermeintlich gemütliche, ›deutsche‹ Weihnacht).[237] Einspannen ließ sich das Fest auch in die Rhetorik der internationalen Arbeiter*innenbewegung, die im Weihnachtsfest das Symbol des Kapitalismus erkannte und anhand des Festes auf ökonomische Ungerechtigkeiten aufmerksam machte, die sich an den Festtagen besonders eindrücklich zeigten.[238] Das alles verdeutlicht: Weihnachten war in Deutschland, großen Teilen Europas und den USA spätestens seit dem 19. Jahrhundert ein Fest, das abseits religiöser Lehren die Gesellschaft bewegte. Es war und ist auch für diejenigen, die nicht feiern wollen oder können, unausweichlicher Bezugspunkt. Dabei ging und geht es stets auch um die gesellschaftliche Rolle des christlichen Glaubens in sich als säkular verstehenden Gemeinschaften und die Frage, ab wann Religion zur Kultur wird und

234 Vgl. Klassen, Pamela E./Scheer, Monique: Weihnachten macht den Unterschied. Überlegungen zum öffentlichen Wirken christlicher Affordanzen in multikulturellen Gesellschaften. In: dies. (Hg.): Der Unterschied, den Weihnachten macht. Differenz und Zugehörigkeit in multikulturellen Gesellschaften. Tübingen 2019, S. 9–27, S. 11ff.

235 Siehe dazu Weber-Kellermann, Ingeborg: Das Weihnachtsfest. Eine Kultur- und Sozialgeschichte der Weihnachtszeit. Luzern/Frankfurt a. M. 1978.

236 Siehe dazu Perry, Joe: Christmas in Germany. A Cultural History. Chapel Hill 2010.

237 Siehe dazu Foitzik, Doris: Kriegsgeschrei und Hungermärsche. Weihnachten zwischen 1870 und 1933. In: Faber, Richard/Gajek, Esther (Hg.): Politische Weihnachten in Antike und Moderne. Zur ideologischen Durchdringung des Fests der Feste. Würzburg 1997, S. 253–276.

238 Ebd.

was dies für Gesellschaften bedeutet[239] – Fragen, die im Rahmen dieser Arbeit nicht geklärt werden können, die aber deutlich machen, welche Tragweite der Umgang mit Weihnachten hat.

Die Weihnachtszeit war für viele Planetarien eine besonders umsatzstarke Zeit: Sie stellten Weihnachtsbäume auf und fuhren Sondervorführungen, die den Stern von Bethlehem zum Thema hatten und eine astronomische Adaption der Weihnachtsgeschichte präsentierten. Der in europäischen Breitengraden dunkle Monat Dezember sorgte für eine erhöhte Präsenz des Sternenhimmels im Alltag der Menschen und bot ohnehin Anlass, sich intensiver damit auseinanderzusetzen. Der pathetische Ton, den die Wissensvermittlung im Planetarium anschlug und der darauf abzielte, eine andächtige und erhabene Atmosphäre zu erzeugen, ging außerdem Hand in Hand mit der alljährlich beschworenen Weihnachtsstimmung und schaffte die optimalen Voraussetzungen für weihnachtliche Besinnlichkeit. Entsprechend gut passte ein Planetariumsbesuch zum »saisonalen Habitus«[240] der Weihnachtszeit. Wenn sich das Planetarium Weihnachten annahm, so ist damit nicht gesagt, dass es als Instanz christlicher Religion auftrat. Vielmehr war es für die Planetarien ein kluger Schachzug, sich einer jahreszeitlichen Marketingstrategie zu bedienen und mit thematisch zu Weihnachten passenden Vorführungen die Besuchszahlen zu erhöhen. Wie wurde dabei mit dem religiösen Gehalt des Festes umgegangen? Wie passten die Weihnachtsvorführungen zum wissenschaftlichen Habitus des Planetariums? Welche politischen Aspekte des Festes und des Planetariums kamen zur Sprache? Welche Rolle spielten dabei die Stimmungen und Gefühle, die das Planetarium hervorrief, und die Transzendenzerfahrungen, die dort zu machen waren? – In diesem Teilkapitel stehen verschiedene Facetten im Fokus, die im Planetarium und anhand des Planetariums als Symbol technischen Fortschritts sowie anhand von Weihnachten als Symbol einer christlich-bürgerlichen Kultur verhandelt wurden: Es geht darum, wie das Fest zur *wissenschaftlichen Weihnacht* wurde, wie anhand der Art und Weise, wie Weihnachten und das Planetarium in Zusammenhang gebracht wurden, das Fest als *politische Weihnacht* entworfen wurde und schließlich geht es um die Erfahrung einer *weihnachtlichen und wissenschaftlichen Feierlichkeit*, die eng mit Planetariumsemotionen, Transzendenzerfahrungen und Weihnachtsgefühlen in Verbindung stand.

239 Siehe dazu Klassen/Scheer 2019.
240 Ebd., S. 12.

Wissenschaftliche Weihnacht

Das Planetarium verstand sich zunächst und vornehmlich als Ort der Wissensvermittlung. Auch ein Weihnachtsprogramm musste und sollte zuallererst der Wissensvermittlung dienen. Mit dem Stern von Bethlehem, der als Orientierungspunkt in der biblischen Weihnachtsgeschichte eine zentrale Rolle spielt, weil er den Geburtsort Christi markiert, war ein astronomischer Akteur gefunden, an dem sich die weihnachtlichen Planetariumvorträge abarbeiten konnten. Darüber, wie es dazu kam, dass im Planetarium überhaupt Weihnachtsvorführungen stattfanden, lässt sich auf Basis der Quellen nur spekulieren. Vermutlich legte es der Stadtalltag nahe, der auch in den 1920er-Jahren in der Weihnachtszeit stark vom nahenden Fest geprägt war: Schaufensterdekoration, Sonderangebote, öffentliche Weihnachtsbäume und -beleuchtung machten es zum omnipräsenten Ereignis, auf das sich zu beziehen den Planetariumsleitungen passend und gewinnbringend erschienen sein mag. Die Quellen berichten jedenfalls davon, dass in vielen Planetarien schon in den ersten Betriebsjahren weihnachtliche Vorführungen abgehalten wurden, die sich schnell einer großen Beliebtheit erfreuten. In der österreichischen *Reichspost* war – terminlich passend – am 2. Dezember 1926 in einem Artikel vom Stern von Bethlehem zu lesen. Anlass und Gegenstand dieses Artikels waren die Sondervorführungen des Dresdener Planetariums, die sich mit dem weihnachtlichen Sternenhimmel befassten.[241] Der Zeitungsartikel referiert die Inhalte der Weihnachtsvorführungen und macht deren argumentatives sowie erzählerisches Gerüst sichtbar, anhand dessen sich nachvollziehen lässt, wie Weihnachten zum Gegenstand der astronomischen Wissensvermittlung wurde:

> So hat man augenblicklich im Dresdener Planetarium dem Gedanken des Weihnachtsfestes Folge geleistet und zeigt den Sternenhimmel um die Zeit vor Christi Geburt, und zwar vom Standpunkt des palästinensischen Beobachters aus. Man kann auf diese Weise die Überlieferungen über den ›Weihnachtsstern‹, der die Weisen aus dem Morgenland nach Bethlehem geführt hat, überprüfen und eventuell korrigieren. Es ist durchaus nicht sicher, ob es sich bei diesem Weihnachtsstern um einen außergewöhnlichen Himmelskörper gehandelt habe, sondern vielmehr um eine jener Himmelserscheinungen,

241 Dieser Quellenfund widerspricht der These von Jordan D. Marché II, Fels-Planetariumsleiter James Stokley habe die astronomischen Weihnachtsvorführungen im Rahmen seiner Tätigkeit als Direktor des Fels Planetariums in Philadelphia ›erfunden‹. Vgl. Marché II 2005, S. 27 f.

> die sich zu gewissen Zeiten ganz folgerichtig aus dem organischen Lauf der Gestirne ergeben. So hat man bisher den Weihnachtsstern von astronomischer Seite meist mit dem Erscheinen des Haleyschen Kometen zu erklären versucht. Berechnungen haben ergeben, dass dieser Komet im Jahre 12 vor Christi gesehen worden sein muss. Eine Abweichung von 12 Jahren in dieser Berechnung ließe sich vielleicht immerhin erklären.
>
> Das Planetarium hat aber nun noch eine neue Möglichkeit offenbart. Im Jahre 7 oder 6 vor Christi Geburt verzeichnete man ein Zusammentreffen des Jupiter und Saturn, wie es alle 80 Jahre vorkommt. Damals um Christi Geburt war dieses Zusammentreffen der beiden großen Planeten von außerordentlich langer Dauer, beide Sterne zogen damals dreimal aneinander vorbei. Diese Planetenbewegung gibt das Planetarium in sehr eindrucksvoller Weise wieder.
>
> Es ist sehr leicht möglich, dass hier eine astronomische Erklärung für den Weihnachtsstern liegt.[242]

Der zitierte Artikel zeigt, wie Weihnachten im Planetarium wissenschaftlich wurde: Indem sich die biblische Geschichte als Gegenstand historischer und astronomischer Forschung präsentierte, die es zu »überprüfen« und gegebenenfalls zu »korrigieren« galt. Das Planetarium trat dabei als Forschungsinstrument auf, mittels dem sich historische Sternkonstellationen validieren und neue Erkenntnisse über vergangene Himmelsphänomene gewinnen ließen. Durch das Planetarium, so stellt es der Artikel dar, sei man zu der Erkenntnis gelangt, dass das Phänomen des Weihnachtssterns sich durch eine Konjunktion von Jupiter und Saturn erklären lasse. (Astronomische) Wissenschaft und Technik wurden in den Weihnachtsvorträgen dazu genutzt, einzelne Elemente der christlichen Weihnachtsgeschichte mit wissenschaftlichem Gestus zu untermauern und sie gewissermaßen zu ›modernisieren‹. Das als wissenschaftlich markierte Planetarium widersprach nicht christlichen Narrativen, sondern stellte sich in ihren Dienst und verlieh ihnen eine neue Glaubhaftigkeit, die der transzendenten Strahlkraft des Weihnachtssterns keinen Abbruch tat. Alles andere hätte die vornehmlich katholische und eher konservative Leser*innenschaft der *Reichspost* vermutlich auch nicht lesen wollen. Der Artikel der *Reichspost* schließt mit einer

242 O. A.: Der Stern von Bethlehem. In: Reichspost, 25.12.1926. Österreichische Nationalbibliothek: ANNO.

christlichen Botschaft, der sich die astronomischen Erkenntnisse fügen und unterordnen:

> Trotz aller Zeiss-Planetarien und trotz aller astronomischen Erklärungen aber wird der Weihnachtsstern seinen überirdischen Glanz behalten. Er ist der Künder des großen Geheimnisses der Menschwerdung Christi. Und in allen Zeiten wird man es singen: ›Et erit in die illa lug magna, Alleluja!‹ Und es war an jenem Tag ein großes Licht …[243]

Die im Planetarium aufgeführten Erläuterungen sollten das ›Überirdische‹ der Weihnachtsgeschichte nicht erden, sondern es wissenschaftlich verdeutlichen und so an der religiösen Transzendenz mitarbeiten. Im Planetarium erkannten die Zeitgenoss*innen ein Mittel, die christliche Weihnacht auf wissenschaftliche Art und Weise zu erzählen und dabei die vielgeschätzten Weihnachtsgefühle aufkommen zu lassen. Im Zeiss-Archiv finden sich die Zeugnisse eines anderen weihnachtlichen Planetariumsvortrags, der in Düsseldorf stattfand und sich ebenfalls mit dem »naturwissenschaftliche[n] und kulturgeschichtliche[n] Hintergrund des ›Sterns von Bethlehem‹«[244] befasste. Der Vortragende, Prof. Dr. Henning, berichtete Zeiss von seinen Weihnachtsveranstaltungen, referierte deren Inhalte, die der Dresdener Version des planetarischen Weihnachtsvortrags ähnelten, und resümierte: »Die Veranstaltungen erwiesen sich in einem nie für möglich gehaltenen Ausmaß als eine überaus stimmungsvolle, tiefgreifende Art der Weihnachtsfeier und dürften in kommenden Wintern ziemlich sicher wiederholt werden.«[245] Neben dem wissenschaftlichen Gehalt des Vortrags verwies Henning auf die Stimmung, die seine Vorträge begleitet habe und sie in seinen Augen erst zu »Weihnachtsfeiern« machte. Weil das Planetarium Inhalte auf eine bestimmte, als besinnlich empfundene Art und Weise zu vermitteln wusste, erschien es den Besuchenden als stimmungsvoller Ort, an dem nicht nur etwas über Weihnachten gelernt werden konnte, sondern gleichzeitig Festtagsstimmung aufkam. Diese Festtagstimmung passte ganz allgemein zu den Feiertagen, auch wenn sie nicht besonders religiös begangen wurden. Sie war ausreichend offen, sodass sie sowohl als säkular erlebt als auch von überzeugten Christ*innen für die eigene, religiöse Weihnachtserfahrung genutzt werden konnte, wozu der

243 Ebd.

244 Prof. Dr. Henning: »Der naturwissenschaftliche und kulturgeschichtliche Hintergrund des ›Sterns von Bethlehem‹«, Bericht über die Weihnachtsvorträge im Düsseldorfer Planetarium. Düsseldorf 1933. Zeiss-Archiv: BACZ 27427.

245 Ebd.

Artikel in der *Reichspost* anleitete. Besinnlichkeit, Läuterung, Andacht, Wundern und Erhebung – diese Gefühle konnten im Planetarium erfahren werden und begleiteten die Erfahrung großer Transzendenz. Sie gehörten außerdem zum Emotionsspektrum, das eine bürgerliche Weihnachtsstimmung ausmachte.

Im Planetarium war Weihnachten wissenschaftlich, weil die christliche Weihnachtsgeschichte zum Gegenstand astronomischer Fragestellungen taugte, die sie wiederum als historischen Fakt beglaubigten. Wissenschaft war weihnachtlich, weil sie eine Stimmung vermittelte und erzeugte, die zum saisonalen Habitus passte. Weihnachtliche, aber auch reguläre Planetariumsvorträge bauten auf Emotionen, die zum Repertoire der Weihnachtsgefühle zählten. Aus dem Zusammenspiel von astronomischer Weihnachtserzählung, die synergetisch mit dem Wundertopos fusionierte, und den Techniken des Wunderns, die im Planetarium zum Einsatz kamen, ging eine besondere, wissenschaftlich-religiöse Weihnachtsstimmung hervor, die dazu einlud, die Transzendenzerfahrungen, die das Planetarium bereithielt, in die individuelle Weihnachtserzählung der Gäste zu integrieren und für sie fruchtbar zu machen.

Politische Weihnacht

Auf der anderen Seite der Weihnachtsgefühle stand Empörung über all das, was einer friedlichen und besinnlichen Weihnachtsstimmung im Wege zu stehen schien oder ihr gar bewusst entgegenarbeitete.[246] Diese Empörung wirkte affirmativ, taugte zur Selbstvergewisserung und half dabei, die eigene Weihnachtlichkeit noch intensiver zu empfinden. Ein paar Jahre nachdem die Empfänger*innen der *Reichspost* den Artikel über den Stern von Bethlehem lesen konnten, am 19. Dezember 1929, war das Planetarium wieder Thema eines weihnachtlichen Zeitungstexts – dieses Mal hatte die Berichterstattung allerdings eine andere Schlagseite und befasste sich mit den Atheisierungsbestrebungen der Regierung der Sowjetunion. Schon die Überschrift des Texts war skandalisierend: »Das Christfest im Sowjetrussland – ein Arbeitstag«.[247] Mit dieser für die Lesenden schockierend anmutenden Nachricht verbreitete der Artikel pünktlich zum Weihnachtsfest eine wohlig-weihnachtliche Empörung. Anlass dazu bot die »Antiweihnachtskampagne« der Sowjet-Regierung, die – so schildert es der Bericht – die Weihnachtsfeiertage zu Arbeitstagen umgemünzt hätte, was dem*der Autor*in des Texts als »Vernichtungskampf gegen

246 Siehe dazu Klassen/Scheer 2019.

247 O. A.: Das Christfest in Sowjetrussland – ein Arbeitstag. In: Reichspost, 19.12.1929. Österreichische Nationalbibliothek: ANNO.

die christliche Tradition des Volkes« und damit als »Beleidigung jedes christlichen Gefühls« galt.[248] Ausgehend von der durch den anhaltenden Arbeitsalltag bedrohten Weihnacht schildert der Text weitere Maßnahmen der Atheisierung, für die auch das im November 1929 in Moskau eröffnete Zeiss-Planetarium eine wichtige Rolle spielte:

> Man geht in der Ausrottung der christlichen Tradition ganz planmäßig vor. Gleichzeitig mit der Errichtung einer ›Hochschule des Atheismus‹ in Leningrad, wurde Mitte Oktober in Moskau eine zweite ›grandiose Schule der Gottlosigkeit‹ eröffnet, wozu man ein von der deutschen Firma geliefertes Planetarium, das 13. in der Welt, gestempelt hat. Während im Ausland diese Planetarien Stätten astronomischer Belehrung sind, macht man sie in Moskau nach der ›Iswestia‹ zu einer ›grandiosen Schule der Gottlosigkeit‹. In dem ›Weiheartikel‹ der ›Iswestia‹ wird in einer geschmacklosen Parodie die Einrichtung des Planetariums mit der Schöpfung der Welt verglichen, und unter Nachahmung der biblischen Sprache dieser Schöpfungsakt des Mossowjet (Moskauer Stadtrat) verherrlicht. […] ›Und es sprach der Mossowjet: Es werde Licht und es wurde elektrische Beleuchtung eingerichtet.‹ ›Und es sollen die Leuchten am Himmelszelte werden. Es genügten dafür einige Nägel. Und jetzt kaufte der Mossowjet einen Apparat (in Deutschland) und er stellte ihn in diesen Gewölbebau hinein, um Tag und Nacht zu machen und die Tage und das Jahr zu schaffen. ›Und der Name des Apparates Planetarium.‹ ›Diese Maschine ist das Herz des ganzen Weltalls und funktioniert mit einer ganz unveränderlichen Pünktlichkeit.‹ […] ›Und es sprach der Mossowjet: ›Proletarier, geh' ins Planetarium und iss dort vom Baum der Erkenntnis, wieweit dir gelüstet; denn am Tage, an dem du isst, werden alle Götter sterben.‹ ›Das tut not.‹ Solch läppisch-blasphemische Weisheit verzapft das offiziöse Organ des Sowjetstaates seinem Proletariervolke. Für dieses arme Volk ist das Planetarium eine Schule, in der das Denken aufhören muss. Das Erhabene in den Staub zu ziehen, das ist der Zweck der Übung.[249]

Die Eröffnung des Moskauer Planetariums und die Berichtserstattung darüber in der russischen Tageszeitung *Iswestija*, die sich ironisch dem Vokabular der biblischen Schöpfungsgeschichte bediente, galten dem*der Verfasser*in des zitierten Texts als Ausdruck und Symbol der empörenden Atheisierungsbestre-

248 Ebd.
249 Ebd.

bungen, denen auch das Weihnachtsfest zum Opfer zu fallen drohte. Der Artikel zitiert übersetzte Passagen eines in der *Iswestija* erschienenen Texts zur Eröffnung des Moskauer Planetariums, anhand derer die als blasphemisch markierte Haltung der bolschewistischen Herrschaft den Leser*innen der *Reichspost* besonders deutlich gemacht werden sollte. Die *Iswestija* war ein Kommunikationsorgan der Sowjet-Regierung und als solches in ihre Atheisisierungsbestrebungen mit eingebunden. Die Regierung der Sowjetunion unter der Leitung von Josef Stalin sah in Religion und Kirche Überbleibsel der alten Welt, die in ihren Augen mit der Revolution im Jahr 1917 überkommen und abgelöst worden war.[250] Um die neue, kommunistische Weltordnung und Herrschaft des Proletariats gänzlich umzusetzen, mussten Religion und Aberglauben der ihnen entgegengesetzten Wissenschaft, Fortschritt und Aufklärung weichen. Neben der gewaltvollen Enteignung und Entmachtung der Kirchen und ihrer Repräsentierenden baute die Sowjet-Regierung zu diesem Zweck vor allem auf Bildung und Erziehung, die – so die Überzeugung der Parteiführung – eine kulturelle Transformation zum Atheismus mit sich bringen würden.[251] Das Zeiss-Planetarium, das 1929 in Moskau eröffnete, konzentrierte die Aufklärungs- und Atheisierungshoffnungen der Sowjet-Regierung und stand als leuchtendes Symbol für den Fortschritt von Naturwissenschaft und Technik, der jeglichen (Aber-)Glauben ausmerzen und als haltlos enttarnen sollte.[252] Was sich später im Space Race und der Deklamation vieler Kosmonauten, da oben gebe es nichts Überirdisches, fortsetzte,[253] fand im Moskauer Planetarium seinen Anfang. Die sowjetischen Atheisierungsbestrebungen, die in den 1920er-Jahren auch mit Gewalt durchgesetzt wurden, betrachteten und besprachen vor allem die konservativen Kreise Europas kritisch und bedachten die Vorkommnisse mit Empörung. Der Bericht über die vermeintliche ›Abschaffung‹ der Weihnachtszeit und die Neueröffnung des Moskauer Planetariums in der *Reichspost* ist ein Beispiel dafür. Er macht deutlich, dass nicht nur Weihnachten, sondern auch das Planetarium politisch hart umkämpfte Symbole waren, mit deren Hilfe sich die Ordnung der Welt herausstellen und umwerfen ließ – zumindest war das die Hoffnung derer, die sich ihrer bedienten. Während Weihnachten die christlich-bürgerliche Prägung europäischer Gesellschaften und ihre Machtansprüche symbolisierte, stand das Planetarium für den Fortschritt von Wissenschaft und Technik.

250 Siehe dazu Smolkin, Victoria: A Sacred Space Is Never Empty. A History Of Soviet Atheism. Princeton/Oxford 2018.

251 Vgl. ebd., S. 32 f.

252 Vgl. ebd., S. 35.

253 Siehe dazu ebd., S. 84 ff.

In den Planetarien im deutschsprachigen Raum stellten sich Wissenschaft und Technik in den Dienst der vorherrschenden Verhältnisse. Sie feierten die Fortschritte, die die bürgerlich geprägten Gesellschaften von sich behaupteten erzielt zu haben, und passten die durch das Planetarium erzeugten Gefühle und Transzendenzerfahrungen in die zugrunde liegende, durchaus christlich geprägte, Weltordnung mit ein – dabei sind auch säkulare Weltsichten, die sich im Planetarium ebenfalls großer Beliebtheit erfreuten, als im Grunde europäisch-christlich geprägt zu verstehen. Die Sowjetregierung hingegen spannte den im Planetarium materialisierten und erfahrbar gemachten Fortschritt wiederum in ihre Propaganda ein, um alte Herrschaftsansprüche zu entkräften. Ein solcher Einsatz des Planetariums erschien in konservativen Kreisen als Missbrauch: Die unbestrittene Wirkmacht des Planetariums, die von seiner visuellen Überzeugungskraft und der damit verbundenen emotionalen Ansprache herrührte, sollte sich nicht gegen die gesellschaftliche Ordnung richten, aus der sie ihrer Meinung nach hervorgegangen war. Der missliche Gebrauch des Planetariums seitens der sowjetischen Machthabenden ziehe »das Erhabene in den Staub«,[254] das sonst die Planetariumsvorführungen auszeichne. Die sich zu Weihnachten äußernde Kritik am Moskauer Planetarium macht in ihrer Vehemenz deutlich, welche Macht die Zeitgenoss*innen der Überzeugungswirkung des Planetariums zusprachen und als wie bedrohlich sie seinen vermeintlichen Missbrauch empfanden. Der zitierte Artikel traf damit den konservativen Zeitgeist, so druckten die *Mühlviertler Nachrichten* denselben Text nur wenige Tage später, am 25. Dezember 1929, ebenfalls ab und ermöglichten auch ihren – vornehmlich katholisch-konservativen – Leser*innen empörende Weihnachtsgefühle.

Am anderen Ende des politischen Spektrums bewegte sich die sozialdemokratische Leser*innenschaft der *Arbeiter-Zeitung*, die durchaus mit der antiweihnachtlichen Stimmung und dem sowjetischen Projekt sympathisierte. Am 29. Dezember 1929 erschien dort ein weihnachtskritischer Artikel, in dem das Planetarium mit seiner politischen Symbolkraft ebenfalls eine Rolle spielte. Als »Deserteure der Weihnacht« bezeichneten sich die Autor*innen des Textes, der von einem als »Flucht vor Weihnachten« betitelten Ausflug nach München berichtet.[255] Neben der kapitalistischen Durchdringung von Weihnachten störten sich die Autor*innen vor allem an dem im Rahmen des Festes oktroyierten Gefühlsregime, vor dem sie flohen:

254 O. A.: Das Christfest in Sowjetrussland – ein Arbeitstag. In: Reichspost, 19.12.1929. Österreichische Nationalbibliothek: ANNO.

255 e. f.: Flucht vor Weihnachten. In: Arbeiter-Zeitung, 29.12.1929. Österreichische Nationalbibliothek: ANNO.

> Sentimentalität ist ebenfalls schön, aber nur als Privatangelegenheit und seelischer Verdauungsprozess, abseits von Kalender und Konvention. [...] [U]nbeschwert von offiziellen Festen wollen wir sein, mein Freund, denn jede Vorschrift ist uns lästig, am lästigsten aber die Vorschrift, zu einem bestimmten Datum und einer bestimmten Stunde feierlich zu sein.[256]

Der Text vertritt gängige weihnachtskritische Positionen, die sich bis heute gehalten haben:[257] Die als erzwungen empfundenen Weihnachtsgefühle erschienen den Autor*innen als unauthentisch und deshalb verwerflich. Ihnen wollten sie entkommen. Die »Fahnenflüchtige[n] des Familienglücks« führte ihr Fluchtversuch schließlich ins Deutsche Museum, in dessen Ausstellungsstücken sie einen Beschönigungsversuch der sonst oft harten Arbeitswelt erkannten und das in ihnen als Vermächtnis des Kaiserreichs teilweise einen Grusel vor dem Antiquierten hervorrief.[258] Schließlich besuchten sie die beiden Planetarien des Museums – erst das ptolemäische und dann das kopernikanische:

> Unter dem echten Sternenhimmel stehst du ganz dumm und kennst dich nicht aus, hier aber drückt der Führer auf einen Knopf, und neben jedem Sternbild leuchtet der Name auf, ein Himmel, der für sich selber die Lichtreklame besorgt. Draußen malt höchstens ein Luftschiff den Namen ›Persil‹ oder ›Abadie‹ in das Weltall, hier aber lässt sich das Firmament nicht missbrauchen, kein Inserat spannt sich vom Orion zum Großen Bären, sondern alles ist den irdischen Warenhäusern entrückt und die Sternbilder stellen sich dir gefällig vor, mit ihrem vollen Eigennamen.[259]

Das ptolemäische Planetarium mit seinem projizierten Sternenhimmel rief ambivalente Assoziationen hervor: Zum einen erschien der Planetariumshimmel, der geflissentlich Selbstmarketing betrieb, als Symptom und Symbol des Kapitalismus, der sich auch die Weihnachtszeit zu eigen gemacht habe. Auf der anderen Seite war er doch den »Warenhäusern entrückt« und entzog sich irdischen Werbezwecken. Schließlich galt er den Verfasser*innen des Zeitungs-

256 Ebd.

257 Siehe dazu Bausinger, Hermann: Epilog. Weihnachtsstimmung. In: Klassen, Pamela E./Scheer, Monique (Hg.): Der Unterschied, den Weihnachten macht. Differenz und Zugehörigkeit in multikulturellen Gesellschaften. Tübingen 2019, S. 307–317, insb. S. 311.

258 e. f.: Flucht vor Weihnachten. In: Arbeiter-Zeitung, 29.12.1929. Österreichische Nationalbibliothek: ANNO.

259 Ebd.

textes als Ausdruck einer »alten Weltanschauung«, die der Planetariumsvorführer mit einem Knopfdruck »ausknipst« und sie dann mit wenigen Schritten in das Kopernikanische Planetarium und damit zu einer anderen »neuen Weltanschauung« führte.[260] Im Gegensatz zu den meisten anderen Berichten über das Planetarium in der *Arbeiter-Zeitung* und in anderen publizistischen Organen nahm der Text ihm gegenüber eine ironisch-distanzierte Haltung ein und kam ohne ausführliche Schilderungen der Planetariumsgefühle aus. Die Verfasser*innen nutzten ihre Darstellung des Planetariumsbesuchs, um ihre Kapitalismuskritik zu vertiefen und sie subtil in Bezug zu einem Weltanschauungswechsel zu setzen.

Beide Texte verdeutlichen, dass sowohl das Planetarium als auch Weihnachten Symbole waren, anhand derer Weltordnungen ausgehandelt wurden und sich politische Standpunkte verdeutlichen ließen. In ihrer Verbindung potenzierte sich ihr symbolischer Gehalt, gerade auch deshalb, weil beide mit starken Emotionen hantierten und Transzendenz verhandelten. Das Planetarium zeigt sich dabei als bedeutungsoffen: Es ließ sich in verschiedene Weltanschauungen integrieren und wurde ihnen zum Handlanger. Die Projektionsfläche, die das Planetarium bot, konnte politisch verschieden bespielt werden. Weil es Transzendenzerfahrungen mit Wissensvermittlung verband, wurde es als wirkungsvolles Instrument der Kommunikation politischer Weltanschauungen genutzt, die sich in Beziehung zu religiösen Weltsichten setzten. Die Art und Weise der Benutzung blieb ebenfalls nicht unkommentiert – sie war, gerade im Zusammenhang mit Weihnachten, Anlass, eigene Standpunkte und Anschauungen zu festigen und sich abzugrenzen.

Weihnachtliche und wissenschaftliche Feierlichkeit

Zentral für die politische Symbolwirkung und weihnachtliche Wirkmacht des Planetariums waren die Gefühle, die mit ihm in Verbindung standen. Es ist bereits deutlich geworden: Die Planetariumsemotionen gingen mit der Weihnachtsstimmung eine symbiotische Beziehung ein – sie profitierten voneinander, nährten und befeuerten sich gegenseitig, auch weil sie sich im Kern sehr ähnlich waren. Die Planetariumsgefühle beruhten auf der Erfahrung von großer Transzendenz, die mit Erhabenheit, Läuterung, Besinnung, Wundern und Erbauung einherging. Die Kombination dieser Emotionen lässt sich als das Empfinden von Feierlichkeit beschreiben. Feierlichkeit, stellt Hermann Bausinger fest, steht

260 Ebd.

auch im Zentrum der Weihnachtsstimmung und in enger Verbindung zur Religion: »Das Religiöse als nicht sehr genau bestimmtes und bestimmbares Gefühl steht dem ›Feierlichen‹ nahe.«[261] Bausinger argumentiert, dass im Verlauf des vergangenen Jahrhunderts das Religiöse der Weihnacht zum Feierlichen mutiert sei.[262] Entsprechend sei »Weihnachten weniger gefragt [...] als Weihnachtliches« und eine feierliche Weihnachtsstimmung stehe mehr im Fokus als religiöse Inhalte.[263] Feierlichkeit beschreibt er als das »von objektiven Vorgaben (wie Inszenierungen verschiedener Art) gestützte Gefühl einer gehobenen Sphäre und besonderen Erlebens«.[264] Ebenjenes Gefühl wurde im Planetarium ganzjährig durch bewusste, ästhetische Arbeit an der Inszenierung erzeugt. Die Feierlichkeit bezog sich dann zumeist auf Wissenschaft, die dort in feierlicher Atmosphäre als beinahe sakral erfahren wurde und transzendente Momente hervorrief. Zur Weihnachtszeit setzte sich in vielen Planetarien die Arbeit an der Feierlichkeit auf weihnachtliche Art und Weise fort. Das Repertoire von Praktiken und Taktiken der Inszenierung wurde um entsprechende Elemente erweitert, zu denen neben den Weihnachtsvorträgen auch die weihnachtliche Dekoration der Planetariumsräume zählte.

Im Hamburger Planetarium kamen im Zuge der Weltwirtschaftskrise Zweifel auf, ob sich das Planetarium die Arbeit an der Weihnachtsstimmung noch leisten konnte. Finanznöte der Hamburger Stadtverwaltung ließen Sparmaßnahmen nötig werden, die auch den Weihnachtsschmuck des Planetariums betrafen. In ihrem Bericht über das erste Betriebsjahr beklagte die Hamburger Planetariumsleitung den steten Druck, Kosten zu sparen, dem sie ausgesetzt war. Anhand der Diskussionen um die Aufstellung eines Weihnachtsbaums verdeutlichte sie den in ihren Augen unsinnigen, bürokratischen Aufwand, der mit den Sparmaßnahmen verbunden war:

> Wenn eine Anfrage gerichtet, über die O.S.B. [Oberschulbehörde] zum Planetarium weiter geleitet und beantwortet werden muss, ob die Aufstellung eines Lichterbaumes zur Weihnachtszeit ›notwendig‹ sei, so muss das die Arbeitsfreude und Initiative des Planetariums lähmen, zumal, wenn man sieht, wie jeder Besucher durch den Anblick des brennenden Baumes überrascht und festlich gestimmt wird und so einen haftenden schönen Eindruck vom

261 Bausinger 2019, S. 311.
262 Vgl. ebd., S. 316 f.
263 Ebd.
264 Ebd., S. 311 f.

Planetarium mit nach Hause bringt. 10 Personen, durch solche Mittel mehr ins Planetarium geführt, machen den ganzen Baum bezahlt.[265]

Der Weihnachtsbaum, für dessen Aufstellung eine ausführliche Begründung bei der übergeordneten Oberschulbehörde nötig gewesen war, erschien der Planetariumsleitung als Quelle der Festtagsstimmung, auf die sie nicht verzichten wollte und die keinen großen Verwaltungsaufwand bereiten sollte. Schließlich erzeuge ein beleuchteter Baum Feierlichkeit und sorge nicht nur für einen »haftenden Eindruck«, sondern mache sich darüber hinaus auch wirtschaftlich positiv bemerkbar, da er zu höheren Besuchszahlen führe. Feierlichkeit zeigt sich hier als ausschlaggebendes Merkmal des Planetariums, an dem nicht gespart werden sollte. Gerade die Weihnachtszeit bot Gelegenheit, an die avisierte Festtagsstimmung anzudocken, um den Eindruck der Feierlichkeit im Planetarium zu verstärken und jahreszeitlich anzupassen. Die Techniken des Wunderns, die das räumliche und narrative Arrangement des Planetariums anbot, wurden um weihnachtliche Elemente ergänzt und für die Weihnachtsstimmung fruchtbar gemacht.[266] Angesichts drohender Kürzungen sah sich die Hamburger Planetariumsleitung genötigt, der übergeordneten Oberschulbehörde klarzumachen, wie sehr es im Planetarium auf eine feierliche Stimmung ankam, zu der auch ein geschmückter Weihnachtsbaum beitragen konnte. Die Argumentation der Planetariumsleitung bezog sich außerdem auf die Anschaffung »weißer Kittel« für den Instrumentenwart, die ebenfalls eingespart werden sollten.[267] Auf die weißen Kittel wollte man aber, »auch des gefälligen äußeren Auftretens wegen«, auf keinen Fall verzichten.[268] Baum und Kittel als Insignien von Weihnachten und Wissenschaft waren für die Planetariumsleitung unverzichtbar, um für eine angemessene Stimmung im Planetarium zu sorgen und so durch anhaltendes Besucher*inneninteresse auch wirtschaftlich erfolgreich zu sein. Das Beharren der Hamburger Planetariumsleitung auf Weihnachtsbaum und weißen Kitteln verdeutlicht, dass das Erzeugen einer feierlichen Stimmung, die sich nicht nur auf Weihnachten beschränkte, sondern ganzjährig auf die Wissenschaftlichkeit bezog, als Kernaufgabe des Planetariums erkannt wurde. Dafür brauchte es mehr als einen feierlichen Vortrag, nämlich auch Objekte, Räume

265 O. A.: Rückblick über das erste Betriebsjahr im Planetarium, 15.8.1931. Staatsarchiv Hamburg: 361-2 V 725c.

266 Siehe dazu auch Griffiths 2013, S. 143.

267 O. A.: Rückblick über das erste Betriebsjahr im Planetarium, 15.8.1931. Staatsarchiv Hamburg: 361-2 V 725c.

268 Ebd.

und Symbole, die das Planetarium als Ort der weihnachtlichen und wissenschaftlichen Feierlichkeit erkennbar und erfahrbar machten. Feierlichkeit zeigt sich in den Quellen als gemeinsamer Nenner von Weihnachtsstimmung und Planetariumsgefühlen, sie steht darüber hinaus – wie Bausinger schreibt – in enger Verbindung mit Religions- oder Transzendenzerfahrungen. An ihr wurde gezielt gearbeitet und sie war bedeutungsoffen genug, als dass sie auch jenseits christlicher Religiosität Anknüpfungspunkte schaffte und in den Dienst anderer Weltdeutungsinstanzen genommen werden konnte. Damit beschrieben ist auch eine Ästhetisierung religiöser sowie wissenschaftlicher Erfahrungen,[269] die neben Feierlichkeit im Gefühl der Erhabenheit ihren Ausdruck fand, dem sich das nächste Teilkapitel widmet.

• • •

Im Planetarium wurde Weihnachten wissenschaftlich und Wissensvermittlung weihnachtlich. Die christliche Weihnachtsgeschichte wurde zum Gegenstand astronomischer Forschungen, das Planetarium zum Forschungsinstrument, mit dessen Hilfe sich die Geschichte beglaubigen und der Stern von Bethlehem als astronomischer Fakt erklären ließ.[270] Die Gefühle, die dabei aufkamen, mündeten in eine Stimmung der Feierlichkeit, die als ausschlaggebend für den Erfolg der Weihnachtsvorführungen im Planetarium erkannt wurde und an der gezielt Arbeit stattfand. Wundertopos und Techniken des Wunderns waren Komponenten dieser (ästhetischen) Arbeit, aus der Feierlichkeit hervorging, die auch mit der Erfahrung von Transzendenz zusammenhing: Das Erleben von Feierlichkeit kann als Form der Erfahrung großer Transzendenz verstanden werden, das im Planetarium durchaus in den Rahmen christlicher Religiosität gestellt wurde. Allerdings waren die Erfahrungen bedeutungsoffen genug, als dass sie sich auch in andere Erzählungen und Weltanschauungen einpassten. Das Weihnachtsfest und das Planetarium waren – auch aufgrund der Gefühle, die sie auszulösen vermochten – starke Symbole, die in Prozesse der Selbstvergewisserung und Identitätsstiftung eingebunden wurden und die in verschiedene Politiken miteingespannt werden konnten, um Weltordnungen zu kommunizieren und zu plausibilisieren. Jenseits der Weihnachtsstimmung produzierte das Planetarium ganzjährig einen Modus der Feierlichkeit, der die Wissensvermittlung dort zeichnete und transzendente Erfahrungen bereitete. Neben

269 Vgl. Bausinger 2019, S. 312.
270 Siehe auch Marché II 2005, S. 72 f.

dem Vokabular des Wunderns, mit dessen Hilfe diese Erfahrungen beschrieben wurden, schilderte das Planetariumspublikum sein Erleben als Eindruck der Erhabenheit.

6.3 Das technische Erhabene im Planetarium

> Der in kosmische Weiten schweifende Gedanke, der da erkennen wollte, wie die Welt wohl ihr Getriebe zusammenhält, er findet jetzt eine Stätte, die ihm den hohen Genuss wissenschaftlicher Erkenntnis vermittelt, ihm die Größe und Erhabenheit des unendlichen Weltganzen nahebringt und so nicht nur eine Stätte der Wissenschaft, sondern auch eine Stätte der Erbauung sein wird.[271]

Für sein Publikum war das Planetarium mehr als ein Ort der Wissensvermittlung – es war darüber hinaus eine »Stätte der Erbauung«, wie es das *Linzer Tagblatt* seinen Leser*innen verdeutlichen wollte. Weil das Planetarium genussvoll die »Erhabenheit des unendlichen Weltganzen« zugänglich machte, erfüllte es nicht nur belehrende Aufgaben, sondern auch solche, die dem Gebiet der Religion, Spiritualität oder Moral zugeordnet wurden. Die *Hamburger Nachrichten* schrieben in einem ähnlichen Zusammenhang vom »Staunen und innerer Erhebung«, die die »Wunder« des Planetariums hervorriefen und das Publikum dazu anregten, eine neue und als nötig erachtete »Ehrfurcht« vor »Natur« und »Schöpfung« zu entwickeln.[272] Auch die *Salzburger Wacht* versuchte, das den gewohnten Rahmen der Wissensvermittlung überschreitende Erleben im Planetarium zu fassen:

> Eine Stunde im Planetarium gehört zu den wirklich genussreichen, man begreift das Wunder der Sternenwelt und fühlt sich zu ehrfürchtigem Staunen vor der Gewalt des Weltalls hingerissen. Solche Erhebung tut uns modernen Menschen im Getriebe des Alltags not. Das ist wie ein Seelenbad und wir denken unwillkürlich an die Worte Kants: ›Im Reich der Natur sind die

271 -rr-: Eine neue Leipziger Bildungsstätte. In: Linzer Tagblatt, 22. 6. 1926. Österreichische Nationalbibliothek: ANNO.

272 J. J.: Das Planetarium muss kommen! In: Hamburger Nachrichten, 29. 8. 1928. Staatsarchiv Hamburg: 361–2 V 725i.

Welten und Sternensysteme nichts als Sonnenstaub, wenn sie mit der Schöpfung in ihrer Gesamtheit verglichen werden.‹[273]

In den zitierten Quellen nehmen Erhabenheit und das Erhabene eine zentrale Rolle ein, um den Mehrwert des Planetariums zu verdeutlichen und seine Wirkung zu erläutern. Gerade auch, um zu beschreiben, was das Planetarium abseits der Informationsweitergabe bewirkte, griffen die Menschen, die über das Planetarium berichteten, häufig auf das Wortfeld der Erhabenheit und damit verbundene Beschreibungsweisen zurück. Das Erhabene und Wundern sind einander eng verwandt, so beinhaltete der Wundertopos Verweise aufs Erhabene und die Wunder- und Erhabenheitserfahrungen waren im Planetarium nicht voneinander getrennt, sondern miteinander verquickt. Was war damit gemeint, wenn die Planetariumsgäste ihr Erleben als ›erhaben‹ beschrieben? In welcher Verbindung standen das Erhabene, Transzendenz, Wissenschaft und Technik? Was sagt das über die Wissensweisen des Planetariums aus?

Das Erhabene hat eine lange Geschichte, die an dieser Stelle nur kurz und in groben Zügen resümiert werden kann, um besser zu verstehen, was es mit der Erfahrung des Erhabenen im Planetarium auf sich hatte. In der Antike fungierte das Erhabene als rhetorische Kategorie, hatte aber auch moralische Bedeutung und galt als mit Enthusiasmus und Katharsis verwandtes Gefühl.[274] Einen regelrechten Erhabenheits-Hype gab es im 18. Jahrhundert, in dem mit den Philosophen Edmund Burke und Immanuel Kant zwei Erhabenheits-Theoretiker ihre Abhandlungen erdachten und veröffentlichten, die bis heute wichtige Referenzpunkte für eine philosophische Vermessung des Erhabenen darstellen.[275] Kant war und ist ein Held des deutschen Bildungsbürgertums. Mit Verweisen auf ihn und seine Überlegungen zum Erhabenen, die sich an vielen Stellen in den Quellen dieser Arbeit finden, ließ sich das Planetarium als Stätte der Hochkultur inszenieren und es ließen sich die Erfahrungen und Inhalte seiner Wissensvermittlung aufwerten. Zeitungsartikel und Planetariumsvorträge waren gespickt mit Kant-Zitaten, die die Gefühle und Erfahrungen, die das Planetarium auslöste, als erhaben, moralisch und kulturell wert-

273 O. A.: Sternphantasien. In: Salzburger Wacht, 9.1.1930. Österreichische Nationalbibliothek: ANNO.

274 Vgl. Pries, Christine: Einleitung. In: dies. (Hg.): Das Erhabene. Zwischen Grenzerfahrung und Größenwahn. Weinheim 1989, S. 1–30, S. 3.

275 Burke, Edmund: A Philosophical Enquiry into the Origin of our Ideas of the Sublime and Beautiful. London 1757; Kant, Immanuel: Beobachtungen über das Gefühl des Schönen und Erhabenen. Königsberg 1764.

voll adeln sollten – Kants Werk war auch in den 1920er-Jahren ein beliebter Referenzpunkt. Nicht zufällig fand die Wiederentdeckung des Erhabenen im Zusammenhang mit dem Zeitalter der Aufklärung statt. Sie war verbunden mit einer neuen Begeisterung für die Naturwissenschaften und ihre Objekte, die ganz dem aufklärerischen Zeitgeist entsprach: »The reemergence of the sublime was part of a positive revaluation of the natural world that by the eighteenth century had become a potential source of inspiration and education.«[276] Ganz besonders die Berge und hochalpine Welten, die bis dato eher als hässlich und abschreckend galten, wurden durch die neue Rahmung zu Objekten, die Erhabenheit ausstrahlten und dadurch anders – nämlich als ästhetisch und genüsslich – wahrgenommen wurden.[277] Das Ergebnis war eine erste Welle des alpinen Tourismus, der die Menschen in die Berge führte, wo sie im Angesicht der Natur das Erhabene erleben wollten.[278] Ebenfalls im 18. Jahrhundert entwickelte sich im Gartenbau und in der Landschaftsarchitektur ein Praxiswissen über die Herstellung und Inszenierung erhabener Ansichten und Momente. Es kam bei der Gestaltung von Parks und Gartenanlagen zum Einsatz und ging mit der Herausbildung entsprechender Wahrnehmungsweisen – wie etwa einem touristisch-panoramatischen Blick für Landschaft – einher.[279] Gegenstand dieser neuen Wahrnehmungspraktiken war auch der Sternenhimmel, der prominent von Kant als eine prädestinierte Quelle des Erhabenen benannt wurde, worauf sich später die Planetarien beriefen.[280] Dabei fand die Erfahrung von Erhabenheit auch christlich-religiöse Ausdeutungen, wurde beispielsweise als Gefühl der Ehrfurcht vor Gott und der Schöpfung ausgelegt. Anhand dieser Beispiele wird deutlich: Das Erhabene war ein soziales Projekt und hing mit erlernten und veränderbaren Wahrnehmungsweisen, Rezeptionspraktiken und ihren Ausdeutungen zusammen. Als Quelle des Erhabenen galt zunächst die Natur, die dort, wo ihre (Über-)Größe und (Über-)Macht zu erfahren war,

276 Nye, David E.: American Technological Sublime. Cambridge/London 1994, S. 6.
277 Siehe dazu Fischer 2001, S. 350.
278 Ebd.
279 Vgl. Bartels, Klaus: Über das Technisch-Erhabene. In: Pries, Christine (Hg.): Das Erhabene. Zwischen Grenzerfahrung und Größenwahn. Weinheim 1989, S. 295–316, S. 298.
280 Ein berühmtes Kant-Zitat taucht dabei immer wieder auf: »Zwei Dinge erfüllen das Gemüt mit immer neuer und zunehmender Bewunderung und Ehrfurcht, je öfter und anhaltender sich das Nachdenken damit beschäftigt: der bestirnte Himmel über mir und das moralische Gesetz in mir.« Kant, Immanuel (1788): Kritik der praktischen Vernunft. Grätz 1796, S. 338. URL: http://idb.ub.uni-tuebingen.de/opendigi/Af138#p=1 (Zugriff: 28.8.2021).

eine Mischung aus Schönheit und Schrecken verbreitete, die in Kants Augen den Kern des Erhabenen ausmachte. Die Philosophin Christine Pries fasst die Doppelläufigkeit und Ambivalenz des Kant'schen Erhabenen zusammen:

> Auf der einen Seite gehört zum Gefühl des Erhabenen die Ohnmacht und Infragestellung des Subjekts angesichts der übermächtigen Natur, des einstürmenden ›Zuviel‹. Das Subjekt kann mit den (Un-)Formen, die ihm begegnen, nichts mehr anfangen, kann nicht mehr auf die ›Zweckmäßigkeit‹ der Natur vertrauen, von der die Einheit der Welt (und des Subjekts) sowie die Möglichkeit einer aus den schönen Formen der Natur noch ableitbaren Metaphysik abhängen. Gleichzeitig zeigt das Erhabene aber, wie aus den zwei Welten der Kritik doch noch eine einheitliche Metaphysik, wie also der Vielheit eine Einheit abgerungen werden kann – sei es auch um den Preis der gewalttätigen Unterwerfung nicht nur der äußeren, sondern auch der inneren Natur unter die Vernunftsidee.[281]

Im Anschluss an Kant versucht Pries das Konzept des Erhabenen fürs 20. Jahrhundert zu aktualisieren. Sie beobachtet zum Ende des 20. Jahrhunderts eine neue, postmoderne Rennaissance des Erhabenen, das nun aber vornehmlich als ästhetische Beschreibungsformel fungiere und zum »Passpartoutbegriff im intellektuellen Smalltalk«[282] avanciert sei. Dennoch war und bleibe das dahinterstehende Phänomen, jenseits aller Moden, für viele Lebensbereiche relevant, auch wenn der Begriff des Erhabenen nicht immer zu seiner Beschreibung Verwendung finde.[283] Pries sieht das Erhabene vor allem durch seine innere Widersprüchlichkeit ausgezeichnet – seine Erfahrung ist paradox, eine Gleichzeitigkeit von Lust und Unlust, Ordnung und Chaos, Vernunft und Wahnsinn.[284] Das Erhabene sei, mit Schiller gesprochen, ein »gemischtes Gefühl«,[285] wobei »[d]er ›Kontrast‹ der beteiligten Gemütskräfte [...] konstitutiv für das Erhabene«[286] sei und das Erhabene letztlich die »Grenze zwischen den Extremen«[287] markiere. Bemerkenswert ist, dass das Erhabene – sowohl bei Kant als auch bei Pries – dabei nicht so sehr als Eigenschaft von Natur, denn als Erfahrung, Gefühl und

281 Pries 1989, S. 10.
282 Vgl. ebd., S. 1.
283 Vgl. ebd., S. 2.
284 Vgl. ebd., S. 6 ff.
285 Vgl. ebd., S. 8.
286 Ebd., S. 11.
287 Ebd.

Wahrnehmungsmodus, die sie auszulösen vermag, hervortritt. Deutlich wird auch, dass das Erhabene mit Knoblauch als Erfahrung großer Transzendenz beschrieben werden kann, da es den Sinnhorizont des Alltags überschreitet und ihn neu justiert: Das Erhabene resultiert aus einer Erfahrung, die das Alltägliche und Gewohnte per definitionem hinter sich lässt und muss sich doch gleichzeitig in dessen Rahmen einfügen.[288] Zusammengefasst ist das Erhabene ein vieldeutiges, ambivalentes Gefühl und eine vielschichtige Erfahrung, die sich beim Erleben von Ereignissen, Situationen, Gegebenheiten einstellen, die die Wahrnehmung und Vorstellung überschreiten, herausfordern und damit per se transzendent wirken. Was den Eindruck des Erhabenen hervorruft, ist abhängig von dem, was als wahrnehmbar und vorstellbar in der Lebenswelt stattfindet, also gebunden an soziale Bedeutungskonstitutions- und Ordnungsprozesse. Folglich ist das Erhabene kontingent – wird zu verschiedenen Zeiten von verschiedenen Menschen und in verschiedenen Kontexten unterschiedlich erlebt und ausgestaltet.[289]

Im 18. Jahrhundert trat vor allem die Natur als Quelle des Erhabenen in Erscheinung. Dabei erwuchs das Erhabene zumeist aus der Erfahrung von menschlicher Macht oder Ohnmacht gegenüber der Natur: Es konnte entstehen, wenn ein Stück Natur ›bezwungen‹ war (als das beispielsweise das erfolgreiche Erklettern eines Gipfels oder die naturwissenschaftliche Entdeckung eines Vorgangs empfunden wurde) oder aber, wenn sich die Natur als unbezwingbar zeigte (wie etwa bei einem Vulkanausbruch oder einem Gewitter). Das Erhabene war also nicht ausschließlich an Natur gebunden, sondern Ausdruck der Beziehung von Menschen mit ihrer Natur, die je nach Kontext und Zeit Verschiedenes umfasste und bedeutete (siehe dazu Kapitel 4). Diese Beziehung gestaltete sich mehr und mehr durch den Einsatz von dem, was als Technik in aller Munde war. Entsprechend veränderte sich auch die Erfahrung des Erhabenen, die zunehmend durch den Anblick als beeindruckend empfundener, technischer Eingriffe von Menschen in die Natur entstand. Der Historiker David E. Nye untersucht diese Entwicklung des Erhabenen und nennt die neuen Formierungen, die er im 19. und 20. Jahrhundert vermehrt in den USA beobachtet, »technological sublime« – das technische Erhabene. Für Nye ist das technische Erhabene ebenfalls ein gemischtes Gefühl, eine sich durch die Gleichzeitigkeit von Erstaunen, Bewunderung und Schrecken auszeichnende, machtvolle Erfahrung, die Menschen angesichts von Natur, Technik und Ar-

288 Vgl. ebd., S. 23.
289 Vgl. Nye 1994, S. xvi f.

chitektur machten.[290] Diese Erfahrung konnte Gemeinschaft stiften und ihr kam, so zeigt es Nye anhand zahlreicher Beispiele, eine entscheidende Rolle für die Nationenbildung der USA zu.[291] Das Erhabene trat an die Stelle der Religion und fungierte in der pluralistischen Gesellschaft der USA als Bindemittel, als kommunales Gefühl, um das herum sich nationale Ereignisse und Feiertage (wie der unter anderem durch seine Feuerwerke sublime 4. Juli)[292] herausbildeten:

> One of the most powerful human emotions, when experienced by large groups, the sublime can weld society together. In moments of sublimity, human beings temporarily disregard divisions among elements of the community. The sublime taps into fundamental hopes and fears. It is not a social residue, created by economic and political forces, though both can inflect its meaning. Rather, it is an essentially religious feeling, aroused by the confrontation with impressive objects, such as Niagara Falls, the Grand Canyon, the New York skyline, the Golden Gate Bridge, or the earth-shaking launch of a space shuttle. The technological sublime is an integral part of contemporary consciousness, and its emergence and exfoliation into several distinct forms during the past two centuries is inscribed within public life. In a physical world that is increasingly desacralized, the sublime represents a way to reinvest the landscape and the works of men with transcendent significance.[293]

Nye beschreibt das (technische) Erhabene als dezidiert transzendente Erfahrung, die religionsähnliche Züge annehmen und ähnliche Funktionen wie Religion erfüllen kann. Die Erfahrung des (technischen) Erhabenen versieht ihre Objekte und Subjekte mit Bedeutung. Deshalb war und ist sie – ähnlich wie Weihnachten – politisch wirksam. Nye geht es in seiner Arbeit nicht darum, eine wasserdichte philosophische Definition des Erhabenen abzuliefern, er ist an der Erfahrungsdimension interessiert und will verstehen, wann und wie das Erhabene aufkam, wie es sich veränderte und welche gesellschaftliche Rollen es übernahm. Für ihn ist das Erhabene vor allem durch das Staunen und die Verwunderung gekennzeichnet, die es auslöst, kann sonst aber verschiedene Formen annehmen: »The test for determining what is sublime is to observe whether or not an object strikes people dumb with amazement. The few experiences

290 Vgl. ebd., S. xvi.
291 Vgl. ebd., S. xiv.
292 Vgl. ebd., S. 43 & S. 274 f.
293 Ebd., S. xiii.

that meet this test have transcendent importance both in the lives of individuals and in the construction of culture.«[294] Diesen Nye'schen Erhabenheitstest bestehen die Planetarien der 1920er-Jahre ohne Zweifel, das ist im Verlauf der vorangegangenen Kapitel deutlich geworden: Die Planetarien erregten Erstaunen und Wundern bis zur Sprachlosigkeit, riefen große Begeisterung hervor und trugen mit und durch ihre Darstellung von astronomischem Wissen und den damit verbundenen Weltanschauungen zu gesellschaftlichen Aushandlungen, Ordnungen und (Selbst-)Vergewisserungsprozessen bei. Darüber hinaus konnte ein Planetariumsbesuch auch für individuelle (spirituelle, religiöse oder politische) Weltanschauungen bedeutsam sein, die dort erlebt und bearbeitet wurden. Mit Nyes Ausarbeitung des technischen Erhabenen lässt sich die vielschichtige Transzendenzerfahrung des Planetariums auf den Punkt bringen. Außerdem lassen sich die verschiedenen Erfahrungsdimensionen, die hier bereits ausführlich diskutiert wurden, zusammenfassen und miteinander verknüpfen: Die Wissenschafts-, Natur-, Körper- und Technikerfahrungen, die das Planetarium barg, trugen zum Eindruck des Erhabenen bei und waren von ihm geprägt.

Die Erfahrung des technischen Erhabenen im Planetarium war zunächst an den Planetariumsprojektor geknüpft. Er galt dem Publikum als »Riesenmaschine«,[295] als »Wunder der Technik«, als »Füllhorn der Unendlichkeit«,[296] als »Sieg der raffinierten Technik«[297] oder als »gewaltiger Triumph menschlicher Erfindungskraft und Arbeit«.[298] Vom Planetariumsprojektor ging ein Eindruck des Erhabenen aus, der ganz und gar durch sein Technisch-Sein bestimmt war: Seine Größe, sein Aussehen, das ungewohnt war und visuelle Rätsel aufgab, seine Funktionen und die dahinterstehenden Ingenieursleistungen rückten in den Mittelpunkt der Aufmerksamkeit, riefen Staunen hervor und machten das Publikum sprachlos (siehe dazu Kapitel 3): Der Projektor erschien beispielsweise als »phantastisches Gestell, das man nicht beschreiben kann«[299] und dessen »Schönheit fast ebenso

294 Ebd., S. 16.

295 O. A.: Das erhabenste Bilderbuch. In: Kleine Volks-Zeitung, 12. 6. 1930. Österreichische Nationalbibliothek: ANNO.

296 O. A.: Im neuen Planetarium. In: Kleine Volks-Zeitung, 9. 1. 1930. Österreichische Nationalbibliothek: ANNO.

297 O. A.: Das künstliche Firmament. In: Salzburger Chronik für Stadt und Land, 13. 6. 1927. Österreichische Nationalbibliothek: ANNO.

298 Friedrich Dannenberg: »Der Himmel der Heimat«, Skript zum Planetariumsvortrag, Herbst 1926. Staatsarchiv Hamburg: 361-2 V 725c.

299 O. A.: Das Zeiss-Planetarium. In: Prager Tagblatt, 28. 11. 1926. Österreichische Nationalbibliothek: ANNO.

überwältigend ist wie seine überraschende Präzision«.[300] Er trat als eigenständiger Akteur auf, der die Wahrnehmung herausforderte, und symbolisierte zugleich die menschliche Macht über die Natur qua Technik (siehe Kapitel 3.2). In dieser Doppelfunktion verbreitete der Apparat eine Mischung aus Vergnügen und Schrecken. Die Planetariumsgäste erlebten eine Gleichzeitigkeit von Macht und Ohnmacht, die ihnen die Konfrontation mit dem Projektor bereitete – eine ambivalente Gefühlslage, die genau dem entspricht, was Pries und Nye als Kern der Erfahrung der Erhabenheit beschreiben. Die schiere Unvorstellbarkeit der Technik, die visuell ungewohnte Anmutung der Maschine, ihre Funktion, die als Ermächtigung über die Natur erzählt wurde, machten den Planetariumsprojektor zum Prototyp des technischen Erhabenen. Neben dem Staunen, durch das sich das Erhabene zwangsläufig auszeichne, beschreibt Nye weitere Eigenschaften des technischen Erhabenen, die sich auch im Planetariumsprojektor kristallisierten: Gigantismus, den Eindruck der Naturbeherrschung und schließlich die Idee wissenschaftlicher und erfinderischer Genialität, die darin erkennbar wurde – zusammengenommen erwirkten sie die technisch vermittelte und an Technik geknüpfte Erfahrung von Erhabenheit, für deren eindrückliche Ambivalenz ein*e Autor*in der *Bergedorfer Zeitung* folgende Worte fand: »Man spürt etwas wie eine eisige kalte Hand in seinem Rücken, wenn man sich klar macht, dass der Mensch hier ein Mittel geschaffen hat, mit dem er dem Weltlauf vorzugreifen vermag, mit dem er je nach Belieben in der Vergangenheit, in der Zukunft spazieren gehen kann.«[301]

Der Projektor war schon im ausgeschalteten Zustand groß und forderte die Wahrnehmung heraus. Durch seine Entstehungsgeschichte erschien er als besonders großartig, und seine geheimnisvolle Anmutung trug zum Eindruck des Erhabenen bei. Noch größer und überwältigender wirkte der Planetariumsprojektor allerdings, wenn er den Sternenhimmel an die Kuppel projizierte. Erst im angeschalteten Zustand steigerte sich die Erfahrung der Technik zur Erfahrung des technischen Erhabenen – erst dann entfaltete sich die ganze Größe des Projektionsplanetariums und erst dann wurde die dahinter vermutete Genialität augenscheinlich: »Haben wir uns ein wenig an die Dunkelheit gewöhnt – – auf einmal: ›Ah!‹ – über uns die ganze glitzernde Sternenwelt! Fabelhaft; die Stimmung, die wunderbare Poesie dieses Augenblicks, die Weihe

300 O. A.: Im Planetarium. In: Linzer Volksblatt, 19.12.1926. Österreichische Nationalbibliothek: ANNO.
301 tm.: Hamburgs Planetarium. In: Bergedorfer Zeitung, 12.4.1930. Staatsarchiv Hamburg: 135-1 I–IV 5061.

dieses grandiosen Erlebnisses lässt sich überhaupt nicht beschreiben.«[302] Das Anschalten des Projektors und die darauffolgende, unerwartete, eindrückliche und immersive Projektion des Sternenhimmels überraschte das Planetariumspublikum und sorgte für Überwältigung, die zur Erhabenheitserfahrung beitrug. Kant beschreibt zwei Sorten des Erhabenen, auf die sich sowohl Pries als auch Nye beziehen: das dynamische und das mathematische Erhabene. Grob zusammengefasst versteht Kant als dynamisches Erhabenes das Erhabene, das von ›roher‹ Natur ausgeht, und als mathematisches Erhabenes dasjenige, das die Bearbeitung der Natur hervorruft.[303] Das Erhabene des Planetariums lässt sich weder dem einen noch dem anderen zuordnen, sondern entpuppt sich als Mischung der beiden: Erhabenheit ging nicht nur von der Planetariumstechnik aus, der projizierte Sternenhimmel galt darüber hinaus als Naturschauspiel, das als solches Erhabenheit versprühte (siehe Kapitel 4). Im Planetarium fand eine Symbiose aus technischem und natürlichem, mathematischem und dynamischem Erhabenen statt, die Nye als Sonderform und Weiterentwicklung des technischen Erhabenen fasst. Er bezeichnet sie als elektrisches Erhabenes:

> Kant's sublime made the individual humble in the face of nature, the technological sublime exalted the conquest of nature. The electrical sublime represented a third kind of experience, as it dissolved the distinction between natural and artificial sites. In blurring or even erasing this line, it created a synthetic environment infused with mystery.[304]

Das elektrische Erhabene geht von Phänomenen aus, die weder dem Bereich der Natur noch dem Bereich der Kultur zuzuordnen sind und die Trennung der beiden Sphären infrage stellen. Das Planetarium hat sich bereits als ein solches Durch(-)einander von Natur und Kultur herausgestellt – als Ort, an dem die Grenzen der beiden Sphären überschritten und die zugrunde liegenden Kategorien neu verhandelt wurden (Kapitel 4). Der Sternenhimmel galt den Besucher*innen als technisch reproduziert und natürlich zugleich. Diese Gleichzeitigkeit wurde nicht problematisiert, sondern als emotional und epistemisch gewinnbringend hingenommen und geschätzt. Ausschlaggebend dafür waren die Gefühle, die der Planetariumshimmel hervorrief. Das Staunen und die Erfahrung der Erhabenheit wurden als besonders authentisch empfunden

302 Jens Janssen: Unsere Sternschau. In: o. A., April 1930. Staatsarchiv Hamburg: 135–1 I-IV 5061.

303 Vgl. Bartels 1989, S. 302.

304 Nye 1994, S. 152.

und verliehen ihm seinen Status als Natur (siehe Kapitel 4.3). Das Erhabene des Planetariums war natürlich, technisch, und es war elektrisch, insofern es die Grenzen von Natur und Technik überschritt. Warum macht Nye diese Grenzüberschreitung gerade am Elektrischen fest? Warum ist es in seinen Augen ausgerechnet die Elektrik, die von allen technischen Entwicklungen eine neue Qualität der Erhabenheitserfahrung mit sich bringt? – Elektrik ist für Nye zunächst elektrische Beleuchtung, die seit Ende des 19. Jahrhunderts Straßen, Fassaden, Parks und touristische Sehenswürdigkeiten wie beispielsweise die Niagara-Fälle zum Erstrahlen brachte. Mit Hilfe von elektrischer Beleuchtung konnten Landschaften, Bauwerke und Objekte neu inszeniert werden. Sie erschienen des Nachts nun vornehmlich als visuelle Effekte, rückten gewissermaßen in ein anderes Licht und wurden dadurch auf andere, ungewohnte Art und Weise wahrnehmbar.[305] Die Elektrotechnik selbst war beeindruckend und ihre erhabene Anmutung verband sich mit der Wirkung der Objekte, die sie anstrahlte. Beleuchtung und Elektrizität steigerten das Erhabene des von ihnen Beleuchteten und waren durch ihre technische Raffinesse gleichzeitig selbst Auslöser für Staunen und Erschauern:

> Spectacular lighting made possible the awe-inspiring manipulation of both nature and the man-made. As electrical lighting transformed the appearance of streets, bridges, skyscrapers, public monuments, the Natural Bridge, and Niagara Falls, it became not only the double of technology but also a powerful medium of cultural expression that could highlight both natural and technological objects and heighten their sublimity.[306]

Mithilfe von Elektrotechnik ließ sich Erhabenheit verdoppeln und steigern. Nye erkennt eine neue Art des Erhabenen, das die elektrotechnische Inszenierung von (natürlichen) Phänomenen ausstrahlte, weil sie das Erhabene steigerte und entgrenzte.

Im Planetarium war das Spiel mit der Beleuchtung zentral, sie wurde dort selbst zur Attraktion und brauchte nichts weiter als eine weiße, gewölbte Fläche, auf der sie den Nachthimmel wahrnehmbar machte. Der Sternenhimmel, den die Planetariumsgäste der Natur zuordneten, wurde nicht beleuchtet, sondern er selbst war ganz und gar Beleuchtung. Im Planetarium waren Natur und Technik als elektrisches Lichtspiel erfahrbar, das dazu einlud, damit zu inter-

305 Vgl. ebd., S. 145.
306 Ebd., S. 172.

agieren und sich darin zu verlieren. Die 360°-Projektion war eine genussvolle Herausforderung für die Wahrnehmung, die zum intensiven Schauen aufforderte und dabei die Sinne der Besuchenden in Beschlag nahm (siehe Kapitel 5.2). Hier kamen die Körper der Planetariumgäste ins Spiel, die an der Erfahrung des Erhabenen maßgeblich mitarbeiteten. Das Erhabene kommt zwar bei den hier zitierten Philosoph*innen erstaunlich körperlos daher und auch Nye widmet sich der körperlichen Seite des technischen Erhabenen nicht explizit, aber das Erhabene als Gefühl und Erfahrung ist nicht körperlos. Ganz im Gegenteil – es braucht involvierte, wahrnehmende Körper, an denen es sich manifestieren kann, die damit umgehen und es artikulieren. Beschreibungen von Erhabenheitserfahrungen kommen selten ohne Körper aus: Der körperliche Umgang mit dem Erhabenen und die Effekte, die das Erhabene auf den Körper hat, wurden und werden dazu herangezogen, die Erfahrung des Erhabenen überhaupt sagbar zu machen. Das gilt auch für das elektrische Erhabene des Planetariums. Die Drastik und Übermacht der Erhabenheitserfahrungen schilderten die Planetariumsgäste, indem sie auf ihre starken Wirkungen verwiesen, die sie an ihren Körpern beobachteten: »Man wagte nicht zu atmen, so schön war das alles, so voller Wunder war das alles«;[307] »das Herz möchte dir stille stehen«;[308] »man ist trunken, berauscht, hingerissen und schier verzaubert«[309] – die überwältigenden Sinnesreize, mit denen das Planetarium aufwartete und die der Erhabenheit den Weg bahnten, überstiegen die Wahrnehmungskapazitäten des Körpers, sodass seine Vitalfunktionen ins Stocken zu geraten schienen und sich ein Gefühl des Kontrollverlusts einstellte. Dabei standen Erhabenheit und Körper nicht in einem Reiz-Reaktions-Verhältnis, vielmehr war es auch der sinnlich agitierte Körper, der das Erhabene des Planetariums erst hervorbrachte und an dessen Erfahrung aktiv mitarbeitete. Hierzu kamen die Körpertechniken des Wunderns zum Einsatz (siehe dazu Kapitel 5), die als elementarer Teil die Erhabenheitserfahrung begründeten: Schauen, Erschauern, hörbar Staunen und das Öffnen der Wahrnehmung sind der gemeinsame Nenner, auf den sich Wundern und Erhabenheit bringen lassen und anhand dessen ihre enge Verknüpfung augenscheinlich wird. Das Planetarium war ein Ort, an dem die

307 tm.: Hamburgs Planetarium. In: Bergedorfer Zeitung, 12.4.1930. Staatsarchiv Hamburg: 135-1 I–IV 5061.

308 Th. H.: Unser Planetarium. In: Hamburger Nachrichten, 21.6.1925. Staatsarchiv Hamburg: 135-1 IV 5061.

309 O.A.: »Weißt du wieviel Sternleins tehen …?« In: Neuigkeits-Welt-Blatt, 10.1.1930. Österreichische Nationalbibliothek: ANNO.

Techniken des Wunderns und damit auch die Erfahrung des Erhabenen erprobt und erlernt werden konnten.

Zu guter Letzt war die Erfahrung des Erhabenen im Planetarium eine soziale und geteilte Erfahrung. Deshalb konnte sie eine politische und gesellschaftliche Wirkmacht entfalten und wirkte auch jenseits der Mauern der Planetariumsbauten. Nye ist es wichtig zu betonen, dass das technische Erhabene eine geteilte Emotion ist und erst als geteilte Emotion verständlich wird. Weil andere mit anwesend sind und dieselbe, unbegreifliche Wahrnehmung haben, die schwer auszudrückenden Gefühle und Erfahrungen teilen, werden sie real und gültig. Die Erfahrung, zu einer staunenden Menge zu gehören, trägt ebenso zum Eindruck des Erhabenen bei, wie der Gegenstand, dem die Erhabenheit zugesprochen wird: »The crowd's infectious enthusiasm is an essential part of the atmosphere surrounding a world's fair, the celebration of a new technology, or an Independence Day.«[310] Auch der Planetariumsbesuch war unter anderem dadurch gekennzeichnet, dass er in Gemeinschaft stattfand. Obwohl die Dunkelheit und das isolierte Sitzen zunächst den Eindruck erwecken mögen, als seien die Planetariumsgäste ganz mit sich selbst beschäftigt gewesen, ist deutlich geworden, wie die Wahrnehmung der fühlenden, denkenden und agierenden anderen die Gefühle und Erfahrungen mitprägte – der Planetariumsbesuch war ein soziales Unterfangen (siehe dazu Kapitel 5 und Kapitel 6.1). Die Planetariumsvorträge beschworen Kollektive verschiedener Art – mal ging es um ›die Christen‹, mal um ›die Deutschen‹, mal um ›die Kommunisten‹, oder um ›die Städter‹, aber erstaunlich oft ging es um ›die Menschen‹, die durch den Blick in den Sternenhimmel vereint seien, der sie auf ihr gemeinsames Mensch-Sein zurückwerfe:

> Unbegreiflich und herrlich, wie am ersten Tag, an dem Menschen zu den Sternen aufschauten, sind uns die hohen Werke der Schöpfung, von denen wir noch immer erst Bruchteile von Entfernungen, Bruchteile von Zeiten ermessen können und nur ein wenig mehr ahnen und empfinden. […] Hinter diesem ewigen Auf- und Absteigen der Sonne bewegt sich das All mit seinen tausenden Sternen wie eine prächtige Kulisse vorbei. ›Es bleibe Licht!‹ hat eine geheimnisvolle Stimme befohlen, und aus dem Urgang der Zeit hat sich eine neue, eine verzauberte Welt gehoben, in welcher den ohnmächtigen Menschlein wie in der alten nichts übrig bleibt, als zu staunen und zu glauben.[311]

310 Vgl. Nye 1994, S. xiv.

311 O. A.: Verzauberte Welten. In: Kleine Volks-Zeitung, 4.11.1927. Österreichische Nationalbibliothek: ANNO.

Trotz all dem Wissen, das das Planetarium unbestritten vermittelte, blieb den Besucher*innen am Ende auch der Eindruck der eigenen Nichtigkeit und Begrenztheit des Wissbaren. Ein Eindruck, der der Erfahrung des Erhabenen und der damit zusammenhängenden großen Transzendenz zuträglich war: Staunen, Glauben, Ahnen und Empfinden flankierten das Wissen im Planetarium, verliehen ihm Bedeutung und machten es nötig, die Sinnschichten des Gewohnten neu zu justieren, mit den Möglichkeiten und Grenzen der menschlichen und technischen Wirkmacht umzugehen und sie in die eigene Weltanschauung einzupassen. Wissen, die Erfahrung seiner Grenzen und die damit zusammenhängenden Gefühle des Wunderns und des Erhabenen machten den Planetariumsbesuch zur transzendenten Erfahrung.

• • •

Weil im Planetarium Transzendenz erfahren werden konnte, erschien es den Zeitgenoss*innen als »Wunder« – und weil sich das Planetarium seinen Besucher*innen als Wunder präsentierte, konnten sie dort große Transzendenz erfahren. Große Transzendenz, mit Hubert Knoblauch verstanden als Ergänzung der Erfahrung um Sinnaspekte, die den Horizont der alltäglichen Lebenswelt herausfordern, bedeutet auch Arbeit an Weltanschauungen, die im Planetarium stattfand. Das astronomische Wissen, das es vermittelte, war mit einer emotionalen Haltung verbunden, die dafür sorgte, dass das Planetarium nicht nur Informationen weitergab, sondern den Besucher*innen darüber hinaus die Gelegenheit bot, ihre Beziehungen (zu Technik, Natur, anderen Menschen) zu befragen, an ihnen zu arbeiten, die resultierenden Beziehungsgeflechte in ihre Weltanschauung und damit zusammenhängende Imaginationen einzupassen und vice versa. Ausschlaggebend dafür waren die Emotionen, die das Planetarium bereithielt und die als religiöse Gefühle bereits bekannt waren: Staunen, Wundern, der Eindruck von Feierlichkeit und die Erfahrung des (technischen) Erhabenen, die die Wissensvermittlung rahmten, sorgten dafür, dass sie zur (ästhetischen) Arbeit am Sinnhorizont des Alltags geriet. Das vermittelte Wissen erhielt durch die zugrunde liegende Inszenierung eine sakrale Aura, sodass es als für die eigene Lebensrealität bedeutsam wahrgenommen und in Gedankenspiele mit der Zukunft eingebunden wurde. Den Gefühlen und Erzählungen, die maßgeblich zur Transzendenzerfahrung beitrugen, lagen (Körper-)Techniken des Wunderns zugrunde, die im Planetarium erlernt, geübt und weiterentwickelt wurden. Unterm künstlichen Firmament wurden die Techniken des Wunderns außerdem zu Wissenstechniken, denen ein erzieherisches und epistemisches Potenzial zugesprochen wurde. Die Transzendenzerfahrung des Planetariums war zunächst bedeutungsoffen. Verschiedene Instanzen der Weltdeutung versuchten allerdings, sie für sich nutzbar zu machen. Die Gefühle und Erfahrungen, die das Planetarium hervorrief, konnten im Rahmen verschiedener Weltanschauungen Bedeutung gewinnen – oftmals sogar gleichzeitig. So war es beispielsweise möglich, dass zwei Besucher*innen derselben Weihnachtsvorführung sich vom Planetarium in ihren unterschiedlichen Weltanschauungen bestätigt sahen – die Vorführung und die Gefühle, die sie auslöste, konnten sowohl für eine christliche als auch eine säkular-szientistische Weltanschauung bedeutsam werden. Das Planetarium fungierte aufgrund seines transzendenten und emotionalen Potenzials als Symbol und war als solches in politische Machtkämpfe miteingebunden. Die Arbeit an der Weltanschauung, an der Besucher*innen, Vortragende, die Presse, aber auch der Planetariumsraum und nicht zuletzt der Projektor mitwirkten, war vornehmlich Beziehungsarbeit: Es ging darum, ein sich als Wissen präsentierendes Beziehungsgeflecht zu verstehen, das die Vorführungen entfalteten, und es sich zu eigen zu machen.

7. Fazit: Das Planetarium als Grenzerfahrung und Durch(-)einander

Auf den vorangegangenen Seiten hat sich das Projektionsplanetarium der 1920er-Jahre als Leitfossil einer empirisch kulturwissenschaftlichen Forschung behauptet, die nach vergangenen, gegenwärtigen und zukünftigen Alltagserfahrungen fragt. Sie ist daran interessiert, den Komplexitäten des Daseins in Gesellschaft Raum zu geben, ihnen in ihrer Vieldeutigkeit nachzuspüren und Geltung zu verschaffen. Vor diesem Hintergrund zeigte sich das Planetarium als Ort der Arbeit an den Beziehungen von Menschen, Technik, Natur, Wissen(schaft) und Welt – als Raum, in dem diese Beziehungen zur Verhandlung standen, ausgeformt und erfahren wurden. Anhand von vier Fallbeispielen, den Planetarien in München, Jena, Wien und Hamburg, ist deutlich geworden, wie Wahrnehmung und Weltdeutung, Wissen und Wundern, Erfahrung und Erkenntnis im Planetarium miteinander zusammenhingen und aufeinander angewiesen waren. Alle vier Fallbeispiele gehören zu den ersten Planetarien, die weltweit eröffneten, und stehen mit ihren je unterschiedlichen Kontexten für verschiedene Seiten des Planetariums. Verbunden waren sie durch die Wunder der Technik und Techniken des Wunderns, die sie ihren Besucher*innen zugänglich machten. Die Quellen, die von den vier Planetarien zeugen und die dieser Arbeit zugrunde liegen, sind Träger einer ›Sprache der Erfahrungen‹. Sie macht die Praxis-Diskurs-Formationen sichtbar, die das Planetarium mit seinen Wissens-, Fühl-, und Wahrnehmungsweisen prägten und die aus ihnen hervorgingen. Die Quellen enthalten Niederschläge der Wissensordnungen und Weltanschauungen, die sich im Planetarium zusammensetzten, und sind die Grundlage, auf der diese historische Ethnografie des Planetariums fußt.

Die Erfahrungen, die das Planetarium ermöglichte – die Wahrnehmungs-, Wissens- und Fühlweisen, die es seinen Gästen anbot – wurden von ihnen als Wundern oder Staunen beschrieben. Damit ist eine komplexe emotionale und epistemische Haltung angesprochen, deren verschiedene Schichtungen und Bezüglichkeiten im Verlauf der Arbeit ausgelotet worden sind. Die narrative und inszenatorische Rahmung des Planetariums als »Wunder der Technik« zeigte sich als Ausformung des Wundertopos, der sich als erfolgreiche Erzählweise der Wissensvermittlung bereits im 19. Jahrhundert etabliert hatte. Der Wundertopos als Inszenierungsstrategie und Erzählweise bereitete den Rahmen für die Erfahrungen im Planetarium, schürte Erwartungen daran, was es im

Planetarium zu erleben gab, und stellte ein Vokabular bereit, um die dortigen Erfahrungen zu beschreiben. Er fungierte außerdem als eine Form von Gefühlsmanagement, da er die verschiedenen Emotionen, die die Konfrontation mit dem unbekannten und gigantischen Planetariumsprojektor hervorrief, als Wundern kanalisierte, sagbar und fühlbar machte. Wenn Denk-, Wissens-, und Ausdrucksweisen an ihre Grenzen stoßen, lassen sich die resultierende Unsicherheit und Offenheit als Wundern fassen, positiv umdeuten und produktiv machen. Insofern taugt Wundern zum Modus der Wissensvermittlung und erlaubt es, den Umgang mit den Grenzen der eigenen Erkenntnis vergnüglich zu gestalten, ihm sogar eine transzendente Note zu verleihen.

Im Planetarium fanden solche Grenzerfahrungen statt: Wundern lud dort zur aktiven Auseinandersetzung mit dem Bewunderten ein und versetzte die sich Wundernden in die Lage, sich an den Grenzen des Denk- und Vorstellbaren zu schaffen zu machen. Wundern ist das Ergebnis von Techniken des Wunderns, die im Planetarium eingeübt, ausgehandelt und gestaltet wurden. Dazu zählten Inszenierungsstrategien, Erzählweisen, wie der Wundertopos, und Körperpraktiken, zu denen beispielsweise die räumliche Ausstattung des Planetariums befähigte und die sie begrenzte. Mit den Techniken des Wunderns im Planetarium ist auf eine besondere, verkörperte Fähigkeit verwiesen, die das Planetarium ermöglichte und die dort erlernt, eingeübt und ausgestaltet werden konnte: Die *téchne*, sich mit der Welt und dem Weltraum in Bezug zu setzen und das Wissen darüber in seiner Bezüglichkeit und Bedeutsamkeit für die eigene Lebenswelt zu erfahren. Wissen war im Planetarium Körpersache, Wahrnehmungsweise und an Gefühle (allen voran das Wundern) gekoppelt, die es mit zusätzlichen Sinnaspekten versahen.

Die Erfahrungen, die das Planetarium beförderte, wurden vom Wundertopos gerahmt und entstanden durch die Techniken des Wunderns. Sie hatten viele Dimensionen, die sich überlappten. Hier standen vier Aspekte der Planetariumserfahrungen im Mittelpunkt, die alle auf die Beziehungsgeflechte verweisen, die sich im Planetarium entfalteten und von Ambivalenzen geprägt waren: die Erfahrungen von Technik, Natur, Körper und Transzendenz. Technik zeigte sich im Planetarium als janusköpfige Entität, die Menschen ermächtigt und entmachtet zugleich – eine Entität, die beherrscht werden, sich aber auch eigensinnig der menschlichen Beherrschung entziehen kann. Natur erschien ebenfalls als Durch(-)einander, die zwar einerseits als der urbanen Lebenswelt der Planetariumsbesucher*innen völlig entgegengesetzt imaginiert wurde, aber gleichzeitig erst unter ihren Bedingungen und in ihrem Kontext als ›reine‹ Natur erlebbar wurde. Die Körpererfahrungen im Planetarium konnten sich zu Immersion, Schwindel und Rausch steigern und so die Zuschauenden ihren Körper vergessen lassen, während sie ihn ganz und gar in Anspruch nahmen. Schließlich verschwammen im Planetarium die Grenzen von Säkularem und Profanem, welche die Grundlage klassischer Religiosität darstellen – gerade deshalb galt es seinen Gästen als transzendenter Raum. Das Planetarium war ein Ort subtiler Grenzerfahrungen, die als Wunder(n) benennbar und erlebbar wurden. Als dezidierte Einrichtung der Wissensvermittlung war das Planetarium aber auch eine Institution, die Wissen(schaft) erfahrbar machte. Im Planetarium wurde Wissen als Atmosphäre und Stimmung zugänglich und Wissenschaft erschien unter anderem als Quelle von Ästhetik und Vergnügen. Die Atmosphäre, die das Wundern im Planetarium formte, prägte nicht zuletzt die Erfahrung von Wissen und Wissenschaft, die die Gäste des Planetariums mitnahmen. In Anlehnung an das technische Erhabene, wie Nye es skizziert, lässt sich der Modus der Wissensvermittlung im Planetarium als wissenschaftliches Erhabenes beschreiben: als Verzauberung der Welt nicht trotz, sondern aufgrund von Verwissenschaftlichung und Technisierung. Das wissenschaftliche Erhabene verweist auf ein Mehr des Wissens, das sich als ein Gefühl und eine Ahnung von Bedeutsamkeit beschreiben lässt und – wie das technische Erhabene und das Wundern – auf Grenzerfahrungen beruht. Die Planetariumserfahrungen, die hier in aller Ausführlichkeit zur Diskussion standen, mündeten in die Erfahrung des wissenschaftlichen Erhabenen – in ein Erleben von Wissen(schaft) als für die eigene Lebenswelt bedeutsam und gleichzeitig als Herausforderung für deren Horizont.

Die Planetariumserfahrungen waren geprägt von Widersprüchlichkeiten, die Vergnügen und Genuss bereiteten, Wundern machten und Erkenntnisse bargen, weil sie sich nicht ganz auflösen ließen. So behielten sie eine innere Offenheit, die ausgestaltet werden wollte und über sich hinaus verwies. Entsprechend ließen sich das Planetarium und die dortigen Erfahrungen von unterschiedlichen Weltanschauungen in den Dienst nehmen. Verbunden waren sie durch ihre grundsätzliche Akzeptanz von Wissenschaft als zuverlässiges Mittel der Welterschließung und Wertschätzung für Technik, als Möglichkeit, ihr zu dienen. Die Grenz- und Transgressionserfahrungen, die das Planetarium kennzeichneten, wirkten sich auf die Beziehungen aus, in die Menschen sich zur Welt setzten und eröffneten ihnen (gedankliche) Gestaltungsmöglichkeiten, die sie nutzten, um sich Zukünfte auszumalen und ihre Weltanschauungen zu formen. Das Planetarium überschritt also auch temporäre Grenzen, fungierte als lieux de l'avenir[312] und als sociotechnological imaginary,[313] die aus der Span-

312 Vgl. Geppert/Siebeneichner 2017; Boyce-Jacino 2017.
313 Vgl. Jasanoff 2014.

nung von Ordnung und Durch(-)einander erwuchsen, die das Planetarium erzeugte. Das Planetarium vermittelte ein Bild von der Welt, das unvollendet und offen bleiben musste und gerade deshalb so reizvoll war, weil Potenziale und Möglichkeiten darin aufschienen.

Walter Benjamin beschrieb das Planetarium als Ort, an dem sich das Verhältnis von Natur, Technik und Menschheit neu organisierte und so eine andere Art, sich mit dem Kosmos, dem großen Ganzen, in Verbindung zu bringen, entstand.[314] Seine Interpretation des Planetariums als Ort von Beziehungsarbeit, Welt- und Wissensordnung, die am Anfang dieser Kulturanalyse des Planetariums stand, steht nun auch an ihrem Ende als von der Empirie gestütztes Fazit – allerdings mit einigen Einschränkungen: Das Planetarium war ein Ort des Durch(-)einanders und der Ordnung, die einander bedingten und auflösten. Dort fanden keine weltumreißenden Revolutionen statt, aber die anhaltende Spannung und Offenheit, die das Planetarium auszeichneten, erforderten von seinem Publikum eine stete Auseinandersetzung mit der Welt und ihrer Wahrnehmung davon. Diese Auseinandersetzung erfolgte in Form einer (ästhetischen) Arbeit an Vergangenheit, Gegenwart und Zukunft der Beziehungen mit Natur, Technik, Wissen(schaft) und Weltall, die die (Selbst-)Deutungen der Planetariumsgäste herausforderte. Diese unterschwellige Beziehungsarbeit war es auch, die die Idee und Erfahrung des Modern-Seins hervorbrachte und sie gleichzeitig wieder auflöste, weil sie die Grenzziehungen, die ihr zugrunde lagen, zugleich wieder zunichte machte. Es verdeutlicht sich, was Latour schreibt: Wir sind nie modern gewesen.[315] Vor dem Hintergrund der Planetariumsgeschichten, die hier erzählt wurden, muss allerdings ein Aber folgen: Aber wir haben uns modern gefühlt.[316] Das zeigt Benjamins Essay zum Planetarium, das zeigen die Zeitungsartikel und publizistischen Quellen, die dieser Arbeit als Basis dienen: dass die Menschen sich selbst und die Welt, in der sie lebten, im Planetarium als modern erfuhren, beschrieben und dabei für sich bestimmten, was es hieß, modern zu sein.

Die Politikwissenschaftlerin Hannah Arendt verfasste eine eigene Erzählung von der Moderne. Für sie kennzeichnen drei große Ereignisse einen signifikanten Wandel der Lebensweisen der Menschen und damit die »Schwelle zur Neuzeit«: die Reformation, die ›Entdeckung‹ (die keine war) des amerikanischen Kontinents und »schließlich die Erfindung des Teleskops und die Entwicklung

314 Vgl. Benjamin 1927.

315 Vgl. Latour 2001.

316 Ein Gedanke, den ich Monique Scheers Vorlesung zur Kulturgeschichte des Alltags an der Universität Tübingen verdanke.

einer neuen Wissenschaft, welche die Natur der Erde vom Gesichtspunkt des sie umgebenden Universums aus betrachtet«.[317] Die ersten beiden Umbrüche waren und sind vielseitig rezipiert, wurden von Zeitgenoss*innen und Historiker*innen als Zäsur erkannt und benannt. Das Teleskop sei aber als ein weiteres Gerät im »ohnehin bereits beträchtlichen Werkzeugarsenal«[318] der Menschen eher unbemerkt geblieben. In jedem Fall schrieb man ihm nicht denselben revolutionären Gehalt zu, wie Reformation und Globalisierung. Arendt erkennt im Teleskop aber den Anfang einer einschneidenden Veränderung der menschlichen Perspektive:

> Könnten wir die Triebkraft historischer Ereignisse messen wie die Stoßkraft natürlicher Vorkommnisse, so dürfte sich herausstellen, dass das, was sich bei seinem Erscheinen [des Teleskops] am wenigsten bemerkbar machte, nämlich die ersten tastenden Schritte des Menschen von der Erde weg auf die Entdeckung des Universums hin, an Geschwindigkeit und Wucht ständig gewachsen ist, bis es nicht nur die ungeheure Erweiterung der Erdoberfläche, das Bekanntwerden des gesamten Erdballs, sondern auch die anscheinend unbegrenzte und immer noch fortschreitende Akkumulierung von Reichtümern auf der Erde an Bedeutung in den Schatten stellte.[319]

Für Arendt markiert die Entwicklung und Benutzung des Teleskops die »Entdeckung des Universums« und damit den Anfang einer – mit Geppert gesprochen – Astrokultur, die den Weltraum der Handlungsmacht der Menschen zugänglich machte. Arendts Deutungen basieren auf der unter anderem von Latour kritisierten Idee einer Reihe benennbarer Umbrüche, die das Leben der Menschen massiv veränderten. Aber anhand des Teleskops, das sie als Beispiel wählt, wird deutlich, dass es sich dabei vielmehr um einen steten, langsamen und diskreten Wandel handelt, der von der Gleichzeitigkeit von Kontinuität und Innovation getragen und deshalb nie wirklich neu, aber auch nie wirklich vorüber ist. Der wissenschaftliche Blick in den Sternenhimmel war zu dem Zeitpunkt, den Arendt beschreibt, nicht neu, die Zuhilfenahme von Technik(en) war es auch nicht, aber das Teleskop markiert einen Knoten der Beziehungsarbeit, die Menschen betreiben, um sich in der Welt zu verorten, an dem die Beziehungen, die sie unterhalten, sich kristallisieren.

317 Arendt, Hannah (1958): Vita activa oder vom tätigen Leben. München/Berlin/Zürich 2016, S. 318.
318 Ebd., S. 319.
319 Ebd.

Was von Arendt als Symptom eines Umbruchs untersucht wird, lässt sich aus der Perspektive der Empirischen Kulturwissenschaft als Knotenpunkt der Aushandlungen von Beziehungs- und Bedeutungsgeflechten analysieren, die einer steten Dynamik unterliegen. Darin gleichen sich Teleskop und Planetarium – und sie ließen sich um viele weitere ergänzen: Als scheinbar Unscheinbares taugen Instrumente, Geräte, Institutionen und Orte der Empirischen Kulturwissenschaft als Forschungsgegenstände und, wie Scharfe sie nennt, Leitfossilien,[320] anhand derer das Durch(-)einander und die Ordnungsversuche alltäglicher Lebenswelten sichtbar werden. Das Ansinnen dieser Arbeit war es, das Durch(-)einander des Planetariums zu beschreiben und dabei die Selbstdeutungen der Menschen (als fortschrittlich, als religiös, als technisch, als nichtig, als durch Wissenschaft ermächtigt und so weiter) ernst zu nehmen, ohne sie zu starren Deutungsschablonen zu machen. Dabei ist deutlich geworden, dass es im Planetarium gerade darum ging, Grenzen zu erfahren, sie zu überschreiten und neu zu verhandeln, dass dies den Menschen Vergnügen bereitete und ihnen als zukunftsweisend erschien – es ging um Arbeit mit und am Durch(-)einander. Vor diesem Hintergrund lässt sich ein Blick aufs Modern-Sein werfen, der es als wirkmächtige Erfindung, spielerische Praxis und grenzwertige Erfahrung verdeutlicht und damit als eine Daseinsform unter vielen aufdeckt. Hier findet sich ein Ansatzpunkt für kulturanalytische Arbeiten. Gerade die Beobachtung, dass Wissen und Wissenschaft mit Stimmungen, Gefühlen, Spiritualität einhergehen und Gedankenspiel sowie Körpersache sind, laden zu weiteren kulturwissenschaftlichen Fallstudien ein, anhand derer das Durch(-)einander von Beziehungsgeflechten, Bedeutungsgeweben und Handeln, das die Alltage der Menschen durchzieht, augenscheinlich gemacht werden kann.

320 Vgl. Scharfe 1993.

Dank

Auch wenn auf dem Titelblatt dieser Arbeit nur ein Name steht, waren viele Personen an ihrem Gelingen beteiligt. Ihnen gilt mein großer Dank:

Meiner Familie für ihre Ermutigung und bedingungslose Unterstützung über die ganze Studienzeit hinweg.

Marco Schneider für seine Geduld und Fürsorge.

Meinen Freund*innen inner- und außerhalb Tübingens, die mir den Rücken stärkten und an mich glaubten.

Meinen Kolleg*innen – viele davon sind zu Freund*innen geworden – für ihren Beistand, ihre klugen Kommentare und ihren Humor. Es tat gut, Büros, Arbeitszeiten, Promotionssorgen und viele Pausen mit euch zu teilen!

Den Betreuer*innen dieser Arbeit, Thomas Thiemeyer und Monique Scheer, für ihren Rat und ihr Vertrauen.

Den Mitarbeiter*innen des Hamburger Staatsarchivs, Zeiss-Archivs, Wiener Stadtarchivs und des Archivs des Deutschen Museums, die mir mit ihrer Expertise zur Seite standen und die Recherche erleichterten.

Dem Deutschen Museum und seinen Mitarbeiter*innen für das Archivstipendium, das mir den Aufenthalt dort erst ermöglichte.

Anne-Jacqueline Schneider und Raphael Reichel für ihre große Hilfe beim Redigat der Arbeit – ohne sie wäre sie um viele Kommafehler und Buchstabendreher reicher.

Anna-Theresa Kölczer vom Wallstein Verlag für ihre freundliche Begleitung auf dem Weg vom Manuskript zum Buch.

Der Geschwister Boehringer Ingelheim Stiftung für Geisteswissenschaften und dem Deutschen Akademikerinnenbund e. V. für ihre finanzielle Unterstützung zur Veröffentlichung der Arbeit.

Dem LUI mit seinen Menschen, Räumen und Aussichten, die mich und mein Leben in den letzten zehn Jahren begleitet, geprägt und bereichert haben. Danke für Freiräume, Denkanstöße und die vielbesagte EKW-Brille, ohne die ich nicht mehr auf die Welt blicken möchte!

Literaturverzeichnis

Adamowsky, Natascha: Ozeanische Wunder. Entdeckung und Eroberung des Meeres in der Moderne. München 2017.

Adamowsky, Natascha: Das Wunder in der Moderne. Eine andere Kulturgeschichte des Fliegens. Paderborn 2010.

Aggermann, Lorenz: Erst das Loch bestimmt den Status eines Körpers im Raum. Der offene Mund als Reflexion und als Geste. In: Gess, Nicola/Schnyder, Mireille/Marchal, Hugues/Bartuschat, Johannes (Hg.): Staunen als Grenzphänomen. Paderborn 2017, S. 141–156.

Alkemeyer, Thomas/Michaeler, Matthias: Die Ausformung mitspielfähiger ›Vollzugskörper‹. Praxistheoretisch-empirische Überlegungen am Beispiel des Volleyballspiels. In: Sport und Gesellschaft – Sport and Society 10 (2013), H. 3, S. 213–239.

Amelang, Katrin: Monatliche Blutflüsse als Gesprächsstoff? Zur Neuverhandlung der Menstruation im digitalisierten Zeitalter. In: Schweizerisches Archiv für Volkskunde 115 (2019), H. 1, S. 65–80.

Arendt, Hannah (1958): Vita activa oder vom tätigen Leben. München/Berlin/Zürich 2016.

Arndt, Melanie: Umweltgeschichte, Version 3.0. In: Docupedia-Zeitgeschichte, 10. 11. 2015. URL: http://docupedia.de/zg/Arndt_umweltgeschichte_v3_de_2015 (Zugriff: 12. 3. 2021).

Austria-Forum: »Thomas, Oswald«, zuletzt geändert im März 2017. URL: https://austria-forum.org/af/AEIOU/Thomas,_Oswald (Zugriff: 16. 9. 2020).

Balkenhol, Markus/van den Hempel, Ernst/Stengs, Irene: Introduction: Emotional Entanglements of Sacrality and Secularity – Engaging the Paradox. In: dies. (Hg.): The Secular Sacred. Emotions of Belonging and the Perils of Nation and Religion. Cham 2020, S. 1–18.

Bareither, Christoph: Affordanz. In: Heimerdinger, Timo/Tauschek, Markus (Hg.): Kulturtheoretisch argumentieren. Ein Arbeitsbuch. Münster 2020, S. 32–55.

Bareither, Christoph: Medien der Alltäglichkeit. Der Beitrag der Europäischen Ethnologie zum Feld der Medien- und Digitalanthropologie. In: Zeitschrift für Volkskunde 115 (2019), H. 1, S. 3–26.

Bareither, Christoph: Gewalt im Computerspiel. Facetten eines Vergnügens. Bielefeld 2016.

Bartels, Klaus: Über das Technisch-Erhabene. In: Pries, Christine (Hg.): Das Erhabene. Zwischen Grenzerfahrung und Größenwahn. Weinheim 1989, S. 295–316.

Battaglia, Debbora (Hg.): E. T. Culture. Anthropology in Outer Space. Durham/London 2005.

Battaglia, Debbora/Olson, Valerie A./Valentine, David: Encountering the Future. Anthropology of Outer Space. In: Anthropology News 50 (2009), H. 9, S. 11–15.

Bauer, Lilli/Konrad, Helmut, Lichtenberger, Hanna/Maderthaner, Woflgang/Rásky, Béla/Schwarz, Werner Michael: Was ist das Rote Wien? In: Schwarz, Werner Michael/Spitaler, Georg/Wikidal, Elke (Hg.): Das Rote Wien. 1919–1934. Ideen, Debatten, Praxis. Basel/Wien 2019, S. 18–23.

Bausinger, Hermann: Epilog. Weihnachtsstimmung. In: Klassen, Pamela E./Scheer, Monique (Hg.): Der Unterschied, den Weihnachten macht. Differenz und Zugehörigkeit in multikulturellen Gesellschaften. Tübingen 2019, S. 307–317.

Bausinger, Hermann: Technik im Alltag. Etappen der Aneignung. In: Zeitschrift für Volkskunde 77 (1981), S. 227–242.

Bausinger, Hermann: Heimat und Identität. In: ders./Köstlin, Konrad (Hg.): Heimat und Identität. Probleme regionaler Kultur. Kiel 1980, S. 9–24.
Bausinger, Hermann (1961): Volkskultur in der technischen Welt. Frankfurt a. M. 2005.
Beck, Stefan/Niewöhner, Jörg/Sørensen, Estrid (Hg.): Science and Technology Studies. Eine sozialanthropologische Einführung. Bielefeld 2012.
Beck, Stefan: Natur | Kultur. Überlegungen zu einer relationalen Anthropologie. In: Zeitschrift für Volkskunde 104 (2008), H. 2, S. 161–199.
Beck, Stefan: Zum Umgang mit Technik. Kulturelle Praxen und kulturwissenschaftliche Forschungskonzepte. Berlin 1997.
Bigg, Charlotte: The View From Here, There and Nowhere? Situating the Observer in the Planetarium and in the Solar System. In: Early Popular Visual Culture 15 (2017), H. 2, S. 204–226.
Bigg, Charlotte/Vanhoutte, Kurt: Spectacular Astronomy. In: Early Popular Visual Culture 15 (2017), H. 2, S. 115–124.
Binder, Beate: Elektrifizierung als Vision. Zur Symbolgeschichte einer Technik im Alltag. Tübingen 1999.
Blome, Astrid: Zeitungen. In: Busse, Laura u. a.: Clio Guide. Ein Handbuch zu digitalen Ressourcen für die Geschichtswissenschaften. Berlin 2018, S. B. 6–1–B.6–36, hier S. B.6–13. DOI: 10.18452/19244 (Zugriff: 20. 9. 2020).
Blumtritt, Oskar/Hashagen, Ulf/Trischler, Helmuth (Hg.): Circa 1903. Artefakte in der Gründungszeit des Deutschen Museums. München 2003.
Böhme, Gernot: Atmosphäre. Essays zur neuen Ästhetik. Frankfurt a. M. 1995.
Böhme, Gernot: Natürlich Natur. Über Natur im Zeitalter ihrer technischen Reproduzierbarkeit. Frankfurt a. M. 1992.
Bonacker, Thorsten/Reckwitz, Andreas: Das Problem der Moderne: Modernisierungstheorien und Kulturtheorien. In: dies. (Hg.): Kulturen der Moderne. Soziologische Perspektiven der Gegenwart. Frankfurt a. M. 2007, S. 7–18.
Borscheid, Peter: Das Tempo-Virus. Eine Kulturgeschichte der Beschleunigung. Frankfurt a. M. 2004.
Boyce-Jacino, Katherine: Space and Spectacle in the Berlin Planetarium, 1926–1930. In: Technikgeschichte 84 (2017), H. 4, S. 329–352.
Braun, Karl-Heinz/Wetzel, Konstanze: Das »Rote Wien« (1920–1934) – eine exemplarische historische Sozialreportage. In: dies. (Hg.): Sozialreportage. Einführung in eine Handlungs- und Forschungsmethode der Sozialen Arbeit. Wiesbaden 2010, S. 192–209.
Braun, Sarah: »Ich fühle, also bin ich.« Zum Mehrwert von Atmosphären-Forschung. In: Kuckuck – Notizen zur Alltagkultur 26 (2011) H. 2, S. 14–17.
Breidenstein, Georg/Hirschauer, Stefan/Kalthoff, Herbert/Nieswand, Boris (Hg.): Ethnografie. Die Praxis der Feldforschung. Konstanz/München 2015.
Bruggmann, Jana: Der Weltraum im Zeitalter seiner technischen Reproduzierbarkeit. Das wissenschaftliche Theater der Berliner Urania, 1889–1905. In: Technikgeschichte 84 (2017), H. 4, S. 305–328.
Burke, Edmund: A Philosophical Enquiry into the Origin of our Ideas of the Sublime and Beautiful. London 1757.
Bürkert, Karin/Nast, Mirjam: Kultur ist hörbar. Überlegungen zu einer auditiven historischen Ethnografie. In: Ludwig-Uhland-Institut (Hg.): Kultur ist … Tübingen 2022, S. 119–145.
Büttner, Ursula: Neue Verfassung – neue Politik. Hamburg 1921–1933. In: Freie und Hansestadt Hamburg Behörde für Schule und Berufsbildung (Hg.): Digitales Hamburg

Geschichtsbuch. URL: https://geschichtsbuch.hamburg.de/epochen/weimarer-republik/neues-leben-neues-bauen-neue-stadt/ (Zugriff: 29. 9. 2020).
Büttner, Ursula: Weimarer Republik. Das demokratische Intermezzo: Not und Aufbruchsstimmung. 1918–1933. In: Freie und Hansestadt Hamburg Behörde für Schule und Berufsbildung (Hg.): Digitales Hamburg Geschichtsbuch. URL: https://geschichtsbuch.hamburg.de/epochen/weimarer-republik/ (Zugriff: 29. 9. 2020).
Chakkalakal, Silvy: »The World That Could Be.« Gender, Bildung, Zukunft und das Projekt einer Anticipatory Anthropology. In: Zeitschrift für Volkskunde 114 (2018), H. 1, S. 3–28.
Chakkalakal, Silvy: Lebendige Anschaulichkeit. Anthropologisierung der Sinne und der Erfahrungsbegriff im 18. Jahrhundert. In: Zeitschrift für Volkskunde 110 (2014), H. 1, S. 33–64.
Crary, Jonathan: Techniken des Betrachters. Sehen und Moderne im 19. Jahrhundert. Dresden/Basel 1996.
Daston, Lorraine/Park, Katharine: Wunder und die Ordnung der Natur. 1150–1750. Frankfurt a. M. 2002.
Daston, Lorraine: Wunder, Beweise und Tatsachen. Zur Geschichte der Rationalität. Frankfurt a. M. 2001.
Daum, Andreas: Wissenschaftspopularisierung im 19. Jahrhundert. Bürgerliche Kultur, naturwissenschaftliche Bildung und die deutsche Öffentlichkeit, 1848–1914. München 1998.
Dick, Steven J.: Space, Time and Aliens: The Role of Imagination in Outer Space. In: Geppert, Alexander C. T. (Hg.): Imagining Outer Space. European Astroculture in the Twentieth Century. London 2018, S. 31–50.
Dorschner, Johann: Astronomie in Thüringen. Skizzen aus acht Jahrhunderten. Jena 1998.
Duffy, Eve: Im Spannungsfeld von Selbststeuerung und Fremdbestimmung 1925–1944. In: Trischler, Helmuth/Füßl, Wilhelm (Hg.): Geschichte des Deutschen Museums. Akteure, Artefakte, Ausstellungen. München 2003, S. 103–147.
Ehn, Billy/Löfgren, Orvar/Wilk, Richard (Hg.): Exploring Everyday Life. Strategies for Ethnography and Cultural Analysis. London 2015.
Eisfeld, Rainer: Projecting Landscapes of the Human Mind onto Another World: Changing Faces of an Imaginary Mars. In: Geppert, Alexander C. T. (Hg.): Imagining Outer Space. European Astroculture in the Twentieth Century. London 2018, S. 97–115.
Eitler, Pascal/Scheer, Monique: Emotionsgeschichte als Körpergeschichte. Eine heuristische Perspektive auf religiöse Konversionen im 19. und 20. Jahrhundert. In: Geschichte und Gesellschaft 35 (2009), H. 2, S. 282–313.
Etzelmüller, Gregor/Fuchs, Thomas/Tewes, Christian: Einleitung: Verkörperung als Paradigma einer neuen Anthropologie. In: dies. (Hg.): Verkörperung – Eine neue interdisziplinäre Anthropologie. Berlin/Boston 2017, S. 1–30.
Fähnders, Walter: Berlin, Paris, Moskau – und Wien. Metropolenwahrnehmung im Vergleich, mit Blick auf Hugo Bettauer und andere. In: Erian, Martin/Kucher, Primus-Heinz (Hg.): Exploration urbaner Räume – Wien 1918–38. (Alltags)kulturelle, künstlerische und literarische Vermessungen der Stadt in der Zwischenkriegszeit. Göttingen 2019, S. 23–37.
Färber, Alexa: Weltausstellungen als Wissensmodus. Ethnographie einer Repräsentationsarbeit. Berlin 2006.
Farge, Arlette: Der Geschmack des Archivs. Göttingen 2011.
Faulstich, Werner: »Ein Leben auf dem Vulkan«? Weimarer Republik und die »goldenen« 20er Jahre. In: ders. (Hg.): Die Kultur der 20er Jahre. München 2008, S. 7–20.
Felski, Rita: The Limits of Critique. Chicago/London 2015.

Fenske, Michaela: Mikro, Makro, Agency. Historische Ethnografie als kulturanthropologische Praxis. In: Zeitschrift für Volkskunde 102 (2006), H. 2, S. 151–177.
Finke, Friedrich: Der Grundgedanke der Lösung war … Zur Erfindung der Stern-Projektion im Planetarium. In: Sterne und Weltraum 35 (1997), H. 4, S. 350–355.
Fischer, Ludwig: Das Erhabene und die ›feinen Unterschiede‹. Zur Dialektik in den soziokulturellen Funktionen von ästhetischen Deutungen der Landschaft. In: Brednich, Rolf Wilhelm/Schneider, Annette/Werner, Ute (Hg.): Natur – Kultur. Volkskundliche Perspektiven auf Mensch und Umwelt. Sammelband zum 32. Kongress der Deutschen Gesellschaft für Volkskunde in Halle vom 27.9. bis 1.10.1999. Münster 2001, S. 347–356.
Fleckner, Uwe/Galitz, Robert/Naber, Claudia/Nöldeke, Herwart (Hg.): Aby M. Warburg, Bildersammlung zur Geschichte von Sternglaube und Sternkunde. Hamburg 1993.
Foitzik, Doris: Kriegsgeschrei und Hungermärsche. Weihnachten zwischen 1870 und 1933. In: Faber, Richard/Gajek, Esther (Hg.): Politische Weihnachten in Antike und Moderne. Zur ideologischen Durchdringung des Fests der Feste. Würzburg 1997, S. 253–276.
Foucault, Michel: Andere Räume. In: Barck, Karlheinz/Gente, Peter/Paris, Heidi/Richter, Stefan (Hg.): Aisthesis. Wahrnehmung heute oder Perspektiven einer anderen Ästhetik. Leipzig 1993, S. 34–46, hier S. 39.
Foucault, Michel: Die Ordnung des Diskurses. Inauguralvorlesung am Collège de France – 2. Dezember 1870. Frankfurt a. M./Berlin/Wien 1977.
Frevert, Ute: Vergängliche Gefühle. Göttingen 2013.
Frevert, Ute: Gefühle definieren: Begriffe und Debatten aus drei Jahrhunderten. In: dies. u. a. (Hg.): Gefühlswissen. Eine lexikalische Spurensuche in der Moderne. Frankfurt a. M./New York 2011, S. 9–39, hier S. 18.
Frevert, Ute u. a. (Hg.): Gefühlswissen. Eine lexikalische Spurensuche in der Moderne. Frankfurt a. M./New York 2011.
Fuchs, Thomas: Verkörpertes Wissen – verkörpertes Gedächtnis. In: Etzelmüller, Gregor/ders./Tewes, Christian (Hg.): Verkörperung – Eine neue interdisziplinäre Anthropologie. Berlin/Boston 2017, S. 57–78.
Füßl, Wilhelm: Oskar von Miller 1855–1934. Eine Biographie. München 2005.
Füßl, Wilhelm: Gründung und Aufbau 1903–1925. In: Trischler, Helmuth/ders. (Hg.): Geschichte des Deutschen Museums. Akteure, Artefakte, Ausstellungen. München 2003, S. 59–101.
Füßl, Wilhelm: Konstruktion technischer Kultur: Sammlungspolitik des Deutschen Museums in den Aufbaujahren 1903–1909. In: Blumtritt, Oskar/Hashagen, Ulf/Trischler, Helmuth (Hg.): Circa 1903. Artefakte in der Gründungszeit des Deutschen Museums. München 2003, S. 33–53.
Füßl, Wilhelm: Das Verwaltungsarchiv des Deutschen Museums. In: Archiv und Wirtschaft 27 (1994), H. 3, S. 112–116.
Gabrielsson, Peter: Einleitung. In: Flamme, Paul/Gabrielsson, Peter/Lorenz-Schmidt, Klaus-Joachim (Hg.): Kommentierte Übersicht über die Bestände des Staatsarchivs der Freien und Hansestadt Hamburg. Hamburg 1999, S. 13–20.
Gall, Alexander: Wunder der Technik, Wunder der Natur. Zur Vermittlungsleistung eines medialen Topos. In: Geppert, Alexander C. T./Kössler, Till (Hg.): Wunder. Poetik und Politik des Staunens im 20. Jahrhundert. Berlin 2011, S. 270–301.
Geertz, Clifford: Dichte Beschreibung. Beiträge zum Verstehen kultureller Systeme. Frankfurt a. M. 1995.
Gell, Alfred: The Technology of Enchantment and the Enchantment of Technology. In:

Coote, Jeremy/Shelton, Anthony (Hg.): Anthropology, Art and Aesthetics. Oxford 1992, S. 40–63.

Geppert, Alexander C. T.: European Astrofuturism, Cosmic Provincialism: Historicizing the Space Age. In: ders. (Hg.): Imagining Outer Space. European Astroculture in the Twentieth Century. London 2018, S. 3–28.

Geppert, Alexander C.T./Siebeneichner, Tilmann: Einleitung. ›Lieux de l'Avenir‹. Zur Lokalgeschichte des Weltraumdenkens. In: Technikgeschichte 84 (2017), H. 4, S. 285–304.

Geppert, Alexander C.T./Kössler, Till: Einleitung: Wunder der Zeitgeschichte. In: dies. (Hg.): Wunder. Poetik und Politik des Staunens im 20. Jahrhundert. Berlin 2011, S. 9–68.

Gesing, Friederike/Amelang, Katrin/Filtner, Michael/Knecht, Michi: NaturenKulturen-Forschung. Eine Einleitung. In: dies. (Hg.): NaturenKulturen. Denkräume und Werkzeuge für neue politische Ökologien. Bielefeld 2019, S. 7–50.

Gess, Nicola/Schnyder, Mireille: Staunen als Grenzphänomen. Eine Einführung. In: dies./ Marchal, Hugues/Bartuschat, Johannes (Hg.): Staunen als Grenzphänomen. Paderborn 2017, S. 7–15.

Goesl, Boris/von Herrmann, Hans-Christian/Suzuki, Kohei (Hg.): Zum Planetarium. Wissensgeschichtliche Studien. Paderborn 2018.

Götsch-Elten, Silke: Atmosphären. Urbane und ländliche Räume als Sinneslandschaften. In: Alltag – Kultur – Wissenschaft 5 (2018), S. 9–29.

Graff, K.: Anzeige des Todes von Walter E. Bernheimer. In: Astronomische Nachrichten 264 (1938), S. 343.

Griffiths, Alison: Shivers Down Your Spine. Cinema Museum & the Immersive View. New York 2013.

Gugutzer, Robert: Soziologie des Körpers. 5., vollständig überarbeitete Auflage. Bielefeld 2015.

Habermas, Rebekka: Rituale des Gefühls. Die Frömmigkeit des protestantischen Bürgertums. In: Hettling, Manfred/Hoffmann, Stefan-Ludwig (Hg.): Der bürgerliche Wertehimmel. Innenansichten des 19. Jahrhunderts. Göttingen 2000, S. 169–191.

Haraway, Donna: Ein Manifest für Cyborgs. In: Hammer, Carmen/Stiess, Immanuel (Hg.): Die Neuerfindung der Natur. Primaten, Cyborgs und Frauen. Frankfurt a. M. 1995.

Hard, Gerhard/Kruckemeyer, Frauke: Die vielen Stadtnaturen – Über Naturschutz in der Stadt. In: Koenigs, Tom (Hg.): Stadt-Parks. Urbane Natur in Frankfurt am Main. Frankfurt a. M. 1993, S. 60–69.

Hartl, Gerhard: Der Himmel auf Erden. Das Projektionsplanetarium im Deutschen Museum. In: Kultur & Technik 11 (1987), H. 4, S. 198–206.

Haun, Winfried: »Sieben Wunder«. In: Stutz, Rüdiger/Mieth, Matias: Jena. Lexikon zur Stadtgeschichte. Jena 2018, S. 576–577

Hengartner, Thomas/Rolshoven, Johanna: Technik – Kultur – Alltag. In: dies. (Hg.): Technik – Kultur. Formen der Veralltäglichung von Technik – Technisches als Alltag. Zürich 1998, S. 17–49.

Hermann, Armin: Nur der Name war geblieben. Die abenteuerliche Geschichte der Firma Carl Zeiss. Stuttgart 1989.

Heßler, Martina: Technikemotionen. Einleitende Überlegungen zur historischen Ko-Konstruktion von Technik und Emotionen. In: dies. (Hg.): Technikemotionen. Paderborn 2020, S. 1–36.

Heßler, Martina: Menschen – Maschinen – MenschMaschinen in Zeit und Raum. Perspektiven einer Historischen Technikanthropologie. In: dies./Weber, Heike (Hg.): Provokationen der Technikgeschichte. Zum Reflexionszwang historischer Forschung. Paderborn 2019, S. 35–68.

Heßler, Martina/Hitzer, Bettina: Tech-Fear. Histories of a Multifaceted Relationship. In: Technikgeschichte 86 (2019), H. 3, S. 185–199.
Heßler, Martina: Kulturgeschichte der Technik. Frankfurt a. M. 2012.
Hopwood, Nick: Producing a Socialist Popular Science in the Weimar Republic. In: History Workshop Journal 41 (1996), S. 117–153.
Ihde, Don: Bodies in Technology. Minneapolis 2002.
Ihde, Don: Technology and the Lifeworld. From Garden to Earth. Bloomington/Indianapolis 1990.
Ingendahl, Gesa/Keller-Drescher, Lioba: Historische Ethnografie: Das Archiv als Beispiel. In: Schweizerisches Archiv für Volkskunde 106 (2010), H. 2, S. 241–263. URL: http://doi.org/10.5169/seals-131278 (Zugriff: 10.12.2017).
Ionescu, Ana: Konzeptualisierungen von Atmosphären. Gernot Böhme und Jean-Paul Thiebaud in der Perspektive der Europäischen Ethnologie. In: Kuckuck – Notizen zur Alltagkultur 26 (2011) H. 2, S. 4–8.
Jablonowski, Maximilian: Imagine Drones. Eine Kulturanalyse ziviler Drohnen. Berlin 2022.
Jäger, Jens: Heimat, Version 1.0. In: Docupedia-Zeitgeschichte, 9.11.2017. URL: https://docupedia.de/zg/Jaeger_heimat_v1_de_2017 (Zugriff: 15.3.2021).
Jasanoff, Sheila: Future Imperfect: Science, Technology and the Imaginations of Modernity. In: dies./ Kim, Sang-Hyun (Hg.): Dreamscapes of Modernity. Sociotechnical Imaginaries and the Fabrication of Power. Chicago 2014, S. 1–33.
Jütte, Robert: Geschichte der Sinne. Von der Antike bis zum Cyberspace. München 2000.
Kant, Immanuel (1788): Kritik der praktischen Vernunft. Grätz 1796, S. 338. URL: http://idb.ub.uni-tuebingen.de/opendigi/Af138#p=1 (Zugriff: 28.8.2021).
Kant, Immanuel: Beobachtungen über das Gefühl des Schönen und Erhabenen. Königsberg 1764.
Kaschuba, Wolfgang: Die Überwindung der Distanz. Zeit und Raum in der europäischen Moderne. Frankfurt a. M. 2004.
Kernmayer, Hildegard: Poetik des Urbanen: das Feuilleton und die Stadt. In: Erian, Martin/Kucher, Primus-Heinz (Hg.): Exploration urbaner Räume – Wien 1918–38. (Alltags) kulturelle, künstlerische und literarische Vermessungen der Stadt in der Zwischenkriegszeit. Göttingen 2019, 87–105.
Kienitz, Sabine: Von Akten, Akteuren und Archiven. Eine kleine Polemik. In: H-Soz-Kult, 11.09.2012. URL: www.hsozkult.de/debate/id/diskussionen-1867 (Zugriff: 1.12.2017).
Kimmel, Michael: Kultur, Körper, Sinne. Embodiment als kognitives Paradigma. In: Aichinger, Franz/Eder, Franz X./Leitner, Claudia (Hg.): Sinne und Erfahrung in der Geschichte. Wien 2003, S. 53–74.
King, Henry C.: Geared to the Stars. The Evolution of Planetariums, Orreries and Astronomical Clocks. Toronto/Buffalo/London 1978.
Kirschnick, Sylke: Manege frei! Die Kulturgeschichte des Zirkus. Berlin 2012.
Klassen, Pamela E./Scheer, Monique: Weihnachten macht den Unterschied. Überlegungen zum öffentlichen Wirken christlicher Affordanzen in multikulturellen Gesellschaften. In: dies. (Hg.): Der Unterschied, den Weihnachten macht. Differenz und Zugehörigkeit in multikulturellen Gesellschaften. Tübingen 2019, S. 9–27.
Klothmann, Nastasja: Gefühlswelten im Zoo. Eine Emotionsgeschichte 1900–1945. Bielefeld 2015.
Knoblauch, Hubert: Die kommunikative Konstruktion der Transzendenz und die populäre Religion. In: Winkel, Heidemarie/Sammet, Kornelia (Hg.): Religion soziologische den-

ken. Reflexionen auf aktuelle Entwicklungen in Theorie und Empirie. Wiesbaden 2017, S. 221–241.

Knoblauch, Hubert: Populäre Religion. Auf dem Weg in eine spirituelle Gesellschaft. Frankfurt a. M. 2009.

Knorr Cetina, Karin/Schatzki, Theodore R./von Savigny, Elke (Hg.): The Practice Turn in Contemporary Theory. London/New York 2001.

Koenigs, Tom (Hg.): Stadt-Parks. Urbane Natur in Frankfurt am Main. Frankfurt a. M. 1993.

Köstlin, Konrad: Kultur als Natur – des Menschen. In: Brednich, Rolf Wilhelm/Schneider, Annette/Werner, Ute (Hg.): Natur – Kultur. Volkskundliche Perspektiven auf Mensch und Umwelt. Sammelband zum 32. Kongress der Deutschen Gesellschaft für Volkskunde in Halle vom 27.9. bis 1.10.1999. Münster 2001, S. 1–10.

Kraupe, Thomas W.: »Denn was innen, das ist außen«. Die Geschichte des modernen Planetariums. Hamburg 2005.

Krausse, Joachim: Sternenschau und Schalenbau. Die Doppelerfindung des Zeiss-Planetariums. In: Goesl, Boris/von Hermann, Hans-Christian/Suzuki, Kohei (Hg.): Zum Planetarium. Wissensgeschichtliche Studien. Paderborn 2018, S. 43–68.

Krausse, Joachim: Das Zeiss-Planetarium. In: Ernst-Abbe-Stiftung (Hg.): Wissen in Bewegung. 80 Jahre Zeiss-Planetarium in Jena. Jena 2006, S. 49–86.

Kretschmann, Carsten: Wissenspopularisierung – ein altes, neues Forschungsfeld. In: ders. (Hg.): Wissenspopularisierung. Konzepte der Wissensverbreitung im Wandel. Berlin 2003, S. 7–21.

Künzler, Sibylle: Walking – Clicking – Locating – Zooming: Circulations of Spatial Practices through Navigational Platforms like Google Maps. In: Müske, Johannes/Holfelder, Ute/Hengartner, Thomas (Hg.): Fixing and Circulating the Popular. Ethnographies of Technology, Media, Archives and the Dissemination of Culture. Zürich 2020, S. 87–106.

Lang, Helmut W./Ladislaus, Lang: Österreichische Retrospektive Bibliographie. Reihe 2: Österreichische Zeitungen 1492–1945. Band 2: Bibliographie der österreichischen Zeitungen 1621–1945. München 2003.

Latour, Bruno: Wir sind nie modern gewesen. Versuch einer symmetrischen Anthropologie. Frankfurt a. M. 2002.

Lehberger, Reiner: Schule in der Weimarer Republik. In: Freie und Hansestadt Hamburg Behörde für Schule und Berufsbildung (Hg.): Digitales Hamburg Geschichtsbuch. URL: https://geschichtsbuch.hamburg.de/epochen/weimarer-republik/schule-in-der-weimarer-republik/ (Zugriff: 29.9.2020).

Lehmann, Albrecht: Reden über Erfahrung. Kulturwissenschaftliche Bewusstseinsanalyse des Erzählens. Berlin 2007.

Lipp, Carola: Perspektiven der historischen Forschung und Probleme der kulturhistorischen Hermeneutik. In: Hess, Sabine/Moser, Johannes/Schwertl, Maria (Hg.): Europäisch-ethnologisches Forschen. Neue Methoden und Konzepte. Berlin 2013, S. 205–246.

Lipphardt, Veronika/Patel, Kiran Klaus: Neuverzauberung im Gestus der Wissenschaftlichkeit. Wissenspraktiken im 20. Jahrhundert am Beispiel menschlicher Diversität. In: Geschichte und Gesellschaft 34 (2008), S. 425–454.

Löfgren, Orvar: Natur, Tiere und Moral. Zur Entwicklung der bürgerlichen Naturauffassung. In: Jeggle, Utz/Korff, Gottfried/Scharfe, Martin/Warneken, Bernd Jürgen (Hg.): Volkskultur in der Moderne. Probleme und Perspektiven empirischer Kulturforschung. Reinbek bei Hamburg 1986, S. 122–144.

Löw, Martina: Raumsoziologie. Frankfurt a. M. 2001.

Lorenz, Dirk: Umstrittener Astronom. Richard Schorr und die Verfolgung der Astrologen. Deutschlandfunk, 17.5.2017. URL: https://www.deutschlandfunk.de/umstrittener-astronom-richard-schorr-und-die-verfolgung-der-100.html (Zugriff: 24.1.2022).
Lübbe, Hermann: Religion nach der Aufklärung. In: Tenfelde, Markus (Hg.): Religion in der Gesellschaft. Ende oder Wende? Essen 2008, S. 107–124.
Maase, Kaspar: Bewegte Körper – populäre Kultur – ästhetische Erfahrungen. Kulturwissenschaftliche Überlegungen. In: Funke-Wieneke, Jürgen/Klein, Gabriele (Hg.): Bewegungsraum und Stadtkultur. Sozial- und kulturwissenschaftliche Perspektiven. Bielefeld 2008, S. 31–49.
Maase, Kaspar: Grenzenloses Vergnügen. Der Aufstieg der Massenkultur 1850–1970. Frankfurt a. M. 2007.
Maase, Kaspar: Das Archiv als Feld? Überlegungen zu einer historischen Ethnographie. In: Tisch, Katharina/Hamm, Marion (Hg.): Die Poesie des Feldes. Beiträge zur ethnographischen Kulturanalyse. Tübingen 2001, S. 255–271.
Marche II, Jordan D.: Theaters of Times and Space. American Planetaria, 1930–1970. New Brunswick/New Jersey/London 2005.
Mauss, Marcel: Soziologie und Anthropologie. Band II. Berlin/Wien 1978.
Meier, Ludwig: Die Erfindung des Projektionsplanetariums. In: Jenaer Jahrbuch zur Technik- und Industriegeschichte 5 (2003), S. 82–147.
Meier, Ludwig: Der Himmel auf Erden. Die Welt der Planetarien. Heidelberg 1992.
Melischek, Gabriele/Seethaler, Josef: Die Wiener Tageszeitungen. Eine Dokumentation. Band 3: 1918–1938. Frankfurt a. M. 1992.
Messeri, Lisa: Placing Outer Space. An Earthly Ethnography of Other Worlds. Durham/London 2016.
Michels, Karen: Aby Warburg. Im Bannkreis der Ideen. München 2007.
Mildenberger, Florian/Herrmann, Bernd: Zur ersten Orientierung. In: dies. (Hg.): Jakob Johann von Uexküll: Umwelt und Innenwelt der Tiere. Berlin/Heidelberg 2014, S. 1–12.
Mirwald, Benjamin: Volkssternwarten. Verbreitung und Institutionalisierung populärer Astronomie in Deutschland 1888–1935. Leipzig 2014.
Müller, Jürgen: »The Sound of Silence«. Von der Unhörbarkeit der Vergangenheit zur Geschichte des Hörens. In: Historische Zeitschrift 292 (2011), S. 1–29.
Müller-Scheessel, Nils: To See Is to Know. Materielle Kultur als Garant von Authentizität auf Weltausstellungen des 19. Jahrhunderts. In: Samida, Stefanie (Hg.): Inszenierte Wissenschaft. Zur Popularisierung von Wissen im 19. Jahrhundert. Bielefeld 2011, S. 157–176.
Nadis, Fred: Wonder Shows. Performing Science, Magic, and Religion in America. New Brunswick 2005.
Nicholson, Bob: The Digital Turn. Exploring the Methodological Possibilities of Digital Newspaper Archives. In: Media History 19 (2013), H. 1, S. 59–73.
Nora, Pierre: Between Memory and History: Les Lieux de Mémoire. In: Representations 26 (1989), S. 7–24.
Nordgren, Tyler: At Night's End. In: Gunzburg, Darrelyn (Hg.): The Imagined Sky. Cultural Perspectives. Sheffield/Bristol 2016, S. 191–214.
Nye, David E.: American Technological Sublime. Cambridge/London 1994.
Öhner, Vrääth: Austromarxismus. Die Ideologie der Einheit der österreichischen Arbeiterbewegung. In: Schwarz, Werner Michael/Spitaler, Georg/Wikidal, Elke (Hg.): Das Rote Wien. 1919–1934. Ideen, Debatten, Praxis. Basel/Wien 2019, S. 32–37.
PARS (Hg.): Early Popular Visual Culture 15 (2017).
Patel, Kiran Klaus: Neuerfindung des Westens – Aufbruch nach Osten. Naturschutz und

Landschaftsgestaltung in den Vereinigten Staaten von Amerika und in Deutschland, 1900–1945. In: Archiv für Sozialgeschichte 43, 2003, S. 191–224.
Payer, Peter: Vom Geräusch zum Lärm. Zur Geschichte des Hörens im 19. und frühen 20. Jahrhundert. In: Tröndle, Martin (Hg.): Das Konzert. Beiträge zum Forschungsfeld der Concert Studies. Bielefeld 2018, S. 233–254.
Perry, Joe: Christmas in Germany. A Cultural History. Chapel Hill 2010.
Pfaffenberger, Bryan: Social Anthropology of Technology. In: Annual Review of Anthropology 21 (1992), S. 491–516.
Plamper, Jan: Geschichte und Gefühl. Grundlagen der Emotionsgeschichte. München 2012.
Pries, Christine: Einleitung. In: dies. (Hg.): Das Erhabene. Zwischen Grenzerfahrung und Größenwahn. Weinheim 1989, S. 1–30.
Radkau, Joachim: Das Zeitalter der Nervosität. Deutschland zwischen Bismarck und Hitler. München/Wien 1998.
Rammert, Werner/Schubert, Cornelius: Körper und Technik. Zur doppelten Verkörperung des Sozialen. In: TUTS – Working Papers. Berlin 2015. URL: https://nbn-resolving.org/urn:nbn:de:0168-ssoar-453281 (Zugriff: 11. 6. 2021).
Reckwitz, Andreas: Praktiken und Diskurse. Eine sozialtheoretische und methodologische Relation. In: Kalthoff, Herbert/Hirschauer, Stefan/Lindemann, Gesa (Hg.): Theoretische Empirie. Zur Relevanz qualitativer Forschung. Frankfurt a. M. 2008, S. 188–209.
Reckwitz, Andreas: Grundelemente einer Theorie sozialer Praktiken. Eine sozialtheoretische Perspektive. In: Zeitschrift für Soziologie 32 (2003), H. 4, S. 282–301.
Reddy, William: The Navigation of Feeling. A Framework for the History of Emotions. Cambridge 2004.
Remmele, Bernd: Die Entstehung des Maschinenparadigmas. Wiesbaden 2003.
Rieger, Bernhard: ›Modern Wonders‹: Technological Innovation and Public Ambivalence in Britain and Germany, 1890s to 1933. In: History Workshop Journal 55 (2003), S. 153–176.
Rosenwein, Barbara: Problems and Methods in the History of Emotions. In: Passions in Context. Journal of the History and Philosophy of the Emotions 1 (2010), S. 1–32.
Rosenwein, Barbara H.: Emotional Communities in the Early Middle Ages. Ithaca 2007.
Rubin, David: The Moon for a Twopence: Street Telescopes in Nineteenth Century Paris and the Epistemology of Popular Stargazing. In: Early Popular Visual Culture 15 (2017), H. 2, S. 125–151.
Ryle, Gilbert [1949]: The Concept of Mind. London 1952.
Samida, Stefanie: ›Inszenierte Wissenschaft‹. Einführung in die Thematik. In: dies. (Hg.): Inszenierte Wissenschaft. Zur Popularisierung von Wissen im 19. Jahrhundert. Bielefeld 2011, S. 11–23.
Schäfer, Hilmar: Einleitung. Grundlagen, Rezeption und Forschungsperspektive der Praxistheorie. In: Schäfer, Hilmar (Hg.): Praxistheorie. Ein soziologisches Forschungsprogramm. Bielefeld 2016, S. 9–25.
Scharfe, Martin: Augen-Wissen. Einige Überlegungen zur volkskundlich-kulturwissenschaftlichen Bildinterpretation. In: Kritische Berichte 28 (2000), H. 1, S. 62–68.
Scharfe, Martin: Utopie und Physik. Zum Lebensstil der Moderne. In: Dauskardt, Michael/Gerndt, Helge (Hg.): Der industrialisierte Mensch. Vorträge des 28. Deutschen Volkskunde-Kongresses in Hagen. Münster 1993, S. 73–90.
Schatzki, Theodore R.: Praxistheorie als flache Ontologie. In: Schäfer, Hilmar (Hg.): Praxistheorie. Ein soziologisches Forschungsprogramm. Bielefeld 2016, S. 29–44.
Scheer, Monique: Enthusiasm. Emotional Practices of Conviction in Modern Germany. Oxford 2020.

Scheer, Monique/Schepelern Johansen, Birgitte/Fadil, Nadia: Secular Embodiments: Mapping an Emergent Field. In: dies. (Hg.): Secular Bodies, Affects and Emotions. European Configurations. New York/London 2019, S. 1–14

Scheer, Monique: Emotionspraktiken: Wie man über das Tun an die Gefühle herankommt. In: Beitl, Matthias/ Schneider, Ingo (Hg.): Emotional Turn?! Europäisch ethnologische Zugänge zu Gefühlen & Gefühlswelten. Beiträge der 27. Österreichischen Volkskundetagung in Dornbirn von 29. Mai – 1. Juni 2013. Wien 2016, S. 15–36.

Scheer, Monique: Are Emotions a Kind of Practice (And Is That What Makes Them Have a History)? A Bourdieuian Approach to Understanding Emotions. In: History and Theory 51 (2012), S. 193–220.

Schmidt-Lux, Thomas: Das helle Licht der Wissenschaft. Die Urania, der organisierte Szientismus und die ostdeutsche Säkularisierung. In: Geschichte und Gesellschaft 34 (2008), S. 41–72.

Schmoll, Friedemann: Erinnerung an die Natur. Die Geschichte des Naturschutzes im deutschen Kaiserreich. Frankfurt a. M. 2004.

Schomerus, Friedrich: Geschichte des Jenaer Zeisswerkes 1846–1946. Stuttgart 1952.

Schönberger, Klaus: Persistenz und Rekombination. Digitale Kommunikation und soziokultureller Wandel. In: Zeitschrift für Volkskunde 111 (2015), H. 2, S. 201–213.

Schönberger, Klaus: Technik als Querschnittsdimension. Kulturwissenschaftliche Technikforschung am Beispiel von Weblog-Nutzung in Frankreich und Deutschland. In: Zeitschrift für Volkskunde 103 (2007), H. 2, S. 197–221.

Schürmann, Eva: Sehen als Praxis. Ethisch-ästhetische Studien zum Verhältnis von Sicht und Einsicht. Frankfurt a. M. 2008.

Schützenhofer, Viktor: »Erhard, Ludwig«. In: Neue Deutsche Biographie 4 (1959), S. 578 f. URL: https://www.deutsche-biographie.de/pnd121051072.html#ndbcontent (Zugriff: 23. 9. 2020).

Schwarz, Werner Michael/Spitaler, Georg/Wikidal, Elke (Hg.): Das Rote Wien. 1919–1934. Ideen, Debatten, Praxis. Basel/ Wien 2019.

Siebeneichner, Tilmann: Die »Narren von Tegel«. Technische Innovation und ihre Inszenierung auf dem Berliner Raketenflugplatz, 1930–1934. In: Technikgeschichte 84 (2017), H. 4, S. 353–379.

Smolkin, Victoria: A Sacred Space Is Never Empty. A History Of Soviet Atheism. Princeton/ Oxford 2018.

Spieß, Edmund: Die sieben Wunder von Jena. Ein Beitrag zur Geschichte der Städtewahrzeichen. Jena 1878. Digitalisat: SLUB 2014, PURL: https://digital.slub-dresden.de/werkansicht/dlf/102772/1/ (Zugriff: 8. 9. 2020).

Stadt Jena: Chronik. URL: https://geschichte.jena.de/chronik (Zugriff: 14. 9. 2020).

Steiner, Fritz: »Exner, Wilhelm«. In: Neue Deutsche Biographie 4 (1959), S. 703. URL: https://www.deutsche-biographie.de/pnd101300891.html#ndbcontent (Zugriff: 11. 12. 2019).

Stevenson, Toner M.: Observing the Less Visible: Alice Takes on Astronomy. In: Museological Review 16 (2012), S. 29–45.

Stuhlmann, Andreas: »Ihre vornehmste Aufgabe, Ruhm, und Ruf ihrer Vaterstadt oder Wahlheimat zu verkünden.« Kultur und Politik in Hamburg 1919–1933. In: Hempel, Dirk/ Weimar, Friederike (Hg.): »Himmel auf Zeit«. Die Kultur der 1920er Jahre in Hamburg. Neumünster 2010, S. 19–35.

Stutz, Rüdiger/Mieth, Matias (Hg.): Jena. Lexikon zur Stadtgeschichte. Jena 2018.

Szabo, Sacha-Roger: Rausch und Rummel. Attraktionen auf Jahrmärkten und in Vergnügungsparks. Eine soziologische Kulturgeschichte. Bielefeld 2006.

Thiemeyer, Thomas: Geschichte im Museum. Theorie – Praxis – Berufsfelder. Tübingen 2018.
Vanhoutte, Kurt/Wynants, Nele: On the Passage of a Man of the Theatre Through a Rather Brief Moment in Time: Henri Robin, Performing Astronomy in Nineteenth Century Paris. In: Early Popular Visual Culture 15 (2017), H. 2, S. 152–174.
Vennen, Mareike: Das Aquarium. Praktiken, Techniken und Medien der Wissensproduktion (1840–1910). Göttingen 2018.
Vogel, Christian: Exponierte Wissenschaft. Röntgenausstellungen als Orte der Wissensproduktion und -kommunikation, 1896–1934. Berlin 2020. URL: https://edoc.hu-berlin.de/handle/18452/22001 (Zugriff: 19.1.2020).
von Herrmann, Hans-Christian: Zum Planetarium. In: ders./Goesl, Boris/Suzuki, Kohei (Hg.): Zum Planetarium. Wissensgeschichtliche Studien. Paderborn 2018, S. 13–40.
von Hermann, Hans-Christian: Der planetarische Maßstab der Technik. Zur Geschichte einer absoluten Metapher. In: Mersch, Dieter/Mayer, Michael (Hg.): Internationales Jahrbuch für Medienphilosophie, Band 4. Berlin/München/Boston 2016, S. 53–66.
von Hermann, Hans-Christian: Einleitung. In: Ernst-Abbe-Stiftung (Hg.): Wissen in Bewegung. 80 Jahre Zeiss-Planetarium in Jena. Jena 2006, S. 7–8.
Vorstand des Vereins Volkssternwarte Urania Jena e. V. (Hg.): Kosmische Lichtblicke – Sternstunden der Wissenschaft. Hundert Jahre Volkssternwarte Urania Jena. Jena 2009.
Walker-Bynum, Caroline: Wonder. In: The American Historical Review 102 (1997), H. 1, S. 1–26.
Weber, Max (1919): Wissenschaft als Beruf. Berlin 2011.
Weber, Wolfhard: Vorgeschichte und Voraussetzungen der Museumsgründung. In: Trischler, Helmuth/Füßl, Wilhelm (Hg.): Geschichte des Deutschen Museums. Akteure, Artefakte, Ausstellungen. München 2003, S. 45–58.
Weber-Kellermann, Ingeborg: Das Weihnachtsfest. Eine Kultur- und Sozialgeschichte der Weihnachtszeit. Luzern/Frankfurt a. M. 1978.
Weinert, Stefan: Der Körper im Blick. Gesundheitsausstellungen vom späten Kaiserreich bis zum Nationalsozialismus. Berlin/Boston 2017.
Werner, Helmut: Die Sterne dürfet ihr verschwenden. Stuttgart 1953.
Wien Geschichte Wiki-Bearbeiter: Rotes Wien. In: Wien Geschichte Wiki, 15.7.2020. URL: https://www.geschichtewiki.wien.gv.at/index.php?title=Rotes_Wien&oldid=427722 (Zugriff: 22.9.2020).
Wiener Stadt- und Landesarchiv/Wienbibliothek im Rathaus: Wien Geschichte Wiki, »Thomas, Oswald«. URL: https://www.geschichtewiki.wien.gv.at/Oswald_Thomas (Zugriff: 17.9.2020).
Wietschorke, Jens: Historische Ethnografie. Möglichkeiten und Grenzen eines Konzepts. In: Zeitschrift für Volkskunde 106 (2010), H. 2, S. 197–224.
Willis, Artemis: ›What the Moon is Like‹: Technology, Modernity, and Experience in a Late-Nineteenth-Century Astronomical Entertainment. In: Early Popular Visual Culture 15 (2017), H. 2, S. 175–203.
Wolf, Ayla: Akteure im Weltraum. Eine medienanalytische Untersuchung des menschlichen Traums zur Marskolonialisierung anhand von SpaceX. Würzburg 2019. URN: urn:nbn:de:bvb:20-opus-192872 (Zugriff: 6.9.2021).
Wolfschmidt, Gudrun: Der Himmel über Tübingen. In: dies. (Hg.): Der Himmel über Tübingen. Barocksternwarten – Landvermessung – Astrophysik. Hamburg 2014, S. 15–51.
Zimmermann, Clemens: Die Zeit der Metropolen. Urbanisierung und Großstadtentwicklung. Frankfurt a. M. 1996.

Quellenverzeichnis

Staatsarchiv Hamburg:

361-2 V 725a MA, Band 1: Planetarium, Allgemeines, 1924–1927.
361-2 V 725a, Band 2a: Planetarium, Allgemeines, 1928–1929.
361-2 V 725a, Band 2b: Planetarium, Allgemeines, 1929–1930.
361-2 V 725a, Band 3: Planetarium, Allgemeines, 1931–1932.
361-2 V 725b: Planetarium, Geschäftsanweisungen für den Dienstbetrieb, 1930.
361-2 V 725c: Planetarium, Verschiedenes, 1927–1932.
361-2 V 725d: Planetarium, Veranstaltungen und Werbung, 1930–1931.
361-2 V 725e: Planetarium, Honorierung der Vorträge, 1930–1932.
361-2 V 725i: Planetarium, Zeitungsausschnitte, 1924–1931.
135-1 I–IV 5061: Planetarium, 1925–1932.

Stadtarchiv Wien:

M. Abt. 471: Genehmigung, Veranstaltungsorte: Kinos; Säle: 2. Pratersternplanetarium.

Verwaltungsarchiv des Deutschen Museums:

VA 1109-2: Astronomie. Korrespondenz H-Z, 1916.
VA 1109-4: Astronomie. Korrespondenz I-Z, 1917.
VA 1110-1: Astronomie. Korrespondenz A-Z, 1918.
VA 1110-2: Astronomie. Korrespondenz A-K, 1919.
VA 1110-3: Astronomie. Korrespondenz L-Z, 1919.
VA 1111-1: Astronomie. Korrespondenz A-G, 1920–1921.
VA 1111-2: Astronomie. Korrespondenz H-M, 1920–1921.
VA 1111-4: Astronomie. Korrespondenz mit der Firma Carl Zeiss Jena, 1920–1921.
VA 1111-5: Astronomie. Korrespondenz mit der Firma Carl Zeiss Jena, 1922.
VA 1113-2: Astronomie. Korrespondenz I-R, 1923–1924.
VA 1113-3: Astronomie. Korrespondenz S-Y, 1923–1924.
VA 1113-4: Astronomie. Korrespondenz mit der Firma Carl Zeiss Jena, 1923–1924.
VA 1114-3: Astronomie. Korrespondenz T-Y, 1925.
VA 1114-4: Astronomie. Korrespondenz Z, 1925.
VA 1117-4: Astronomie. Korrespondenz W, 1926–1927.
VA 1117-5: Astronomie. Korrespondenz X-Z, 1926–1927.
VA 1118-3: Astronomie. Korrespondenz S-W, 1928.
VA 1118-4: Astronomie. Korrespondenz X-Z, 1928.
VA 1119-1: Astronomie. Korrespondenz A-D, 1929–1931.
VA 1119-3: Astronomie. Korrespondenz N-W, 1929–1931.
VA 1121-4: Astronomie. Korrespondenz V-Z, 1934–1936.
VA 1122-1: Astronomie. Korrespondenz A-K, 1937–1941.

VA 1122-2: Astronomie. Korrespondenz L-Z, 1937–1941.
VA 1122-3: Astronomie. Korrespondenz A-Z, 1932–1945.
VA 2333: Planetarium, ohne Datierung.
VA 4037: Aufbau der Abteilung Astronomie, 1904, 1924.
VA dru 0905c: Weinreich, Hermann: Ratschläge für Schülerfahrten zum Deutschen Museum in München, vermutlich 1928.
VA dru 0906c: Weinreich, Hermann: Ratschläge für Schülerfahrten zum Deutschen Museum in München. München 1935.
VA dru 0985c: Zeitungsausschnittssammlung, 1918–1924.
VA dru 0986a: Zeitungsausschnittssammlung, 1925.

Zeiss-Archiv

BI 00298: Planetarium auf dem Fabrikdach, 1923.
BI 02263: Planetarium, 1924.
BI 02264: Planetarium Berlin mit Monteur Lange, 1926.
BI 02265: Berliner Schulvorführung mit Lehrer Wolf an der Schalttafel, 1928.
BI 02276: Planetarium auf der Leipziger Frühjahrsmesse, 1933.
BI 06198: Lichtzeiger, 1928.
BI 06778: Planetarium Jena, 1930.
BI 18321: Planetarium Wien, 1930.
BI 18322: Wiener Planetarium am Praterstern, 1930.
BI 18347-1: Berliner Diplomatischer Corps im Planetarium, 1928.
BI 18347-2: Berliner Diplomatischer Corps im Planetarium, 1928.
BI 24060: Belegschaft der Abteilung Astronomie vor dem Planetarium Jena, 1926.
BI 24648: Planetarium Werbedruck, ohne Datum.
BI 02981: Lichtzeiger, 1928,
BI 07394: Epidiaskop mit geneigter Spiegelhaube (geliefert an das Jenaer Planetarium), 1925.
BI 07492: Lichtzeiger, 1926.
BI 07500: Lichtzeiger, 1927.
BI 07524: Lichtzeiger mit Widerstand, 1928.
BI 07605: Projektionspfeil vereinfacht, 1930.
BACZ 3025
BACZ 3100
BACZ 5827
BACZ 17743
BACZ 22833
BACZ 27230
BACZ 27285
BACZ 27341
BACZ 27427
BACZ 27436
BACZ 27438
BACZ 27439
BACZ 27930

ANNO – Online Zeitungs- und Zeitschriftenarchiv der Österreichischen Nationalbibliothek:

*Falls Autor*innenkürzel nicht aufzulösen waren, werden Sie in originaler Schreibweise wiedergegeben.*

-ee-: Das neue Planetarium. In: Kleine Volks-Zeitung, 13.12.1929.

Bardi, Benno: Das akustisches Problem im Berliner Planetarium. In: Signale für die musikalische Welt 85 (1927), H. 1.

Beda: Planetarium. In: Wiener Sonn- und Montagszeitung, 9.5.1927.

Berg, Franz: Im Planetarium. In: Salzburger Wacht, 17.7.1929.

Bernheimer, Walter: Der Sternenhimmel in der Kuppel. In: Radio-Wien, 9.5.1927.

Bernheimer, Walter: Reise durch das Weltall in wenigen Minuten. In: Neue Freie Presse, 8.5.1927.

Beßler-Gerö, Jörg: Ein Besuch im Projektions-Planetarium. In: Linzer Volksblatt, 30.8.1924.

c.: Rendezvous im Weltall. In: Die Bühne 4 (1927), H. 124.

Descovich, Emo: Himmelskunde. In: Neue Freie Presse, 20.8.1925.

Dolezal, Erich: Ausstellung »Wien und die Wiener«. In: Reichspost, 7.5.1927.

e. f.: Zehn Schritte. In: Arbeiter-Zeitung, 29.12.1929.

Exner, Wilhelm: Wien bekommt ein Planetarium. In: Kleine Volks-Zeitung, 3.2.1927.

F. B.: Das Planetarium. In: Kleine Volks-Zeitung, 12.8.1929.

Fehr, A.: Planetarien von Archimedes bis Zeiß. In: Arbeiter-Zeitung, 6.5.1927.

Fehr, Albert: Eine Stunde im Zeiß-Planetarium. In: Arbeiter Zeitung, 16.5.1927.

Gaheis: Nachklänge zur Ausstellung Wien und die Wiener. In: Arbeiter-Zeitung, 18.7.1927.

Gareis, Liesel: Scherze der Woche. In: Kleine Volks-Zeitung, 9.5.1927.

H. N.: Deutschlandreise österreichischer Pressevertreter. In: Bregenzer-Vorarlberger Tagblatt, 6.10.1925.

H. P.: Aether Heil! In: Arbeiter-Zeitung, 29.5.1927.

H.: Auf die Sterne schießen. In: Prager Tagblatt, 11.5.1927.

Heinl, Eduard: Tonfilm und Rundfunk. In: Radio Wien, 11.12.1931.

Hennig, Richard: Das Planetarium von Jena. In: Wiener Morgenzeitung, 19.8.1924. Abdruck eines Artikels aus dem Berliner Tageblatt.

Henning, Richard: Ein Planetarium. In: Salzburger Wacht, 21.8.1924. Abdruck eines Artikels aus dem Berliner Tageblatt.

Iron: Die Zeitrechnung auf dem Theater. In: Neues Wiener Journal, 31.5.1927.

Johnscher, Alphons: Das Wiener Planetarium. In: Radio-Wien, 27.12.1929.

Johnscher, Alphons: Ein Blick ins neue Planetarium. In: Arbeiter-Zeitung, 16.12.1929.

K. G.: Soziale Fürsorge. In: Kikeriki, 10.7.1927.

K. R.: Warum »Planetarium« und nicht »Sternhaus«? In: Kleine Volks-Zeitung, 23.12.1929.

Kiki: Das neue Planetarium. In: Freiheit, 13.1.1930.

Kiki: Das Pleite-Planetarium. In: Freiheit!, 3.5.1928.

Kiki: Kehraus im Planetarium. In: Freiheit!, 15.9.1928.

Kißhauer, Kurt: Ein neuartiges Planetarium. In: Linzer Tages-Post, 14.9.1924.

L. S.-H.: »Wien und die Wiener«. In: Neue Freie Presse, 22.5.1927.

M—r.: Der ewige Tag. In: Arbeiter-Zeitung, 1.11.1927.

m. w.: Wien und die Wiener. In: Die Unzufriedene, 21.5.1927.

Müller, Karl: Das Planetarium. In: Kleine Volks-Zeitung, 21.2.1927.

n. r.: Was sieht man in der Ausstellung Wien und die Wiener? In: Arbeiter-Zeitung, 8.5.1927.
n. r.: Wien und die Wiener. In: Salzburger Wacht, 11.5.1927.
Natonek, Hans: Im Sternen-Theater. In: Prager Tagblatt, 22.8.1924.
Nazzi: Was brauchand Leut ...! In: Die Leuchtrakete 5 (1927), H. 7.
o. A. Das Planetarium. In: Arbeiter-Zeitung, 22.4.1933.
o. A. Was geschieht mit dem Wiener Planetarium? In: Neues Wiener Journal, 4.3.1928.
o. A.: Das erste Planetarium in Wien. In: Neue Freie Presse, 17.2.1927.
o. A.: »Das Planetarium«. In: Das Pilsener Tagblatt, 20.6.1927.
o. A.: »Schatzerl, komm' mit mir ins Planetarium«. In: Illustrierte Kronen-Zeitung, 29.6.1927.
o. A.: »Weißt du wieviel Sternlein stehen ...?« In: Neuigkeits-Welt-Blatt, 10.1.1930.
o. A.: »Wien und die Wiener.« Theaterleute über die Ausstellung. In: Kleine Volks-Zeitung, 12.7.1927.
o. A.: »Wien und die Wiener«. In: Neue Freie Presse, 6.5.1927.
o. A.: »Wien und die Wiener«. In: Volksblatt für Stadt und Land, 15.5.1927.
o. A.: Abtragung des Planetariums. In: Kleine Volks-Zeitung, 9.9.1928.
o. A.: Aufstellung des Wiener Planetarium auf dem Hof? In: Neuigkeits-Welt-Blatt, 9.2.1927.
o. A.: Auskünfte. In: Illustrierte Kronen-Zeitung, 22.3.1927.
o. A.: Bevorstehende Eröffnung des Wiener Planetariums. In: Neues Wiener Journal, 24.11.1929.
o. A.: Das »Zeiß-Planetarium«. In: Salzburger Wacht, 29.11.1926.
o. A.: Das achte Wunder Jenas. In: Linzer Tages-Post, 19.12.1925.
o. A.: Das älteste Planetarium. In: Wiener Morgenzeitung, 21.4.1927.
o. A.: Das Christfest in Sowjetrussland – Arbeitstag. In: Reichspost, 19.12.1929.
o. A.: Das erhabenste Bilderbuch. In: Kleine Volks-Zeitung, 12.1.1930.
o. A.: Das erste Planetarium in den Vereinigten Staaten. In: Linzer Tages-Post, 22.6.1928.
o. A.: Das Gebäude des Wiener Planetariums. In: Neuigkeits-Welt-Blatt, 13.4.1927.
o. A.: Das heimatlose Planetarium. In: Kleine Volks-Zeitung, 27.6.1929.
o. A.: Das Jenaer Zeiß-Planetarium. In: Linzer Tages-Post, 22.10.1924.
o. A.: Das künstliche Firmament. In: Salzburger Chronik für Stadt und Land, 13.6.1927.
o. A.: Das neue Planetarium in Wien. In: Das interessante Blatt, 19.5.1927.
o. A.: Das neue Planetarium. In: Neues Wiener Tagblatt, 19.1.1930.
o. A.: Das neue Wiener Planetarium. In: Linzer Tages-Post, 10.1.1930.
o. A.: Das neueröffnete Planetarium. In: Illustrierte Kronen-Zeitung, 5.12.1931.
o. A.: Das Planetarium als Unterrichtsbehelf. In: Arbeiter-Zeitung, 26.5.1927.
o. A.: Das Planetarium als Wochenschaukino. In: Arbeiter-Zeitung, 6.12.1931.
o. A.: Das Planetarium auf der Wiener Ausstellung. In: Salzburger Wacht, 2.2.1927.
o. A.: Das Planetarium auf der Wiener Ausstellung. In: Wiener Zeitung, 3.2.1927.
o. A.: Das Planetarium der Wiener Ausstellung. In: Salzburger Volksblatt, 5.2.1927.
o. A.: Das Planetarium endgültig geschlossen. In: Der Tag, 3.7.1931.
o. A.: Das Planetarium in Berlin. In: Bregenzer-Vorarlberger Tagblatt, 1.12.1926.
o. A.: Das Planetarium in der Wiener Ausstellung. In: Volksblatt für Stadt und Land, 13.2.1927.
o. A.: Das Planetarium ist vollkommen intakt. In: Der Abend, 7.7.1931.
o. A.: Das Planetarium kommt auf den Praterstern. In: Arbeiter-Zeitung, 12.5.1928.
o. A.: Das Planetarium kommt auf den Praterstern. In: Illustrierte Kronen-Zeitung, 27.6.1929.
o. A.: Das Planetarium muss wandern. In: Neuigkeits-Welt-Blatt, 12.9.1928.
o. A.: Das Planetarium soll auf den Hof kommen. In: Reichspost, 9.2.1927.
o. A.: Das Planetarium wird abgebrochen. In: Das Kleine Blatt, 11.10.1928.

o. A.: Das Planetarium wird bald fertig. In: Illustrierte Kronen-Zeitung, 13. 3. 1927.
o. A.: Das Planetarium wird demnächst auf dem Praterstern aufgestellt. In: Neuigkeits-Welt-Blatt, 27. 6. 1929.
o. A.: Das Planetarium. In: Das interessante Blatt, 2. 6. 1927.
o. A.: Das Planetarium. In: Kikeriki, 27. 10. 1929.
o. A.: Das Planetarium. In: Kikeriki, 7. 7. 1927.
o. A.: Das Planetarium. In: Kikeriki, 7. 7. 1927.
o. A.: Das Planetarium. In: Neue Freie Presse, 11. 6. 1927.
o. A.: Das Planetarium. In: Wiener Zeitung, 17. 1. 1930.
o. A.: Das Planetarium. In: Wiener Zeitung, 8. 5. 1927.
o. A.: Das vergessene Wiener Planetarium. In: Neuigkeits-Welt-Blatt, 11. 2. 1928.
o. A.: Das Wiener Himmelstheater. In: Arbeiter-Zeitung, 11. 1. 1930.
o. A.: Das Wiener Planetarium wird eröffnet. In: Tagblatt, 10. 1. 1930.
o. A.: Das Wiener Planetarium wird gebaut. In: Neuigkeits-Welt-Blatt, 13. 3. 1927.
o. A.: Das Wiener Planetarium. In: Arbeiter-Zeitung, 18. 2. 1927.
o. A.: Das Wiener Planetarium. In: Das Kleine Blatt, 13. 4. 1927.
o. A.: Das Wiener Planetarium. In: Kleine Volks-Zeitung, 4. 2. 1927.
o. A.: Das Zeiß-Planetarium. In: Alpenländische Rundschau, 4. 12. 1926.
o. A.: Das Zeiß-Planetarium. In: Prager Tagblatt, 28. 11. 1926.
o. A.: Der Abschluss der Wiener Herbstmesse. In: Wiener Zeitung, 13. 9. 1927.
o. A.: Der fehlende Stern. In: Neues Wiener Journal, 13. 10. 1926.
o. A.: Der Himmel auf Erden. In: Illustrierte Kronen-Zeitung, 2. 2. 1927.
o. A.: Der Himmel über Wien. In: Der Abend, 8. 1. 1930.
o. A.: Der Mord vor dem Planetarium. In: Das Kleine Blatt, 1. 9. 1927.
o. A.: Der Praterstern mit dem neuaufgestellten Planetarium. In: Neuigkeits-Welt-Blatt, 11. 12. 1929.
o. A.: Der Schluss der Ausstellung »Wien und die Wiener«. In: Neuigkeits-Welt-Blatt, 10. 7. 1927.
o. A.: Der Schöpfer des Planetariums spricht heute in Wien. In: Arbeiter-Zeitung, 10. 6. 1927.
o. A.: Der Stern von Bethlehem. In: Reichspost, 25. 12. 1926.
o. A.: Der Wiener sieht den Himmel offen. In: Illustrierte Kronen-Zeitung, 9. 1. 1930.
o. A.: Die englischen Studenten im Wiener Planetarium. In: Die Neue Zeitung, 11. 8. 1927.
o. A.: Die Eröffnung der Ausstellung »Wien und die Wiener«. In: Neuigkeits-Welt-Blatt, 8. 5. 1927.
o. A.: Die Eröffnung des Planetariums am Praterstern. In: Illustrierte Kronen-Zeitung, 7. 1. 1930.
o. A.: Die Geheinisse des Planetariums. In: Das Kleine Blatt, 11. 1. 1930.
o. A.: Die großen Festwochen im Juni. In: Wienerwald-Bote, 3. 5. 1927.
o. A.: Die großen Wiener Festwochen. In: Volksblatt für Stadt und Land, 17. 4. 1927.
o. A.: Die Schulen und die Ausstellung »Wien und die Wiener«. In: Illustrierte Kronen-Zeitung, 20. 5. 1927.
o. A.: Die Sonnenfinsternis im Planetarium. In: Arbeiter-Zeitung, 28. 6. 1927.
o. A.: Die Urania wird die Leitung des Planetariums übernehmen. In: Neuigkeits-Welt-Blatt, 10. 10. 1928.
o. A.: Die verzauberte Milchstraße. In: Das Kleine Blatt, 6. 3. 1927.
o. A.: Die Wiedereröffnung des Planetariums. In: Neue Freie Presse, 9. 1. 1930.
o. A.: Die Zeiß-Planetarien in Deutschland. In: Bregenzer-Vorarlberger Tagblatt, 14. 4. 1926.
o. A.: Ein Attentat auf das Stadtbild Wiens? In: Neues Wiener Journal, 2. 4. 1927.

o. A.: Ein Blick ins neueste Deutschland. In: Illustrierte Kronen-Zeitung, 4.10.1925.
o. A.: Ein neuer Riesenplanet im Planetarium. In: Das Kleine Blatt, 22.6.1927.
o. A.: Ein neuer Vortrag im Planetarium. In: Wiener Zeitung, 3.11.1927.
o. A.: Ein optisches Wunderwerk für Wien. In: Bregenzer- Vorarlberger Tagblatt, 5.9.1925.
o. A.: Ein optisches Wunderwerk für Wien. In: Neues Wiener Journal, 30.8.1925.
o. A.: Ein Planetarium auf der Wiener Ausstellung. In: Bade- und Reise-Journal, 20.2.1927.
o. A.: Ein Planetarium auf der Wiener Ausstellung. In: Lavanttaler Bote, 7.5.1927.
o. A.: Ein Planetarium auf der Wiener Ausstellung. In: Linzer Tages-Post, 13.4.1927.
o. A.: Ein Planetarium auf der Wiener Ausstellung. In: Salzburger Wacht, 12.4.1927.
o. A.: Ein Planetarium für Prag. In: Prager Tagblatt, 17.1.1929.
o. A.: Ein Planetarium für Wien. In: Neues Wiener Journal, 2.2.1927.
o. A.: Ein Planetarium in der Wiener Ausstellung. In: Arbeiter-Zeitung, 2.2.1927.
o. A.: Ein Regenschirm – als Planetarium. In: Illustrierte Kronen-Zeitung, 22.4.1928.
o. A.: Ein Skandal in der Ausstellungsstraße! In: Freiheit!, 11.10.1929.
o. A.: Ein Zeiss-Planetarium für Rom. In: Salzburger Volksblatt, 16.1.1928.
o. A.: Eröffnung der Wiener Frühjahrsmesse. In: Arbeiter-Teitung, 8.3.1928.
o. A.: Eröffnung des Planetariums am 11. Jänner. In: Die Neue Zeitung, 31.12.1929.
o. A.: Eröffnung des Volksbildungshauses Wiener Planetarium. In: Das interessante Blatt, 16.1.1930.
o. A.: Frühlingsbeginn im Planetarium. In: Kleine Volks-Zeitung, 19.3.1930.
o. A.: Gespräch im Himmel. In: Das Kleine Blatt, 10.5.1927.
o. A.: Gleiches Recht für Alle! In: Österreichische Film-Zeitung, 19.4.1930.
o. A.: Gleiches Recht für alle! In: Österreichische Film-Zeitung, 26.4.1930.
o. A.: Gleiches Recht für alle! In: Österreichische Film-Zeitung, 10.5.1930.
o. A.: Günstiger Verlauf der Herbstmesse. In: Der Morgen. Wiener Morgenblatt, 12.9.1927.
o. A.: Im neuen Planetarium. In: Kleine Volks-Zeitung, 9.1.1930.
o. A.: Im Zeichen von Venus und Jupiter. In: Salzburger Volksblatt, 2.11.1928.
o. A.: Karikatur. In: Kikeriki, 20.2.1927.
o. A.: Knallkapseln. In: Freiheit!, 11.1.1930.
o. A.: Knallkapseln. In: Freiheit!, 28.11.1927.
o. A.: Korrespondenz der Redaktion. In: Der Morgen. Wiener Morgenblatt, 22.7.1929.
o. A.: Kurze Inlandsnachrichten. In: Die Rote Fahne, 14.5.1927.
o. A.: Massenbesuch in der Ausstellung »Wien und die Wiener«. In: Der Morgen. Wiener Morgenblatt, 9.5.1927.
o. A.: Morgen Messebeginn. In: Kleine Volks-Zeitung, 10.3.1928.
o. A.: Neue Vorträge im Planetarium. In: Reichspost, 3.5.1928.
o. A.: Österreichisches Planetarium. In: Kikeriki, 12.6.1927.
o. A.: Phönix Planetarium. In: Kleine Volks-Zeitung, 5.12.1931.
o. A.: Planetarium treibt faschistische Agitation. In: Die Rote Fahne, 20.4.1933.
o. A.: Planetarium. In: Wiener Zeitung, 8.12.1931.
o. A.: Premiere im Planetarium. In: Neues Wiener Journal, 26.5.1928.
o. A.: Reise durch die Sternenwelt. In: Freie Stimme, 2.2.1929.
o. A.: Reise nach dem Aequator. In: Linzer Volksblatt, 19.12.1926.
o. A.: Schließung des Planetariums. In: Arbeiter-Zeitung, 9.9.1928.
o. A.: Sternphantasie. In: Salzburger Wacht, 9.1.19230.
o. A.: Tagesneuigkeiten. In: Arbeiter Zeitung, 9.5.1927.
o. A.: Traurige Weihnachten in Russland. In: Mühlviertler Nachrichten, 25.12.1929.
o. A.: Unsere Bücherschau. In: Reichspost, 7.5.1927.

o. A.: Urania und Planetarium. In: Kleine Volks-Zeitung, 10.10.1928.
o. A.: Vereine und Versammlungen. In: Das Kleine Blatt, 29.5.1930.
o. A.: Verlegung des Planetariums auf den Praterstern. In: Neue Freie Presse, 26.6.1929.
o. A.: Verzauberte Welten. In: Kleine Volks-Zeitung, 4.11.1927.
o. A.: Volksbildung. In: Kikeriki, 19.1.1930.
o. A.: Vor der Wiederaufstellung des Wiener Planetariums. In: Neuigkeits-Welt-Blatt, 31.3.1929.
o. A.: Was geschieht mit dem Planetarium? In: Der Abend, 27.6.1931.
o. A.: Wem gehört der Mond? In: Kleine Volks-Zeitung, 16.6.1927.
o. A.: Wenn's immer finster wäre. In: Illustrierte Kronen-Zeitung, 30.10.1927.
o. A.: Wiedereröffnung des Planetariums. In: Arbeiter-Zeitung, 20.7.1927.
o. A.: Wiedereröffnung des Planetariums. In: Illustrierte Kronen-Zeitung, 20.7.1927.
o. A.: Wiedereröffnung des Planetariums. In: Wiener Zeitung, 21.7.1927.
o. A.: Wien bekommt ein Planetarium. In: Badener Zeitung, 17.2.1927.
o. A.: Wien bekommt ein Planetarium. In: Innsbrucker Nachrichten, 3.2.1927.
o. A.: Wien und die Wiener. In: Die Neue Zeitung, 7.5.1927.
o. A.: Wien und die Wiener. In: Kleine Volks-Zeitung, 17.2.1927.
o. A.: Wien und die Wiener. In: Kleine Volks-Zeitung, 20.5.1927.
o. A.: Wien und die Wiener. In: Kleine Volks-Zeitung, 8.5.1927.
o. A.: Wien und die Wiener. In: Wiener Sonn- und Montagszeitung, 9.5.1927.
o. A.: Wien wird ausgestellt. In: Illustrierte Kronen-Zeitung, 17.2.1927.
o. A.: Wo soll das Planetarium hinkommen? In: Kikeriki, 28.10.1928.
o. A.: Wohin kommt das Planetarium. In: Reichspost, 27.4.1928.
o. A.: Wohin wird das Planetarium übersiedeln? In: Die Neue Zeitung, 24.4.1928.
o. A.: Zehn neue Zeiß-Planetarien. In: Salzburger Wacht, 10.4.1926.
o. A.: Zeitweilige Schließung des Planetariums. In: Kleine Volks-Zeitung, 22.12.1927.
Peregrin: Der künstliche Sternenhimmel. In: Das Kleine Blatt, 7.5.1927.
R. B.: Ein Himmelstheater für alle Erdbewohner. In: Arbeiter-Zeitung, 9.1.1927.
R. B.: Gibt es Menschen im All? In: Kleine Volks-Zeitung, 5.6.1928.
R. B.: In der Werkstatt des Wunders. In: Kleine Volks-Zeitung, 26.6.1927.
R. E..: »Wien und die Wiener«. In: Allgemeiner Tiroler Anzeiger, 11.5.1927.
Radioprogramm. In: Allgemeiner Tiroler Anzeiger, 20.8.1927.
rr: Eine neue Leipziger Bildungsstätte. In: Tagblatt, 22.6.1926.
S. R.: Was ist paradox? In: Kleine Volks-Zeitung, 13.6.1927.
S. S.: Besuch im Planetarium. In: Wiener Morgenzeitung, 10.5.1927.
Sammersbach, Hans: Ge-So-Lei. In: Der Zeitungs-Verlag, 19.6.1926.
Schacherl, Michael: Reise um die Sonne in zwölf Minuten. In: Arbeiter-Zeitung, 24.1.1926.
Scholz, Karoline: Scherz. In: Kleine Volks-Zeitung, 30.5.1927.
st.: Der Himmel auf Erden. In: Illustrierte Kronen-Zeitung, 8.5.1927.
Thomas, Oswald: Die Zukunft des Wiener Planetariums. In: Arbeiter-Zeitung, 9.10.1928.
Thomas, Oswald: Die Zukunft des Wiener Planetariums. In: Neue Freie Presse, 9.10.1928.
Thomas, Oswald: Die Zukunft des Wiener Planetariums. In: Neues Wiener Journal, 9.10.1928.
Thomas, Oswald: Die Zukunft des Wiener Planetariums. In: Wiener Zeitung, 10.10.1928.
Thomas, Oswald: Was ist ein Planetarium? In: Arbeiter-Zeitung, 8.4.1927.
Villiger, Walter: Das Zeiß-Planetarium. In: Illustrierte Technik für Jedermann 4 (1926), H. 33.
W. S.: Unter ewig klarem Himmel. In: Das Kleine Blatt, 2.11.1927.
W. S.: Weltall auf dem Praterstern. In: Das Kleine Blatt, 9.1.1930.
Wallich, Friedrich: Rund um Wien. In: Linzer Tages-Post, 30.10.1928.

Wallisch, Friedrich: Rund um Wien. In: Linzer Tages-Post, 15. 3. 1928.
Widmar, Josefine: Kostümschau im Theater an der Wien. In: Reichspost, 25. 9. 1927.
Wilhelm, Exner: Das Wiener Planetarium. In: Neues Wiener Journal, 4. 2. 1927.

Weitere gedruckte Quellen:

Bauersfeld, Walter: Das Zeißische Projektionsplanetarium. Jena 1925.
Benjamin, Walter: Zum Planetarium. In: ders.: Einbahnstrasse. Berlin 1928. URL: https://de.wikisource.org/wiki/Einbahnstra%C3%9Fe (Zugriff: 1. 9. 2021).
Kämmel, unbekannt: Neugier und Wißbegier. In: Hergang, Karl Gottlob (Hg.): Encyclopädisches Wörterbuch des Erziehungs- und Unterrichtswesens und seiner Geschichte, Bd. 2. Grimma 1847, S. 318–319. URN: urn:nbn:de:0111-bbf-spo-13938090 (Zugriff: 3. 8. 2021).
Meldung in der Kategorie »Vermischtes«. In: Deutsche Uhrmacher-Zeitung 36 (1912), Nr. 14, erschienen am 15. 7. 1912, S. 237. Quelle: Sächsische Landesbibliothek – Staats- und Universitätsbibliothek Dresden. Digitale Sammlung, Signatur I.171.a. PURL: https://digital.slub-dresden.de/werkansicht/dlf/59048/1/ (Zugriff: 27. 8. 2020).
Strömgren, Elis/Strömgren, Bengt: Das Wunder in Jena. In: dies. (Hg.): Zweite Sammlung astronomischer Miniauren. Berlin 1927, S. 1–11, hier S. 10, hier S. 10. URL: https://books.google.de/books?id=16atBgAAQBAJ&printsec=frontcover&hl=de&source=gbs_ge_summary_r&cad=0#v=onepage&q&f=false (Zugriff: 8. 9. 2020).
Thomas, Oswald: Das Wiener Planetarium. Wien 1927.
Ury, Else: Professors Zwillinge im Sternenhaus. Berlin 1928. URL: https://www.projekt-gutenberg.org/ury/zwilster/chap008.html (Zugriff: 1. 8. 2021).

Gedruckt mit freundlicher Unterstützung
der Geschwister Boehringer Ingelheim Stiftung für Geisteswissenschaften
in Ingelheim am Rhein

Gefördert vom
Deutschen Akademikerinnenbund e.V.

Bibliografische Information der Deutschen Nationalbibliothek
Die Deutsche Nationalbibliothek verzeichnet diese Publikation in der
Deutschen Nationalbibliografie; detaillierte bibliografische Daten
sind im Internet über http://dnb.d-nb.de abrufbar.

2. Auflage

www.wallstein-verlag.de

Vom Verlag gesetzt aus der Stempel Garamond
Umschlaggestaltung: Susanne Gerhards, Düsseldorf
© SG-Image unter Verwendung der Abbildung:
Planetariumsprojektor Modell II mit Lichtzeiger. Jena 1926. Quelle: Zeiss-Archiv.
Druck und Verarbeitung: Hubert & Co., Göttingen

978-3-8353-5430-2